普通高等教育"十二五"规划教材

材 料 力 学 教 程

（第二版）

主　编　刘杰民

副主编　侯祥林

编　写　孙雅珍　苑学众　洪媛

主　审　邱棣华

U0300147

中国电力出版社

CHINA ELECTRIC POWER PRESS

内容提要

本书为普通高等教育"十二五"规划教材。全书共 12 章，主要内容包括：材料力学的基本概念、重要原理和学习方法；杆件拉压、剪切、扭转和弯曲四种基本变形的基本理论；应力-应变状态分析的基本理论；材料失效的强度理论和组合变形构件的强度计算；压杆的稳定性计算；能量法和冲击以及静不定问题。

本书在选材上突出重点，精简适当；在体系上层次分明，有所创新；在论述上力求严谨和精练。全书注重对基本概念的理解和应用，以及分析和解决问题能力的培养，重视概念的更新和拓宽，适时恰当地指出理论可能的扩展空间。

与本教材配套的教学资源还有《材料力学精要和题解》和《材料力学多媒体辅助教学系统》。

本书主要作为高等学校工科本科少、中学时类材料力学课程的教材，也可供高职高专与成人高校师生及有关工程技术人员参考。

图书在版编目（CIP）数据

材料力学教程 / 刘杰民主编. —2 版. —北京：中国电力出版社，2015.4（2020.7重印）

普通高等教育"十二五"规划教材

ISBN 978-7-5123-7105-7

Ⅰ. ①材… Ⅱ. ①刘… Ⅲ. ①材料力学－高等学校－教材 Ⅳ. ①TB301

中国版本图书馆 CIP 数据核字（2015）第 014842 号

中国电力出版社出版、发行

（北京市东城区北京站西街 19 号 100005 http://www.cepp.sgcc.com.cn）

三河市航远印刷有限公司印刷

各地新华书店经售

*

2009 年 1 月第一版

2015 年 4 月第二版 2020 年 7 月北京第十次印刷

787 毫米×1092 毫米 16 开本 22 印张 533 千字

定价 **42.00** 元

前　言

本书自 2009 年出版以来历经 5 载，5 次重印。在此期间有多所院校选用它作为"材料力学"课程的教材。编者藉本书再版之际衷心感谢使用本书的老师和同学，他们对本书的认可和厚爱是编者再版本书的动力之源。

编者一直在教学第一线从事材料力学的教学和教研工作，对材料力学的内在体系、教学方法和发展前景有深入的思考。出版一本高质量、有特色的材料力学教材奉献社会是编者最大的心愿。

本书在第 1 章介绍了材料力学的基本概念、重要原理和学习的基本方法，是整个材料力学内容的浓缩，后面各章的叙述都是本章的展开和延伸。这种处理方法有助于读者对材料力学的整体把握，更有效地学习和掌握材料力学。第 2～7 章是与杆件四种基本变形有关的基本理论。其中第 2 章除介绍轴向载荷作用下构件的应力和变形的计算外，还介绍了材料的基本力学性质及其测量。材料的基本力学性质是对各种受力杆件进行强度和刚度计算时所必须了解的。第 8 章是关于应力-应变状态分析的基本理论，该章是对受复杂载荷作用的构件进行强度和刚度计算的基础。第 9 章是关于材料失效的强度理论及其对复杂应力状态进行强度计算的应用。第 10 章是关于压杆的稳定性计算问题。第 11 章是能量法，能量法是求解构件位移的有效方法，其中的一些原理是对复杂工程问题进行近似计算的理论基础。第 12 章是关于静不定问题的求解方法。每章后均有本章要点、思考题和习题。习题涉及的章节编号在题号后标出，没有在题号后标出章节的习题可能是因为涉及的章节较多，较难的题目用"*"标记。

在秉承第一版突出核心概念（内力、应力和应变）及其相互关系，重视材料力学内在规律和结构，强调问题分析方法和提高分析能力，注重概念更新与拓宽等理念的基础上，此次再版做了以下调整：

（1）对体系略作调整。新增第 12 章"静不定问题"。这是考虑到静不定和静定问题是性质不同的两类问题，把原教材分布于各章内的静不定问题统一放在一章中集中介绍，不仅可以节约学时，还可以加深对各种静不定问题的理解。

（2）注重静不定问题求解方法的统一性。把求解弯曲静不定问题的普遍使用的变形比较法，应用到拉压静不定问题的求解，这样更能突出静不定问题解法的统一性、一般性、规范性和有效性。

（3）鉴于强度理论的重要性，在第 9 章增加了近代建立的重要强度理论。

（4）修改了部分例题和习题。

第 1、4、8、12 章由刘杰民编写，第 2、3 章由孙雅珍编写，第 9、11 章由侯祥林和刘杰民共同编写，第 6、10 章由苑学众编写，第 5、7 章由洪媛编写，全书由刘杰民统稿，邱棣华主审。

本书是适应创新教育的教材，虽经修订，但疏漏与不妥之处难免，恳请使用本书的老师和读者指正，提出宝贵意见。编者在此预致谢意。

第一版前言

为贯彻落实教育部《关于进一步加强高等学校本科教学工作的若干意见》和《教育部关于以就业为导向深化高等职业教育改革的若干意见》的精神，加强教材建设，确保教材质量，中国电力教育协会组织制订了普通高等教育"十一五"教材规划。该规划强调适应不同层次、不同类型院校，满足学科发展和人才培养的要求，坚持专业基础课教材与教学急需的专业教材并重、新编与修订相结合。本书为新编教材。作者按照教育部提倡培养具有扎实基础和创新精神人才的指导思想，编写了这本材料力学教程。

第1章介绍了材料力学的基本概念，重要的原理和学习的基本方法，是整个材料力学内容的一个浓缩，后面的叙述都是本章的展开和延伸。这种处理的目的，便于读者对材料力学的整体把握和了解，更有效地学习和掌握材料力学。第2～7章是与杆件四种基本变形有关的基本理论。第2章为轴向载荷作用下构件的应力和变形的计算，本章还介绍了材料力学的基本力学性质及其测量。第3章为关于受扭圆轴的应力和变形的计算。第4章为关于平面图形的几何性质。第5～7章分别为横力作用下梁中的内力、应力和变形的计算。第8章介绍了应力应变状态分析的基本理论，该章是对受复杂荷载作用的构件进行强度和刚度计算的基础。第9章为关于材料失效的强度理论。第10章为关于压杆的稳定性计算问题。第11章为能量法，能量法既是求解构件位移的有效方法，也是对复杂工程问题进行近似计算的理论基础。为了便于学习，每章均附有习题，习题涉及的章节也在题号中标出。没有在题号中标出章节的习题可能是因为涉及的章节较多。

本教材有如下几个特点：

（1）注重基本概念的理解和应用，力求论述严密，文字精练。重视培养学生的分析能力和已知理论的应用能力。比如关于加速运动的构件的应力计算，只要应用理论力学中的动静法即可，并不需要任何新的变形体理论。再比如，只要掌握了叠加法，各种各样的所谓组合变形问题的求解是显而易见的，基于重分析能力培养方面的考虑，没有把相关的内容单独成节或章。

（2）指出理论可能的扩展空间（如应力状态分析和强度理论），拓宽读者的视野，以便更深入地研究。

（3）注意材料力学概念的统一性。材料力学中的一些力学量（如：切应力和切应变的正负约定及其单元体表示方法），在各种材料力学教材以及在其他固体力学分支中的定义是不一致的。为了使读者在涉足其他版本的材料力学时不会产生迷茫，在容易混淆的地方均特别给予说明。

（4）深入分析了横截面上内力的含义，引入简单截面法直接求横截面上的内力。此举对深刻理解内力的含义和提高读者的计算能力是十分有益的。

第1、4和第8章由刘杰民编著，第9和第11章由侯祥林编著，第2和第3章由孙雅珍编著，第6和第10章由苑学众编著，第5和第7章由洪媛编著，全书由刘杰民统稿。

本书是适应创新教育的教材，疏漏甚至错误之处难免，恳请使用本教材的教师和读者指正，提出宝贵意见。编者在此预致谢意。

符 号 表

a、b、$c\cdots$ 常数，距离，点的位置

A、B、$C\cdots$ 点，截面的位置

A 面积（Area）

b 截面的宽度

C 形心（Centroid）

d_i 内径（in-diameter）

d_o 外径（out-diameter）

D 直径（Diameter）

e 偏心距（eccentricity）

E 弹性模量（Elasticity）

f 频率（frequency），函数（function）

F 集中力（Force）

F_S 剪力（Shearing Force）

F_N 轴力（Normal Force）

F_b 挤压力（bearing, Force）

G 切变模量

h 高度（height）

i 惯性半径（inertia）

I 惯性矩（Inertia）

I_y、I_z 惯性矩（Inertia）

I_p 极惯性矩（polar）

I_{yz}、I_{zx} 惯性积

k 弹簧常数

K 体积模量

l 长度（length），跨度

m 质量（mass）

M_e 外力偶矩（external，Moment）

M、M_z 弯矩（Moment）

n 法线方向（normal）

n_{st} 稳定安全因数（stability）

p 压力（pressure）

P 功率（Power）

q 线载荷集度

r 半径（radius）

R 半径

S_y、S_z 静矩（Static）

t 厚度（thickness），切向（tangent）

T 扭矩（Torque）

v_d 畸变能密度（distorsion）

v_v 体积应变能密度（volume）

V_ε 应变能

w 挠度

W 重量（Weigut）

W_p 抗扭截面系数

W_z 抗弯截面系数

W_e 外力虚功（Work，external force）

W_i 内力虚功（Work，internal force）

x、y、z 直角坐标

α、β、γ 角度

γ 比重，切应变

γ_x、γ_y、γ_z 切应变

ρ 密度，曲率半径

δ，Δ 变形，位移

σ 正应力

σ_s 屈服应力

σ_b 极限强度

$[\sigma]$ 许用正应力

τ 切应力

$[\tau]$ 许用切应力

ε、ε_x、ε_y、ε_z 线（正）应变

θ 单位长度扭转角

φ 扭转角

μ 波松比

ω 角速度

目　录

第1章 概　　述

1.1　材料力学的任务

1.1.1　构件和构件的变形

各种各样的工程机械或结构都是由构件组成。根据几何形状的特征，构件可分为：

（1）**杆件**——一个方向的尺寸远大于其他两个方向尺寸的构件。一根杆件的形状与尺寸由**轴线**与**横截面**确定。轴线与杆的长度方向一致，垂直于轴线的截面称为横截面，横截面形心的连线定义为轴线（见图 1.1-1）。

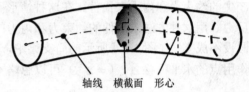

轴线　横截面　形心

图 1.1-1　杆件的几何描述

根据轴线与横截面的特征，构件可分为直杆和曲杆，等截面杆和变截面杆（横截面的大小或形状发生变化，见图 1.1-2）。

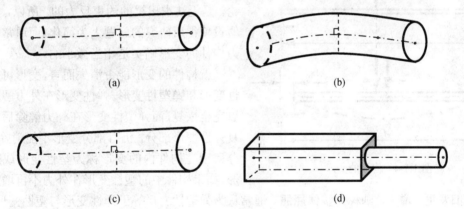

(a)　　　　　　　　　　　　　　　(b)

(c)　　　　　　　　　　　　　　　(d)

图 1.1-2　杆件的分类

（a）等截面直杆；（b）等截面曲杆；（c）匀变截面直杆；（d）组合直杆

（2）**板件**——一个方向的尺寸远小于其他两个方向尺寸的构件。板件的形状与尺寸由**中面**来确定。中面即平分板件厚度的几何面。中面为平面的板件称为**平板**，中面为曲面的板件称为**壳**（见图 1.1-3）。

（3）**块体**——三个方向的尺寸相当的构件。块体在工程机械和结构中的实例多为连接体或基础，在计算精度要求不高的情况下，块体可近似作为杆件来处理。

材料力学主要研究单根杆件和几根杆件组成的简单杆系。

工作时受到外力作用的构件称为**承力构件**（简称为构件），任何承力构件在工作时，其尺寸和形状都会发生改变。构件尺寸与形状的改变称为**变形**。发生变形的构件称为**可变形构件**，或统称为可变形固体。忽略变形的构件称为**刚体**。就变形量的大小而言，变形可分为**小变形**和**大变形**。所谓小变形，就是假设可变形构件的约束力和内力可用外力作用在对应的刚体上

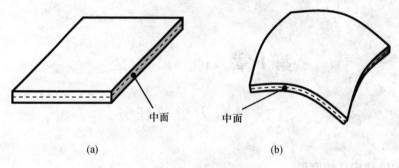

图 1.1-3　板件的几何描述

（a）平板；（b）壳

产生的约束力和内力来代替。在这种情形下，刚体力学的平衡方程可直接用来求内力和约束反力。用这种方法求构件的约束力和内力的方法称为**原始尺寸原理**。而对大变形构件，这种假设不成立。在图 1.1-4 所示的简支梁中，如在集中力 F 作用下梁端点 B 的水平位移 Δ_{Bx} 和 F 作用点的水平位移 Δ_{Cx}（$\neq \Delta_{Bx}$）可以忽略不计，换言之，轴线上各点只有很小的竖向位移而没有水平位移，则梁的变形认为是小变形，否则为大变形。对于大变形问题，仅凭静力学平衡理论，是无法求出梁的约束反力的。所以，小变形假设使得所研究的问题大为简化。而通常实际承力构件的变形确实是相当微小的。

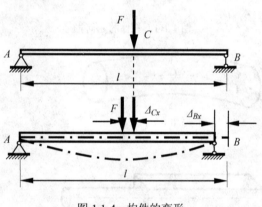

图 1.1-4　构件的变形

就构件的变形能否消失而言，变形可分为**弹性变形**和**弹塑性变形**。弹性变形在外力解除后可以完全恢复，而弹塑性变形在外力解除后只能恢复弹性变形部分，仍有部分变形不能消除，这部分残留在构件内的变形称为**塑性变形**或**残余变形**。如果构件中的塑性变形在外力不再增加的情况下依旧发生、增大，则称为**整体屈服**。通常认为弹塑性变形等于弹性变形与塑性变形之和。当弹性变形与外力成线形关系时，称为**线弹性变形**。实验表明，任何材料在外力不大时，都近似存在线弹性变形状态。本材料力学教程主要在线弹性的范围内研究材料的力学响应。

1.1.2　构件的强度、刚度和稳定性

承力构件要保证正常工作，显然不能发生断裂、显著塑性变形或整体屈服。对于许多构件，工作时变形过大也是不允许的。这就要求构件具有足够的**强度**（即抵抗破坏的能力）和足够的**刚度**（即抵抗变形的能力）。

还有一种现象也十分重要，即受压构件当压力超过某一临界值时，突然从原来的小变形状态转变为大变形弯曲平衡状态，这种现象称为**失稳**。通常失稳会造成较严重的经济损失，所以构件工作时发生失稳也是严格禁止的。因此承力构件还必须具有足够的**稳定性**（即保持原有平衡状态的能力）。

使构件具有足够的强度、刚度和稳定性是保证构件安全工作的基本要求，也是构件设计的基本要求。

另外，在保证构件安全工作的前提下，还应尽可能地节省材料，减轻重量，降低构件的

制造成本，提高经济效益。显然，**安全**与**经济**是矛盾的。因为为了构件安全，通常要选用优质的材料，增大截面尺寸，这样做的后果可能是浪费了材料，增加了重量，导致制造成本和耗能的提高。可见，如何合理地选择材料，恰当地确定构件形状和尺寸是构件设计的重要问题。

综上所述，材料力学的主要任务就是研究构件在外力作用下的变形、受力与失效（即构件强度不够、变形过大或失稳）的规律，为合理设计构件提供基本理论和分析方法。

1.2　材料力学的基本假设

制作构件的材料各种各样，随着材料科学的发展，新材料层出不穷。一种材料通常是由多种化学成分组成的，有些材料还是由多种组分形成的，如建筑行业广泛使用的混凝土就是由沙、石、水泥加水混合而成的。因此从材料的微观结构出发研究构件的宏观行为，如强度、刚度和稳定性，是极其困难的，而从材料的宏观行为出发却能提炼出材料的共性。为了便于对构件的强度、刚度和稳定性进行理论分析，需要对工程材料的主要宏观力学行为作出假设。材料力学的基本假设如下。

1. 连续性假设

假设在构件的内部毫无空隙地充满了物质。从微观的角度看，这假设是不真实的，但从宏观的角度看，却是十分自然和合理的。基于此假设，构件中的力学量，如各质点的位移、应力和应变，可表达为质点的连续甚至是可微分的函数，给理论分析带来了极大的方便。

2. 均匀性假设

假设材料在外力作用下的力学性能与其在构件中的位置无关。基于此假设，由构件中的任何部位切取的**微体**的力学性质都可以代表构件的力学性质，显然由试件测得的力学性质同样适用于构件内的任何部位。需要注意的是，通过微体测量材料的力学性能时，微体大小的选择是十分重要的，比如对于微观上十分均匀的玻璃，微体可取得很小，而对于微观上不均匀的混凝土，微体就要取得相对大些，应不小于组分中最大颗粒骨料（如石块）的最大尺寸的 3 倍。这样才能保证对微体进行测量的结果具有均匀化的统计意义，满足工程要求。

3. 各向同性假设

假设构件中的任何质点沿任何方向的力学性质都相同。沿各个方向力学性质相同的材料称为**各向同性**材料，沿不同方向具有不同力学性质的材料称为**各向异性**材料。

玻璃是典型的各向同性体，金属材料从微观上看属于各向异性体，因为组成金属的微观结构晶体是各向异性的。但由于金属构件所含晶体极多（$1mm^3$ 的钢材中就包含了数万甚至数十万个晶体），而晶体的排列又是随机的，因此金属材料的宏观表现可以认为是各向同性的（见图 1.2-1）。而日益广泛使用的新型材料——纤维增强复合材料（见图 1.2-2），沿纤维方向的承载能力远大于垂直于纤维方向的承载能力，这说明纤维增强的复合材料在不同方向表现出显著不同的力学性质，因此是典型的各向异性材料。木材也是典型的各向异性材料（见图 1.2-3）。本材料力学教程主要涉及各向同性材料。对于由各向异性材料制作的构件，研究方法

图 1.2-1　金属的微观结构示意图

是相同的，但超出了本教程的研究范围。

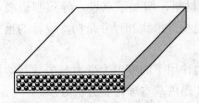

图 1.2-2　纤维增强复合板

图 1.2-3　木质材料

实践证明，在连续、均匀和各向同性假设下建立的可变形固体力学理论能满足工程要求，在工程应用的层次上仍是无可替代的正确理论。当然随着科学技术的进步，纳米材料已经被成功研制出来，微观机械将获得越来越多的应用。在可变形固体力学理论的基础上，建立更精确的适用于微观构件的力学理论具有十分重要的现实意义。

1.3　外力与内力

1.3.1　外力

承力构件所受的外力包括主动力——**载荷**和被动力——**约束反力**。

按照构件所受外力作用区域的不同，外力可分为**表面力**和**体积力**。

顾名思义，表面力作用于构件的表面，如果表面力连续作用在一块表面上，则称为**面分布力**，单位面积上所受的表面力称为**面力集度**。各点集度大小不变的表面力称为**面均布力**。如果表面力的作用长度比宽度大很多，则把这样的表面力抽象为线作用力，称为**线载荷**。如果表面力的作用面积比构件的表面积小很多，则把这样的表面力抽象为点作用力，称为**集中力**。比如，屋顶上所受的雪载荷（见图 1.3-1）、作用于压力容器内壁的气体压力，均为面分布力的实例。而支撑屋顶的立柱所受来自于屋顶的压力可简化为集中力。图 1.3-2 所示铣床工作台进给油缸的缸体受均匀分布的油压作用，而活塞杆 *AB* 两端所受载荷，可简化为集中力。

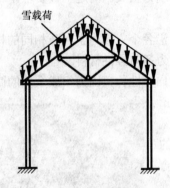

图 1.3-1　房屋雪载荷

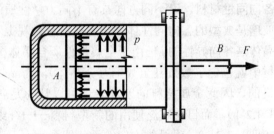

图 1.3-2　铣床工作台进给油缸缸体受力

体积力是连续分布于构件内部的力，如自重和由于运动而产生的惯性力等。

按随时间变化的情况，载荷又可分为**静载荷**和**动载荷**。静载荷是缓慢施加达到某一数值后保持恒定或变化很小的载荷，其特征是在加载的过程中，构件的加速度很小，以至于忽略不计。动载荷是随时间明显变化的载荷。比如图 1.3-2 所示的活塞杆 *AB* 所受轴向载荷和缸内油压就属于动载荷。

1.3.2　内力集度和内力

承力构件在外力的作用下发生变形，构体的整体变形是组成构件的微体发生变形的积累。图 1.3-3 所示拉杆的伸长是许多微段的微小伸长的积累。微体发生变形的直接原因是微体与微体之间的相互作用力。这种相互作用力不是构件中微观粒子间固有的短程相互作用力，而是由于外力作用才产生的一种"附加"内力，简称为**内力**。由连续性假设可知，内力是连续分布的。单位面积上的内力称为**内力集度**，或称为**全应力**。内力集度是矢量，与点的位置和微面的方向有关 [见图 1.3-4（b）]。内力集度的分布规律即应力场的确定，是可变形固体力学研究的重点内容之一。

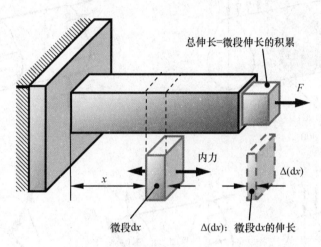

图 1.3-3　受拉杆件横截面上的内力及变形

材料力学中确定构件内力分布规律的基本方法是：先求出横截面上的内力集度关于截面形心的**主矢和主矩**与作用在杆件上的外力的关系，再根据变形的特点找出内力的集度与内力的主矢或主矩的显式关系。

1.3.3　求内力的平衡截面法

内力集度关于截面形心的主矢和主矩与作用在杆件上的外力的关系可由截面法确定。下面以图 1.3-4（a）所示处于平衡状态的构件为例说明**平衡截面法**。假如要分析 *m-m* 横截面上的内力，就要想象沿截面把杆件切分为两部分。沿 *m-m* 横截面截开之后，就暴露出两个截面，不妨称为左段右截面和右段左截面，在这两个横截面上有等值反向的内力集度。假设左段右截面上任意点的内力集度为 *p* [见图 1.3-4（b）]，右段左截面上对应点的内力集度为 *p′* [见图 1.3-4（c）]。把内力集度向横截面上特殊点——**形心 C** 简化，可得到左段右截面上内力的主矢 F_R 和主矩 *M* [见图 1.3-4（d）]，以及右段左截面上内力的主矢 F_R' 和主矩 *M′* [见图 1.3-4（e）]。根据内力等值反向的性质，有

$$F_R = -F_R', \quad M = -M' \tag{1.3-1}$$

左段右截面上 F_R 等于该截面上内力集度的矢量和，*M* 等于该截面上内力集度关于形心力矩的矢量和，如式（1.3-2）所示：

$$F_R = \int_A p\,dA, \quad M = \int_A r\times(p\,dA) \tag{1.3-2}$$

根据力系简化原理，把左段上所有外力 F_i 向形心 C 简化，得到外力的主矢 F_e 和主矩 M_e 分别为

$$F_e = \sum F_i, \qquad M_e = \sum M_C(F_i) \tag{1.3-3}$$

根据静力学理论，左段右截面上内力的主矢 F_R 和主矩 M 应满足静力学平衡方程，有

$$F_R + F_e = 0, \qquad M + M_e = 0 \tag{1.3-4}$$

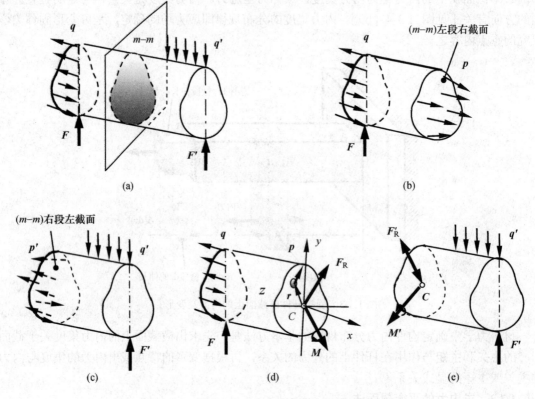

(a)　　　　　　　　　　　　　　(b)

(c)　　　　　　(d)　　　　　　(e)

图 1.3-4　外力、内力和内力集度之间的关系分析

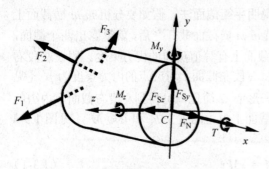

图 1.3-5　横截面上的内力分量

把式（1.1-3）代入式（1.1-4），有

$$F_R = -F_e = -\sum F_i, M = -M_e = -\sum M_C(F_i) \tag{1.3-5}$$

为了把内力和变形更好地联系起来，把内力的主矢和主矩向互相垂直的三个方向分解，见图 1.3-5。内力主矢沿轴向 x 的分量称为**轴力**，用 F_N 表示，在横截面内的两个分量称为**剪力**，分别用 F_{Sy} 和 F_{Sz} 表示；内力主矩绕 x 轴的分量称为**扭矩**，用 T 表示；绕 y 和 z 轴的分量称为**弯矩**，分别用 M_y 和 M_z 表示。则矢量式（1.3-5）的投影方程可表示为

$$F_N + \sum F_{i,x} = 0 \qquad T + \sum M_x(\boldsymbol{F}_i) = 0$$

$$F_{Sy} + \sum F_{i,y} = 0 \qquad M_y + \sum M_y(\boldsymbol{F}_i) = 0 \qquad (1.3\text{-}6)$$

$$F_{Sz} + \sum F_{i,z} = 0 \qquad M_z + \sum M_z(\boldsymbol{F}_i) = 0$$

在构件受分布外力的情况下，式（1.3-6）中的求和将用积分来替代。求解方程式（1.3-6），可求出任意截面的内力分量。

【例 1.3-1】 图 1.3-6（a）所示直径为 d 的圆截面直杆在右端受水平集中力 F_1 和竖直集中力 F_2 作用。F_2 的作用点在圆截面的外边缘。试求距右端为 l 的 *m-m* 横截面上的内力分量。

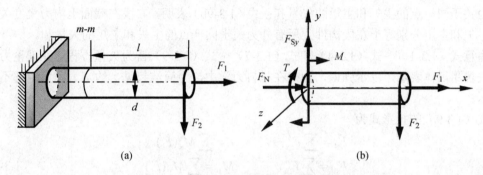

图 1.3-6　构件的内力分析

解　从 *m-m* 截面把杆一分为二，取右段为研究对象，在原来作用有外力处添上相应的外力，在横截面添上可能发生的内力分量轴力 F_N、y 方向剪力 F_{Sy} 和扭矩 T（如果判断不清，就宁多勿少），右段受力图如图 1.3-6（b）所示。平衡方程为

$$F_N + F_1 = 0, \quad F_{Sy} - F_2 = 0$$
$$T - F_2 \times \frac{d}{2} = 0, \quad M + F_2 l = 0 \qquad (\text{a})$$

由式（a）解得

$$F_N = -F_1, \quad F_{Sy} = F_2$$
$$T = F_2 \times \frac{d}{2}, \quad M = -F_2 l \qquad (\text{b})$$

其余内力分量为零。

式（b）中的"负号"说明相应的内力分量与图示方向相反。

从上面的分析可见，用截面法求内力需要把构件假想地一分为二，由所考虑部分的平衡方程式求出内力分量。这种求内力的方法称为**平衡截面法**，通常称为**截面法**。截面法是求内力的基本方法。然而需要指出的是，虽然截面法求内力的步骤很清楚，但是当大量截面的内力需要求得时，要画大量的受力图，列大量的平衡方程，是颇费工夫的。下面给出求内力的**等效截面法**。

1.3.4　求内力的等效截面法

前面研究截面左段的平衡，得到矢量式（1.3-5），同样道理，如以右段为研究对象，应有

$$\boldsymbol{F}_R' = -\boldsymbol{F}_e' = -\sum \boldsymbol{F}_i', \quad \boldsymbol{M}' = -\boldsymbol{M}_e' = -\sum \boldsymbol{M}_C(\boldsymbol{F}_i') \qquad (1.3\text{-}7)$$

式中：$\boldsymbol{F}_R'$、$\boldsymbol{M}'$ 与 $\boldsymbol{F}_e'$、$\boldsymbol{M}_e'$ 分别是右段左截面上内力集度和右段上所有外力关于形心的主矢

和主矩。

注意到左段右截面上的内力主矢和主矩与右段左截面上的内力主矢和主矩等值反向，即

$$F_R = -F'_R, \quad M = -M' \tag{1.3-8}$$

比较式（1.3-7）和式（1.3-8）发现

$$F_R = \sum F'_i \qquad M = \sum M_C(F'_i) \tag{1.3-9a}$$

$$F'_R = \sum F_i \qquad M' = \sum M_C(F_i) \tag{1.3-9b}$$

式（1.3-9a）表明，左段右截面上内力集度关于形心的主矢和主矩分别等于右段构件上所有外力关于同一点的主矢和主矩的矢量和；式（1.3-9b）表明，右段左截面上内力集度关于形心的主矢和主矩分别等于左段构件上所有外力关于同一点的主矢和主矩的矢量和。

注意式（1.3-1）～式（1.3-4）和式（1.3-7）～式（1.3-9）皆为矢量方程。在理论力学中约定矢量用黑体表示，以示强调，但是在材料力学中，为简洁起见，约定力和力矩都不用黑体表示。

式（1.3-9）的投影式为

$$F_N = \sum F'_{i,x} \qquad T = \sum M_x(F'_i)$$
$$F_{Sy} = \sum F'_{i,y} \qquad M_y = \sum M_y(F'_i) \tag{1.3-10a}$$
$$F_{Sz} = \sum F'_{i,z} \qquad M_z = \sum M_z(F'_i)$$

$$F'_N = \sum F_{i,x} \qquad T' = \sum M_x(F_i)$$
$$F'_{Sy} = \sum F_{i,y} \qquad M'_y = \sum M_y(F_i) \tag{1.3-10b}$$
$$F'_{Sz} = \sum F_{i,z} \qquad M'_z = \sum M_z(F_i)$$

式（1.3-10a）表明，左段右截面上的轴力等于右段构件上所有外力在轴线方向上投影的代数和；剪力分别等于右段构件上所有外力在垂直轴线方向上投影的代数和；扭矩等于右段构件上所有外力关于轴线的力矩的代数和；弯矩 M_y 等于右段构件上所有外力关于过形心且垂直于轴线的坐标轴 y 的力矩的代数和，弯矩 M_z 等于右段构件上所有外力关于 z 轴的力矩的代数和。

同理式（1.3-10b）表明，右段左截面上的轴力、剪力、扭矩和弯矩分别等于左段构件上所有外力在轴线方向上投影的代数和、在垂直轴线方向上投影的代数和、关于轴线的力矩的代数和以及关于垂直于轴线的坐标轴力矩的代数和。

式（1.3-9a）和式（1.3-10a）还表明，左段右截面上的内力是作用在右杆段上所有外力对左杆段的等效作用，换言之，作用在右杆段上所有外力对左杆段的内力和变形的效果可用左段右截面上的内力代替。基于这样的观点，把这种求内力的方法称为**等效截面法**。

与平衡截面法相比，等效截面法省却了截开、留取和列平衡方程的步骤，可直接写出指定截面的内力分量的表达式，非常简洁。关于用式（1.3-10）求内力分量的应用，在有关章节中还要进一步说明。

注意到虽然左段右截面上的内力分量和右段左截面上的内力分量具有等值反向的特性，然而它们在包含横截面的微段上引起的变形却是一致的，如图 1.3-7 所示。因此左段右截面上的内力和右段左截面上的内力分量应具有相同的正负符号。内力的符号规定如下：

（1）轴力 F_N：离开截面的轴力为正，指向截面的轴力为负，见图 1.3-7（a）。这等价于

规定使微段 $\mathrm{d}x$ 被拉伸的轴力为正，使微段 $\mathrm{d}x$ 压缩的轴力为负。

（2）剪力 F_{Sy}：使微段 $\mathrm{d}x$ 沿 y 方向发生左上右下错动的剪力 F_{Sy} 为正，使微段 $\mathrm{d}x$ 发生右上左下错动的剪力为负，如图 1.3-7（b）所示。这等价于规定剪力 F_{Sy} 关于微段 $\mathrm{d}x$ 的内部任意点的力矩为顺时针时为正，反之为负。

（3）扭矩 T：扭矩矢离开截面的扭矩为正，反之为负，如图 1.3-7（c）所示。

（4）弯矩 M_z：引起微段下凸的弯矩 M_z 为正，引起微段上凸的 M_z 为负，如图 1.3-7（d）所示（M_z 简记为 M）。

根据以上规定，图 1.3-7（a）～（d）所示的内力分量都是正的。请读者自行判别例 1.3-1 中截面 *m-m* 各内力分量的正负。

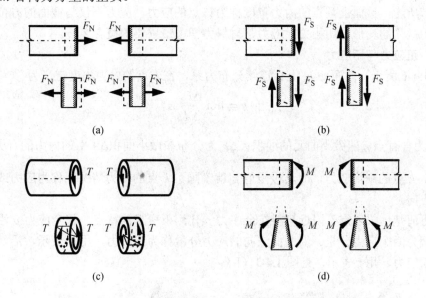

图 1.3-7　微段在内力作用下的变形和内力分量的符号规定

【例 1.3-2】 用等效截面法重解例 ［1.3-1］。

解 （1）左段右截面的轴力等于右段所有外力在 x 方向投影的代数和，显然右段上只有 F_1 沿轴线方向，离开左段右截面，所以为正，即

$$F_N = F_1$$

（2）左段右截面沿 y 方向的剪力等于右段所有外力在 y 方向投影的代数和，显然右段上只有 F_2 沿 y 方向，对左段右截面内侧的力矩为顺时针，所以为正，即

$$F_{Sy} = F_2$$

（3）左段右截面的弯矩 M_z 等于右段上所有外力对过截面形心关于 z 轴力矩的代数和，显然右段上只有 F_2 对左段右截面形心关于 z 轴有顺时针的力矩，该力矩使左段右截面附近的微段上凸，故为负，即

$$M_z = -F_2 l$$

（4）左段右截面的扭矩等于右段上所有外力关于 x 轴力矩的代数和，显然右段上只有 F_2 对 x 轴有顺时针的力矩，该力矩矢离开左段右截面，故为正，即

$$T = \frac{F_2 d}{2}$$

构件的强度、刚度和稳定性与内力分量的大小及其在构件内的分布密切相关。对于杆件而言，内力的集度与内力分量之间、变形与内力分量之间具有较简单的显式关系。这些关系的推导和应用是材料力学的重点内容，因此熟练地确定杆件上给定横截面的内力分量是学好材料力学的重要基础。

1.4 应 力

如前节所述，截面上某点的内力集度称为该点的**应力**，应力不仅与截面的方位有关，还与所作用的微体的变形密切相关，应力是材料力学中最重要的概念之一。

1.4.1 正应力与切应力

如图 1.4-1 所示，截面 m-m 上有连续分布力系，在 k 点的内力集度定义为

$$p = \lim_{\Delta A \to 0} \frac{\Delta F}{\Delta A} \tag{1.4-1}$$

式中：ΔA 为含有点 k 的微小面元的面积；ΔF 为分布在微小面积 ΔA 上的内力的合力；$\dfrac{\Delta F}{\Delta A}$ 为 m-m 截面上 k 点的平均应力，而其极限值 p 就刻画了 k 点的受力情况，称为**应力**或**全应力**，可沿任意方向。

为了更清楚地描述点 k 附近材料在全应力 p 作用下变形的特点，将全应力 p 沿截面法向和切向分解为两个应力分量。沿截面法向的应力分量称为**正应力**，用 σ 表示，沿切向的应力分量称为**切应力**，用 τ 表示，见图 1.4-1（b）。

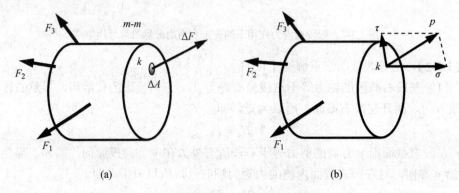

图 1.4-1 截面上一点处应力的概念

全应力 p 与应力分量 σ 和 τ 的关系是

$$p^2 = \sigma^2 + \tau^2 \tag{1.4-2}$$

在国际单位制中，应力的单位为 Pa（Pascal 姓的缩写），$1\text{Pa} = 1\text{N/m}^2$，常用单位为 MPa，即

$$1\text{MPa} = 10^6\text{Pa} = 1\text{N/mm}^2 \tag{1.4-3}$$

1.4.2[*] 一点处应力状态的概念

不难看出，如果在 k 点周围用 6 个微小平面把点 k 取出，将得到一个微小的正六面体。

所谓微小，就是各微面的边长都是微分尺寸，这样的微体简称为**单元体**或**微体**。通常用微面的外法线方向定义微面，比如外法线沿 x 正向的微面称为 x 的正面，外法线沿 x 负向的微面称为 x 的负面。在构件受复杂载荷的情况下，单元体各微面上都可能有正应力和切应力，如图 1.4-2（a）所示。每个微面上 3 个应力分量，共有 18 个应力分量。切应力的两个下标的含义是：第一个下标表示切应力所在的微面，第二个下标表示切应力的方向。如 τ_{xy} 表示作用在 x 微面上沿 y 方向的切应力。在此单元体的各个微面上的应力分量假设是均匀分布的，由于整个构件处于平衡状态，该单元体也应处于平衡状态，则根据平衡理论，可列出 6 个平衡方程。由此可知互相平行微面上的正应力分量是对应相等的；相互垂直微面上的切应力大小相等，方向必然同时指向两互相垂直截面的交线，或者同时离开这一交线，这一结论称为**切应力互等定理**（详见 3.3.3），是材料力学的重要定理之一。可见在最一般的情况下，一点处的应力分量只有 9 个，即 3 个正应力分量 σ_x、σ_y、σ_z 和 6 个切应力分量 $\tau_{xy}=\tau_{yx}$、$\tau_{yz}=\tau_{zy}$、$\tau_{zx}=\tau_{xz}$。

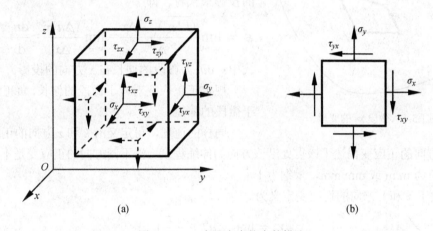

图 1.4-2　一点处应力状态的描述

一点处各微面上应力分量的变化情况称为**一点处的应力状态**。更深入的分析告诉我们，只要已知单元体各微面上的应力分量，就能求出过该点其他任意截面上的应力分量（见 8.5 节）。对于一般应力状态，假设已知各微面上的应力分量如何求其他微面上应力分量的内容超出了本教程的范围，有兴趣的读者可阅读有关专著。

假如在 z 正微面（即该微面的法线方向沿 z 的正向）上，所有的应力分量都是零，则称为 xy 面内的**平面应力状态**，如图 1.4-2（b）所示。图 1.4-3（a）是单向应力状态，图 1.4-3（b）是纯剪切应力状态，这是两个简单而重要的应力状态。

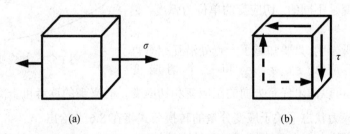

图 1.4-3　单向应力状态和纯剪切应力状态

1.5　应　　变

构件内 k 点单元体的变形包括体积的改变和形状的改变。体积的改变可由过 k 点互相垂直的三个微段的伸长来表示，而形状的改变可由过 k 点的三对两两互相垂直的两个微段的相对转动角度来表示。构件内 k 点沿 x 方向的线应变定义为

$$\varepsilon_x = \lim_{\Delta x \to 0} \frac{\overline{k'a'} - \Delta x}{\Delta x} = \lim_{\Delta x \to 0} \frac{\Delta u}{\Delta x} \tag{1.5-1}$$

式中：Δx 为微段 $\overline{ka}$ 的长度（见图 1.5-1）。

如果变形微小，则 $\overline{ka}$ 和 $\overline{k'a'}$ 之间的角度很小，于是在式（1.5-1）中可以用 $\overline{k'a'}$ 在 x 方向的投影来代替，即

$$\varepsilon_x = \lim_{\Delta x \to 0} \frac{\overline{(k'a')}_x - \Delta x}{\Delta x} = \lim_{\Delta x \to 0} \frac{(\Delta u)x}{\Delta x} = \frac{\mathrm{d}u_x}{\mathrm{d}x} \tag{1.5-2}$$

式中：$\mathrm{d}u_x$ 为微段的伸长在 x 方向的投影。

规定正正应变对应于微段的伸长，负正应变对应于微段的缩短。

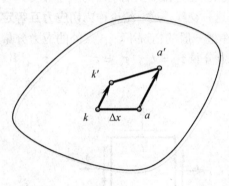

图 1.5-1　微段 Δx 的变形

同样的道理，可定义沿 k 和 z 方向的正应变。一点处沿某方向的正应变描述了该点处沿该方向的伸缩程度。沿不同方向的正应变是不同的。正应变的单位为 m/m 或 mm/mm，量纲为 1。

k 点关于 x 和 y 方向的切应变定义为

$$\gamma_{xy} = \lim_{\substack{\Delta x \to 0 \\ \Delta y \to 0}} \left(\angle a'k'b' - \frac{\pi}{2} \right) \tag{1.5-3}$$

式中：Δx 和 Δy 分别为微段 $\overline{ka}$ 和 $\overline{kb}$ 的长度；γ_{xy} 为微段 $\overline{ka}$ 和 $\overline{kb}$ 所夹直角的改变量（见图 1.5-2）。

本书中规定，使直角增大的切应变为正。在小变形的情况下，角度的改变可以用其正切来代替，即

$$\gamma_{xy} = \tan \left(\angle a'k'b' - \frac{\pi}{2} \right) \tag{1.5-4}$$

同样的道理，可定义 γ_{yz} 和 γ_{zx}。一点处的切应变描述了该点沿相应方向的微段相对转动的程度，一点处沿不同方向的切应变是不同的。切应变的单位为弧度，量纲为 1。

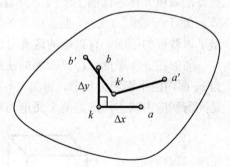

图 1.5-2　切应变 γ_{xy} 的定义

更深入的分析表明，只要知道了一点处沿互相垂直方向的三个正应变 ε_x、ε_y、ε_z 和三个切应变 γ_{xy}、γ_{yz}、γ_{zx}，就可以求出任意方向的正应变和切应变，有兴趣的读者可查阅弹塑性方面的教材。平面应力状态下关于应变分量的转换公式将在 8.6 节给出。

【例 1.5-1】　图 1.5-3 表示平板 $ABCD$ 的变形情况。试确定 AB、AD 棱边的平均正应变和 A 点处直角 BAD 的切应变。

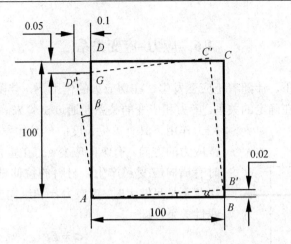

图 1.5-3　平板 *ABCD* 的变形

分析：图示平板 *ABCD* 的变形，由于大小和形状发生了改变，因此是拉压变形和剪切变形的叠加。下面根据正应变的定义和小变形假设两种情况分别计算。

解　根据平均正应变的定义，有

$$\varepsilon_{AB} = \frac{\overline{AB'} - \overline{AB}}{\overline{AB}} = \frac{\sqrt{100^2 + 0.02^2}\,\text{mm} - 100\text{mm}}{100\text{mm}} = 2.00 \times 10^{-8} \approx 0 \quad\text{（a）}$$

$$\varepsilon_{AD} = \frac{\overline{AD'} - \overline{AD}}{\overline{AD}} = \frac{\sqrt{(100-0.05)^2 + 0.1^2}\,\text{mm} - 100\text{mm}}{100\text{mm}} = -5.00 \times 10^{-4} \quad\text{（b）}$$

由平均切应变的定义，有

$$\gamma = \beta - \alpha$$

$$\tan\beta = \frac{0.1\text{mm}}{100\text{mm} - 0.05\text{mm}} = 1.00 \times 10^{-3}, \tan\alpha = \frac{0.02\text{mm}}{100\text{mm}} = 2.00 \times 10^{-4}$$

$$\beta - \alpha = 0.057° - 0.011° = 0.05°$$

$$\gamma = 0.05° = 8.01 \times 10^{-4}\,\text{rad} \quad\text{（c）}$$

如果假设小变形条件成立，则 *AB* 棱边的平均正应变为 *AB* 棱边变形后的长度在 *AB* 方向投影的正应变，显然，有

$$\varepsilon_{AB} = 0 \quad\text{（d）}$$

同理，*AD* 棱边的平均正应变为

$$\varepsilon_{AD} = \frac{AG - AD}{AD} = -\frac{0.05\text{mm}}{100\text{mm}} = -5.00 \times 10^{-4} \quad\text{（e）}$$

而由式（1.5-4），有

$$\gamma = \frac{0.1\text{mm}}{100\text{mm}} - \frac{0.02\text{mm}}{100\text{mm}} = 8.00 \times 10^{-4}\,\text{rad} \quad\text{（f）}$$

比较两种解法所得的结果，可见按小变形计算的结果与按定义计算的结果是十分接近的。在材料力学中，在没有指明是大变形还是小变形的情况下，总是按小变形的情况进行计算。按小变形计算时，实际上就是认为拉压变形和剪切变形是互相独立的两种变形。

1.6　应力–应变关系

在正应力的作用下，伴随着正应变发生，在切应力的作用下，伴随着切应变的产生，因此应力和应变之间存在确定的关系。应力和应变的关系要通过试验来确定。图 1.6-1 是在单向应力作用下具有单位长度的单元体发生正应变的情况。沿着正应力的方向，有纵向应变 ε，在垂直于正应力的方向，同时有横向应变 ε' 产生。材料的拉伸试验表明，当材料所受载荷不是足够大时，正应力 σ 和纵向应变 ε 之间具有近似的线性关系，即

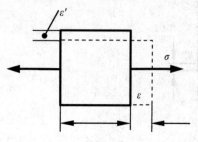

图 1.6-1　正应力引起正应变

$$\sigma = E\varepsilon \tag{1.6-1}$$

这里 E 称为**弹性模量**，其单位与应力相同。式（1.6-1）称为**胡克（Hooke）定律**。纵向应变 ε 和横向应变 ε' 也有线性关系，即

$$\varepsilon' = -\mu\varepsilon \tag{1.6-2}$$

式中：μ 为材料常数，称为**泊松（Poisson）比**。

图 1.6-2 是只有切应力 τ 作用下具有单位长度的单元体发生纯剪切变形的情况。图 1.6-2（a）是纯剪切变形的真实表示，虚线平行四边形逆转一微小角度然后向左作微小平移，将得到纯剪切变形的简化表示，见图 1.6-2（b）。事实上，两图中直角的改变量 γ 是相同的，即剪切变形是相同的。在小变形的条件下，纯剪切变形只有形状的改变，而边长没有长短的改变。

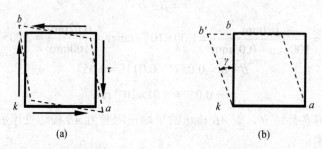

(a)　　　　　　　　　　　　(b)

图 1.6-2　切应力引起切应变（纯剪切变形）

（a）纯剪切变形的真实表示；（b）剪切变形的定义表示

材料的纯剪切试验表明，当材料所受载荷不是足够大时，切应力和切应变之间也具有线性关系，即

$$\tau = G\gamma \tag{1.6-3}$$

这里 G 称为**切变模量**，通常称式（1.6-3）为**剪切胡克定律**。对于各向同性材料，材料常数 E、G 和 μ 并不独立，它们之间满足如下关系

$$G = \frac{E}{2(1+\mu)} \tag{1.6-4}$$

它们都可以由试验测定。对于钢材，$E = 200 \sim 210\text{GPa}$，$G = 78 \sim 81\text{GPa}$，$\mu \approx 0.3$。

一般应力状态下应力和应变之间的关系将在第 8 章讨论。

1.7 杆段变形的形式

杆件的受力方式多种多样，导致杆件的变形也多种多样，甚至一根杆件上不同杆段的变形形式也不同。分析后发现，杆件的变形必为下述基本变形之一，或为几种基本变形的组合。

1.7.1 杆段的基本变形

杆段的基本变形有四种，即**轴向拉压、剪切、纯扭矩和纯弯矩**。轴向拉压变形的受力特征是受轴向载荷作用，横截面上只有轴力 F_N，变形特征是两横截面之间只有相对轴向位移（即轴向变形），受轴向拉伸载荷作用杆段的变形和内力如图 1.7-1（a）所示。

剪切变形的受力特点是杆段受一对等值反向、相距很近且垂直于轴线的外力作用，横截面上只有剪力 F_s。变形特征是横截面沿外力方向发生错动，如图 1.7-1（b）所示。

纯扭转的受力特点是杆段受一对等值反向且作用面垂直于轴线的扭力偶 M_e 作用，杆段内任意截面只有扭矩 T。变形特征是任意两横截面绕轴线相对转动，如图 1.7-1（c）。

纯弯矩的受力特点是杆段受一对等值反向且作用面在纵向平面（矩矢垂直于轴线）的外力偶 M_e 作用，横截面上只有弯矩 M。变形特征是轴线由直线变为曲线，如图 1.7-1（d）所示。除纯弯曲变形之外，由垂直于轴线的横向力引起的弯曲，即横力弯曲是更为常见的变形，这时，在横截面上不仅有弯矩 M，还有剪力 F_s。

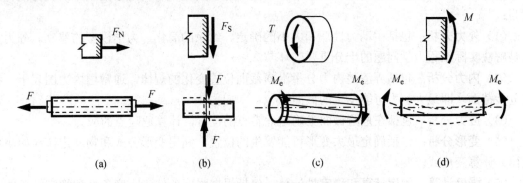

图 1.7-1　杆段基本变形形式和横截面上的内力

1.7.2 杆段的组合变形

有两种或两种以上基本变形组成的变形形式，称为**组合变形**。主要的组合变形包括拉伸（压缩）-弯曲组合变形、弯曲-扭转组合变形和拉伸（压缩）-弯曲-扭转组合变形。

例如图 1.7-2（a）所示直角折拐，在平行于 xy 平面的平面内受集中力 F 作用，AB 段的任意截面 m-m 受内力情况如图 1.7-2（b）所示。可见 AB 杆段受拉伸-（双向）弯曲-扭转组合变形。

本书首先研究杆件的基本变形，然后研究其组合变形。

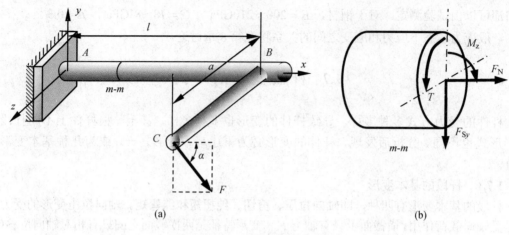

图 1.7-2　受组合变形杆件

1.8　材料力学的研究方法

材料力学研究承力构件的强度、刚度和稳定性。强度和刚度都与材料的力学性质密切相关。材料的力学性质包括前节引进的材料常数与衡量材料破坏的强度指标和塑性指标。这些指标要通过应力和应变来衡量。在材料力学的范围内，杆件内应力、应变的分布和杆件横截面上的内力分量有确定的关系。这种显式关系的确定需要对杆件的变形规律作进一步的假设，即**平面假设**。而平面假设是建立在试验基础上的。综上所述，材料力学的基本研究方法可概括为：

（1）**外力分析**：包括主动力性质和大小的确定、约束的简化、力学模型的建立。外力分析是解决实际工程力学问题的十分重要的环节。

（2）**内力分析**：包括弄清楚内力分量沿横截面位置变化的规律，通常由内力图表示，找出危险截面（即最大应力可能发生的截面）。

（3）**应力分析**：包括在危险截面上确定危险点的位置，计算危险点的应力。

（4）**变形分析**：包括确定最大变形可能发生的位置，利用变形公式和物理定律（如胡克定律）计算变形或应变。

（5）**强度计算，刚度计算和稳定性计算**：包括根据强度条件、刚度条件和稳定性条件，判定构件是否安全和进行构件的设计。

材料力学是一门实践性非常强的技术基础课，研究问题的方法具有一般性，不仅本身知识非常实用，而且也是学习更高层次变形体力学必备的基础理论。

本　章　要　点

1. 材料力学的基本概念

材料力学的基本概念如内力、应力、应变等，对它们的正确而又全面的理解是学好材料力学的基础；给出了解决材料力学问题的基本方法，这对于从整体上把握材料力学颇有益处。

2. 内力

内力是由外力在构件内引起的"附加"内力。任意截面的内力等于该截面上内力集度关于形心的主矢和主矩，该主矢和主矩既可以理解为保持截面所在杆段静力平衡所必需的抗力，又可解释为作用在截面另一侧杆段上所有外力对该侧杆段的等效作用。第一种解释引出了求内力的基本方法——平衡截面法（常称为截面法），第二种解释引出了求内力的等效截面法。构件由截面法求内力分量时借助于所研究构件段的平衡方程，即

$$F_N + \sum F_{i,x} = 0 \qquad T + \sum M_x(\boldsymbol{F}_i) = 0$$
$$F_{Sy} + \sum F_{i,y} = 0 \qquad M_y + \sum M_y(\boldsymbol{F}_i) = 0 \qquad (1.3\text{-}6)$$
$$F_{Sz} + \sum F_{i,z} = 0 \qquad M_z + \sum M_z(\boldsymbol{F}_i) = 0$$

由等效截面法可直接写出任意横截面上的内力分量，即

$$F_N = \sum F'_{i,x} \qquad T = \sum M_x(F'_i)$$
$$F_{Sy} = \sum F'_{i,y} \qquad M_y = \sum M_y(F'_i) \qquad (1.3\text{-}10a)$$
$$F_{Sz} = \sum F'_{i,z} \qquad M_z = \sum M_z(F'_i)$$

$$F'_N = \sum F_{i,x} \qquad T' = \sum M_x(F_i)$$
$$F'_{Sy} = \sum F_{i,y} \qquad M'_y = \sum M_y(F_i) \qquad (1.3\text{-}10b)$$
$$F'_{Sz} = \sum F_{i,z} \qquad M'_z = \sum M_z(F_i)$$

式（1.3-10a）的含义是，任意左段右截面上的内力分量等于右段上所有外力在相应轴线上投影的代数和。式（1.3-10b）的含义是，右段左截面上的内力分量等于左段上的所有外力在相应轴线上投影的代数和，投影的正负与相应截面内力分量的符号规定相一致。其实，左段右截面上的内力分量与右段左截面上的内力分量是完全相等的，之所以截面被区分为左段右截面和右段左截面是为了便于写出内力分量的表达式。

3. 一点处的应力

$$p = \lim_{\Delta A \to 0} \frac{\Delta F}{\Delta A} \qquad (1.4\text{-}1)$$

$$p^2 = \sigma^2 + \tau^2 \qquad (1.4\text{-}2)$$

全应力 p、正应力 σ 和切应力 τ 与给定点的位置和微面 ΔA 的方向有关。

4. 一点处的应变

$$\varepsilon_x = \lim_{\Delta x \to 0} \frac{\Delta u}{\Delta x} \qquad (1.5\text{-}1)$$

$$\gamma_{xy} = \lim_{\substack{\Delta x \to 0 \\ \Delta y \to 0}} \left(\angle a'k'b' - \frac{\pi}{2} \right) \qquad (1.5\text{-}3)$$

在小变形的条件下，有

$$\varepsilon_x = \lim_{\Delta x \to 0} \frac{(\Delta u)_x}{\Delta x} = \frac{\mathrm{d}u_x}{\mathrm{d}x} \qquad (1.5\text{-}2)$$

$$\gamma_{xy} = \tan \left(\angle a'k'b' - \frac{\pi}{2} \right) \qquad (1.5\text{-}4)$$

式中：Δx 和 Δy 分别为微段 $\overline{ka}$ 和 $\overline{kb}$ 的长度，Δu 是微段 Δx 的伸长量，正应变 ε_x 表示过给定点沿 x 方向的微段 Δx 的伸缩程度，规定伸长为正，压缩为负，其大小与给定点的位置和微段的

方向有关；γ_{xy} 为微段 $\vec{ka}$ 和 $\vec{kb}$ 所夹直角的改变量，规定使直角增大为正，使直角减小为负，其大小与给定点的位置和互相垂直的微段的方向有关。

5. 胡克定律

单向应力胡克定律为

$$\sigma = E\varepsilon \tag{1.6-1}$$

这里 E 称为弹性模量，其单位与应力相同。纵向应变 ε 和横向应变 ε' 也有线性关系，其符号必然相异，即

$$\varepsilon' = -\mu\varepsilon \tag{1.6-2}$$

式中材料常数 μ 称为泊松比。

剪切胡克定律为

$$\tau = G\gamma \tag{1.6-3}$$

 思 考 题

1.1　试述杆件内力的定义、求法和作用（即和外力、应力的关系）。

1.2　何谓内力集度、应力、正应力？它们的量纲、单位如何？它们的正负是如何规定的？

1.3　何谓应变？应变的量纲如何？一点处的正应变与方向有无关系？一点处的切应力是如何定义的？与方位是否有关系？

1.4　杆件变形的基本形式是如何定义的？其所受外力和变形的特点是什么？横截面上内力的特点是什么？长为 dx 的微段的内力状态、变形状态如何？长为 l 的有限长杆件所受外力及变形与长为 dx 的微段所受内力及变形状态有何异同？研究微段的内力和变形状态有何优越性？

1.5　何谓组合变形？在拉弯组合、弯扭组合和拉弯扭组合变形的情况下，横截面上的内力分量如何？

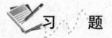 习 题

1.1（1.3 节）　题图 1.1 所示结构受集中力 $F=10$kN 作用。由截面法求 1-1 截面和 2-2 截面上的内力分量，并指出 AB 和 BC 两杆的变形属于何类基本变形。

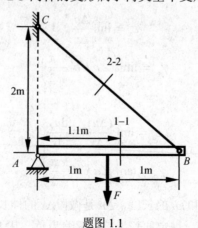

题图 1.1

1.2（1.3 节）　使用等效截面法求题图 1.1 所示结构的 1-1 截面和 2-2 截面上的内力分量。

1.3（1.5 节）　题图 1.2 所示等腰三角形 *ABC* 薄板因受外力作用而变形，角点 *C* 垂直向上的位移为 0.01mm，但 *AC* 和 *BC* 仍保持为直线。试求 *AB* 的平均正应变、*OC* 的平均正应变，并求 *AB*、*BC* 两边在 *B* 点的角度改变。

1.4（1.5 节）　题图 1.3 所示两个矩形微体，虚线表示变形后的情况，该两微体在 *A* 处的切应变分别记为 $(\gamma_A)_a$ 和 $(\gamma_A)_b$，试确定其大小。

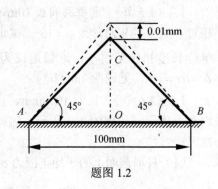

题图 1.2

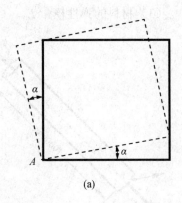

(a)

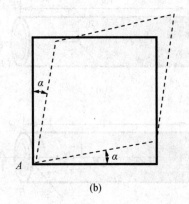

(b)

题图 1.3

1.5（1.5 节）　方形薄板 *ABCD* 的变形如题图 1.4 中虚线所示。试求棱边 *AB* 与 *AD* 的平均正应变，以及 *A* 点处直角 *BAD* 的切应变。

1.6（1.5 节）　边长为 3mm×3mm 的方形截面直杆在端部受合力为 *F* 的均布力作用，如题图 1.5 所示。如果杆的伸长为 2mm，并假设杆的体积不变化，试求正应变 ε_x、ε_y 和 ε_z。（提示：杆的任何边长平行于 *xyz* 的微段的变形都是均匀的；根据体积不变的假设，应有变形前的体积=变形后的体积）

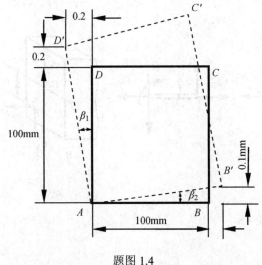

题图 1.4

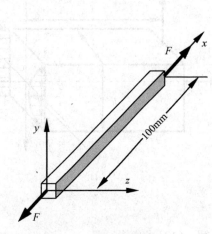

题图 1.5

1.7（1.5 节）　薄壁圆筒长 10m，外径 1m，受外扭力矩 M_e，如题图 1.6（a）所示。端 B 相对于端 A 的相对转角 $\varphi = 15°$。试求圆筒表面上一点 k 的切应变 γ_{xy}。[提示：由于圆筒很长，单位长度扭转角很小，近似地认为圆筒没有轴向变形，仅发生绕轴线的微小转动，固有 $\delta = l\alpha = r\varphi$，见题图 1.6（b）]

1.8（1.6 节）　长为 1000mm、直径为 100mm 的圆截面直杆在端部受合力 $F = 78.5$kN 的均布力作用，如题图 1.7 所示。测的杆的伸长为 2mm。如果杆的变形在线弹性范围之内。试求：

（1）杆横截面上的平均正应力 σ_x；

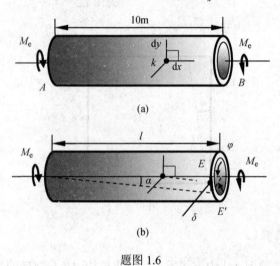

（2）杆沿长度方向的平均正应变 ε_x；

（3）材料的弹性模量 E。

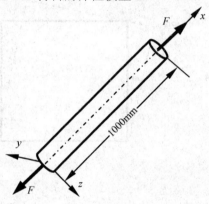

题图 1.6

题图 1.7

1.9（第 1 章*）　题图 1.8（a）所示宽 b、高 h 的矩形截面杆，在端 A 受轴向拉力 F_{Ax}、竖向集中力 F_{Ay}。距 A 端为 l 的横截面 B 上的正应力 σ 沿高度梯形分布，沿宽度均匀分布，切应力 τ 沿高度抛物线分布，沿宽度均匀分布，C 为横截面形心。试求横截面上的内力分量、$\sigma_{\max}$、$\sigma_{\min}$ 和 $\tau_{\max}$。

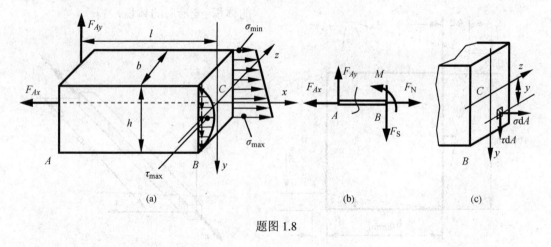

题图 1.8

解　（1）求内力分量。

由题图 1.8（b）的平衡，有

$$\sum F_x = 0, \quad F_N - F_{Ax} = 0$$

$$\sum F_y = 0, \quad F_{Ay} - F_S = 0$$

$$\sum M_C = 0, \quad M - F_{Ay}l = 0$$

解得

$$F_N = F_{Ax}, \quad F_S = F_{Ay}, \quad M = F_{Ay}l \quad [方向如题图1.8（b）所示] \tag{a}$$

（2）求 σ_{max}、σ_{min} 和 τ_{max}。

根据横截面上应力和内力的关系 [见题图 1.8（b）、（c）]，有

$$F_N = \int_A \sigma \mathrm{d}A, \quad M = \int_A \sigma y \mathrm{d}A, \quad F_S = \int_A \tau \mathrm{d}A \tag{b}$$

横截面上任意点的正应力和切应力分别为

$$\sigma = \sigma_{min} + \frac{(h+2y)(\sigma_{max} - \sigma_{min})}{2h}, \quad \tau = \left(1 - \frac{4y^2}{h^2}\right)\tau_{max} \tag{c}$$

把式（c）代入式（b），得到

$$F_N = \int_A \left[\sigma_{min} + \frac{(h+2y)(\sigma_{max} - \sigma_{min})}{2h}\right]\mathrm{d}A = \frac{(\sigma_{max} + \sigma_{min})A}{2} \tag{d}$$

$$M = \int_A \left[\sigma_{min} + \frac{(h+2y)(\sigma_{max} - \sigma_{min})}{2h}\right]y\mathrm{d}A$$

$$= \frac{(\sigma_{max} - \sigma_{min})}{h} \times \frac{bh^3}{12} = \frac{Ah(\sigma_{max} - \sigma_{min})}{12} \tag{e}$$

$$F_S = \int_A \left(1 - \frac{4y^2}{h^2}\right)\tau_{max}\mathrm{d}A = \tau_{max}\left(A - \frac{4}{h^2} \times \frac{bh^3}{12}\right) = \tau_{max}\frac{2A}{3} \tag{f}$$

把式（a）代入式（d）～式（f），解得

$$\sigma_{max} = \frac{F_{Ax}h + 6F_{Ay}l}{Ah}, \quad \sigma_{min} = \frac{F_{Ax}h - 6F_{Ay}l}{Ah}, \quad \tau_{max} = \frac{3F_{Ay}}{2A}$$

注：本道习题意在具体说明横截面内力分量与外力的关系以及内力分量与应力的关系。应力最终是由外力决定的，可见内力是联系外力与应力的桥梁。

第 2 章　轴向拉压与材料的力学性质

2.1　引　　言

工程中经常遇到承受轴向拉伸或压缩的杆件，例如图 2.1-1 所示的起吊重物的钢索与图 2.1-2 所示桁架中的拉杆和压杆。

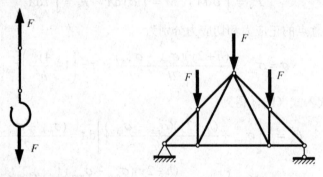

图 2.1-1　起吊重物的钢索　　　　图 2.1-2　平面桁架

沿轴线方向作用的外力，称为**轴向载荷，或轴向外力**。在轴向载荷作用下，杆件的变形主要表现为轴向伸长或缩短（见图 2.1-3），这种变形称为**轴向拉压**。受轴向拉伸或压缩的杆件称为**拉压杆**。

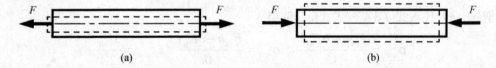

图 2.1-3　轴向拉压杆的变形

（a）轴向拉伸；（b）轴向压缩

本章研究拉压杆的内力、应力、变形以及材料在拉伸和压缩时的力学性能，并在此基础上，分析拉压杆的强度与刚度问题。此外，本章还将研究拉压杆连接件的强度计算问题。

2.2　拉压杆的内力——轴力与轴力图

2.2.1　轴力的概念

图 2.2-1（a）和图 2.2-2（a）分别为受轴向拉伸和压缩载荷作用的拉杆。在轴向载荷作用下，根据平衡条件，杆件横截面上的内力分量必沿杆件轴线，沿轴线方向的内力称为**轴力**，用 F_N 表示（见 1.3 节）。

规定使杆件产生轴向伸长的轴力为正，正轴力必然离开截面；使杆件产生轴向缩短的轴力为负，负轴力必然指向截面。任意截面 *m-m* 的正轴力和负轴力分别如图 2.2-1（b）和图 2.2-2（b）所示。

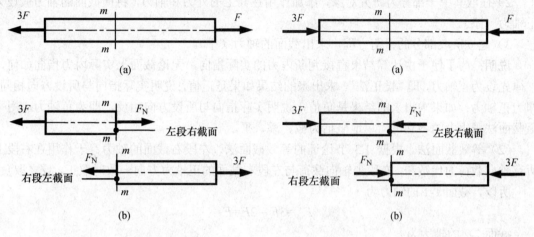

图 2.2-1　拉杆和正轴力　　　　　　　　图 2.2-2　压杆和负轴力

【例 2.2-1】 拉压杆 *AB* 受轴向载荷如图 2.2-3（a）所示，求截面 1-1 和截面 2-2 的轴力。

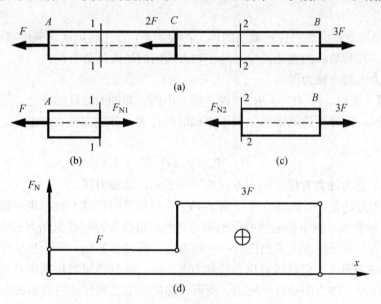

图 2.2-3　求轴力的截面法示例

解　（1）平衡截面法。假想在截面 1-1 处将杆切开，并选切开后的左段为研究对象［见图 2.2-3（b）］，由平衡方程得

$$\sum F_x = 0, \quad F_{N1} - F = 0, \quad F_{N1} = F$$

假想在截面 2-2 处将杆切开，并选切开后的右段为研究对象［见 2.2-3（c）］，由平衡方程得

$$\sum F_x = 0, \quad F_{N2} - 3F = 0, \quad F_{N2} = 3F$$

用截面法求拉压杆轴力的基本步骤如下：

1）在需要求内力的截面处，假想用横截面将杆件截为两部分（截）。

2）任取其中一部分为研究对象，添加作用在其上的外力和轴力，将横截面的轴力假设为正轴力（添）。

3）建立所取部分的平衡方程，求出截面的轴力（平）。

说明：为了便于由计算结果直接判断内力的实际指向，无论截面上实际内力指向如何，一律先设为正轴力，即"设正法"。求出来的结果如果是正值，说明实际指向与所设方向相同，即为正轴力；如果求出来的结果是负值，说明实际指向与所设方向相反，即为负轴力。用平衡截面法求内力的步骤可简单地概括为截、添、平。

（2）等效截面法。根据 1.3 节论证的等效截面法，左段右截面的轴力等于作用在右段上所有轴向载荷的代数和，右段上轴向载荷与左段右截面的正轴力方向一致时取正，反之取负。

所以，截面 1-1 的轴力为

$$F_{N1} = 3F - 2F = F$$

截面 2-2 的轴力为

$$F_{N2} = 3F$$

读者可以自己验证，如考虑右段左截面，所得结果同上。与平衡截面法相比，等效截面法要简单得多。

说明：利用等效截面法求任意截面的轴力的要点是，首先确定欲求哪段哪个截面的轴力，然后求代数和。在代数和的表达式中，与正轴力同向的轴向载荷为正。

2.2.2　轴力方程与轴力图

【例 2.2-2】　表明，在 *AC* 与 *BC* 段内，轴力不同，即轴力沿杆轴变化。为了描写轴力沿杆轴的变化情况，沿杆轴选取坐标 *x* 表示横截面的位置，并建立轴力与坐标之间的解析关系式，即

$$F_N = F_N(x) \tag{2.2-1}$$

式（2.2-1）称为**轴力方程**。轴力方程的图形表示，即**轴力图**。

画轴力图的方法是，首先建立坐标系 *x*–F_N。*x* 坐标轴与杆轴平行，表示横截面的位置；F_N 坐标轴与杆轴垂直，表示相应横截面的轴力。然后根据各控制截面轴力的大小与符号，绘出表示杆件轴力与截面位置关系的图线——轴力图。图 2.2-3（a）所示拉压杆的轴力图如图 2.2-3（d）。从轴力图上不但可以看出各段轴力的大小，而且还可以根据正负号看出各段的变形是拉伸还是压缩。轴力图是进行应力、变形、强度和刚度等计算的重要依据。

【例 2.2-3】　一等直杆，其受力情况如图 2.2-4（a）所示，试作其轴力图。

解　（1）用等效截面法求轴力。根据等效截面法，*AB*、*BC* 和 *CD* 各段内的轴力分别为 [见图 2.2-4（b）]

$$F_{N1} = 30\text{kN}$$
$$F_{N2} = 30\text{kN} - 10\text{kN} = 20\text{kN}$$
$$F_{N3} = 30\text{kN} - 10\text{kN} - 30\text{kN} = -10\text{kN}$$

（2）作轴力图。轴力图如图 2.2-4（c）所示。

由图 2.2-4（c）可知，在有轴向外力作用的截面处，轴力发生了突变，突变值即为作用在该截面的轴向外力。突变与集中力互为因果。

【例 2.2-4】　图 2.2-5（a）所示等直杆 AB，长度为 l，横截面面积为 A，材料密度为 ρ，试画出杆的轴力图，并确定最大轴力值及其所在横截面的位置。

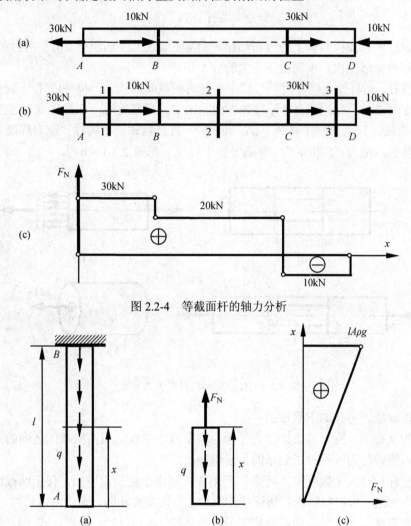

图 2.2-4　等截面杆的轴力分析

图 2.2-5　受重力作用拉杆的轴力分析

解　（1）外力分析。直杆 AB 单位长度受重力集度 $q = A\rho g$。

（2）建立轴力方程。以截面 A 的形心为坐标原点，沿杆轴建立坐标轴 x，如图 2.2-5（b）所示。轴力方程为

$$F_N = qx = A\rho g x \tag{a}$$

式（a）表明，轴力 F_N 为 x 的一次函数，杆的轴力图如图 2.2-5（c）所示。最大轴力发生在固定端 B，为 $F_{N,max} = lA\rho g$。

2.3　拉压杆的应力

完成拉压杆的轴力分析后，现在进行拉压杆的应力分析。

2.3.1 拉压杆横截面上的应力

首先分析拉压杆横截面上的正应力。根据轴力 F_N 与正应力 σ 的关系，有

$$F_N = \int_A \sigma \mathrm{d}A \qquad (a)$$

只有确定正应力在横截面上的分布规律，才能完成式（a）的积分。由于应力和变形有关，可通过观察杆的变形规律，来确定正应力的分布规律。

取一等直杆，在杆件表面画两条与轴线垂直的横截面周线 aa、bb 和平行于轴线的轴向线段 cc、dd ［见图 2.3-1（a）］，在杆端施加轴向拉力 F。观察发现，在杆件变形过程中，aa 和 bb 仍保持为直线，只是分别平移到了 $a'a'$ 和 $b'b'$，且仍然垂直于轴线；纵向线段 cc 和 dd 都产生相同的伸长，成为 $c'c'$ 和 $d'd'$，并仍平行于轴线 ［见图 2.3-1（b）］。

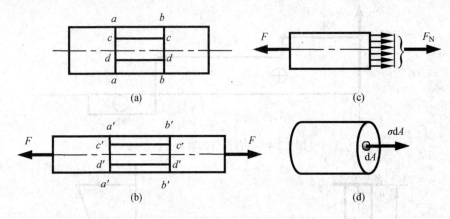

图 2.3-1 拉杆变形观察和应力分析

根据上述现象，可作如下假设：

变形前的横截面，变形后仍保持为平面，且垂直于轴线。但两横截面之间的距离发生了微小变化。该假设称为杆件拉压变形的**平面假设**。

如果设想杆件是由无数纵向"纤维"所组成，则由上述假设可知，任意两截面间的所有纤维的变形均相同。根据材料的均质连续性假设，如果变形相同，则受力也相同。由此推断：横截面上只有正应力 σ，并沿横截面均匀分布 ［见图 2.3-1（c）］。显然，式（a）右端的积分为 σA。于是得拉杆横截面上正应力 σ 的计算公式为

$$\sigma = \frac{F_N}{A} \qquad (2.3\text{-}1)$$

式中：A 为横截面面积。

式（2.3-1）表明，正应力 σ 和轴力 F_N 的正负符号规定相同。

说明：当作用在杆端的轴向外力沿横截面非均匀分布时，外力作用点附近的变形和应力沿轴向也是非均匀分布的。但**圣维南（Saint-Venant）原理**指出，杆端作用力的分布方式仅对杆端附近的变形和应力分布有影响，影响区的轴向尺寸为 1～2 倍杆的横向尺寸。此原理已为大量的试验和精确的计算所证实。因此，只要杆端外力合力的作用线沿轴线，在离端面稍远处，横截面上的应力分布就可以视为均匀的。在以后的分析中，不妨把作用于端面的集中力视为均匀分布力的合力，于是式（2.3-1）适用于整个杆件。

【**例 2.3-1**】 如图 2.3-2（a）所示变截面杆，已知 $F=20\mathrm{kN}$、横截面面积 $A_1 = 2000\mathrm{mm}^2$、

$A_2 = 1000\text{mm}^2$。试作轴力图，并计算杆件各段横截面上的正应力。

　　解　（1）轴力分析。由截面法或等效截面发法求得 AC 段和 CD 段的轴力分别为

$$F_{N,AC} = 2F = 40\text{kN}$$

$$F_{N,CD} = -F = -20\text{kN}$$

作轴力图如图 2.3-2（b）所示。

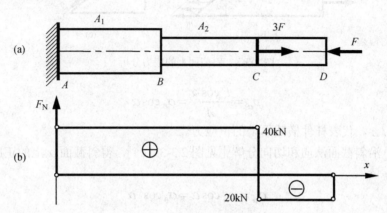

图 2.3-2　变截面杆的正应力分析

　　（2）应力计算。虽然 AC 段轴力相同，但由于 AB 段和 BC 段的横截面面积不同，正应力也要分段计算。由式（2.3-1），得

$$\sigma_{AB} = \frac{F_{N,AC}}{A_1} = \frac{40 \times 10^3\,\text{N}}{2000 \times 10^{-6}\,\text{m}^2} = 20\text{MPa}$$

$$\sigma_{BC} = \frac{F_{N,AC}}{A_2} = \frac{40 \times 10^3\,\text{N}}{1000 \times 10^{-6}\,\text{m}^2} = 40\text{MPa}$$

$$\sigma_{CD} = \frac{F_{N,CD}}{A_2} = \frac{-20 \times 10^3\,\text{N}}{1000 \times 10^{-6}\,\text{m}^2} = -20\text{MPa}$$

2.3.2　拉压杆斜截面上的应力

　　以上研究了拉压杆横截面上的正应力，但试验表明，对有些材料而言，拉压杆的破坏发生在斜截面上。为了全面研究杆件的强度，还需要进一步讨论斜截面上的应力。

　　考虑图 2.3-3（a）所示拉压杆，利用截面法，用任意斜截面 $m\text{-}m$ 将杆切开，该斜截面的方位以其外法线 On 与 x 轴的夹角 α 表示，由 x 轴逆时针转到外法线方向时为正，反之为负。设杆件横截面的面积为 A。仿照分析横截面正应力分布规律的过程，可以看出斜截面上各点的应力 p_α 也是均匀分布的，方向与轴向外力相同，如图 2.3-3（b）所示。

　　斜截面上全应力 p_α 的合力 F_α 为

$$F_\alpha = p_\alpha A_\alpha = \frac{p_\alpha A}{\cos\alpha}$$

　　左段杆为二力杆，根据二力杆的平衡条件，有

$$F_\alpha - F = 0$$

由此得 α 斜截面上各点处的应力为

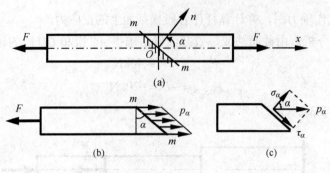

图 2.3-3　斜截面上的应力分析

$$p_\alpha = \frac{F\cos\alpha}{A} = \sigma_0\cos\alpha \qquad\qquad (\text{a})$$

式中：$\sigma_0 = F/A$，代表杆件横截面上的正应力。

将应力 p_α 沿斜截面法向和切向分解 [见图 2.3-3（c）]，得斜截面 α 上的正应力和切应力分别为

$$\sigma_\alpha = p_\alpha\cos\alpha = \sigma_0\cos^2\alpha \qquad\qquad (2.3\text{-}2)$$

$$\tau_\alpha = p_\alpha\sin\alpha = \frac{\sigma_0}{2}\sin 2\alpha \qquad\qquad (2.3\text{-}3)$$

可见拉压杆的任一斜截面上不仅存在正应力，而且存在切应力，规定切应力对截面内侧点的矩为顺时针时为正，反之为负。从式（2.3-2）和式（2.3-3）可以看出，σ_α 和 τ_α 均随角度 α 而改变。

当 $\alpha = 0°$ 时，σ_α 达到最大，其值为

$$\sigma_{\max} = \sigma_0 \qquad\qquad (2.3\text{-}4)$$

当 $\alpha = 45°$ 时，τ_α 达到最大值，其值为

$$\tau_{\max} = \frac{\sigma_0}{2} \qquad\qquad (2.3\text{-}5)$$

由式（2.3-4）和式（2.3-5）可知，拉压杆的最大正应力在横截面上，最大切应力发生在与轴线成45°的斜截面上，其值为 $\sigma_0/2$。

【例 2.3-2】 图 2.3-4 所示两块钢板由斜焊缝焊接成整体，受拉力 F 的作用。已知：$F = 20\text{kN}$，$b = 200\text{mm}$，$t = 10\text{mm}$，$\alpha = 30°$。试求焊缝内的应力。

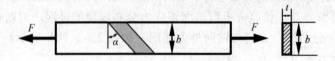

图 2.3-4　带有斜焊缝的拉杆

解　由式（2.3-1），横截面上的应力为

$$\sigma_0 = \frac{F_N}{A} = \frac{F}{bt} = \frac{20\times10^3\,\text{N}}{200\times10\times10^{-6}\,\text{m}^2} = 10\text{MPa}$$

由式（2.3-2）和式（2.3-3），斜截面上的正应力和切应力分别为

$$\sigma_{30°} = \sigma_0 \cos^2 \alpha = 10\cos^2 30° = 7.5\text{MPa}$$

$$\tau_{30°} = \frac{1}{2}\sigma_0 \sin 2\alpha = \frac{1}{2}\times 10\sin 60° = 4.33\text{MPa}$$

2.4　材料在拉伸与压缩时的力学性能

构件的强度、刚度和稳定性不仅与构件的形状、尺寸及所受外力有关，而且与材料的**力学性能**有关。

力学性能是材料在外力作用下表现出的强度和刚度方面的特性。它是通过各种试验测定得出的。材料的力学性能和加载方式、温度等因素有关。本节主要介绍材料在静载（缓慢加载）、常温（室温）下进行拉伸（压缩）试验的力学性能。

2.4.1　材料在拉伸时的力学性能

低碳钢和铸铁是两种不同类型的材料，都是工程实际中广泛使用的材料，它们的力学性能比较典型，因此以这两种材料为代表来讨论材料的力学性能。

2.4.1.1　低碳钢拉伸时的力学性能

低碳钢（Q235）是指碳的质量分数在 0.3% 以下的碳素钢，过去称为 A3 钢。低碳钢在拉伸试验中所表现的力学性能比较全面和典型。进行拉伸试验时，按 GB/T 228.1—2010《金属材料　拉伸试验　第 1 部分：室温试验方法》规定，将试件做成一定的形状和尺寸，称为标准件（见图 2.4-1）。圆截面标准件的标距长度 l 与直径 d 的关系规定为 $l=10d$ 和 $l=5d$。

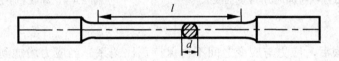

图 2.4-1　标准拉伸试件

将低碳钢试件两端装入试验机，缓慢加载，使其受到拉力产生变形，利用试验机的自动绘图装置，可以画出试件在试验过程中标距为 l 段的伸长 Δl 和拉力 F 之间的关系曲线，称为试件的**拉伸图**。该曲线的横坐标为 Δl，纵坐标为 F，图 2.4-2 为低碳钢拉伸时的拉伸图。试验直到试件断裂为止。

拉伸图与试件的尺寸有关，将拉力 F 除以试件的原横截面面积 A，得到横截面上的正应力 σ，将其作为纵坐标；将伸长量 Δl 除以标距的原始长度 l，得到应变 ε 作为横坐标。从而获得 σ 和 ε 的关系如图 2.4-3 所示，称为**应力-应变曲线**，或

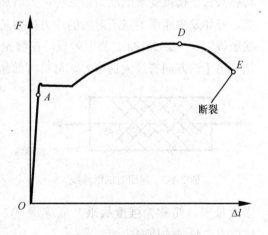

图 2.4-2　低碳钢拉伸图

σ-ε 曲线。由低碳钢的 σ-ε 曲线可见，整个拉伸过程可分为下述的四个阶段。

1．线弹性阶段（ $\sigma \leqslant \sigma_p$ ）

在拉伸的初始阶段，应力-应变曲线为斜线（图 2.4-3 中的 OA 段），说明在此阶段内正应

力与正应变成正比，胡克定律成立［见式（1.6-1）］，即

$$\sigma = E\varepsilon$$

由图 2.4-4 看出，线性段最高点 A 所对应的正应力称为材料的**比例极限**，并用 σ_p 表示。低碳钢 Q235 的比例极限 $\sigma_p \approx 200\text{MPa}$。直线 OA 的斜率，即为材料的弹性模量 E。继续加载，应力-应变不再保持线性关系。当应力增加到点 B 时卸载，应力降为零，而应变也随之消失；再加载，一旦应力超过 B 点后卸载，有一部分应变不能消除，则把点 B 的应力定义为**弹性极限** σ_e。AB 段为弹性段，由于该段很短，σ_e 近似等于 σ_p，所以通常不用考虑 σ_e。

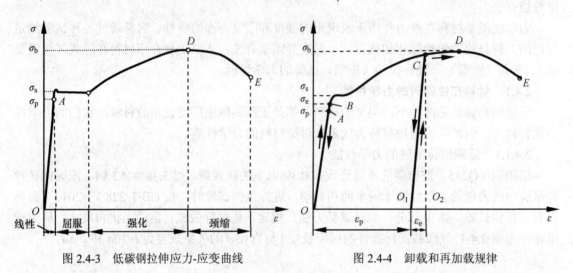

图 2.4-3　低碳钢拉伸应力-应变曲线　　　　　图 2.4-4　卸载和再加载规律

2. 屈服阶段

超过比例极限后，应力与应变之间不再保持正比关系。当应力增加到一定值时，应力-应变曲线出现水平段（可能有微小波动），在此阶段内，应力几乎不变，而变形却急剧增长，材料失去了抵抗变形的能力。这种应力增加很少（或不增加）而应变急剧增加的现象称为**屈服**。开始发生屈服的点所对应的应力称为**屈服极限或屈服应力**，用 σ_s 表示。低碳钢 Q235 的屈服极限 $\sigma_s \approx 235\text{MPa}$。屈服阶段，在磨光试件表面会出现沿 45°方向的条纹（见图 2.4-5），这是由于该方向有最大切应力，材料内部晶格相对滑移形成的。材料屈服时试样表面出现的线纹，称为**滑移线**。

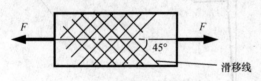

图 2.4-5　屈服时的滑移线

3. 强化阶段

材料经过屈服阶段以后，其抵抗变形的能力增强。因塑性变形使其组织结构得到调整，若需要增加应变则需要增加应力。σ-ε 曲线又开始上升，最高点 D 处的应力 σ_b 称为材料能承受的强度极限，简称为**强度极限**。低碳钢 Q235 的强度极限 $\sigma_b \approx 380\text{MPa}$。在这一阶段中，试件发生明显的横向收缩。

如果在这一阶段中的任意一点 C 处逐渐卸掉拉力，此时应力-应变关系曲线如图 2.4-4 中的 CO_1 段所示，CO_1 近似平行于初始线性段 OA。这时材料产生较大的塑性变形，横坐标中的 OO_1 表示残留的塑性变形，O_1O_2 则表示弹性应变。由此可见，当应力超过弹性极限后，材

料的应变包括弹性应变与塑性应变。在卸载过程中，应力与应变之间仍保持线性关系，且斜率与首次加载弹性阶段的斜率相同，这种卸载规律称为**卸载定律**。

如果卸载至 O_1 后立即重新加载，则加载时的应力-应变关系大体上沿卸载时的斜直线 O_1C 变化，直至点 C。到 C 点后又沿曲线 CDE 变化，直至断裂。在重新加载过程中，直到 C 点以前，材料的变形是线性的，过 C 点后才开始有塑性变形。因此，如果将卸载后已有塑性变形的试样当做新试样重新加载，则试件的比例极限将得到提高，但塑性变形却有所降低。这种现象是普遍存在的。

常温下将材料预拉到强化阶段，然后卸载再重新加载时，材料的比例极限提高而塑性降低的现象称为**冷作硬化**或**应变硬化**。

在工程中常利用冷作硬化来提高材料的比例极限，例如钢筋在反复冷拉以后，其比例极限可以大大提高，这样可以较容易地控制构件的行为。但有时则要消除其不利的一面，例如冷轧钢板或冷拔钢丝时，由于加工硬化，降低了材料的塑性，使继续轧制和拉拔困难，为了恢复塑性，则要进行退火处理。

4. 颈缩阶段

当低碳钢拉伸到强度极限时，在试件的某一局部范围内横截面急剧缩小，形成**颈缩现象**。颈缩出现后，使试件继续变形所需的拉力减小，应力-应变曲线相应呈现下降趋势，最后导致试件在缩颈处断裂，如图 2.4-6 所示。

综上所述，在整个拉伸过程中，材料经历了线弹性、屈服、强化与颈缩四个阶段，并存在三个特殊的点，相应的应力依次为比例极限、屈服极限与强度极限。

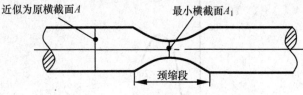

图 2.4-6　低碳钢试件的颈缩现象

5. 材料的塑性

材料能经受较大塑性变形而不破坏的能力，称为材料的**塑性**或**延性**。材料的塑性用延伸率或断面收缩率度量。

设断裂时试验段的长度为 l_1，残余变形为 Δl_1，则残余变形为 $\Delta l_1 = l_1 - l$，其中 l 为试验段原长，即标距。

定义

$$\delta = \frac{\Delta l_1}{l} \times 100\% = \frac{l_1 - l}{l} \times 100\%$$

为材料的**延伸率**。

设试验段横截面的原面积为 A，断裂后断口的横截面面积为 A_1，则定义

$$\psi = \frac{A - A_1}{A} \times 100\%$$

为材料的**截面收缩率**。低碳钢 Q235 的延伸率 $\delta \approx 25\% \sim 35\%$，截面收缩率 $\psi \approx 60\%$。

塑性好的材料，在轧制或冷压成型时不易断裂，并能承受较大的冲击载荷（指在瞬时内改变巨大的载荷）。在工程中，通常将延伸率较大（$\delta \geqslant 5\%$）的材料称为**塑性材料**；延伸率较小（$\delta < 5\%$）的材料称为**脆性材料**。结构钢与硬铝等为塑性材料，而灰口铸铁与陶瓷等则属于脆性材料。

2.4.1.2　铸铁拉伸时的力学性能

铸铁拉伸时的 σ-ε 曲线如图 2.4-7 所示。整个拉伸过程中 σ-ε 关系为一微弯的曲线，直到拉断时，试件变形仍然很小。在工程中，在较低的拉应力下可以近似地认为变形服从胡克定律，通常用一条割线来代替这一微弯的曲线，如图 2.4-7 中所示的虚线，并用它确定弹性模量 E。这样确定的弹性模量称为**割线弹性模量**。铸铁拉伸时，没有屈服和颈缩，拉断时延伸率很小，故强度极限 σ_b 是衡量强度的唯一指标。

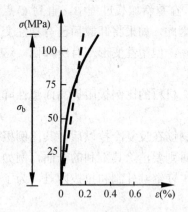

图 2.4-7　铸铁拉伸时的 σ-ε 曲线图

2.4.1.3　其他材料拉伸时的力学性能

图 2.4-8(a)中给出了几种塑性材料拉伸时的 σ-ε 曲线，它们有一个共同的特点，就是拉断前均有较大的塑性变形，然而它们的应力-应变规律却大不相同，除 16Mn 钢和低碳钢一样有明显的弹性阶段、屈服阶段、强化阶段和局部变形阶段外，其他材料并没有明显的屈服阶段。对于没有明显屈服阶段的塑性材料，通常以产生的塑性应变为 0.2%时的应力作为屈服极限，并称为**名义屈服极限**，用 $\sigma_{0.2}$ 来表示，如图 2.4-8（b）所示。

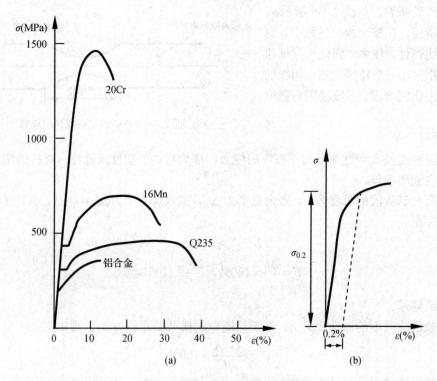

图 2.4-8　其他材料的 σ-ε 曲线

2.4.2　材料在压缩时的力学性能

一般细长杆件压缩时容易产生失稳现象，因此材料的压缩试件一般为粗短试件。通常金属材料的压缩试件为圆柱，混凝土、石料等试件为立方体。

低碳钢压缩时的应力-应变曲线如图 2.4-9（a）中的虚线所示。为了便于比较，图中还画出了拉伸时的应力-应变曲线。可以看出，在屈服以前两条曲线基本重合，这表明低碳钢压缩时的弹性模量 E、屈服极限 σ_s 等都与拉伸时基本相同。不同的是，随着外力的增大，试件越压越扁却并不断裂，如图 2.4-9（b）所示。由于无法测出压缩时的强度极限，因此对低碳钢一般不做压缩试验，主要力学性能可由拉伸试验确定。类似情况在一般的塑性金属材料中也存在，但有的塑性材料，如铬钼硅合金钢，在拉伸和压缩时的屈服极限并不相同，因此对这些材料还要做压缩试验，以测定其压缩屈服极限。

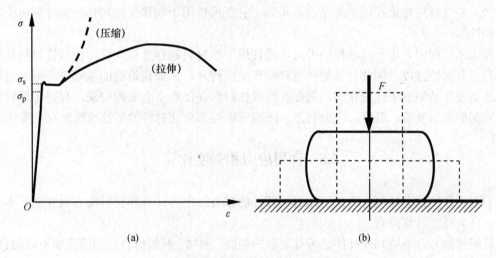

(a)   (b)

图 2.4-9　低碳钢压缩时的应力-应变曲线

2.4.3　脆性材料的拉压力学性能

脆性材料拉伸时的力学性能与压缩时有较大区别。例如铸铁，其压缩和拉伸的应力-应变曲线分别如图 2.4-10（a）中的实线和虚线所示。由图 2.4-10（a）可见，铸铁压缩时的强度极限比拉伸时大得多，为拉伸时强度极限的 3～4 倍。铸铁压缩破坏时破断面法线与轴线约成 50° 的倾角，如图 2.4-10（b）所示。这说明铸铁压缩破坏是切应力首先达到极限值而破坏，

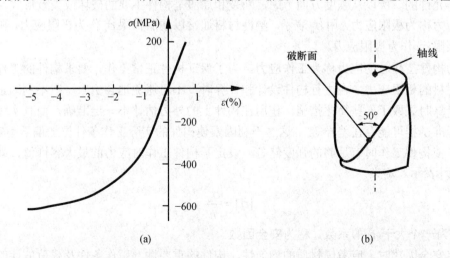

(a)   (b)

图 2.4-10　铸铁压缩和拉伸时的应力-应变曲线及其破坏类型

而拉伸破坏时是沿横截面断裂，说明是拉应力首先达到极限值而破坏（见 2.3 节）。其他脆性材料，如混凝土和石料，也具有上述特点，抗压强度也远高于抗拉强度。因此，脆性材料宜用来制作承压构件。

综上所述，塑性材料与脆性材料的力学性能有以下区别：

（1）塑性材料在断裂前有很大的塑性变形，而脆性材料直至断裂，变形却很小，这是两者基本的区别。因此，在工程中，对需经锻压、冷加工的构件或承受冲击载荷的构件，宜采用塑性材料。

（2）塑性材料抵抗拉压的强度基本相同，它既可以用于制作受拉构件，也可以用于制作受压构件。

在土木工程中，出于经济性的考虑，常使用塑性材料制作受拉构件。而脆性材料抗压强度远高于其抗拉强度，因此使用脆性材料制作受压构件，例如建筑物的基础等。但是材料是塑性还是脆性是随着条件变化的，例如有些塑性材料在低温下会变得硬脆，有些塑性材料会随着时间的增加变脆。温度、应力状态、应变速率等都会使材料的塑性或脆性发生变化。

2.5　许用应力和强度计算

前面已经讨论了轴向拉伸或压缩时，杆件的轴力、应力计算和材料的力学性能。本节讨论拉压杆的强度计算问题。

只根据轴力并不能判断杆件是否有足够的强度。例如，两根材料相同而粗细不同的直杆，受到同样大小的拉力作用，两杆横截面上的轴力也相同，随着拉力逐渐增大，细杆必定先被拉断。这说明杆件强度不仅与轴力大小有关，而且与横截面面积有关，所以必须用横截面上的应力（见 1.4 节）来度量杆件的强度。

2.5.1　许用应力

由材料的拉伸或压缩试验可知：当正应力达到强度极限 σ_b 时，会发生断裂；当正应力达到屈服极限 σ_s 时，会发生显著的塑性变形或屈服。构件工作时发生断裂或显著的塑性变形一般都是不允许的。所以从强度方面考虑，断裂和屈服是构件主要的破坏或失效形式。材料破坏时的应力称为**极限应力**，用 σ_u 表示。塑性材料通常以屈服极限 σ_s 作为极限应力，脆性材料以强度极限 σ_b 作为极限应力。

承力构件工作时的应力称为**工作应力**。为了保证构件正常工作，要求构件的工作应力必须小于材料的极限应力。在进行构件设计和计算时，不可避免地会引入一些不利因素（如由于分析计算时采取了一些简化措施，作用在构件上的外力估计不一定准确，而且实际材料的性质与标准试样可能存在差异等），这些不利因素使构件的实际工作条件更加偏于不安全。因此，为了使构件工作时有足够的强度储备，设定了构件工作时应力的最大容许值，即**许用应力**，用 [σ] 表示。定义

$$[\sigma] = \frac{\sigma_u}{n} \tag{2.5-1}$$

式中：n 为一个大于 1 的系数，称为**安全因数**。

确定安全因数时，应考虑材质的均匀性、构件的重要性、工作条件及载荷估计的准确性等。在建筑结构设计中倾向于根据构件材料和具体工作条件，并结合过去制造同类构件的实

践经验和当前的技术水平，规定不同的安全因数。对于各种材料在不同工作条件下的安全因数和许用应力，设计手册或规范中有具体规定。

一般在常温、静载下，对塑性材料取 $n=1.5\sim2.2$，对脆性材料一般取 $n=3.0\sim5.0$，甚至更大。

2.5.2 强度条件

为了保证拉压杆在工作时不至于因强度不够而破坏，要求拉压杆的最大工作应力 $\sigma_{\max}$ 不超过材料的许用应力 $[\sigma]$，于是得到拉压杆的强度条件为

$$\sigma_{\max}=\left(\frac{F_{N}}{A}\right)_{\max}\leqslant[\sigma] \tag{2.5-2}$$

对于等截面拉压杆，强度条件可以表示为

$$\sigma_{\max}=\frac{F_{N,\max}}{A}\leqslant[\sigma] \tag{2.5-3}$$

如对截面变化的拉压杆件（如阶梯形杆），需要求出每一段内的正应力，找出最大值，再应用强度条件式（2.5-2）。

根据强度条件，可以解决以下几类强度问题。

1. 强度校核

若已知拉压杆的截面尺寸、载荷大小以及材料的许用应力，即可用式（2.5-2）校核不等式是否成立，进而确定强度是否足够，即工作时是否安全。

2. 设计截面尺寸

若已知拉压杆承受的载荷和材料的许用应力，根据强度条件可以确定该杆所需横截面面积。例如，对于等截面拉压杆，其所需横截面面积为

$$A\geqslant\frac{F_{N,\max}}{[\sigma]} \tag{2.5-4}$$

3. 确定许用载荷

若已知拉压杆的截面尺寸和许用应力，根据强度条件可以确定该杆所能承受的最大轴力，其值为

$$[F_{N}]=A[\sigma] \tag{2.5-5}$$

式中：$[F_{N}]$ 为许用轴力。

另外，许用轴力和结构所受的外力有关。根据平衡条件，即可确定许用载荷（外力）。

还应指出，如果工作应力 $\sigma_{\max}$ 超过了许用应力 $[\sigma]$，但只要超过量（即 $\sigma_{\max}$ 与 $[\sigma]$ 之差）不超过许用应力的 5%，在工程计算中仍然是允许的。

【例 2.5-1】 用绳索起吊钢筋混凝土管，如图 2.5-1（a）所示，管子的重量 $W=4kN$，绳索的直径 $d=20mm$，许用应力 $[\sigma]=10MPa$，试校核绳索的强度。

解 （1）计算绳索的轴力。

以混凝土管为研究对象，画出其受力图，如图 2.5-1（b）所示。根据对称性易知左、右两段绳索轴力相等，记为 F_{N1}，根据静力平衡方程有

$$2F_{N1}\sin45°=W$$

$$F_{N1}=\frac{\sqrt{2}}{2}W=2\sqrt{2}\text{kN}$$

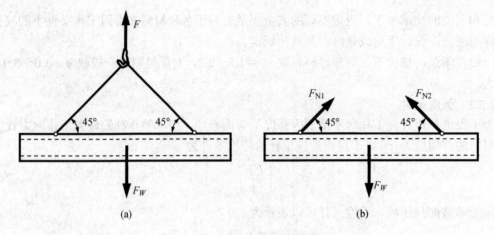

图 2.5-1　起吊钢筋混凝土管的绳索

（2）校核强度。

公式为

$$\sigma = \frac{F_{N1}}{A} = \frac{4F_{N1}}{\pi d^2} = \frac{8\sqrt{2}\times10^3\,\mathrm{N}}{3.14\times(20\times10^{-3})^2\,\mathrm{m}^2} = 9.01\mathrm{MPa} < [\sigma]$$

故绳索满足强度条件，能够安全工作。

【**例 2.5-2**】　图 2.5-2（a）所示为一桁架结构。已知：BC 为木杆，许用应力 $[\sigma_1]=7\mathrm{MPa}$，$A_1=100\mathrm{cm}^2$；AB 杆由两根 40mm×40mm×5mm 的等边角钢组成，许用应力 $[\sigma_2]=160\mathrm{MPa}$；$\alpha=30°$。试求结构的许用载荷。

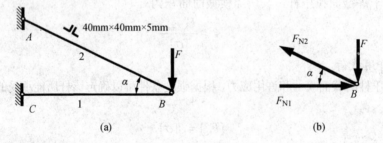

图 2.5-2　简单桁架结构

解　（1）受力分析。

以节点 B 为研究对象，受力如图 2.5-2（b）所示，由平衡方程求得杆 1 和杆 2 的轴力分别为

$$F_{N1} = \sqrt{3}F \tag{a}$$

$$F_{N2} = 2F \tag{b}$$

（2）计算各杆的许用轴力。

由附录 A 型钢表，可知角钢的横截面面积 $A_2=3.791\mathrm{cm}^2$。

由式（2.5-5），确定杆 1 和杆 2 的许用轴力分别为

$$F_{N1,\,max} = A_1[\sigma_1] = 100\times10^{-4}\,\mathrm{m}^2\times7\times10^6\,\mathrm{Pa} = 70\mathrm{kN} \tag{c}$$

$$F_{\text{N2, max}} = A_2 [\sigma_2] = 2 \times 3.791 \times 10^{-4}\,\text{m}^2 \times 160 \times 10^6\,\text{Pa} = 1.21\text{kN} \qquad \text{(d)}$$

（3）确定结构的许用载荷。

令式（a）等于式（c），得由杆 1 确定的许用载荷为

$$[F_1] = \frac{F_{\text{N1, max}}}{\sqrt{3}} = 40.4\text{kN}$$

令式（b）等于式（d），得由杆 2 确定的许用载荷为

$$[F_2] = \frac{F_{\text{N2, max}}}{2} = 60.5\text{kN}$$

显然，应取上面两个许用载荷中的较小者为结构的许用载荷，即 $[F] = 40.4\text{kN}$ 。

【例 2.5-3】 图 2.5-3 所示为一梁杆组合结构。AB 和 AD 均由两根等边角钢组成，刚性梁 ED 受竖向均布载荷，$q = 300\text{kN/m}$ 。已知 $[\sigma] = 160\text{MPa}$ 。试选择两杆的等边角钢型号。

解　（1）计算两杆轴力。

取图 2.5-3（b）所示刚性梁 ED 为分离体，求出 AD 杆轴力 $F_{\text{N},AD}$，然后由结点 A 的平衡条件求出 AB 杆轴力 $F_{\text{N},AB}$，得

$$F_{\text{N},AB} = 600\text{kN}\ (\text{拉}), \quad F_{\text{N},AD} = 300\text{kN}\ (\text{拉})$$

（2）选择等边角钢型号。

由式（2.5-4），有

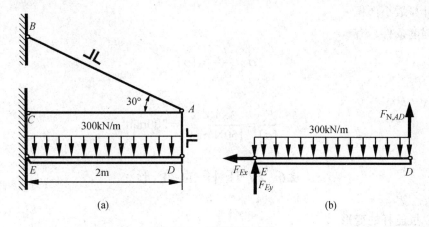

图 2.5-3　梁杆组合结构

$$A_{AB} \geqslant \frac{F_{\text{N},AB}}{2[\sigma]} = 18.8\text{cm}^2$$

$$A_{AD} \geqslant \frac{F_{\text{N},AD}}{2[\sigma]} = 9.38\text{cm}^2$$

由型刚表，AB 杆可选尺寸为 100mm×100mm×10mm、型号为 No.10 的等边角钢，AD 杆可选尺寸为 80mm×80mm×6mm、型号为 No.8 的等边角钢。

【例 2.5-4】 图 2.5-4 所示吊索以匀加速度 a=4.9m/s² 提升重量 W=20kN 的重物，吊索的许用应力 $[\sigma]$=150MPa，试求吊索的最小横截面面积。

解　（1）添加惯性力，求轴力。

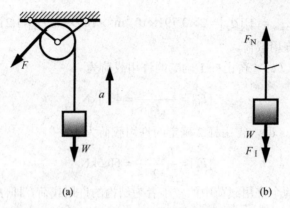

图 2.5-4　加速提升重物的吊索

　　根据处理加速运动物体受力问题的动静法，在加速运动的物体上施加与加速度方向相反的惯性力，则惯性力和原有外力在形式上构成一个平衡力系，原来的动力学问题就转化为一个静力学问题。在重物上施加惯性力 F_{I}，即

$$F_{\mathrm{I}} = \frac{W}{g}a = \frac{20 \times 10^3\,\mathrm{N}}{9.8\mathrm{m/s^2}} \times 4.9\mathrm{m/s^2} = 10\mathrm{kN}$$

重物受力如图 2.5-4（b）所示。F_{N} 为吊索的拉力，显然有

$$F_{\mathrm{N}} = W + F_{\mathrm{I}} = 30\mathrm{kN} \tag{a}$$

（2）计算最小面积 $A_{\min}$。

根据强度条件，有

$$\sigma = \frac{F_{\mathrm{N}}}{A_{\min}} = [\sigma]$$

得

$$A_{\min} = \frac{F_{\mathrm{N}}}{[\sigma]} = \frac{3 \times 10^4\,\mathrm{N}}{150\mathrm{N/mm^2}} = 200\mathrm{mm^2}$$

2.6　拉压杆的变形

2.6.1　拉压杆的变形

　　杆件在轴向拉伸或压缩时，其轴线方向的尺寸和横向尺寸将发生改变（见图 2.1-3）。杆件沿轴线方向的变形称为杆的**轴向变形**；杆件沿垂直于轴线方向的变形称为杆的**横向变形**。

　　利用胡克定律［见式（2.4-1）］来研究拉压杆的轴向变形。

　　设一等直杆的原长为 l，横截面面积为 A，如图 2.6-1 所示。在轴向拉力 F 的作用下，杆件的长度由 l 变为 l_1，则杆的轴向变形与轴向正应变分别为

$$\Delta l = l_1 - l$$
$$\varepsilon = \frac{\Delta l}{l} \tag{a}$$

横截面上的正应力为

$$\sigma = \frac{F_{\mathrm{N}}}{A} \tag{b}$$

将式（a）和式（b）代入式（2.4-1），可得胡克定律的另一种表达式为

$$\Delta l = \frac{F_N l}{EA} \tag{2.6-1}$$

由式（2.6-1）可知，拉压杆的轴向变形 Δl 与轴力 F_N 及杆长 l 成正比，与 EA 成反比。因此，EA 反映杆件抵抗拉伸（或压缩）变形的能力，称为杆件的**拉压刚度**。式（2.6-1）同样适用于轴向压缩的情况。轴向变形 Δl 与轴力 F_N 具有相同的正负号，即伸长为正，缩短为负。

设拉杆变形前的横向尺寸为 b，变形后的尺寸为 b_1（见图 2.6-1），则杆的横向变形与横向正应变分别为

$$\Delta b = b_1 - b$$

$$\varepsilon' = \frac{\Delta b}{b}$$

图 2.6-1　拉杆的变形

试验结果表明，当应力不超过材料的比例极限时，横向应变与轴向应变之比的绝对值为一常数，该常数称为**泊松比**，用 μ 来表示，它是一个量纲为 1 的量，可表示为

$$\mu = \left| \frac{\varepsilon'}{\varepsilon} \right| = -\frac{\varepsilon'}{\varepsilon} \tag{2.6-2}$$

横向应变与轴向应变的关系又可写成

$$\varepsilon' = -\mu\varepsilon$$

式（2.6-2）表明：横向应变与轴向应变必然取相反的符号，即轴向伸长，必然横向缩短。和弹性模量 E 一样，泊松比 μ 也是材料的弹性常数，随材料的不同而不同，由试验测定。对于绝大多数各向同性材料，μ 介于 0～0.5 之间。几种常用材料的 E 和 μ 值列于表 2.6-1 中。

表 2.6-1　　　　　　　　　几种常用材料的 E 和 μ 值

材料名称	钢与合金钢	铝合金	铜	铸铁	木（顺纹）	混凝土
E（GPa）	200～220	70～72	100～120	80～160	8～12	14.7～35
μ	0.25～0.30	0.26～0.34	0.33～0.35	0.23～0.27	0.1～0.12	0.16～0.18

2.6.2　拉压杆变形的一般公式

一般情况下，轴力是截面位置的函数。微段的受力情况如图 2.6-2 所示。

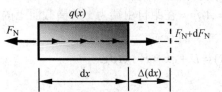

图 2.6-2　受拉微段的内力和变形

图 2.6-2 中 $q(x)$ 为作用在微段上的分布轴向力，忽略 $q(x)$ 引起的轴向变形，由式（2.6-1）得微段的变形为

$$\Delta(\mathrm{d}x) = \frac{F_N(x)\mathrm{d}x}{EA} \tag{2.6-3}$$

对整个杆件进行积分，可得杆件变形的一般公式为

$$\Delta l = \int_l \frac{F_N(x)\mathrm{d}x}{EA} \tag{2.6-4}$$

对于轴力、横截面面积、弹性模量沿杆轴逐段变化，但在段内保持为常数的情况，式（2.6-4）可用和式表示为

$$\Delta l = \sum_{i=1}^{n} \frac{F_{Ni} l_i}{E_i A_i} \tag{2.6-5}$$

式中：F_{Ni}、l_i、E_i和A_i分别为杆段i的轴力、长度、弹性模量和横截面面积；n为杆段的总段数。

【例2.6-1】 图2.6-3（a）所示变截面杆，横截面面积$A_1 = 2000\text{mm}^2$、$A_2 = 1000\text{mm}^2$，已知F=20kN，E=200GPa，试求杆的变形Δl。

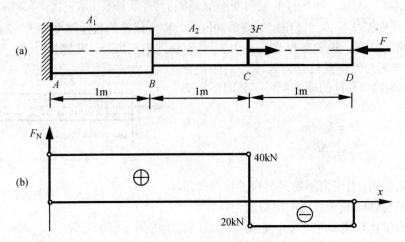

图2.6-3　阶梯杆的变形分析

解 （1）作轴力图。

用截面法计算轴力，作轴力图如图2.6-3（b）所示。

（2）计算变形。

由式（2.6-1）得

$$\Delta l = \Delta l_{AB} + \Delta l_{BC} + \Delta l_{CD} = \frac{F_{N,AB}l_{AB}}{EA_1} + \frac{F_{N,BC}l_{BC}}{EA_2} + \frac{F_{N,CD}l_{CD}}{EA_2}$$

$$= \frac{10^3\,\text{N}\times 1\text{m}}{200\times 10^9\,\text{Pa}\times 1000\times 10^{-6}\,\text{m}^2}\left(\frac{40}{2} + 40 - 20\right) = 2.00\times 10^{-4}\,\text{m} = 0.200\text{mm}$$

即AD杆的总伸长为0.200mm。

【例2.6-2】 图2.6-4（a）所示等直杆AB，长度为l，横截面面积为A，材料密度为ρ，在整个杆件自由端受集中力F。试求直杆AB的伸长量Δl。

解：（1）受力分析。

重力的集度$q = A\rho g$，在距自由端为x的横截面上的轴力为

$$F_N(x) = F + qx = F + A\rho gx$$

（2）变形计算。

由式（2.6-4）得整个杆件的伸长为

$$\Delta l = \int_0^l \frac{(F + A\rho gx)}{EA}\mathrm{d}x = \frac{Fl}{EA} + \frac{\rho gl^2}{2E}$$

图2.6-4　受重力作用拉杆的变形分析

【例2.6-3】 图2.6-5（a）所示杆系由两根圆截面钢杆铰接而成。已知$\alpha = 30°$，杆长$l = 2\text{m}$，直径$d = 25\text{mm}$，$E = 200\text{GPa}$，$F = 100\text{kN}$。试求结点A的位移。

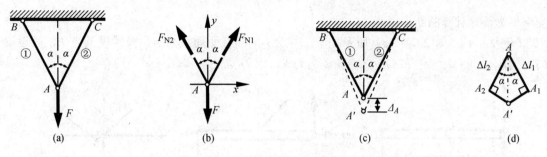

图 2.6-5　桁架节点位移分析

解　这是一个计算桁架节点位移的问题。计算桁架节点位移需要考虑杆件轴力、变形以及杆件变形和节点位移协调关系的综合性问题。

（1）计算杆的内力。

取分离体如图 2.6-5（b）所示，由平衡方程得

$$F_{N1} \sin\alpha - F_{N2} \sin\alpha = 0$$
$$F_{N1} \cos\alpha + F_{N2} \cos\alpha - F = 0$$

解得

$$F_{N1} = F_{N2} = \frac{F}{2\cos\alpha} \tag{a}$$

（2）计算变形。

由式（2.6-1）得每个杆的伸长为

$$\Delta l_1 = \Delta l_2 = \frac{F_{N1} l}{EA} = \frac{Fl}{2EA\cos\alpha} \tag{b}$$

（3）计算节点 A 的位移。

根据结构的对称性可知，结点 A 只能产生铅垂向下的位移 Δ_A。设 A 点位移到 A' 点，记 $AA' = \Delta_A$［见图 2.6-5（c）］。

求桁架节点位移的关键是正确地画出简洁的变位图。画节点简洁变位图的方法是：把欲求位移的节点假想地拆开（节点拆开），在未变形的位形下伸缩与节点连接的各杆，伸缩量为相应杆的变形（原位伸缩），以切线代替弧长的方法把拆开的节点再合起来，得到变形后节点的位置（以直代曲）。按此方法画出的变位图见图 2.6-5（d）。节点 A 的位移和杆 1 变形之间的关系为

$$\Delta_A = \frac{\Delta l_1}{\cos\alpha} \tag{c}$$

将式（b）代入式（c），得

$$\Delta_A = \frac{Fl}{2EA\cos^2\alpha} = \frac{100\times10^3\,\mathrm{N}\times2\,\mathrm{m}}{2\times200\times10^9\,\mathrm{Pa}\times\dfrac{\pi}{4}\times25^2\times10^{-6}\,\mathrm{m}^2\times\cos^2 30°}$$

$$=1.36\times10^{-3}\,\mathrm{m}=1.36\,\mathrm{mm}$$

结果表明，杆件的变形确实是十分微小的。

说明：小变形是一个十分重要的概念（见 1.1 节）。在小变形的条件下，不仅原始尺寸原理成立，而且以切线代替弧长也成立。事实上，材料力学的变形计算之所以简单就是利用小

变形概念简化计算的结果。

【例 2.6-4】 图 2.6-6（a）所示托架，杆 AB 的横截面面积为 A，弹性模量为 E，假设梁 CD 为刚体，在 C 点铰支。在 D 端受竖向力 F，求 D 点的位移。

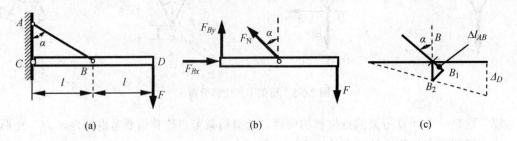

图 2.6-6　托架节点位移分析

解　（1）计算杆 AB 的轴力 F_N。

考虑梁 CD 的平衡 ［见图 2.6-6（b）］，由

$$\sum M_C = 0 , \quad F_N \cos\alpha l - F \times 2l = 0$$

得

$$F_N = \frac{2F}{\cos\alpha} \tag{a}$$

（2）计算端点 D 的位移。

节点 B 和梁 CD 的变化如图 2.6-6（c）所示。由图 2.6-6（c）可知，杆的伸长和梁端竖向位移的变形协调关系为

$$\frac{\Delta l_{AB}}{\cos\alpha} = \frac{\Delta_D}{2} \tag{b}$$

由式（2.6-1）定律，有

$$\Delta l_{AB} = \frac{F_N l_{AB}}{EA} = \frac{2Fl}{\cos\alpha EA \sin\alpha} \tag{c}$$

将式（c）代入式（b）得

$$\Delta_D = \frac{2\Delta l_{AB}}{\cos\alpha} = \frac{4Fl}{\sin\alpha \cos^2\alpha EA} \quad (\downarrow)$$

2.7　连接件的剪切和挤压强度计算

工程中的连接件，如螺栓、铆钉和销钉等，其长度和横向尺寸的比值不是很大，介于 1～2 之间。连接件的受力与变形一般都比较复杂，主要承受剪切变形和局部的挤压变形。然而，简化后应力的强度计算公式与轴向拉压的正应力强度条件相似，故在本节介绍连接件的强度计算。

与拉压杆件不同，由于连接件属于粗短件，受力复杂，变形也没有明显的规律，而且在很大程度上受到加工工艺的影响，精确分析其应力比较困难，同时精确分析的结果也不便于工程应用，因此工程上通常对连接件的强度采用简化分析法，或称为实用计算法。其特点是一方面对连接件的受力与应力分布进行简化，计算出相应的名义应力；另一方面，对同类连

接件进行破坏试验，并采用同样的计算方法，由破坏载荷确定材料的极限应力。实践表明，只要简化合理，并有充分的试验依据，这种简化方法是可靠的。

2.7.1　剪切与剪切实用计算

一铆钉连接上下两块板的连接件如图 2.7-1（a）所示。铆钉的受力如图 2.7-1（b）所示。根据板的平衡条件，可知铆钉上下部分分别受合力 F 的挤压力作用。可以看出，作用在铆钉两个侧面上的挤压力垂直于铆钉的轴线，且大小相等、方向相反，作用线相距很近。实验表明，当上述外力过大时，铆钉将沿 *m-m* 截面被剪断［见图 2.7-1（c）］。横截面 *m-m* 称为**剪切面**。对于铆钉等受剪连接件，剪切破坏是最主要的破坏形式。因此，必须考虑其剪切强度问题。

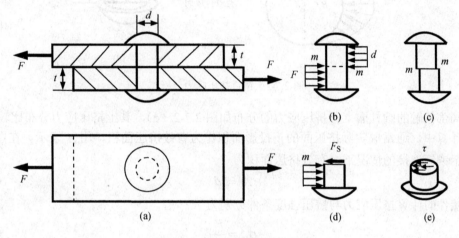

图 2.7-1　铆钉连接件受力分析

由截面法可知，铆钉剪切面上有与截面相切的内力［见图 2.7-1（d）］，称为**剪力**。由平衡方程得

$$F_S = F$$

式中：F_S 为剪切力。

在工程计算中，通常均假定剪切面上的切应力在剪切面上均匀分布，于是连接件的切应力为

$$\tau = \frac{F_S}{A_S} \tag{2.7-1}$$

剪切强度条件为

$$\tau_{max} = \left(\frac{F_S}{A_S} \right)_{max} \leqslant [\tau] \tag{2.7-2}$$

式中：A_S 为剪切面面积；$[\tau]$ 为连接件的许用切应力，其值等于连接件的剪切强度极限 τ_b 除以安全因数 n。

2.7.2　挤压与挤压实用计算

在外力作用下，铆钉与孔直接接触，接触面上的应力称为**挤压应力**，用 σ_{bs} 表示。挤压应力的合力称为**挤压力**，用 F_b 表示［见图 2.7-2（a）］。实验表明，当挤压应力过大时，在孔和铆钉接触的局部区域将产生显著塑性变形，造成铆接件松动而丧失承载能力，发生挤压破坏。

因此，对于铆钉等连接件，也应该考虑其挤压强度问题。

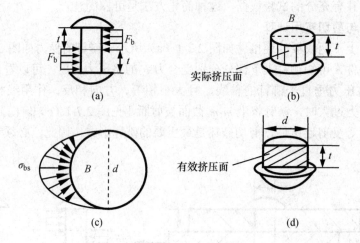

图 2.7-2　铆钉挤压应力分析

在局部接触的圆柱面上，挤压应力的分布如图 2.7-2（c），其上挤压应力分布比较复杂。在工程计算中，通常取实际挤压面的正投影面积作为**有效挤压面积**，用 A_b 表示。在图 2.7-2（d）所示铆钉连接的情况下，有效挤压面积为

$$A_b = td \tag{2.7-3}$$

连接件的计算挤压应力与挤压强度条件分别为

$$\sigma_{bs} = \frac{F_b}{A_b} \tag{2.7-4}$$

$$\sigma_{bs,max} = \left(\frac{F_b}{A_b}\right)_{max} \leqslant [\sigma_{bs}] \tag{2.7-5}$$

式中：F_b 为挤压面上的挤压力；A_b 为有效挤压面积（与外载荷垂直）；$[\sigma_{bs}]$ 为连接件的许用挤压应力，其值等于连接件的挤压强度极限除以安全因数。

【**例 2.7-1**】　齿轮和轴用平键连接，如图 2.7-3 所示。已知轴的直径 d=70mm，键的尺寸 $b \times h \times l$=20mm×12mm×100mm，传递的力偶矩 M_e=2kN·m，键的许用切应力 $[\tau]$=60MPa，许用挤压应力 $[\sigma_{bs}]$=100MPa。试校核键的强度。

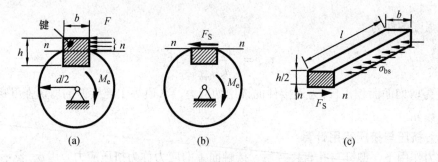

图 2.7-3　轴的平键连接受力分析

解　（1）计算键所受剪力。

将键沿截面 *n-n* 假想切成两部分，并把截面以下部分和轴作为一个整体来考虑[见图 2.7-3（b）]。*n-n* 截面上的剪力 F_S 为

$$F_S = A_s\tau = bl\tau$$

由平衡条件 $\sum M_O = 0$，得

$$F_S \times \frac{d}{2} - M_e = 0$$

$$F_S = \frac{2M_e}{d}$$

（2）校核键的剪切强度。

由式（2.7-1），得

$$\tau = \frac{2M_e}{bld} = \frac{2 \times 2000\text{N}\cdot\text{m}}{20 \times 100 \times 70 \times 10^{-9}\,\text{m}^3} = 28.6\text{MPa} < [\tau]$$

故平键满足剪切强度条件。

（3）校核键的挤压强度。

考虑上半键的平衡［见图 2.7-3（c）］。由平衡条件，得挤压力为

$$F_b = F_S$$

挤压面面积为

$$A_b = \frac{hl}{2}$$

由挤压强度条件式（2.7-5），得

$$\sigma_{bs} = \frac{F_b}{A_b} = \frac{2M_e/d}{hl/2} = \frac{4M_e}{dhl} = \frac{4 \times 2000\,\text{N}\cdot\text{m}}{70 \times 12 \times 100 \times 10^{-9}\,\text{m}^3} = 95.2\text{MPa} < [\sigma_{bs}]$$

故平键满足挤压强度条件。

【例 2.7-2】 图 2.7-4（a）所示为拖车挂钩的连接，由插销与板件组成。插销材料为 20 号钢，$[\tau] = 30\text{MPa}$，$[\sigma_{bs}] = 100\text{MPa}$，厚度 *t*=8mm，*F*=15kN。试选定插销的直径 *d*。

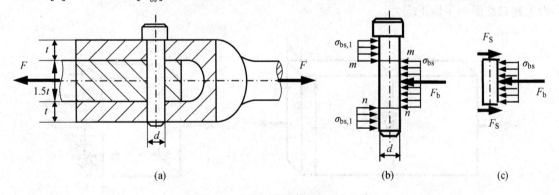

图 2.7-4　插销/板件连接件受力分析

解 （1）计算插销所受的力。

插销受力见图 2.7-4（b），为双面剪切。将插销沿截面 *m-m* 和 *n-n* 假想切开，取中段为分离体［见图 2.7-4（c）］。考虑到中段所受挤压应力 σ_{bs} 的合力 F_b 等于中间板件所受的拉力 F，可知

$$F_S = \frac{F}{2}$$

（2）根据插销的剪切强度确定直径。

$$\tau = \frac{F_S}{A_S} = \frac{F}{2 \times \frac{\pi}{4} d^2} \leqslant [\tau]$$

$$d \geqslant \sqrt{\frac{2F}{\pi[\tau]}} = \sqrt{\frac{2 \times 15000\text{N}}{3.14 \times 30\text{N/mm}^2}} = 17.8\text{mm}$$

（3）根据插销的挤压强度确定直径。

因为插销的中段长度小于上段和下段长度之和，而所受挤压力 F_b 等于上段和下段所受挤压力之和，故中段为危险段，应根据该段的挤压强度确定直径。中段有效挤压面积 $A_b = 1.5td$，挤压力 $F_b = F$，由式（2.7-4）得

$$\sigma_{bs} = \frac{F_b}{A_b} = \frac{F}{1.5dt} \leqslant [\sigma_{bs}]$$

$$d \geqslant \frac{F}{1.5t[\sigma_{bs}]} = \frac{15000\text{N}}{1.5 \times 8\text{mm} \times 100\text{N/mm}^2} = 12.5\text{mm}$$

（4）选择插销的直径。

为保证插销的安全，插销的直径应由剪切强度确定，可确定为 d=18mm。

2.8　应力集中的概念

2.3 节指出杆段在轴向载荷 F 作用下，横截面上正应力均匀分布的结论，仅适用于等截面杆的中间部分，并不适用于两端，除非两端截面受合力为 F 的均布载荷。试验表明，在集中力处，截面尺寸突变处（如油孔、轴肩、沟槽存在部位）应力是急剧增大的。例如，图 2.8-1（a）所示含圆孔的受拉薄板，圆孔处截面 m-m 上的应力分布如图 2.8-1（b）所示，最大正应力远超该截面的平均正应力。

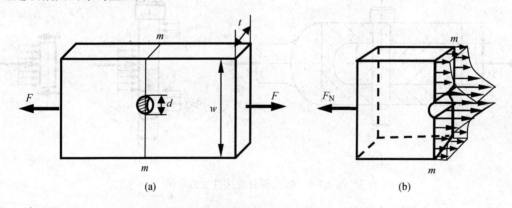

图 2.8-1　含圆孔薄板受拉伸时的应力集中

由于截面尺寸突变所引起的局部应力急剧增大的现象，称为**应力集中**。应力集中的程度由应力集中因数 K 表示，即

$$K = \frac{\sigma_{\max}}{\sigma_{\text{av}}} \qquad (2.8\text{-}1)$$

式中：K 为大于 1 的正数；σ_{av} 为同一截面的平均应力；$\sigma_{\max}$ 为局部最大应力。

对上述含圆孔薄板 *m-m* 截面上的平均应力为

$$\sigma_{\text{av}} = \frac{F}{(w-d)t} \qquad (2.8\text{-}2)$$

式中：w 和 t 分别为板宽和板厚；d 为圆孔的直径。

局部最大应力可由试验或数值方法（如有限单元法）确定。在几何形状和受力简单的情况下，也可由解析方法（如弹性理论）确定。

试验结果表明，在弹性范围内，截面尺寸变化越剧烈，孔越小，角越尖锐，K 值越大，应力集中的程度越严重。

不同材料的强度对应力集中的敏感程度并不相同。对于由塑性材料制成的构件，应力集中对材料的静强度（即缓慢加载条件的强度）影响不大。因为当局部最大应力达到屈服应力 σ_{s} [见图 2.8-2（a）] 时，该处的应力不再增加，继续增大的载荷将由截面上尚未屈服部分承担 [见图 2.8-2（b）]，最终使截面上其他点的应力相继增长到屈服极限 [见图 2.8-2（c）]。使得截面上的应力趋于均匀化。因此，对在静载荷作用下由塑性材料制成的构件，通常忽略应力集中的影响，强度条件

$$\sigma_{\text{av}} = \frac{F'}{(w-d)t} \leqslant [\sigma] \qquad (2.8\text{-}3)$$

依然成立。

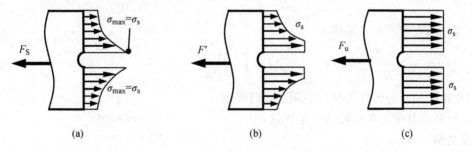

图 2.8-2　塑性材料应力集中的特点

对于由脆性材料制成的构件，应力集中对材料的静强度有严重的影响。因为局部最大应力将随载荷增加一直领先，不断增长，最终达到脆性材料的唯一强度指标 σ_{b}，后果是在应力集中处首先开裂，形成裂纹，裂纹的出现导致静面积的减少，从而加重应力集中的程度。

许多由塑性材料制成的构件，常常受到随时间变化的外载荷，因而应力也是随时间变化的。随时间变化的应力称为**交变应力**或**循环应力**。例如图 1.3-2 所示活塞杆 *AB* 即受交变应力作用。试验表明，在交变应力作用下，即使构件所受最大应力小于材料的静强度极限，也会产生断裂，导致完全断裂。在交变应力作用下，构件产生宏观裂纹或完全断裂的现象，称为**疲劳破坏**。试验表明，疲劳强度（在交变应力作用下，材料完全断裂的强度）远低于静强度。疲劳破坏的机理很复杂，主要原因是产生疲劳破坏的应力集中促使疲劳裂纹的形成与扩展。

可见应力集中对构件的疲劳强度影响甚大。所以，设计构件时要特别注意减小应力集中。尽量避免带尖角的孔和槽，在轴肩处要用圆弧过度，或开挖泄力槽。

本 章 要 点

1. 截面法求拉压杆的轴力

平衡截面法：这一方法的主要步骤是假想把杆件截开，取任一部分作为研究对象，画受力图（注意轴力要按正的画），然后用平衡方程求解。

等效截面法：任意截面 x 的轴力等于截面一侧所有外力的代数和，即左（右）段右（左）截面轴力等于作用在右（左）段上所有轴向载荷的代数和，离开截面的轴向载荷为正，指向截面的轴向载荷为负。

2. 拉压等直杆件横截面的正应力公式

$$\sigma = \frac{F_N}{A} \tag{2.3-1}$$

3. 拉压杆的强度条件

$$\sigma_{max} = \left(\frac{F_N}{A}\right)_{max} \leqslant [\sigma] \tag{2.5-2}$$

运用这一条件可以进行三个方面的计算，即强度校核、截面设计、确定许用载荷。

4. 拉压杆件的变形

轴向应力与轴向应变的关系（胡克定律）为

$$\sigma = E\varepsilon$$

计算轴向变形的胡克定律为

$$\Delta l = \int_l \frac{F_N(x)\mathrm{d}x}{EA} \tag{2.6-4}$$

胡克定律的应用条件为材料不超过比例极限。

5. 材料在拉伸与压缩时的力学性能

（此处略）

6. 连接部分的强度计算

（1）剪切强度条件为

$$\tau_{max} = \left(\frac{F_S}{A_S}\right)_{max} \leqslant [\tau] \tag{2.7-2}$$

式中：A_S 剪切面面积；$[\tau]$ 为连接件的许用切应力。

（2）挤压强度条件为

$$\sigma_{bs,max} = \left(\frac{F_b}{A_b}\right)_{max} \leqslant [\sigma_{bs}] \tag{2.7-5}$$

式中：F_b 为挤压面上的挤压力；A_b 为有效挤压面积（与外载荷垂直）；$[\sigma_{bs}]$ 为连接件的许用挤压应力。

思 考 题

2.1　在轴向载荷作用下，横截面上的正应力公式是如何建立的？与哪些因素有关？应用条件是什么？

2.2　何谓塑性材料和脆性材料？衡量材料的强度和塑性指标是什么？Q235 是什么意思？

2.3　何谓许用应力、强度条件？强度计算的三类问题是什么？

2.4　何谓圣维南（Saint-Venant）原理？当杆端受轴向集中力时，用 $\sigma = F_N/A$ 计算的杆端附近的应力有什么意义？

2.5　如何利用小变形条件画桁架的变位图来求节点的位移。

习　　题

2.1（2.2 节）　试画题图 2.1 所示各杆的轴力图。

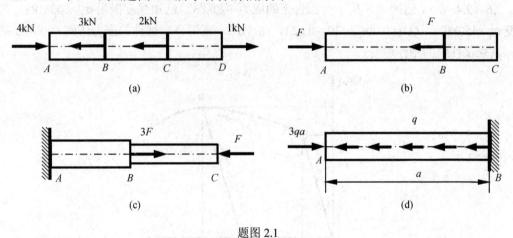

题图 2.1

2.2（2.3 节）　题图 2.2 所示等截面直杆，若该杆的横截面面积 $A=100\text{mm}^2$，$a=0.5\text{m}$，$F=4\text{kN}$，$q=5\text{kN/m}$，试计算杆内的最大拉应力和最大压应力。

2.3（2.3 节）　题图 2.3 所示桁架，已知 $F=784.8\text{N}$，AB 杆和 BC 杆的横截面均为圆形，直径分别为 10mm 和 8mm，试求 AB 杆和 BC 杆的正应力。

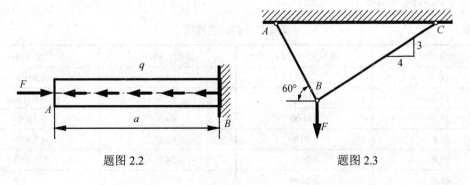

题图 2.2　　　　　　　　　　　题图 2.3

2.4（2.3 节）　题图 2.4 所示受轴向拉伸的杆件 AB，横截面面积 A=200mm^2，F=10kN，求 α 为 30°和 45°的斜面上的正应力和切应力。

2.5（2.3 节）　题图 2.5 所示混凝土柱，已知比重 $\gamma = 23.0$kN/m^3，$F = 15$kN，$d = 360$mm，h=4m。求 z=1m、2m 和 3m 横截面上的压应力。

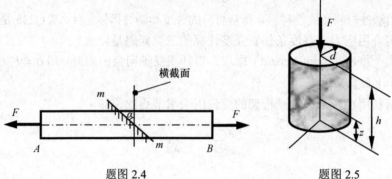

题图 2.4　　　　　　　　　　　题图 2.5

2.6（2.4 节）　题图 2.6 所示为铝合金的应力-应变图。已知强度极限 σ_b=600MPa，屈服应变 σ_s=450MPa，OA_1=0.006，OB_1=0.023，$OA//BC$。某铝合金试件的应力达到 600MPa 时卸载，试求试件中的塑性应变。

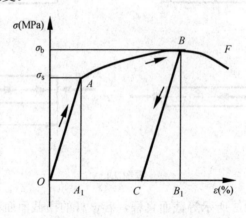

题图 2.6

2.7（2.4 节）　对一钢试件进行拉伸试验，试件的直径 d=12.5mm，标距 l=50mm。试用题表 2.1 中的数据画出应力-应变图。

题表 2.1　　　　　　　　　　　钢试件拉伸试验数据

载荷（kN）	伸长量（mm）	载荷（kN）	伸长量（mm）
0	0	53.4	1.0160
11.1	0.0175	62.3	3.0480
31.9	0.0600	64.5	6.3500
37.8	0.1020	62.3	8.8900
40.9	0.1650	58.8	11.9380
43.6	0.2490		

2.8（2.5 节） 题图 2.7 所示结构，梁 *AB* 为刚体；杆 *AC* 为钢杆，$\sigma_u = 680\text{MPa}$，直径 $d_1=20\text{mm}$；杆 *BD* 为铝杆，$\sigma_u = 70\text{MPa}$，横截面面积 $A_2= 1800\text{mm}^2$。结构的安全因数 $n=2$。试确定许用载荷。

2.9（2.5 节） 题图 2.8 所示结构，杆 *AC* 和杆 *AB* 均为铝杆，许用应力 $[\sigma]=150\text{MPa}$，竖直力 $F=20\text{kN}$ 试确定两杆所需的直径。

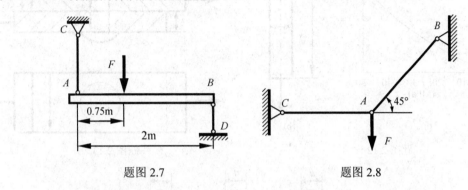

题图 2.7   题图 2.8

2.10（2.5 节） 题图 2.9 所示桁架，杆 1 与杆 2 的横截面均为圆形，直径分别为 $d_1=30\text{mm}$ 与 $d_2=20\text{mm}$，两杆材料相同，许用应力 $[\sigma]=160\text{MPa}$，竖直力 $F=80\text{kN}$。试校核桁架的强度。

2.11（2.6 节） 题图 2.10 所示结构，杆 *AB* 为刚性杆。杆 *AC* 为钢杆，$E_1 = 200\text{GPa}$，直径 $d_1=20\text{mm}$；竖直杆 *BD* 为铝杆，$E_2 = 70\text{GPa}$，直径 $d_2=40\text{mm}$。竖直力 $F=90\text{kN}$。试求 *AB* 杆上 *E* 点的位移。

2.12（2.6 节） 题图 2.11 所示圆锥形构件，单位体积的密度为 γ，弹性模量为 *E*。当杆件顶端被悬挂起来时，试求在自重的作用下，下端点 *A* 的竖直位移。

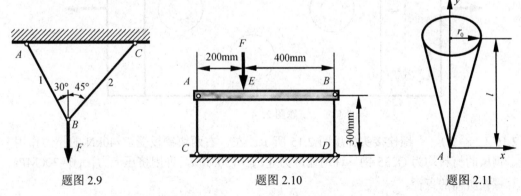

题图 2.9   题图 2.10   题图 2.11

2.13（2.6 节） 题图 2.12（a）所示为一种铜材所遵循的双曲正弦应力-应变曲线，应力-应变关系为 $\varepsilon = \varepsilon_0 \sinh(\sigma / \sigma_0)$。这里 ε_0 和 σ_0 为材料常数，$\varepsilon_0 =0.1$，$\sigma_0 =30\text{MPa}$。一根长度 $a=2\text{m}$、直径 $d=10\text{mm}$ 的圆截面铜杆受到 $F=500\text{N}$ 的拉力，如题图 2.13（b）所示。试求铜杆变形后的长度。

2.14（2.8 节） 题图 2.13 所示铆接件，承受轴向拉力 *F* 作用。已知板厚 $t=2\text{mm}$，板宽 $b=15\text{mm}$，铆钉直径 $d=4\text{mm}$，许用切应力 $[\tau]=100\text{MPa}$，许用挤压应力 $[\sigma_{bs}] = 300\text{MPa}$，许用拉应力 $[\sigma] =160\text{MPa}$。试求拉力 *F* 的许用值。

2.15（2.8 节） 题图 2.14 所示铆接件，$F=100\text{kN}$，铆钉的直径 $d=16\text{mm}$，许用切应力

$[\tau]$ =140MPa，许用挤压应力 $[\sigma_{bs}]$ =200MPa；板的厚度 t=10mm，b=100mm，许用正应力 $[\sigma]$ =170MPa。试校核铆接件的强度。

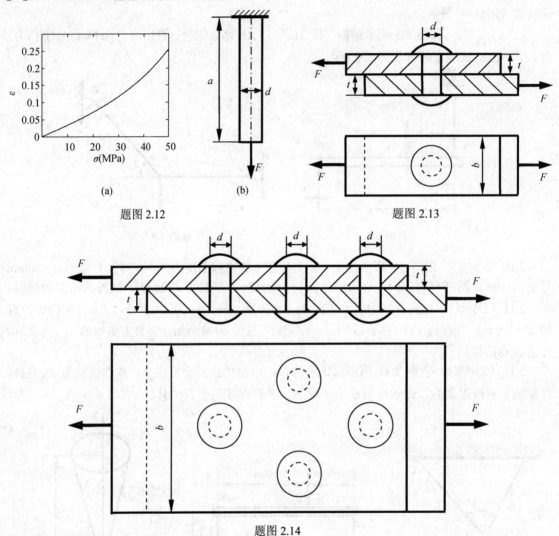

题图 2.12　　　　　　　　　　　　　　　　　　　題图 2.13

題图 2.14

　　2.16（2.8 节）　一螺栓接头如题图 2.15 所示。左、右两块钢板受 F=40kN 的拉力作用。螺栓、钢板的材料均为 Q235 钢，许用切应力 $[\tau]$ =130MPa，许用挤压应力 $[\sigma_{bs}]$ =300MPa。试计算螺栓所需的直径。

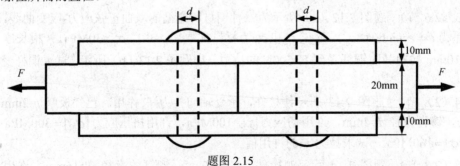

題图 2.15

第3章 扭 转

3.1 引 言

3.1.1 扭转的概念

工程中，经常会遇到承受外扭力偶的杆件。作用面垂直于杆件轴线的外力偶称为外扭力偶，其矩称为外扭力偶矩。例如图 3.1-1 所示机械中的传动轴，在其两端垂直于杆件轴线的平面内，作用有一对方向相反、力偶矩均为 M_e 的外扭力偶。图 3.1-2 所示的钻杆，其上端受到来自钻机的外扭力偶矩 M_e 作用，而在岩土中的钻杆则受到来自岩土的分布阻抗力偶 m_e 作用。

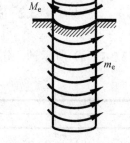

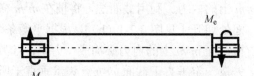

图 3.1-1 受扭的传动轴   图 3.1-2 岩土中的受扭钻杆

在外扭力偶作用下，杆件将发生扭转变形。如图 3.1-3 所示的圆截面直杆，在一对大小相等、方向相反、作用面垂直于杆件轴线的外力偶作用下，直杆的任意两横截面将绕轴线相对转动。这种变形形式称为**扭转**。凡是以扭转变形为主要变形的构件均称为**轴**，轴的变形以横截面间绕轴线的相对角位移，即扭转角 φ 表示，图 3.1-3 中的 $\varphi_{B/A}$ 和 $\varphi_{C/A}$ 分别表示杆件的截面 B 和截面 C 相对于截面 A 的扭转角。扭转是杆件的基本变形之一。

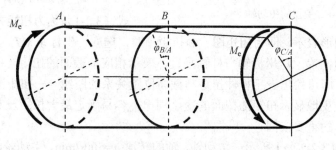

图 3.1-3 受扭的传动轴

3.1.2 动力传递——功率、转速与外力偶矩之间的关系

工程中的传动轴，通常是给出轴所传递的功率（通常由电动机输入）和轴的转速，这就需要根据功率和转速换算出作用在传动轴上的外力偶矩。

在功率传递的过程中，若忽略能量损失，轴所传递的功率 P 等于外力偶在单位时间内所做的功（即功率）。由动力学可知，力偶的功率等于该力偶的矩 M_e 与相应角速度 ω 的乘

积，即

$$P = M_e\omega \tag{a}$$

在工程实际中，功率 P 的常用单位为 kW，外力偶矩 M_e 与转速 n 的常用单位分别为 N·m 与 r/min，式（a）变为

$$P \times 10^3 = M_e \times \frac{2\pi n}{60}$$

由此求得外力偶矩 M_e 与轴所传递的功率 P 和轴的转速 n 之间的关系为

$$\{M_e\}(\text{N·m}) = 9549\frac{\{P\}(\text{kW})}{\{n\}(\text{r/min})} \tag{3.1-1}$$

本章主要研究圆截面轴的扭转。首先分析轴的内力、应力与变形的计算，在此基础上，分析轴的强度与刚度问题。

3.2　扭转内力——扭矩与扭矩图

考虑图 3.2-1（a）所示轴，分析任意截面 *m-m* 上的内力。利用截面法，将轴在 *m-m* 横截面处切开［见图 3.2-1（b）］，根据平衡条件，横截面 *m-m* 上的内力必构成一力偶，且力偶矢量一定垂直于截面 *m-m*。矢量垂直于所切横截面的内力偶矩，即为**扭矩 *T***。

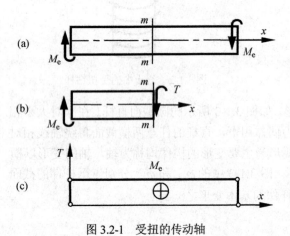

图 3.2-1　受扭的传动轴

扭矩 *T* 的符号规定：按右手螺旋法则确定扭矩矢量，如果扭矩矢量的指向与截面的外法向方向一致，则扭矩为正，反之为负。

为了描写扭矩沿轴线的变化情况，沿杆轴选取坐标 *x* 表示横截面的位置，并建立扭矩与坐标之间的解析关系式，即

$$T = T(x) \tag{3.2-1}$$

式（3.2-1）称为**扭矩方程**。

扭矩方程的图形表示，即为**扭矩图**。画扭矩图时，选取一坐标系 *x-T*。*x* 坐标轴与杆轴平行，表示横截面的位置；*T* 坐标轴与杆轴垂直，表示相应横截面的扭矩。根据各控制截面扭矩的大小与符号，即可绘出表示杆件扭矩与截面位置关系的图线——扭矩图。

扭矩图能够直观地显示扭矩随截面的变化规律，容易确定最大扭矩及其所在位置，是进行强度和刚度计算的重要依据。

【例 3.2-1】 图 3.2-2（a）所示一传动轴，轴的转速 $n=500\text{r/min}$，主动轮的输入功率为 $P_A=500\text{kW}$，从动轮的输出功率分别为 $P_B=200\text{kW}$，$P_C=300\text{kW}$。试作扭矩图，并求轴内的最大扭矩。

解　（1）外力偶矩的计算。

由式（3.1-1）可知，作用在轮 *A*、轮 *B* 与轮 *C* 上的外力偶矩分别为

$$M_{eA} = 9549\frac{P_A}{n} = 9549 \times \frac{500\text{kW}}{500\text{r/min}} = 9549\,\text{N·m}$$

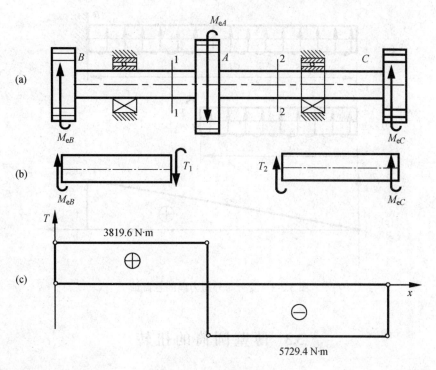

图 3.2-2 传动轴扭矩分析

$$M_{eB} = 9549 \frac{P_B}{n} = 9549 \times \frac{200\text{kW}}{500\text{r/min}} = 3819.6\text{N} \cdot \text{m}$$

$$M_{eC} = 9549 \frac{P_C}{n} = 9549 \times \frac{300\text{kW}}{500\text{r/min}} = 5729.4\text{N} \cdot \text{m}$$

（2）扭矩的计算。

由图 3.2-2（b）可知

$$T_1 = M_B = 3819.6\text{N} \cdot \text{m}$$

$$T_2 = -M_C = -5729.4\text{N} \cdot \text{m}$$

（3）画扭矩图。

作扭矩图，如图 3.2-2（c）所示，扭矩的最大绝对值为

$$|T|_{\max} = |T_2| = 5729.4\text{N} \cdot \text{m}$$

【例 3.2-2】 试作图 3.2-3（a）所示轴的扭矩图，并确定最大扭矩值。

解 以截面 A 的形心为坐标原点，沿轴建立坐标轴 x，x 截面以左轴段受力如图 3.2-3（b）所示。由截面法得扭矩方程为

$$T = m_e x \tag{a}$$

式（a）表明，扭矩 T 为 x 的一次函数，轴的扭矩图如图 3.2-3（c）所示。最大扭矩 $T_{\max} = m_e l$，发生在固定端 B。

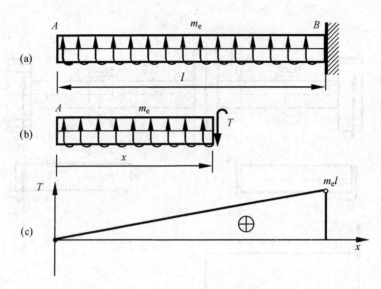

图 3.2-3　受分布外扭力偶的悬臂轴

3.3　薄壁圆筒的扭转

在研究等直圆杆的扭转之前，先研究比较简单的薄壁圆筒的扭转。

3.3.1　薄壁圆筒的扭转应力和变形

设一薄壁圆筒，如图 3.3-1（a）所示。其壁厚 δ 远小于其平均半径 r_0（$\delta < r_0/10$）。为得到沿横截面圆周各点处切应力的变化规律，可在圆筒受扭前，在筒表面画出一组等间距的纵向线和圆周线，形成一系列的矩形小方格。然后在两端施加外力偶 M_e，使圆筒发生扭转变形。可以发现［见图 3.3-1（b）］：圆筒表面各纵向线在小变形下仍保持直线，但都倾斜了同一微

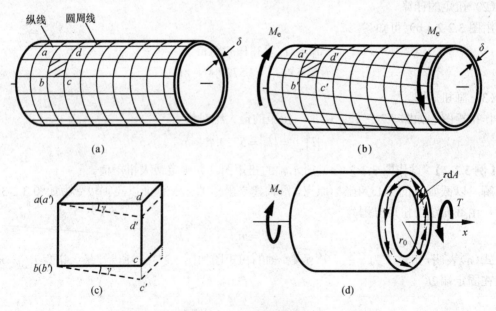

图 3.3-1　受扭的薄壁圆筒

小角度，所有矩形网格均变为同样大小的平行四边形；各圆周线的形状、大小和间距都保持不变，但绕轴线旋转了不同的角度。

因筒壁很薄，故可将圆周线的转动视为整个横截面绕轴线的转动。如果用相距无限近的两个横截面以及夹角无限小的两个径向纵截面从圆筒中切取一微体 *abcd*［见图 3.3-1（c）］，则变形后的微体如图 3.3-1（c）中的虚线所示。直角 *dab* 的角应变为 γ。

上述试验现象表明：微体既无轴向正应变，也无横向正应变，只是相邻横截面 *ab* 与 *cd* 之间发生相对错动，即产生剪切变形；而且，沿圆周方向所有微体的剪切变形均相同。在圆筒横截面上各点处没有正应力，只有切应力 τ［见图 3.3-1（d）］。切应力 τ 沿圆周大小不变，沿壁厚也可近似视为均匀分布。

横截面上的切应力 τ 的合力偶矩为横截面上的扭矩 T，即

$$T = 2\pi r_0 \delta \tau r_0$$

由平衡条件 $\sum M_x = 0$ 得

$$T - M_e = 0$$

所以，横截面上的平均切应力与外扭力偶的关系为

$$\tau = \frac{M_e}{2\pi r_0^2 \delta} \tag{3.3-1}$$

精确分析表明，当 $\delta \leqslant r_0/10$ 时，该公式足够精确，最大误差不超过 4.5%。

由于扭转切应力沿壁厚均匀分布的假设，对于所有由均值材料制成的薄壁圆筒均成立，因此式（3.3-1）具有广泛的适用性，不仅适用于线性弹性材料，也适用于非弹性、各向异性材料。

3.3.2　剪切胡克定律

薄壁圆筒的扭转试验表明，当切应力不超过材料的剪切比例极限 τ_p 时，切应力与切应变成正比，即

$$\tau = G\gamma \tag{3.3-2}$$

式中的比例常数 G 称为材料的**切变模量**。式（3.3-2）称为**剪切胡克定律**。

线弹性材料共有三个弹性常数，即弹性模量 E、泊松比 μ 和切变模量 G。对各向同性材料，可以证明 E、G 和 μ 之间的关系为

$$G = \frac{E}{2(1+\mu)} \tag{3.3-3}$$

薄壁圆筒试验可用来测量切变模量。假设薄壁圆筒的长度为 l，由图 3.3-2 可知，薄壁圆筒表面任意一点 k 的平均切应变为

$$\gamma = \frac{r_0 \varphi}{l} \tag{3.3-4}$$

式中：φ 为两端面的相对扭转角。

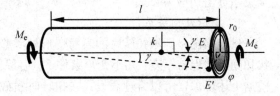

图 3.3-2　薄壁圆筒受扭转时的变形

将式（3.3-3）和式（3.3-1）代入式（3.3-2），可得

$$G = \frac{\tau}{\gamma_0} = \frac{M_e l}{2\pi r_0^3 \delta \varphi} \tag{3.3-5}$$

由式（3.3-5）即可测量材料的切变模量。钢材的切变模量约为 80GPa。

3.3.3　纯剪切与切应力互等定理

进一步研究图 3.3-1（c），设微体的边长分别为 dx、dy 与 δ（见图 3.3-3），则由上面的分析可知，在微体的左、右侧面上，分别作用有由切应力 τ 构成的剪力 $\tau\delta dy$，它们的方向相反，因而构成力偶。由平衡方程 $\sum M_z = 0$ 得

$$(\tau\delta dy)dx = (\tau'\delta dx)dy$$

$$\tau = \tau' \tag{3.3-6}$$

由此得出结论：在微体互相垂直的两个平面上，切应力必然成对存在，且数值相等；二者都垂直于两平面的交线，其方向则共同指向或共同背离两平面的交线，这种关系称为**切应力互等定理**。该定理具有普遍性，不仅对只有切应力的微体正确，对同时有正应力作用的微体也正确。由于仅考虑微体的平衡，就得出式（3.3-6），因此切应力互等定理的成立与材料无关。

微体上只有切应力而无正应力的应力状态称为**纯剪切应力状态**。受切应力作用大的微体仅发生形状改变（仅有切应变）而无大小的改变（没有正应变），如图 3.3-4 所示。直角 *bad* 的切应变 γ_a 为负，而直角 *abc* 的切应变 γ_b 为正。

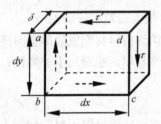

图 3.3-3　纯剪切与切应力互等定理

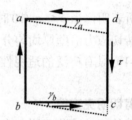

图 3.3-4　切应力与切应变

3.4　圆轴扭转横截面上的切应力与强度条件

3.4.1　横截面上的应力

为推导圆轴扭转时横截面上的切应力公式，可以从三方面着手分析：先由变形几何关系找出切应变的变化规律，再利用物理关系找出切应力在横截面上的分布规律，最后根据静力学关系导出切应力公式。

1. 变形几何关系

试验指出，圆轴扭转时的表面变形与薄壁圆筒的情况相似（见图 3.3-1），各圆周线的形状和间距均保持不变；在小变形条件下，各纵向线仍近似为直线，但都倾斜了一微小的角度。根据上述现象，可以合理假设：在扭转时横截面如同刚性平面一样围绕杆的轴线转动。也就是说，圆杆的横截面变形后仍保持为平面，其形状、大小不变，半径也保持为直线，且相邻两横截面间的距离不变。这一假设称为圆轴扭转的**平面假设**。根据平面假设，可知圆轴扭转时，横截面上没有正应力，只有切应力。

上述假设说明了圆轴变形的总体情况。为了确定横截面上各点处的切应力，需要了解轴

内各点处的应变状态。

考虑图 3.4-1（a）所示的圆轴，用相距 dx 的两个横截面以及夹角无限小的两个径向纵截面从轴内切取一楔形体 O_1ABCDO_2 进行分析，见图 3.4-1（b）。

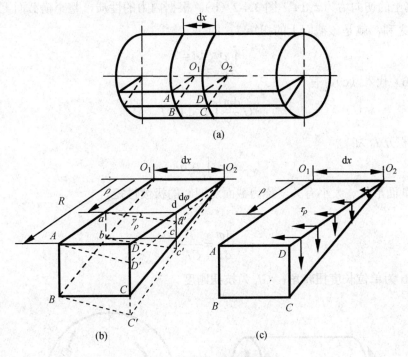

图 3.4-1 受扭的薄壁圆筒

根据上述平面假设，楔形体的变形如图 3.4-1（b）中虚线所示，轴表面的矩形 ABCD 变为平行四边形 ABC'D'，距轴线距离为 ρ 处的任一矩形 abcd 变为平行四边形 abc'd'，即均在垂直于半径的平面内产生剪切变形。

设上述楔形体左、右端两截面间的相对转角即扭转角为 $d\varphi$，矩形 abcd 的切应变为 γ_ρ，则由图 3.4-1（c）可知

$$\gamma_\rho \approx \tan\gamma_\rho = \frac{dd'}{ad} = \frac{\rho d\varphi}{dx}$$

由此得

$$\gamma_\rho = \frac{\rho d\varphi}{dx} \tag{a}$$

2. 物理关系

由剪切胡克定律可知，在线弹性范围内，切应力与切应变成正比，所以横截面上 ρ 处的切应力为

$$\tau_\rho = G\gamma_\rho = G\rho\frac{d\varphi}{dx} \tag{b}$$

式（b）表明，在半径为 ρ 的圆周上各点处的切应力 τ_ρ 相等，与半径 ρ 成正比。由于切应变位于垂直于半径的平面内，故切应力的方向垂直于半径，见图 3.4-1（c）。

3. 静力关系

在横截面上切应力的变化规律表达式（b）中，$d\varphi/dx$ 尚未确定，需要进一步考虑静力关系，才能求出切应力。假设扭转轴任意横截面有扭矩 T［见图 3.4-2（a）］，在此横截面上取微面积 dA，其上的切向力为 $\tau_\rho dA$，图 3.4-2（b）。根据内力的性质，整个横截面上的切向力对圆心的力矩之和，就是该截面上的扭矩 T，即

$$\int_A \rho \tau_\rho dA = T \tag{c}$$

将式（b）代入（c），有

$$G \frac{d\varphi}{dx} \int_A \rho^2 dA = T \tag{d}$$

定义面积分 I_p 为

$$I_p = \int_A \rho^2 dA \tag{3.4-1}$$

I_p 只与截面形状、大小有关，称为截面对圆心的**极惯性矩**。

于是得

$$\frac{d\varphi}{dx} = \frac{T}{GI_p} \tag{3.4-2}$$

式中：$d\varphi/dx$ 为单位长度扭转角；GI_p 为抗扭刚度。

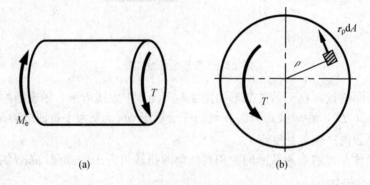

(a)   (b)

图 3.4-2 扭矩与切应力的关系圆筒

式（3.4-2）表明，截面单位长度扭转角与相应截面上扭矩成正比，与抗扭刚度成反比，式（3.4-2）是圆轴刚度计算的基础公式。

将式（3.4-2）代入式（b），得

$$\tau_\rho = \frac{T}{I_p} \rho \tag{3.4-3}$$

式（3.4-3）表明，横截面上任意一点的切应力与该截面上的扭矩成正比，与该点距圆心的距离成正比，与截面的极惯性矩成反比。式（3.4-3）是计算圆轴扭转切应力的基本公式。

由式（3.4-3）可知，在圆截面边缘处，ρ 为最大值 $d/2$，最大切应力为

$$\tau_{\max} = \frac{T}{W_p} \tag{3.4-4}$$

其中

$$W_{\mathrm{p}} = \frac{I_{\mathrm{p}}}{d/2}$$
（3.4-5）

称 W_{p} 为抗扭截面系数（模量）。

3.4.2 极惯性矩与抗扭截面模量

1. 实心圆截面

如图 3.4-3（a）所示，对于直径为 d 的圆截面，若以径向尺寸为 $\mathrm{d}\rho$ 的圆环形面积为微面积，即取

$$\mathrm{d}A = 2\pi\rho\mathrm{d}\rho$$

则由式（3.4-1）可知，实心圆截面的极惯性矩为

$$I_{\mathrm{p}} = \int_0^{d/2} \rho^2 2\pi\rho\mathrm{d}\rho = \frac{\pi d^4}{32}$$
（3.4-6）

则由式（3.4-4）可知，实心圆截面的抗扭截面模量为

$$W_{\mathrm{p}} = \frac{\pi d^3}{16}$$
（3.4-7）

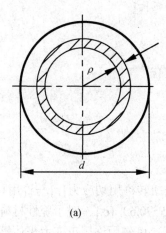 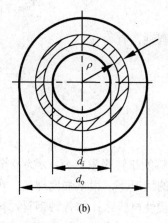

(a)　　　　　　　　　(b)

图 3.4-3　圆截面的 I_{p} 和 W_{p}

2. 空心圆截面

对于内径为 d_{i}、外径为 d_{o} 的空心圆截面 [见图 3.4-3（b）]，按上述计算方法，得极惯性矩为

$$I_{\mathrm{p}} = \frac{\pi d_{\mathrm{o}}^4}{32}(1-\alpha^4)$$
（3.4-8）

而抗扭截面系数则为

$$W_{\mathrm{p}} = \frac{2I_{\mathrm{p}}}{d_{\mathrm{o}}} = \frac{\pi d_{\mathrm{o}}^3}{16}(1-\alpha^4)$$
（3.4-9）

式中：α 为内、外径的比值，即 $d_{\mathrm{i}}/d_{\mathrm{o}}$。

【例 3.4-1】[例 3.2-1] 中的 AB 段为实心圆截面，直径 $d=200\mathrm{mm}$，AC 段为空心圆截面，其内、外径分别为 $d_{\mathrm{i}}=150\mathrm{mm}$ 与 $d_{\mathrm{o}}=d=200\mathrm{mm}$，求轴内的最大扭转切应力。

解　（1）内力分析（见 [例 3.2-1]）。

$$T_1 = M_{eB} = 3819.6\text{N} \cdot \text{m}$$

$$T_2 = -M_{eC} = -5729.4\text{N} \cdot \text{m}$$

（2）应力分析。

由式（3.4-4）和式（3.4-7）可知，AB 段内的最大扭转切应力为

$$\tau_{1,\max} = \frac{16T_1}{\pi d^3} = \frac{16 \times 3819.6\text{N} \cdot \text{m}}{3.14 \times (200 \times 10^{-3}\text{m})^3} = 2.43 \times 10^6 \text{Pa} = 2.43\text{MPa}$$

由式（3.4-4）和式（3.4-9）可知，AC 段内的最大扭转切应力为

$$\tau_{2,\max} = \frac{16T_2}{\pi d_o^3 (1 - \alpha^4)} = \frac{16 \times 5729.4\text{N} \cdot \text{m}}{3.14 \times (200 \times 10^{-3}\text{m})^3 \times (1 - 0.75^4)} = 5.34 \times 10^6 \text{Pa} = 5.34\text{MPa}$$

$\tau_{1,\max}$ 和 $\tau_{2,\max}$ 都发生在圆轴的外边缘，方向位于横截面内垂直于半径。

3.4.3　圆轴扭转的强度计算

与拉压杆的强度计算一样，圆轴扭转时的强度要求仍然是，最大工作应力 $\tau_{\max}$ 不超过材料的许用切应力 $[\tau]$，故强度条件为

$$\tau_{\max} = \left(\frac{T}{W_p} \right)_{\max} \leqslant [\tau] \tag{3.4-10a}$$

对等截面圆轴，有

$$\tau_{\max} = \frac{T_{\max}}{W_p} \leqslant [\tau] \tag{3.4-10b}$$

其中

$$[\tau] = \frac{\tau_u}{n} \tag{3.4-11}$$

式中：τ_u 为材料的扭转极限应力；n 为安全因数。

在静载荷的情况下，根据强度理论，可以得到扭转许用切应力 $[\tau]$ 与许用拉应力 $[\sigma]$ 之间的关系。对于塑性材料，比如各种钢材，$[\tau] = (0.5 \sim 0.6)[\sigma]$；对于脆性材料，比如铸铁，$[\tau] = (0.8 \sim 1.0)[\sigma]$。在没有许用切应力的情况下，可借用许用正应力来估算许用切应力。

【例 3.4-2】　由无缝钢管制成的汽车传动轴，外径 $d_o = 90\text{mm}$，壁厚 $t = 2.5\text{mm}$，材料的许用切应力 $[\tau] = 60\text{MPa}$，使用时的最大扭矩 $T = 1.5\text{kN} \cdot \text{m}$，试校核轴的强度。

解　内、外径比为

$$\alpha = \frac{d_i}{d_o} = \frac{90 - 2 \times 2.5}{90} = 0.944$$

由式（3.4-9）得抗扭截面系数为

$$W_p = \frac{\pi \times 90 \times 10^{-3}\text{m}}{16} \times (1 - 0.944^4) = 29.4 \times 10^{-6}\text{m}^3$$

由式（3.4-4）可知，轴的最大切应力为

$$\tau_{\max} = \frac{T}{W_p} = \frac{1.5 \times 10^3 \text{N} \cdot \text{m}}{29.4 \times 10^{-6}\text{m}^3} = 51 \times 10^6 \text{Pa} = 51\text{MPa} < [\tau]$$

所以轴满足强度要求。

【例 3.4-3】　某传动轴，轴内的最大扭矩 $T = 1.5\text{kN} \cdot \text{m}$。若许用切应力 $[\tau] = 50\text{MPa}$，试按

下列两种方案确定轴的横截面尺寸，并比较其重量。

（1）实心圆截面轴；

（2）空心圆截面轴，其内、外径的比值 $d_i / d_o = 0.9$。

解　（1）确定实心圆轴的直径。

根据式（3.4-7）和式（3.4-10b）可知，实心轴的直径为

$$d \geqslant \sqrt[3]{\frac{16T}{\pi[\tau]}} = \sqrt[3]{\frac{16 \times 1.5 \times 10^3 \,\mathrm{N \cdot m}}{\pi \times 50 \times 10^6 \,\mathrm{Pa}}} = 0.0535\,\mathrm{m}$$

取

$$d = 54\,\mathrm{mm}$$

（2）确定空心圆轴的内、外径。

根据式（3.4-9）和式（3.4-10b）可知，空心圆轴的外径为

$$d_o \geqslant \sqrt[3]{\frac{16T}{\pi(1-\alpha^4)[\tau]}} = \sqrt[3]{\frac{16 \times 1.5 \times 10^3 \,\mathrm{N \cdot m}}{\pi \times (1-0.9^4) \times 50 \times 10^6 \,\mathrm{Pa}}} = 0.0763\,\mathrm{m}$$

其内径为

$$d_i = 0.9 d_o = 0.9 \times 0.0763\,\mathrm{m} = 0.0687\,\mathrm{m}$$

取 $d_o = 76\,\mathrm{mm}$，$d_i = 68\,\mathrm{mm}$。

（3）重量比较。

上述空心与实心圆轴的长度与材料均相同，所以二者的重量比 β 等于其横截面面积之比，即

$$\beta = \frac{\pi(d_o^2 - d_i^2)}{4} \times \frac{4}{\pi d^2} = \frac{0.076^2 - 0.068^2}{0.054^2} = 0.395$$

可见，使用空心圆轴可以有效地节省材料。不过，空心圆轴比实心圆轴加工困难，制造成本较高，因此在制造之前，要权衡省材和造价的利弊，进行优化设计。

3.5　圆轴扭转时的变形与刚度条件

3.5.1　圆轴扭转变形

如前所述，轴的扭转变形用横截面间绕轴线的相对角位移，即扭转角 φ 来表示。

由式（3.4-2）可知，微段 $\mathrm{d}x$ 的相对扭转角为

$$\mathrm{d}\varphi = \frac{T}{GI_p}\mathrm{d}x \tag{3.5-1}$$

全轴的扭转角为

$$\varphi = \int_l \mathrm{d}\varphi = \int_l \frac{T}{GI_p}\mathrm{d}x \tag{3.5-2}$$

式（3.5-1）是求扭转角的一般公式。对于长为 l、扭矩 T 为常数的等截面圆轴，其两端横截面间的相对转角即扭转角为

$$\varphi = \frac{Tl}{GI_p} \tag{3.5-3}$$

式（3.5-3）表明，扭转角 φ 与扭矩 T、轴长 l 成正比，与抗扭刚度 GI_p 成反比。

对于扭矩、横截面面积或切变模量沿杆轴逐段变化的圆截面轴，其扭转变形则为

$$\varphi = \sum_{i=1}^{n} \frac{T_i l_i}{G_i I_{pi}} \tag{3.5-4}$$

式中：T_i、l_i、G_i、I_{pi} 分别为轴段 i 的扭矩、长度、切变模量与极惯性矩；n 为杆件的总段数。

3.5.2　圆轴扭转刚度条件

设计轴时，除应考虑强度问题外，有时还需满足刚度要求。特别在机械传动轴中，对刚度要求较高。如车床的丝杆，扭转变形过大就会影响螺纹加工精度；镗床主轴变形过大则会产生剧烈的振动，影响加工精度和光洁度。

工程上对受扭构件的单位长度扭转角进行限制，使其不超过某一规定的许用值 $[\theta]$，即圆轴扭转的刚度条件为

$$\left(\frac{\mathrm{d}\varphi}{\mathrm{d}x}\right)_{max} = \left(\frac{T}{GI_p}\right)_{max} \leqslant [\theta] \quad (\text{rad/m}) \tag{3.5-5}$$

$$\left(\frac{\mathrm{d}\varphi}{\mathrm{d}x}\right)_{max} = \left(\frac{T}{GI_p}\right)_{max} \times \frac{180}{\pi} \leqslant [\theta] \quad (°/\text{m}) \tag{3.5-6}$$

对于等截面圆轴，式（3.5-6）简化为

$$\left(\frac{\mathrm{d}\varphi}{\mathrm{d}x}\right)_{max} = \frac{T}{GI_p} \times \frac{180}{\pi} \leqslant [\theta] \quad (°/\text{m}) \tag{3.5-7}$$

在式（3.5-7）中，$[\theta]$ 代表许用单位长度扭转角。对于一般的传动轴，$[\theta]$ 为 0.5°/m～1°/m；对于精密机器与仪表的轴，$[\theta]$ 的值可根据有关设计标准或规范确定。

【例 3.5-1】　图 3.5-1 所示圆轴，已知 $M_{eA} = 4\text{kN} \cdot \text{m}$，$M_{eB} = 6\text{kN} \cdot \text{m}$，$M_{eC} = 2\text{kN} \cdot \text{m}$，$l_1 = 0.6\text{m}$，$l_2 = 0.9\text{m}$，$G = 8.0 \times 10^4 \text{MPa}$，$[\tau] = 60\text{MPa}$，$[\theta] = 0.5°/\text{m}$，试确定轴的直径，并计算扭转角 $\varphi_{C/A}$。

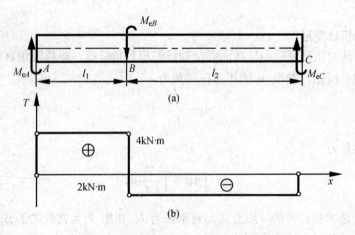

图 3.5-1　受集中外扭力偶矩的传动轴

解 作出该圆轴的扭矩图如图 3.5-1（b）所示，其最大扭矩 $T_{\max} = 4\text{kN} \cdot \text{m}$。

（1）强度条件。

由式［3.4-10（b）］可知

$$\tau_{\max} = \frac{T_{\max}}{W_{\text{P}}} = \frac{16T_{\max}}{\pi d^3} \leqslant [\tau]$$

由此式解得

$$d \geqslant \sqrt[3]{\frac{16T}{\pi[\tau]}} = \sqrt[3]{\frac{16 \times 4 \times 10^3 \text{N} \cdot \text{m}}{\pi \times 60 \times 10^6 \text{Pa}}} = 0.07\text{m}$$

（2）刚度条件。

由式（3.5-5）可知

$$\left(\frac{\text{d}\varphi}{\text{d}x}\right)_{\max} = \frac{T_{\max}}{GI_{\text{p}}} \times \frac{180°}{\pi} \leqslant [\theta]$$

由此式解得

$$d \geqslant \sqrt[4]{\frac{32 \times 180T_{\max}}{G\pi^2[\theta]}} = \sqrt[4]{\frac{32 \times 180° \times 4 \times 10^3 \text{N} \cdot \text{m}}{\pi^2 \times 8 \times 10^4 \times 10^6 \text{Pa} \times 0.5°/\text{m}}} = 0.087\text{m}$$

为满足强度条件和刚度条件，应选取 $d=87\text{mm}$。可见，该轴的截面尺寸由刚度条件控制。

（3）扭转角。

$$\varphi_{C/A} = \varphi_{C/B} + \varphi_{B/A} = \frac{T_1 l_1}{GI_{\text{p}}} + \frac{T_2 l_2}{GI_{\text{p}}} = \frac{32 \times 10^3 \times (4\text{N} \cdot \text{m} \times 0.6\text{m} - 2\text{N} \cdot \text{m} \times 0.9\text{m})}{8 \times 10^4 \times 10^6 \text{Pa} \times \pi \times 0.087^4 \text{m}^4}$$

$$= 0.0013 \text{ rad} = 0.075°$$

本 章 要 点

1. 扭矩、扭矩方程与扭矩图

扭矩方程为

$$T = T(x) \tag{3.2-1}$$

等效截面法：左段右截面 x 的扭矩等于右段所有外力关于截面形心的扭力偶矩的代数和，矩矢离开截面为正，反之为负。

2. 剪切胡克定律和切应力互等定理

剪切胡克定律：切应力 τ 和切应变 γ 之间成正比关系，即

$$\tau = G\gamma \tag{3.3-2}$$

切应力互等定理：在两个相互垂直的平面上，切应力必然成对存在，且数值相等，两者都垂直于两平面的交线，其方向均共同指向或背离该交线。

3. 等直圆杆在扭转时横截面上切应力的分布及强度条件

横截面上各点的切应力与该点到圆心的距离成正比，其值为

$$\tau_\rho = \frac{T}{I_{\text{p}}} \rho \tag{3.4-3}$$

横截面上最大切应力发生在横截面周边各点处，其值为

$$\tau_{\max} = \frac{T}{W_p} \tag{3.4-4}$$

强度条件表达式为

$$\tau_{\max} = \left(\frac{T}{W_p}\right)_{\max} \leqslant [\tau] \tag{3.4-10a}$$

利用强度条件表达式就可以对实心（或空心）圆截面杆进行强度计算，如强度校核、截面选择和许用载荷的计算。

4. 等直圆杆在扭转时的变形及刚度条件

对于长为 l、受扭矩 T 的等截面圆轴，其两端横截面间的相对转角，即扭转角为

$$\varphi = \int_l \frac{T}{GI_p} \mathrm{d}x \tag{3.5-2}$$

对于长为 l、受扭矩 T 为常量的等截面圆轴，扭转角为

$$\varphi = \frac{Tl}{GI_p} \tag{3.5-3}$$

扭转轴的刚度条件由单位长度扭转角来描述，可表示为

$$\left(\frac{\mathrm{d}\varphi}{\mathrm{d}x}\right)_{\max} = \frac{T}{GI_p} \times \frac{180}{\pi} \leqslant [\theta] \quad (°/m) \tag{3.5-7}$$

利用刚度条件表达式就可以对实心（或空心）圆截面杆进行刚度计算，如刚度校核、截面选择和许用载荷的计算。

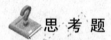 思 考 题

3.1　推导圆轴扭转切应力公式的平面假设是什么？切应力公式与哪些因素有关？

3.2　单位长度扭转角与扭转角有什么关系？其单位是什么？如何应用刚度条件进行刚度计算？

3.3　金属材料扭转破坏有几种方式？每种破坏形式的原因是什么？

3.4　薄壁圆管横截面切应力 $\tau = \dfrac{T}{2\pi R^2 \delta}$ 是如何建立的？由空心圆轴计算的切应力与由 $\tau = \dfrac{T}{2\pi R^2 \delta}$ 计算的切应力有什么不同？当切应力超过剪切比例极限时，该公式是否仍然成立？试从 $\tau = \dfrac{T\rho}{I_p}$ 推导出 $\tau = \dfrac{T}{2\pi R^2 \delta}$。

3.5　何谓扭矩？扭矩的正负是如何规定的？扭矩和外扭力偶有什么关系？扭矩和横截面切应力有什么关系？

 习 题

3.1（3.2 节）　试画题图 3.1 所示各轴的扭矩图。

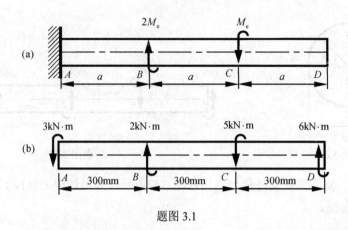

题图 3.1

3.2（3.2 节） 某电钻杆的受力如题图 3.2 所示。已知转速为 n，输入功率为 P，所受沿杆长均匀分布的阻力偶集度为 m_e，试画钻杆的扭矩图，并求钻杆内的最大扭矩。

3.3（3.2 节） 如题图 3.3 所示某受扭传动轴 AB，内径 $d_i = 30\text{mm}$，外径 $d_o = 42\text{mm}$，传递功率 $P = 90\text{kW}$，轮 A 为主动轮。若材料的许用切应力 $[\tau] = 50\text{MPa}$，试求圆轴的最小转动频率。

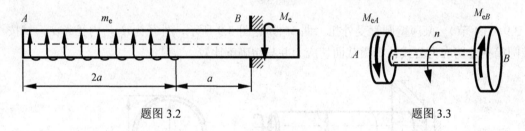

题图 3.2　　　　　　　　　　　　　题图 3.3

3.4（3.4 节） 实心圆轴受外扭力偶如题图 3.4 所示，$r_2 = 60\text{mm}$，$r_1 = 40\text{mm}$。试求 A、B 两点的切应力和圆轴内的最大切应力。

3.5（3.3 节） 空心圆轴受外扭力偶 M_e 如题图 3.5 所示。外径 $d_o = 44\text{mm}$，$d_i = 40\text{mm}$，横截面上的扭矩 $M_e = 750\text{N} \cdot \text{m}$。试计算圆管横截面与纵截面上的最大切应力。

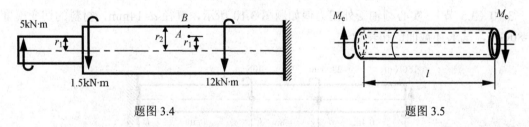

题图 3.4　　　　　　　　　　　　　题图 3.5

3.6（3.4 节） 题图 3.6 所示实心等截面圆轴，直径 $d=40\text{mm}$，工作时受最大扭矩 $T = 6280\text{N} \cdot \text{m}$，横截面上点 A 距圆心的距离 $\rho_A = 20\text{mm}$。试计算点 A 处的扭转切应力，并标出其方向。

3.7（3.4 节） 题图 3.7 所示实心铝轴的直径 $d=50\text{mm}$，受主动外扭力偶 M_e 作用，许用切应力 $[\tau] = 6\text{MPa}$。试确定许用外扭力偶矩 $[M_e]$，并求 CD 段和 DE 段的最大切应力。

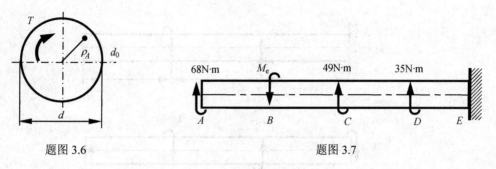

题图 3.6　　　　　　　　　　　　　　　　题图 3.7

3.8（3.4 节）　实心圆轴受外扭力偶如题图 3.8 所示，许用切应力 $[\tau]=175\text{MPa}$，试确定圆轴所需的最小直径。

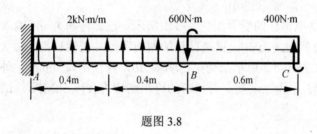

题图 3.8

3.9（3.4 节）　某薄壁圆管受外扭力偶 M_e 如题图 3.9 所示，外径为 d_o，内径为 d_i，试按薄壁圆筒扭转切应力公式计算横截面切应力并与精确解比较。

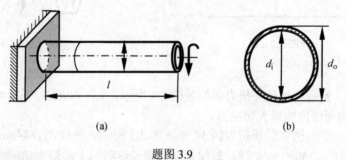

(a)　　　　　　　　　　　　　(b)

题图 3.9

3.10（3.5 节）　实心圆轴受外扭力偶如题图 3.10 所示，直径 $d=14\text{mm}$，材料的切变模量 $G=80\text{GPa}$，试求 A 截面的扭转角。

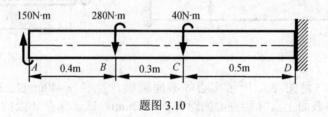

题图 3.10

3.11（3.5 节）　变截面圆轴如题图 3.11 所示，轴长为 l，最小和最大半径分别为 r_1 和 r_2，材料的切变模量为 G，试求自由端的扭转角。

3.12（3.5 节）　实心圆轴如题图 3.12 所示，材料的切变模量 G=80GPa，直径 $d_1 = 80\text{mm}$，$d_2 = 60\text{mm}$，$M_{eB} = 1700\text{N}\cdot\text{m}$，$l_1 = 400\text{mm}$，$l_2 = 600\text{mm}$。若截面 C 相对于截面 A 的扭转角为 $\varphi_{C/A} = 3.6\times10^{-3}\text{rad}$，转向与 M_{eC} 相同，试求 M_{eC} 的大小。

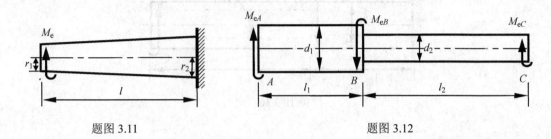

题图 3.11　　　　　　　　　　　　　　　　　题图 3.12

3.13（3.5 节）　实心圆轴如题图 3.13 所示，截面的极惯性矩为 I_p，已知截面 B 的扭转角为 φ_B。试求材料的切变模量。

3.14　某传动轴如题图 3.14 所示，材料的切变模量 G=80GPa，$M_{eB} = 2810\text{N}\cdot\text{m}$，$M_{eC} = 4210\text{N}\cdot\text{m}$，许用切应力 $[\tau] = 70\text{MPa}$，$[\theta] = 1°/\text{m}$。

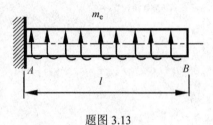

题图 3.13

（1）试确定 AB 段的直径 d_1 和 BC 段的直径 d_2；

（2）若 AB 和 BC 两段选用同一直径，试确定直径 d；

（3）三个轮如何安排比较合理。

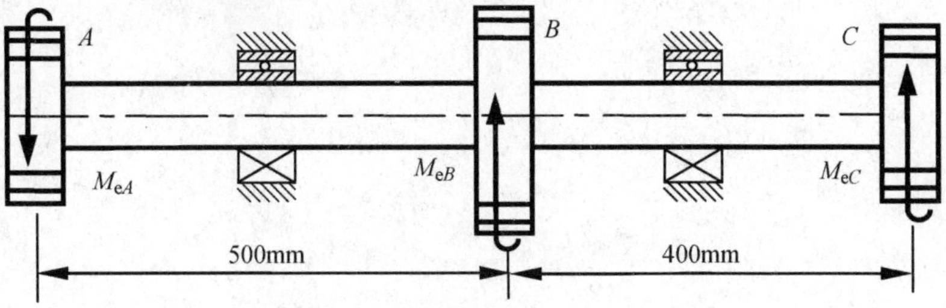

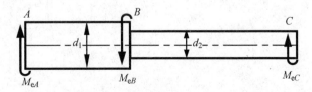

题图 3.14

3.15　实心钢制圆轴如题图 3.15 所示，材料的切变模量 G=80GPa，直径 $d_1 = 70\text{mm}$，$d_2 = 40\text{mm}$，$M_{eB} = 1400\text{N}\cdot\text{m}$，$M_{eA} = 800\text{N}\cdot\text{m}$ $[\theta] = 1°/\text{m}$，$[\tau] = 60\text{MPa}$。试校核轴的强度与刚度。

题图 3.15

3.16　一段实心、一段空心的圆轴尺寸和所受载荷如题图 3.16 所示，$d_1=2d_2=10\text{cm}$，材料的切变模量 G=80GPa。

（1）求杆的最大切应力 τ_{max}；

（2）若使自由端 C 的扭转角为零，求两段杆长之比 l_1/l_2。

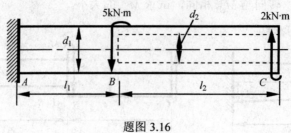

题图 3.16

第4章 弯 曲 内 力

4.1 引 言

工程结构中大量承力构件为承弯构件，如图 4.1-1 所示火车轮轴和图 4.1-2 所示门式起吊结构中的大梁 *AB*、立柱 *AC*、立柱 *BD*，以及吊钩。

承弯构件的受力特点通常是受到垂直于构件轴线的横向外力，或矩矢垂直于杆轴的外力偶作用。在这样的外载荷作用下，直杆的轴线将变成曲线，如图 4.1-2 所示的大梁 *AB*、立柱 *AC*、立柱 *BD*；曲杆的轴线也将改变成新的曲线，如图 4.1-2 所示的吊钩（通常发生弯曲变形的曲杆同时还伴随拉压变形）。以轴线变弯为主要特征的变形称为**弯曲变形**，以弯曲变形为主的杆件称为**梁**（包括直梁和曲梁），由多根受弯杆件刚性连接所组成的结构称为**刚架**，刚架可以看作梁的扩展。

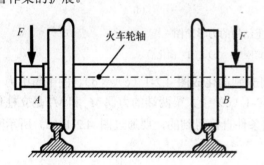

图 4.1-1　火车轮轴

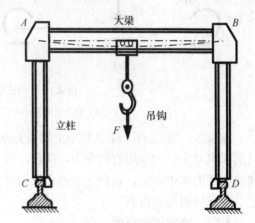

图 4.1-2　门式起重机框架

本章分析梁（包括刚架和曲梁）的内力，作梁的内力图，为下面进行梁的应力和变形分析做准备。

4.2　力学简图和静定梁的类型

4.2.1　力学简图

为了便于力学分析，通常把复杂的结构简化成力学简图。简化主要体现在三个方面，一是构件形式的简化，即构件用其轴线来代替；二是约束的简化，即判断约束是简化为滑动铰支座，还是简化为固定铰支座或固定端；三是载荷的简化，即确定构件所受载荷是线分布载荷，还是集中力（包括集中力偶）。门式起重结构的力学简图见图 4.2-1（a）。如果认为支座 *C*、*D* 处没有水平位移，则力学简图为图 4.2-1（a）。如果认为支座 *C*、*D* 处有些微小的水平位移，则力学简图为图 4.2-1（b），约束性质的确定需要分析者正确地进行判断。如果认为起重机与大梁 *AB* 的接触长度不是很小，则起重机传递给大梁的力可以简化为线分布载荷［见图 4.2-1（a）］；如果认为起重机与大梁仅两点接触，况且两点之间的距离不是很小，则可以简化为两个相等的集中力［见图 4.2-1（b）］。

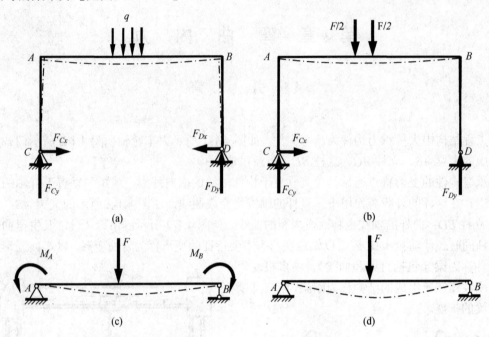

图 4.2-1　门式起重结构的力学简图

(a) 静不定刚架；(b) 静定刚架；(c)、(d) 简化后

　　图 4.2-1（a）、（b）中大梁 AB 的受力也可分别简化成图 4.2-1（c）、（d）。图中集中力 F 是起重机对大梁的作用力的合力，注意，图 4.2-1（c）中大梁两端的力偶 M_A 和 M_B 是立柱传递给大梁的集中弯矩，它们是不能由梁的平衡条件直接得到的，要通过图 4.2-1（a）所示刚架的变形协调关系得到。

4.2.2　静定梁的类型

　　本章所研究的梁、刚架和曲杆为受平面任意力系的构件。静力学平衡理论告诉我们，平

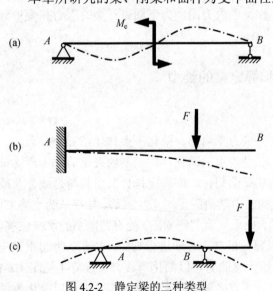

图 4.2-2　静定梁的三种类型

面任意力系仅有三个独立的平衡方程。因此，如果构件所受约束反力恰有三个，则可由平衡方程完全确定。由平衡方程即可确定全部约束反力的结构称为**静定结构**。静定结构的典型情况是**静定梁**。静定梁有三种类型，简述如下：

　　（1）**简支梁**——一端固定铰支，另一端滑动铰支的梁，见图 4.2-2（a）。

　　（2）**悬臂梁**——一端固定，另一端自由的梁，见图 4.2-2（b）。

　　（3）**外伸梁**——一端外伸或两端都外伸的简支梁，见图 4.2-2（c）。

　　图 2.2-2 中的点划线为梁受图示载荷变形后梁的轴线的大致形状。

如果结构的约束反力的数目超过了独立平衡方程的数目，则仅靠静力学平衡方程不能把所有的约束反力都确定。约束反力的数目超过独立平衡方程数目的结构称为**静不定结构**，或称为超静定结构。图 4.2-1（a）所示门式起吊框架受 4 个约束反力，故为一次静不定结构。由于图 4.2-1（c）所示大梁 AB 两端的外力偶是未知的，因此为静不定梁。关于简单静不定结构的约束反力和内力的解法，将在 7.5 节中介绍。

4.3 剪 力 和 弯 矩

4.3.1 指定截面的剪力和弯矩

考虑图 4.3-1（a）所示简支梁任意截面 *m-m* 上的内力。

根据第 1 章 1.3 节关于截面法求内力的方法，首先要进行外力分析，把梁 AB 的支座反力 F_{Ay} 和 F_{By} 通过平衡方程求出来，为此，画梁 AB 的受力图［见图 4.3-1（a）］，根据静力学平衡方程

$$+\curvearrowleft\sum M_B = 0： \quad -F_{Ay} \times 3a + F \times 2a + M_e = 0$$

$$\sum M_A = 0： \quad F_{By} \times 3a - Fa + M_e = 0$$

解得

$$F_{Ay} = \frac{2F}{3} + \frac{M_e}{3a}， \quad F_{By} = \frac{F}{3} - \frac{M_e}{3a}$$

这样梁上所有的外力都成为已知。

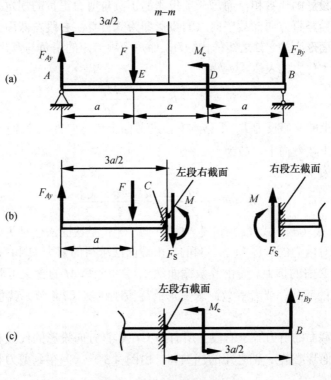

图 4.3-1　由截面法求内力

接下来进行内力分析。可取 *m-m* 截面左段为研究对象，画上左段上所有的外力（包括主动力和约束反力），并在左段右截面上添上可能出现的内力。不难判断，根据 1.3 节关于剪力和弯矩的定义，左段右截面上可能出现的内力只有作用于面内竖直方向的力——**剪力** F_S 和垂直于轴线的力矩——**弯矩** M，假设剪力 F_S 和弯矩 M 均为正［见图 4.3-1（b）］。

根据整体平衡部分也平衡的静力学基本理论，列左段的平衡方程求出截面剪力和弯矩。

$$+\uparrow \sum F_y = 0 : \quad F_{Ay} - F - F_S = 0 \tag{a}$$

$$+\curvearrowright \sum M_C = 0 : \quad -F_{Ay} \times \frac{3a}{2} + F \times \frac{a}{2} + M = 0 \tag{b}$$

由以上两式解得

$$F_S = F_{Ay} - F = -\frac{F}{3} + \frac{M_e}{3a} \tag{c}$$

$$M = F_{Ay} \times \frac{3a}{2} - F \times \frac{a}{2} = \frac{Fa}{2} + \frac{M_e}{2} \tag{d}$$

截面剪力的真实方向取决于外力 F、M_e 和尺寸 a 的数值，而弯矩则必然为正。

需要注意的是，根据梁段的平衡方程求截面上内力分量时，方程中各项的正负通常是按照坐标系下力和力矩的正负约定确定的，比如向上的外力为正，逆转的力矩为正，如式（a）和式（b）中的箭头所示，与内力的正负规定无关。另外，矩心默认为截面的形心 C，其好处是，力矩方程中各项的含义一目了然，就是力对形心之矩。

以上是截面法求弯曲内力的基本方法。下面用等效截面法求弯曲内力。根据 1.3 节所论证的等效截面法，可直接写出任意截面上的内力分量。比如：**右段左截面剪力等于左段上所有外力在竖直方向投影的代数和**，而每一项投影的正负与剪力正负的规定一致。在横向弯曲的情况下，外力都沿竖直方向，故横向力的投影即为其自身；**右段左截面上的弯矩等于左段上所有外力对过截面形心的 z 轴之矩的代数和**，而每一项力矩的正负与弯矩正负的规定一致。据此，左段右截面上剪力的表达式为

$$F_S = F_{Ay} - F = -\frac{F}{3} + \frac{M_e}{3a} \tag{e}$$

这是因为：向上的支座反力 F_{Ay} 平移到右段左截面上依然向上，故为正；向下的外力 F_{Ay} 平移到右段左截面上依然向下，故为负。

弯矩的表达式为

$$M = F_{Ay} \times \frac{3a}{2} - F \times \frac{a}{2} = \frac{Fa}{2} + \frac{M_e}{2} \tag{f}$$

比较式（c）和式（d）、式（e）和式（f）可见，无论是截面法还是等效截面法都得到同样的内力分量，但对内力的解释却是不同的。由截面法求得的剪力 F_S 和弯矩 M 的含义是保持所取梁段平衡所必需的抗力。而由等效截面法求得的 F_S 和 M 的含义可看作左段上所有外力对右段作用效果的替代，或者等效。求变形的逐段刚化法（7.4 节）就使用了这种替代的方法。

同理，左段右截面的剪力等于右段上所有外力在竖直方向投影的代数和，弯矩等于右段上所有外力对过截面形心的 z 轴之矩的代数和。由图 4.3-1（c）得到剪力和弯矩的表达式分别为

$$F_S = -F_{By} = -\frac{F}{3} + \frac{M_e}{3a} \tag{g}$$

$$M = F_{By} \times \frac{3a}{2} + M_e = \frac{Fa}{2} + \frac{M_e}{2} \tag{h}$$

比较式（e）和式（f）、式（g）和式（h）可见，无论是考虑右段左截面还是左段右截面，得到的剪力和弯矩都是相同的，即大小相同和正负相同。与截面法比较，等效截面法要简单得多，建议读者使用等效截面法求弯曲内力。

【例 4.3-1】 图 4.3-2（a）所示外伸梁受集中力 F 和集中偶 $M_{eA} = Fa$，$M_{eD} = Fa$。试计算 A_+、B_- 和 B_+ 截面剪力和弯矩。B_- 表示从截面 B 左侧无限靠近截面 B 的截面，而 B_+ 表示从截面 B 右侧无限靠近截面 B 的截面。

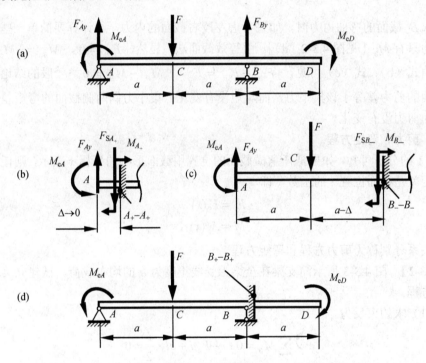

图 4.3-2　外伸梁受集中力和集中偶，集中力附近截面上内力的情况

解　（1）求支座反力。

$$+ \curvearrowright \sum M_B = 0 : \quad -F_{Ay} \times 2a + M_{eA} + Fa - M_{eD} = 0$$

$$+ \curvearrowright \sum M_A = 0 : \quad F_{By} \times 2a + M_{eA} - Fa - M_{eD} = 0$$

由以上两式解得

$$F_{Ay} = F_{By} = \frac{F}{2}(\uparrow)$$

（2）求 A_+ 截面的弯曲内力。

由等效截面法，右段左截面上的剪力和弯矩分别为［见图 4.3-2（b）］

$$F_{SA_+} = F_{Ay} = \frac{F}{2} , \quad M_{A_+} = -M_A + F_{Ay}\Delta = -M_A = -Fa \tag{a}$$

（3）求 B_- 截面的弯曲内力。

右段左截面上的剪力和弯矩分别为［见图 4.3-2（c）］

$$F_{SB_-} = F_{Ay} - F = -\frac{F}{2} , \quad M_{B_-} = -M_{eA} + F_{Ay}\times 2a - Fa = -M_{eA} = -Fa \tag{b}$$

（4）求 B_+ 截面的弯曲内力（没有画出计算示意图）。

右段左截面上的剪力和弯矩分别为

$$F_{SB_+} = F_{Ay} - F + F_{By} = 0 , \quad M_{B_+} = -M_{eA} + F_{Ay}\times 2a - Fa + F_{By}\Delta = -Fa \tag{c}$$

讨论：

（1）求 B_+ 截面的弯曲内力时，如果考虑左段右截面的内力，则计算要简单一些，因为右段上的外力只有 M_e ［见图 4.3-2（d）］。由等效截面法，显然，$F_{SB_+} = 0$，$M_{B_+} = -M_{eD} = -Fa$。

（2）由式（b）、式（c）可见，$|F_{SB_+} - F_{SB_-}| = F_{By}$，$|M_{B_+} - M_{B_-}| = 0$。一般的结论是：集中力两侧截面的剪力差等于该集中力，而弯矩没有变化；集中力偶两侧截面的弯矩差等于该集中力偶，而剪力没有变化。

4.3.2　剪力、弯矩方程

由 4.3.1 的分析可知，如果把任意横截面的位置用截面形心的坐标 x 表示，则任意截面的剪力和弯矩就是截面位置 x 的函数，即

$$\begin{aligned} F_S &= F_S(x) \\ M &= M(x) \end{aligned} \tag{4.3-1}$$

上述关系分别称为**剪力方程**和**弯矩方程**。

【例 4.3-2】 图 4.3-3 所示简支梁在全梁上受线集度为 q 的均布载荷。试建立梁的剪力方程、弯矩方程。

解 （1）求约束反力。

$$+\big\rangle \sum M_B = 0 : \quad -F_{Ay}l + ql\times\frac{l}{2} = 0$$

$$+\big\rangle \sum M_A = 0 : \quad F_{By}l + -ql\times\frac{l}{2} = 0$$

由以上两式解得

$$F_{Ay} = F_{By} = \frac{ql}{2}(\uparrow)$$

考虑到简支梁的约束是对称的且受对称载荷，约束反力理应对称，等于均布力 q 的合力的 1/2。

（2）求任意截面 x 的弯曲内力方程。

由等效截面法，右段左截面剪力等于左段上所有竖向力的代数和，弯矩等于左段上所有竖向力对截面形心 C 的力矩之和，有

$$F_S = F_{Ay} - qx = \frac{ql}{2} - qx \quad (0 < x < l) \tag{a}$$

$$M = F_{Ay}x - qx \times \frac{x}{2} = \frac{qlx}{2} - qx \times \frac{x}{2} = \frac{qx}{2}(l-x) \quad (0 \leqslant x \leqslant l) \qquad \text{(b)}$$

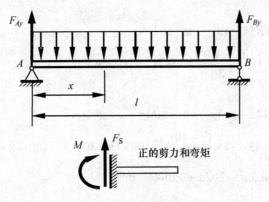

图 4.3-3　受均布载荷的简支梁

【**例 4.3-3**】　简支梁 *AB* 受载荷如图 4.3-4 所示。试建立梁的剪力方程和弯矩方程。

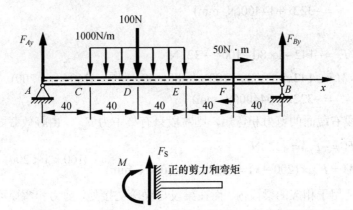

图 4.3-4　受多个载荷的简支梁（单位：mm）

解　（1）求约束反力。

$$\sum M_B = 0:$$

$$-F_{Ay} \times 200\text{mm} + (1000 \times 80 \times 10^{-3}) \times 120\text{mm} + 100 \times 120\text{mm} - 50000\text{N} \cdot \text{mm} = 0$$

$$\sum M_A = 0:$$

$$F_{By} \times 200\text{mm} - (1000 \times 80 \times 10^{-3}) \times 80\text{mm} - 100 \times 80\text{mm} - 50000\text{N} \cdot \text{mm} = 0$$

由以上两式解得

$$F_{Ay} = -142\text{N}(\downarrow), \quad F_{By} = 322\text{N}(\uparrow)$$

"–"表明约束反力 F_{Ay} 的实际方向是向下的。

（2）求任意截面 *x* 的弯曲内力方程。

由等效截面法求各段内剪力和弯矩的方程。

AC 段内：

$$F_S = -142\text{N}$$
$$M = -142x(\text{N} \cdot \text{mm}) \qquad (0 < x < 40) \qquad\qquad\qquad\text{(a)}$$

CD 段内：

$$F_S = -142 - 1 \times (x - 40) = -x - 102(\text{N})$$

$$M = -142x - 1 \times \frac{(x-40)^2}{2} = -0.5x^2 - 102x - 800(\text{N} \cdot \text{mm}) \qquad (40 < x < 80) \qquad\text{(b)}$$

DE 段内：

$$F_S = -142 - 1 \times (x - 40) - 100 = -x - 202(\text{N})$$

$$M = -142x - 1 \times \frac{(x-40)^2}{2} - 100 \times (x - 80) \qquad (80 < x < 120) \qquad\text{(c)}$$

$$= -0.5x^2 - 202x + 7200(\text{N} \cdot \text{mm})$$

EF 段内：

$$F_S = -142 - 1 \times 80 - 100 = -322\text{N}$$

$$M = -142x - 1 \times 80 \times (x - 80) - 100 \times (x - 80) \qquad (120 < x < 160) \qquad\text{(d)}$$

$$= -322x + 14400(\text{N} \cdot \text{mm})$$

FB 段内：

$$F_S = -142 - 1 \times 80 - 100 = -322\text{N}$$

$$M = -142x - (1 \times 80 + 100)(x - 80) + 50 \times 10^3 \qquad (160 < x < 200) \qquad\text{(e)}$$

$$= -322x + 64400(\text{N} \cdot \text{mm})$$

如果改求左段右截面的剪力和弯矩，则右段只有集中力 F_{By}，由等效截面法易得

$$F_S = -F_{By} = -322\text{N}$$

$$M = F_{By} \times (200 - x) = -322x + 64400(\text{N} \cdot \text{mm}) \qquad (160 < x < 200) \qquad\text{(f)}$$

　　上面各方程适用于相应的梁段内。而在梁段与梁段交接处，剪力和弯矩可能是不确定的。换言之，集中力处剪力是不确定的；集中力偶处，弯矩是不确定的。［例 4.3-1］的讨论（2）揭示了其中的缘由。

4.4　弯矩、剪力和载荷集度之间的微分关系

　　在设计构件的过程中，首先要确定构件内峰值应力的大小和位置。梁内的应力是给定横截面剪力和弯矩的函数。于是，找出梁内的剪力和弯矩的最大值就成为梁的设计的基础。首先，根据截面法列出梁内任意横截面的剪力和弯矩方程，然后通过数学的手段考察这些方程，可以确定梁内的最大剪力和弯矩。然而，这种方法是一个耗费时间的过程。本节将给出梁内任意横截面上弯矩、剪力和载荷集度之间的微分关系，这些微分关系及其积分能够用来迅速地描绘出剪力和弯矩随横截面变化的图线，从而确定所需要的剪力和弯矩的最大值。

　　考察从梁［见图 4.4-1（a）］中取出的微段 dx，如图 4.4-1（b）所示。一般情况下，微段上受集度 $q = q(x)$ 的分布载荷，由于截面位置发生了微段长度 dx 的变化，使得在 x 截面和 $x+$dx 截面上的剪力和弯矩分别发生微小增量 dF_S 和 dM。

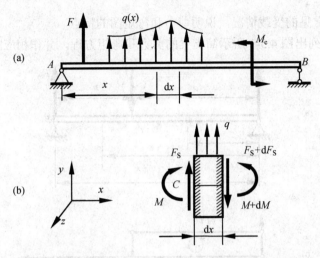

图 4.4-1 梁微段受力情况（图中所示内力和外力 q 均为正）

微段在外力和内力的共同作用下，处于平衡状态，可列出以下平衡方程

$$\sum F_y = 0 : \quad F_S + q\mathrm{d}x - (F_S + \mathrm{d}F_S) = 0 \tag{a}$$

$$\sum M_C = 0 : \quad -M + q\mathrm{d}x \times \frac{\mathrm{d}x}{2} - (F_S + \mathrm{d}F_S)\mathrm{d}x + (M + \mathrm{d}M) = 0 \tag{b}$$

由以上两式解得

$$\frac{\mathrm{d}F_S}{\mathrm{d}x} = q \tag{4.4-1}$$

$$\frac{\mathrm{d}M}{\mathrm{d}x} = F_S \tag{4.4-2}$$

注意在求解式（a）、式（b）时，忽略了二阶微量，如 $\mathrm{d}F_S \times \mathrm{d}x$、$\mathrm{d}x \times \mathrm{d}x$ 等。

把式（4.4-1）代入式（4.4-2），得到弯矩和载荷集度的关系式

$$\frac{\mathrm{d}^2 M}{\mathrm{d}x^2} = q \tag{4.4-3}$$

式（4.4-1）～式（4.4-3）称为弯矩、剪力和载荷集度之间的微分关系。其含义是：梁内任意横截面的剪力对横截面位置的一阶导数等于作用在该截面处的载荷集度；弯矩对横截面位置的一阶导数等于作用在该截面的剪力，而弯矩对横截面位置的二阶导数等于作用在该截面处的载荷集度。

下节讨论如何借助于弯矩、剪力和载荷集度之间的微分关系绘制剪力和弯矩图。

4.5 剪 力 和 弯 矩 图

4.5.1 剪力和弯矩图

表示剪力和弯矩沿横截面位置的变化规律的图形称为**剪力图**和**弯矩图**。

前面指出，剪力和弯矩的极值十分重要，所以画剪力和弯矩图时，只要描绘出图线的大致形状，但是要清楚地标明最大最小剪力和弯矩的数值及其所在的横截面，正确地显示图线的凸凹性。借助于弯矩、剪力和载荷集度之间的微分关系，可以很方便地勾画出剪力图和弯

矩图。下面就两种常见的受载情况，说明剪力和弯矩图的特点。

【例 4.5-1】 试列出图 4.5-1 所示简支梁的剪力和弯矩方程，并作相应的内力图。

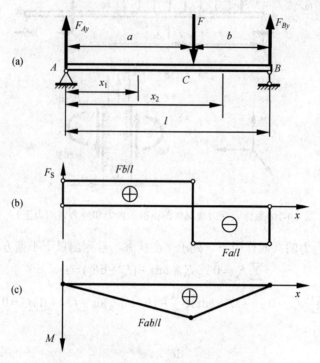

图 4.5-1　受集中力作用的简支梁的内力图

解　（1）求支座反力。

$$\sum M_B = 0: \quad -F_{Ay}l + Fb = 0$$

$$\sum M_A = 0: \quad F_{By}l - Fa = 0$$

解得

$$F_{Ay} = \frac{Fb}{l}(\uparrow), \quad F_{By} = \frac{Fa}{l}(\uparrow)$$

（2）求任意横截面 x 的弯曲内力方程。

对 AC 段，由等效截面法，右段左截面剪力和弯矩方程分别为

$$F_S = F_{Ay} = \frac{Fb}{l} \quad (0 < x_1 < a) \tag{a}$$

$$M = F_{Ay}x_1 \quad (0 \leqslant x_1 \leqslant a) \tag{b}$$

对 CB 段，有

$$F_S = F_{Ay} - F = -\frac{Fa}{l} \quad (a < x_2 < l) \tag{c}$$

$$M = F_{Ay}x - F(x-a) \quad (a \leqslant x_2 \leqslant l) \tag{d}$$

（3）画剪力和弯矩图。

由式（a）、式（c）可知，剪力不随横截面位置变化，其图线必为水平线，由 $F_S(0)=Fb/l$，$F_S(l) = -Fa/l$，画出剪力图如图 4.5-1（b）所示；由式（b）、式（d）可知，弯矩方程为横截

面位置的线性函数，其图线必为斜直线，由 $M(0)=0$ ，$M(a)=Fab/l$ 和 $M(l)=0$ ，画出弯矩图如图 4.5-1（c）所示。

【例 4.5-2】 图 4.5-2 所示简支梁受均布载荷 q ，试给出剪力和弯矩方程并作相应的内力图。

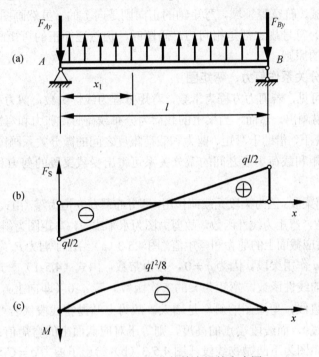

图 4.5-2　受均布载荷的简支梁的内力图

解　（1）求约束反力。

考虑到简支梁的约束是对称的且受对称载荷，故两端约束反力是对称的，等于均布力合力的 1/2，即

$$F_{Ay} = F_{By} = \frac{ql}{2}(\downarrow)$$

（2）求任意横截面 x 的弯曲内力方程。

由等效截面法，右段左截面剪力和弯矩方程分别为

$$F_S = F_{Ay} + qx = -\frac{ql}{2} + qx \quad (0 < x < l) \tag{a}$$

$$M = -F_{Ay}x + qx \times \frac{x}{2} = -\frac{qlx}{2} + qx \times \frac{x}{2} = \frac{qx}{2}(-l+x) \quad (0 < x < l) \tag{b}$$

（3）画剪力和弯矩图。

由式（a）可知，剪力为横截面位置的线性函数，其图线必为斜直线，由 $F_S(0)=ql/2$ ，$F_S(l)=-ql/2$ ，画出的剪力图如图 4.5-2（b）所示。

由式（b）可知，弯矩方程为横截面位置的二次函数，其图线必为抛物线。要正确地勾画出图线的大致形状，就要求出梁内弯矩的极值和图线的凹凸性。均布载荷作用梁段内弯矩的极值由令剪力方程（a）的右端等于零确定，易得，在 $x=l/2$ 处，$M_{max} = M(l/2) = -ql^2/8$ 。

弯矩图线的凹凸性可由弯矩的二阶导数来判断。由式（4.4-3）知，弯矩的二阶导数等于

载荷集度 q，若 $q>0$，则曲线的斜率增大，曲线上凸；若 $q<0$，则曲线的斜率减小，曲线下凸。注意到 $M(0)=M(l)=0$， $M(l/2)=-ql^2/8$，所以弯矩图如图 4.5-2（c）所示。

需要指出的是，弯矩图的画法由于应用领域的不同而不同。在土建领域，通常弯矩轴的正向向下，而在机械、航空等领域，弯矩轴的正向则是向上的。虽然画图时正向的指向相反，但是弯矩的（正负）符号规定都是相同的，画图时，仍然遵循正的弯矩画在正的一侧，负的弯矩画在负的一侧的原则。

4.5.2　利用微分关系作剪力、弯矩图

由上面的解法可见，若剪力方程为常数，弯矩方程为线性函数，剪力和弯矩图分别为水平线和斜直线，很容易画出。然而，当梁上的载荷为分布载荷时，剪力和弯矩方程将不再是线性方程，在这样的情况下，借助于弯矩、剪力和载荷集度之间的微分关系画图，将变得较为容易。

根据剪力、弯矩和载荷集度之间的微分关系可得出受载梁段的剪力和弯矩图的特点。常见受载梁段是：

（1）无载荷作用梁段。因为梁段无载荷作用，即分布载荷 q 恒为零，由式（4.5-1）~式（4.5-3）知，必有剪力为常数，弯矩为线性函数，故剪力图为水平线段，弯矩图为斜直线，而线段端点的高度，则分别等于对应截面上的剪力和弯矩值。图 4.5-3（a）给出了剪力 F_S 为正值常数时的情况。

（2）均布载荷 q 作用梁段。因为 $q \neq 0$，且为常数，由式（4.5-1）~式（4.5-3）知，必有剪力为截面位置 x 的线性函数，弯矩为 x 的二次函数。若 $q>0$（即向上），即 $\mathrm{d}F_S/\mathrm{d}x = q > 0$，故剪力图为斜向上直线，弯矩图的斜率是增大，故为上凸抛物线段（若弯矩轴正向向上，则弯矩图为下凸抛物线），而线段端点的高度，则等于对应截面上的弯矩值；若 $q<0$，则剪力图为斜向下直线，弯矩图为下凸抛物线段。图 4.5-3（b）给出了剪力 $q = C > 0$，左截面剪力 F_S 为正值时的情况。

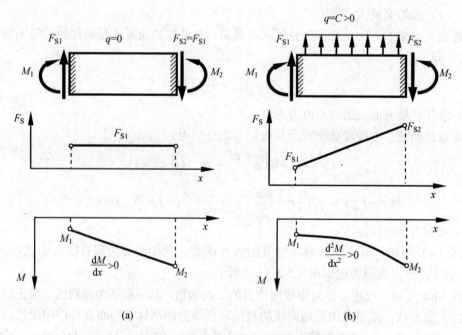

图 4.5-3　常见受载梁段内力图的大致形状

对于受非均布载荷作用的梁段，请读者自行分析内力图的特点。

　　基于上面的分析，利用剪力、弯矩和载荷集度之间的微分关系绘制剪力和弯矩图的步骤可概括为：

（1）求支座反力。

（2）求控制截面的剪力和弯矩。控制截面包括集中力处、集中偶处、分布载荷始末处、分布载荷作用段内剪力为零处（弯矩在此处取极值）。

（3）利用微分关系作图。

【例 4.5-3】 图 4.5-4 所示简支梁 AB 的左半段受均布载荷 q 作用。试作剪力和弯矩图。

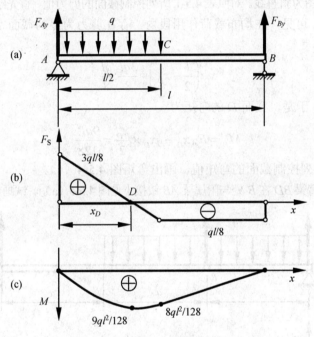

图 4.5-4　受均布载荷的简支梁的内力图

解　（1）求约束反力。

$$\sum M_B = 0: \quad -F_{Ay}l + q \times \frac{l}{2} \times \frac{3l}{4} = 0$$

$$\sum M_A = 0: \quad F_{By}l + q \times \frac{l}{2} \times \frac{l}{4} = 0$$

解得

$$F_{Ay} = \frac{3ql}{8}(\uparrow), \quad F_{By} = \frac{ql}{8}(\uparrow)$$

（2）计算控制截面的剪力和弯矩图。

　　由内力计算的等效截面法，算出控制截面的剪力和弯矩如表 4.5-1 所示。

表 4.5-1　　　　　　　　　　　　控制截面的剪力和弯矩图

梁　　段	控制截面	剪　　力	弯　　矩
	A_+	$3ql/8$	0
AC	C_-	$-ql/8$	$ql^2/16$
	剪力为零处 D	0	$9ql^2/128$

梁　段	控制截面	剪　力	弯　矩
CB	C_+	$-ql/8$	$ql^2/16$
	B_-	$ql/8$	0

（3）画剪力和弯矩图。

梁段 AC 受均布载荷，故剪力图为斜直线，弯矩图为抛物线；梁段 CB 为无载荷作用段，故剪力图为水平线，弯矩图为斜直线。对照表 4.5-1 所列控制截面的剪力值，首先绘制剪力图 4.5-4（b）。

由图 4.5-4（b）可见，在均布载荷作用段内，存在剪力为零的截面 D。其位置可由以下几何关系确定

$$x_D : \left(\frac{l}{2} - x_D \right) = \frac{3ql}{8} : \frac{ql}{8} \tag{a}$$

解得 $x_D = 3l/8$，于是，截面 D 的弯矩为

$$M_D = F_{Ay}x_D - qx_D \times \frac{x_D^2}{2} = \frac{9ql^2}{128} \tag{b}$$

对照表 4.5-1 所列控制截面的弯矩值，画出弯矩图 4.5-4（c）。

【例 4.5-4】 悬臂梁 BD 在 B 处与附属梁 AB 铰接 [见图 4.5-5（a）]。试画全梁的剪力和弯矩图。

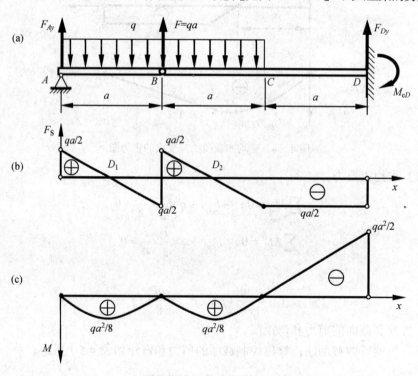

图 4.5-5　带有附属梁的悬臂梁

解 （1）求支座反力。

附属梁 AB 部分所受外力对铰 B 的矩应为零，有

$$\sum M_B = 0 : \quad -F_{Ay}a + qa \times \frac{a}{2} = 0 \tag{a}$$

再考虑全梁的受力情况 [图 4.5-5（a）]，有下面的平衡条件

$$\sum M_D = 0：\quad -F_{Ay} \times 3a + (2qa - F) \times 2a - M_{eD} = 0 \tag{b}$$

$$\sum M_A = 0：\quad F_{Dy} \times 3a - (2qa - F)a - M_{eD} = 0 \tag{c}$$

由式（a）～式（c）解得

$$F_{Ay} = \frac{qa}{2}, \quad M_{eD} = \frac{1}{2}qa^2, \quad F_{Dy} = \frac{qa}{2} \tag{d}$$

（2）计算控制截面的剪力和弯矩图。

由等效截面法，算出控制截面的剪力和弯矩如表 4.5-2 所示。

表 4.5-2 控制截面的剪力和弯矩

梁 段	截 面	剪 力	弯 矩
AB	A_+	$qa/2$	0
	B_-	$-qa/2$	0
	剪力为零处 D_1	0	$qa^2/8$
BC	B_+	$qa/2$	0
	C_-	$-qa/2$	0
	剪力为零处 D_2	0	$qa^2/8$
CD	C_+	$-qa/2$	0
	D_-	$-qa/2$	$-qa^2/2$

（3）画剪力和弯矩图。

梁段 AB、BC 均受均布载荷，故剪力图为斜直线，弯矩图为抛物线，但要注意的是，在铰 B 处弯矩必为零。在梁段 AB、BC 的中点 D_1、D_2 处，剪力为零，对应的弯矩都取极大值 $qa^2/8$；在梁段 CD 上无载荷作用，故剪力图为水平线，弯矩图为斜直线，对照表 4.5-2 所列控制截面的剪力和弯矩值，绘制剪力图和弯矩图分别如图 4.5-5（b）、（c）所示。

4.6 刚架和曲杆的内力

4.6.1 刚架的内力

在工程结构中，有许多由若干根直杆连接起来的杆系结构，直杆之间的连接不是铰接，而是用刚性很大的连接接头连接，致使被连接杆件在连接处夹角不变，即在受载后，仍然没有相对的转动。这样的连接称为刚性连接，连接点称为**刚节点**。通常把具有刚节点的杆系结构称为**刚架**。如果组成刚架的各段梁的轴线和外载荷都位于同一平面内，则称为**平面刚架**。图 4.1-2 所示的门式起重机框架的大梁与立柱的连接处就可以简化成刚节点，整个门式起重机框架可简化为平面刚架。

由于刚节点不仅能够传递轴力和剪力，还能够传递弯矩，因此刚架任意横截面上的内力一般有轴力、剪力和弯矩。本节讨论静定平面刚架内力的计算和内力图的画法。

计算刚架内力的基本方法与梁是相同的。下面以图 4.6-1 所示刚架为例作一说明。

【**例 4.6-1**】 作图 4.6-1 所示刚架的内力图。

解 （1）求约束反力。

由图 4.6-1，有

$$\sum F_x = 0 : \quad F - F_{Ax} = 0$$

$$\sum M_B = 0 : \quad F_{Ay}a - F_{Ax}a + qa \times \frac{a}{2} = 0$$

$$\sum M_A = 0 : \quad F_{By}a - Fa - qa \times \frac{a}{2} = 0$$

解得

$$F_{Ax} = qa(\leftarrow), \quad F_{Ay} = \frac{qa}{2}(\downarrow), \quad F_{By} = \frac{3qa}{2}(\uparrow)$$

（2）刚架内力分析。

CB 段受横向力作用，发生弯曲变形，AB 段既受横向力作用，又受轴向力作用，发生弯矩和拉伸的组合变形。由等效截面法可求得各段梁任意横截面的内力方程。关于内力的正负说明如下：轴力和剪力的正负同前，没有任何的变化，即轴力拉为正压为负；剪力以使剪力对内侧任意点的矩顺转为正，反之为负；但前面对梁弯矩的正负规定不便应用于刚架，故可参考梁弯矩的正负灵活规定刚架弯矩的正负。

CB 段 x_1 截面的弯矩方程和 AB 段 x_2 截面的弯矩方程分别为

$$M(x_1) = F_{By}x_1 - \frac{qx_1^2}{2} \quad (0 \leqslant x_1 \leqslant a)$$

$$M(x_2) = F_{Ax}x_2 \quad (0 \leqslant x_2 \leqslant a)$$

求得 CB 段截面 C 的轴力为零，剪力为 $-qa/2$，弯矩为 qa^2；AB 段截面 C 的轴力为 $qa/2$，剪力为 qa，弯矩为 qa^2。据此可作出轴力、剪力和弯矩图分别如图 4.6-1（c）、（d）、（e）所示。

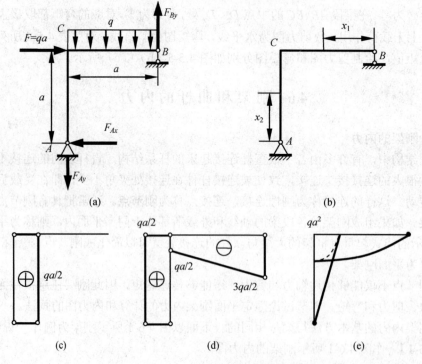

图 4.6-1　简单静定刚架

　　刚架内力图的画法遵循以下规定：轴力图和剪力图应标明正负（画在哪一侧均可）；弯矩图约定画在杆段受拉的一侧（也可画在杆段受压的一侧，如机械、航空部门的约定），而不标正负。

4.6.2　曲杆的内力

　　轴线为一平面曲线的曲杆称为**平面曲杆**或**平面曲梁**。平面曲杆的工程实例有吊钩（见图 4.1-2）、拱等。如外力也作用在此平面内，则和直梁、平面刚架一样，平面曲梁也将发生平面弯曲变形。一般情况下，横截面内有轴力、剪力和弯矩。平面曲梁的内力计算与平面刚架相同。下面以图 4.6-2（a）所示四分之一曲梁为例说明内力的计算。

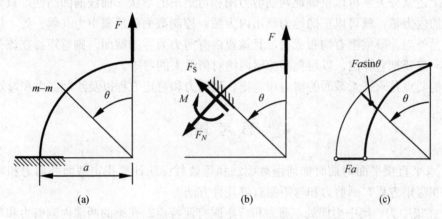

题图 4.6-2　四分之一平面曲梁

　　以 θ 为自变量，由截面法求得任意横截面的轴力、剪力和弯矩方程分别为

$$F_{N} = F\sin\theta，\quad F_{S} = -F\cos\theta，\quad M = Fa\sin\theta$$

　　关于轴力、剪力和弯矩正负的讨论以及内力图的画法与刚架完全相同。图 4.6-2（b）所示的轴力和剪力均为正，而实际的剪力为负。弯矩图画在曲梁的受拉侧，如图 4.6-2（c）所示。读者可自行画出轴力和剪力图。

本 章 要 点

1. 等效截面法求弯曲内力

　　不失一般性，假设把梁分成左右两段，左段右截面的内力等于右段梁上的所有外力向该截面简化的结果。具体来说，就是：

　　左段右截面的剪力等于右段梁上所有外力在竖直方向投影的代数和；右段左截面的剪力等于左段梁上所有外力在竖直方向投影的代数和。与正剪力同向的投影为正。

　　左段右截面的弯矩等于右段梁上所有外力关于截面形心力矩的代数和；右段左截面的弯矩等于左段梁上的所有外力关于截面形心力矩的代数和。与正弯矩转向相同的力矩为正。

2. 剪力、弯矩和载荷集度之间的微分关系

$$\frac{\mathrm{d}F_{\mathrm{s}}}{\mathrm{d}x} = q \tag{4.4-1}$$

$$\frac{\mathrm{d}M}{\mathrm{d}x} = F_{\mathrm{s}} \tag{4.4-2}$$

$$\frac{\mathrm{d}^2 M}{\mathrm{d}x^2} = q \tag{4.4-3}$$

3. 利用微分关系画剪力和弯矩图

利用上述微分关系可以正确地判别剪力图和弯矩图的形状、曲线的凹凸性，只要计算出控制截面的内力值，就可以正确地勾画出内力图。控制截面包括集中力（偶）处、均布载荷始末处。另外当一段梁上有均布载荷，且该段内有剪力为零的截面，则弯矩必在该截面取极值，所以一定要把它算出，以避免漏掉梁内绝对值最大的弯矩。

本章的要点是求任意截面的剪力和弯矩、列剪力和弯矩方程以及绘制剪力和弯矩图。

思 考 题

4.1 水平直梁平面弯曲时如何用截面法和等效截面法计算指定截面的剪力和弯矩？如何列剪力和弯矩方程？画剪力和弯矩图有哪几种方法？

4.2 在集中力、集中力偶处，剪力和弯矩图有何特点？在梁的两端内侧剪力和弯矩与端面上的支反力有什么关系？

4.3 剪力、弯矩和载荷集度间的微分关系是如何推导出来的？它们的力学意义是什么？如何利用这些微分关系指导画剪力和弯矩图？

4.4 在无载荷作用和有均布载荷作用梁段，段内剪力和弯矩图各有何特点？端截面剪力和弯矩的数值如何确定？

4.5 为什么在刚架和曲杆的情况下，轴力、剪力和扭矩图要求标明正负，而弯矩图不要求标明正负，但要注明弯矩图是画在受拉侧还是受压侧？

习   题

4.1（4.3 节） 求题图 4.1 所示各梁中指定截面的剪力和弯矩（假设各指定截面与最近的端面，或最近的支座、最近的力所在截面之间的距离趋于零，$b=2a$）。

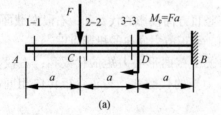
(a)

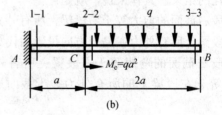
(b)

题图 4.1（一）

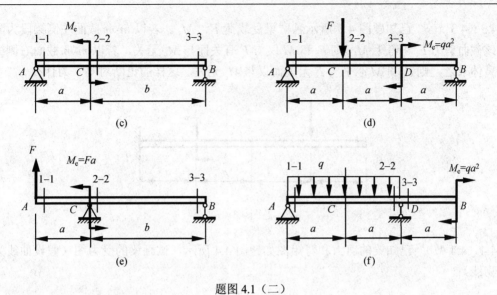

题图 4.1（二）

4.2（4.3 节） 已知题图 4.2 所示各梁所受载荷 F、q、M_e 和尺寸 a。

（1）写出图示各梁的内力方程；

（2）根据内力方程画出相应的内力图；

（3）确定 $\left|F_S\right|_{max}$ 和 $\left|M\right|_{max}$。

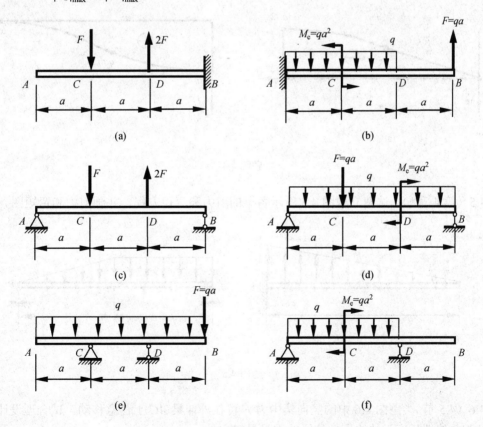

题图 4.2

4.3（4.3 节）　已知题图 4.3 所示悬臂梁受载荷 F、M_e。若以 *m-m* 截面左侧梁段为隔离体求该截面剪力 F_S 和弯矩 M，则 F_S 和 M 仅与 F 有关而与 M_e 无关，若以 *m-m* 截面右侧梁段为隔离体求之，则 F_S 和 M 似乎与 F 无关而仅与 M_e 有关，这样的论断对吗？为什么？

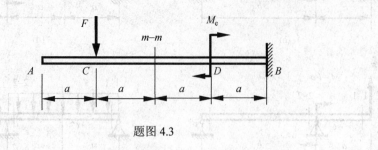

题图 4.3

4.4（4.4 节）　已知梁的剪力和弯矩图如题图 4.4 所示，试画梁的受力图（假设曲线为二次抛物线）。

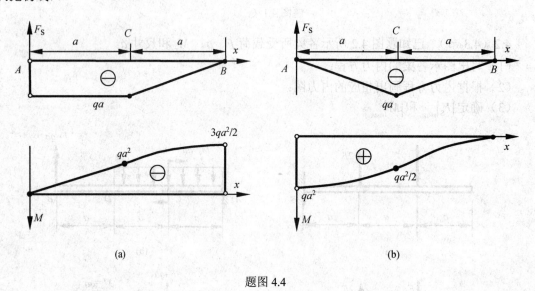

题图 4.4

4.5（第 4 章*）　试建立题图 4.5 所示各梁的剪力和弯矩方程，并画剪力和弯矩图。

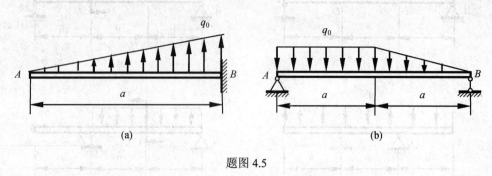

题图 4.5

4.6（4.5 节）　题图 4.6 中的竖向集中力 F 可在外伸梁 AC 上任意移动。试合理设计梁的总长 l 与外伸端长度 a 的比值，使梁的重量最轻。

4.7（4.5 节） 题图 4.7 所示结构是为某试验设计的标定装置。悬臂梁 *AB* 自由端焊接一个倒 "丁" 型的支架，竖向集中力 *F* 允许沿 *CDE* 移动。试画加载位置在 *C*、*D*、*E* 处悬臂梁 *AB* 的弯矩图。

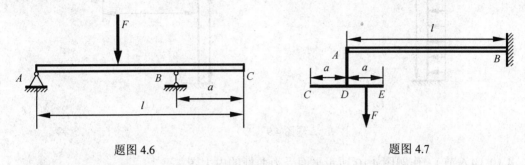

题图 4.6　　　　　　　　　　　　　　　　题图 4.7

4.8（4.5 节） 一边长 40cm 的方形截面混凝土钢梁要求平放提升。为此，两根 3m 长的钢丝绳系于梁的两个对称截面处，中间距离为 *a*，如题图 4.8 所示。梁的重量是 4.8kN/m，长 8m。试求使梁中的弯矩最小的间距 *a*。

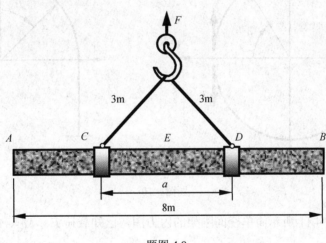

题图 4.8

4.9（4.6 节） 作题图 4.9 所示平面刚架的内力图，已知载荷 *F*、M_e、*q* 和尺寸 *a*、*l*。

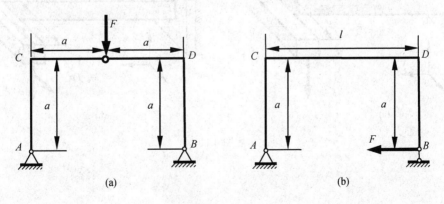

(a)　　　　　　　　　　　　　　　　　　(b)

题图 4.9（一）

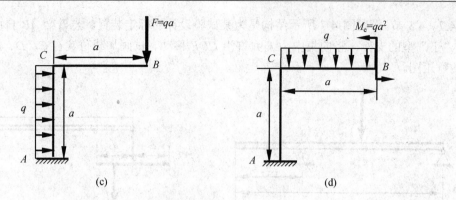

(c)　　　　　　　　　　　　　　　　(d)

题图 4.9（二）

4.10（4.6 节）　作题图 4.10 所示平面受力曲杆的内力图。

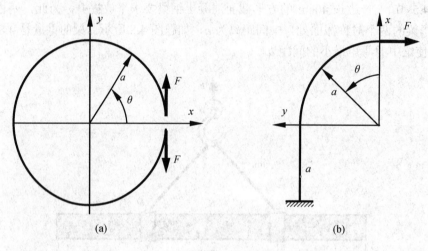

(a)　　　　　　　　　　　　　　　　(b)

题图 4.10

*4.11　作题图 4.11 所示简单空间刚架的内力图，已知载荷 F、M_e、q 和尺寸 a、l。

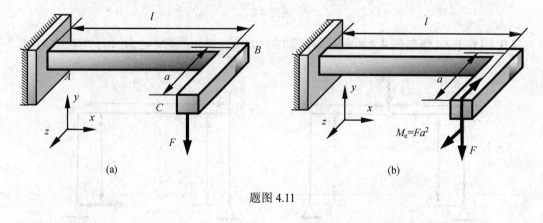

(a)　　　　　　　　　　　　　　　　(b)

题图 4.11

第5章 截面几何性质

5.1 引 言

与截面形状、尺寸有关的几何量，统称为**截面几何性质**，比如面积、极惯性矩等。

截面的几何性质在强度、刚度和稳定性分析中是必不可少的。求截面的内力只要知道截面的位置即可，而求截面上某点的应力和应变，不仅要知道点在截面上的位置，还要知道截面的几何形状，因为应力和应变与截面的几何性质有关。例如圆轴受扭力偶作用时，横截面上某点的切应力与给定点至横截面形心（即圆心）的距离 ρ 成正比，与横截面的极惯性矩 I_p 成反比。截面形状不同的杆件，其承载能力是不同的。本章介绍截面的几何性质，内容包括静矩、形心、惯性矩以及平行移轴定理与转轴公式。

5.2 静 矩 与 形 心

5.2.1 静矩

截面如图 5.2-1 所示，其面积为 A，z 和 y 为截面所在平面的直角坐标轴。从截面中坐标为（y，z）处取微面积 $\mathrm{d}A$，则下述面积积分

$$S_z = \int_A y\mathrm{d}A \ , \quad S_y = \int_A z\mathrm{d}A \qquad (5.2\text{-}1)$$

分别称为截面对坐标轴 z 与 y 的**静矩**或**一次矩**。

由上述定义可以看出：静矩可能为正，可能为负，也可能为零；静矩的量纲为长度的三次方，即 L^3。若坐标轴 z 为对称轴，必有 $S_z = 0$。

5.2.2 形心

根据积分中值定理，在图 5.2-1 所示的截面中，必有一点 $C(y_C, z_C)$ 使得

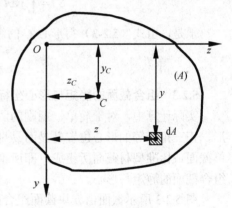

图 5.2-1 截面坐标、静矩和形心

$$\int_A y\mathrm{d}A = y_C A \ , \quad \int_A z\mathrm{d}A = z_C A$$

或者

$$y_C = \frac{\int_A y\mathrm{d}A}{A} \ , \quad z_C = \frac{\int_A z\mathrm{d}A}{A} \qquad (5.2\text{-}2)$$

称由式（5.2-2）定义的点 C 为截面的**形心**。

将式（5.2-1）代入式（5.2-2）中，得形心坐标 y_C 和 z_C 分别为

$$y_C = \frac{S_z}{A} \ , \quad z_C = \frac{S_y}{A} \qquad (5.2\text{-}3)$$

或者

$$S_z = Ay_C, \quad S_y = Az_C \tag{5.2-4}$$

从式（5.2-4）可以看出静矩具有以下性质：

（a）当 $S_z = 0$ 时，必有 $y_C = 0$，即截面对某一轴的静矩为零，则该轴必然过形心。

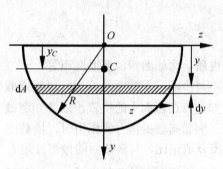

（b）当 $y_C = 0$ 时，必有 $S_z = 0$，即若某一轴通过形心，则对该轴的静矩为零。

（c）因为截面的形心在对称轴上，故截面对于对称轴的静矩恒为零。

（d）同一截面对于不同的坐标轴，其静矩不同。

【例 5.2-1】 图 5.2-2 所示半圆形截面的半径为 R，坐标系 Oyz 如图所示，试求截面对坐标轴 z 的静矩 S_z 及形心的纵坐标 y_C。

图 5.2-2　半圆形截面的静矩和形心

解　在纵坐标 y 处任取一个与 z 轴平行的狭长条为微面积 dA，则

$$dA = 2\sqrt{R^2 - y^2}\, dy$$

将上式代入式（5.2-1），得半圆形截面对坐标轴 z 的静矩为

$$S_z = \int_A y\, dA = \int_0^R y \times 2\sqrt{R^2 - y^2}\, dy = \frac{2}{3}R^3$$

于是，由式（5.2-3）得形心 C 的纵坐标为

$$y_C = \frac{S_z}{A} = \frac{2R^3/3}{\pi R^2/2} = \frac{4R}{3\pi}$$

5.2.3　组合截面的静矩与形心坐标的关系

实际计算中，对于简单、规则的图形，其形心位置可以直接判断，如矩形、正方形、圆形、正三角形等的形心位置是显而易见的。有些看似比较复杂的截面常常可看成是由若干简单截面或标准型材截面所组成，即所谓**组合截面**。利用积分的可加性，可以比较容易地计算组合截面的静矩与形心。

图 5.2-3 所示截面由 n 块截面组合而成，设各块截面的面积分别为 A_1、A_2、$\cdots$、A_n，对应的形心分别为 $C_1(y_{C_1}, z_{C_1})$、$C_2(y_{C_2}, z_{C_2})$、$\cdots$、$C_n(y_{C_n}, z_{C_n})$。总面积 A 为

$$A = \sum_{i=1}^{n} A_i \tag{5.2-5}$$

由静距的定义，得

$$S_z = \sum_{i=1}^{n} \int_{A_i} y\, dA = \sum_{i=1}^{n} A_i y_{C_i} \tag{5.2-6}$$

$$S_y = \sum_{i=1}^{n} \int_{A_i} z\, dA = \sum_{i=1}^{n} A_i z_{C_i} \tag{5.2-7}$$

式（5.2-6）和式（5.2-7）表明，组合截面对某一轴的静矩等于各组成部分对同一轴静矩的代数和。

将式（5.2-6）和式（5.2-7）代入式（5.2-3），得组合截面的形心计算公式为

$$y_C = \frac{\sum_{i=1}^{n} A_i y_{C_i}}{A}, \quad z_C = \frac{\sum_{i=1}^{n} A_i z_{C_i}}{A} \qquad (5.2\text{-}8)$$

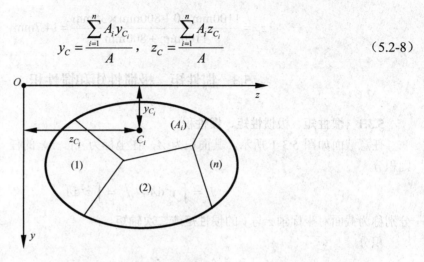

图 5.2-3　组合截面的静矩

【例 5.2-2】 试确定图 5.2-4（a）所示截面的形心坐标。

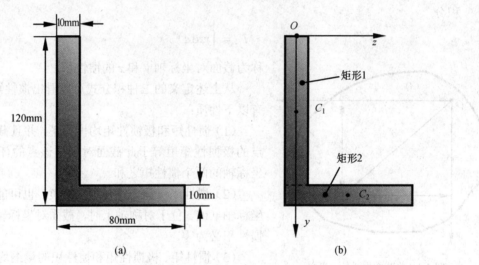

图 5.2-4　"L" 形截面的形心

解 选参考系 Oyz 如图 5.2-4（b）所示，并将截面划分为两个矩形，其面积和形心的纵坐标分别为

$$A_1 = (120\text{mm} - 10\text{mm}) \times 10\text{mm} = 1100.0\text{mm}^2, \quad y_1 = \frac{120\text{mm} - 10\text{mm}}{2} = 55.0\text{mm}, \quad z_1 = 0.0$$

$$A_2 = 80\text{mm} \times 10\text{mm} = 800.0\text{mm}^2, \quad y_2 = 120\text{mm} - 10\text{mm} + \frac{10\text{mm}}{2} = 115.0\text{mm},$$

$$z_2 = \frac{80\text{mm}}{2} - 5\text{mm} = 35\text{mm}$$

由式（5.2-8）得组合截面形心 C 的坐标为

$$y_C = \frac{1100\text{mm} \times 55\text{mm} + 800\text{mm} \times 115\text{mm}}{1100\text{mm} + 800\text{mm}} = 80.3\text{mm}$$

$$z_C = \frac{1100\text{mm} \times 0 + 800\text{mm} \times 35\text{mm}}{1100\text{mm} + 800\text{mm}} = 14.7\text{mm}$$

5.3　惯性矩、极惯性矩和惯性积

5.3.1　惯性矩、极惯性矩、惯性积

任意截面如图 5.3-1 所示，其面积为 A，在坐标为（y，z）的任一点处，取微面积 $\text{d}A$，则积分

$$I_z = \int_A y^2 \text{d}A , \quad I_y = \int_A z^2 \text{d}A \tag{5.3-1}$$

分别称为截面对坐标轴 z 与 y 的**惯性矩**或**二次轴矩**。

积分

$$I_\text{p} = \int_A \rho^2 \text{d}A = \int_A (y^2 + z^2)\,\text{d}A = I_z + I_y \tag{5.3-2}$$

称为截面对原点 O 的**极惯性矩**或**二次极矩**。

积分

$$I_{yz} = \int yz\text{d}A \tag{5.3-3}$$

称为截面对坐标轴 y 和 z 的**惯性积**。

从上述定义的三种积分式可以看出惯性矩（积）具有以下性质：

（1）惯性矩和极惯性矩均恒为正，并且截面对任一点的极惯性矩恒等于此截面对于过该点的任一对直角坐标轴的两个惯性矩之和。

（2）惯性积可能为正，可能为负，也可能为零；当坐标轴 y 或 z 位于对称轴上时，截面对坐标轴 y 和 z 的惯性积必为零。

（3）惯性矩、极惯性矩和惯性积的量纲均为长度的四次方，即 L^4。

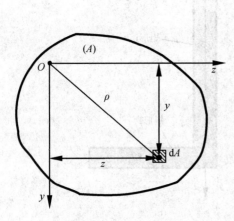

图 5.3-1　截面惯性矩分析

5.3.2　惯性半径

有时候把惯性矩表示成截面面积 A 与某一长度 i 平方的乘积，即定义

$$I_y = i_y^2 A , \quad I_z = i_z^2 A \tag{5.3-4}$$

或

$$i_y = \sqrt{\frac{I_y}{A}} , \quad i_z = \sqrt{\frac{I_z}{A}} \tag{5.3-5}$$

式中：i_y、i_z 分别称为截面对 y 轴和对 z 轴的**惯性半径**，常用单位为 m 或 mm。

5.3.3　简单截面的惯性矩、惯性积

1. **矩形截面**

设矩形截面宽度为 b，高度为 h，取截面的对称轴为 y 轴和 z 轴，如图 5.3-3 所示。

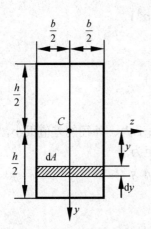
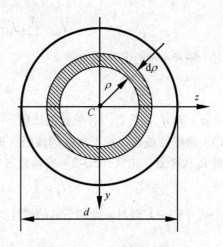

图 5.3-2　矩形截面的惯性矩　　　　　　图 5.3-3　圆心截面的惯性矩

取平行于 z 轴的狭长条为微面积 dA，即

$$\mathrm{d}A = b\mathrm{d}y$$

则由式（5.3-1）得

$$I_z = \int_A y^2 \mathrm{d}A = \int_{-\frac{h}{2}}^{\frac{h}{2}} by^2 \mathrm{d}y = \frac{bh^3}{12} \tag{5.3-6a}$$

同理，得矩形截面对 y 轴的惯性矩为

$$I_y = \frac{hb^3}{12} \tag{5.3-6b}$$

因为 y、z 轴均为矩形截面的对称轴，故

$$I_{yz} = 0 \tag{5.3-6c}$$

2. 圆形截面

（1）实心圆截面。设圆形截面直径为 d，坐标轴如图 5.3-3 所示，若取径向尺寸为 dρ 的圆环形面积作为微面积，即

$$\mathrm{d}A = 2\pi\rho\mathrm{d}\rho$$

则由式（5.3-2）得圆截面的极惯性矩为

$$I_\mathrm{p} = \int_A \rho^2 \mathrm{d}A = \int_0^{\frac{d}{2}} \rho^2 \times 2\pi\rho\mathrm{d}\rho = \frac{\pi d^4}{32} \tag{5.3-7a}$$

因为 z 轴与 y 轴都是圆的对称轴，则必有

$$I_y = I_z, \quad I_{yz} = 0$$

则由式（5.3-2）得圆截面对 y 轴和 z 轴的惯性矩为

$$I_y = I_z = \frac{I_\mathrm{p}}{2} = \frac{\pi d^4}{64} \tag{5.3-7b}$$

（2）空心圆截面。对于内径为 d_i，外径为 d_o 的空心圆截面（见图 5.3-4），按上述方法，得极惯性矩为

$$I_p = \frac{\pi}{32}(d_o^4 - d_i^4) = \frac{\pi d_o^4}{32}(1 - \alpha^4) \tag{5.3-8a}$$

对 y 轴和 z 轴的惯性矩为

$$I_y = I_z = \frac{I_p}{2} = \frac{\pi d_o^4}{64}(1 - \alpha^4) \tag{5.3-8b}$$

式中：$\alpha = d_i / d_o$，代表内、外径的比值。

（3）薄壁圆截面。对于薄壁圆截面（见图 5.3-5），由于内、外径的差值很小，即可用平均半径 R_0 代替 ρ，由式（5.3-2）得薄壁圆截面的极惯性矩为

$$I_p = \int_A \rho^2 \mathrm{d}A \approx R_0^2 \int_A \mathrm{d}A = 2\pi R_0^3 \delta \tag{5.3-9a}$$

由式（5.3-2）得对 y 轴和 z 轴的惯性矩为

$$I_y = I_z = \pi R_0^3 \delta \tag{5.3-9b}$$

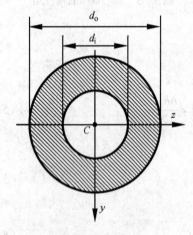

图 5.3-4　空心圆截面

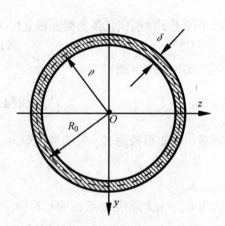

图 5.3-5　薄壁圆环截面

3. 三角形截面

如图 5.3-6 所示的三角形截面，高度为 h，底边长度为 b，坐标轴 z 轴为平行于截面底边的形心轴。在纵坐标 y 处，取宽度为 $b(y)$、高度为 $\mathrm{d}y$ 且平行于 z 轴的狭长条为微面积 $\mathrm{d}A$，即

$$\mathrm{d}A = b(y)\mathrm{d}y$$

由图中可以看出

$$b(y):b = \left(\frac{2h}{3} + y\right):h$$

由此得

$$b(y) = \frac{b}{h}\left(\frac{2h}{3} + y\right)$$

因此，三角形对坐标轴 z 轴的惯性矩为

$$I_z = \frac{b}{h}\int_{-2h/3}^{h/3} y^2\left(\frac{2h}{3} + y\right)\mathrm{d}y = \frac{bh^3}{36} \tag{5.3-10}$$

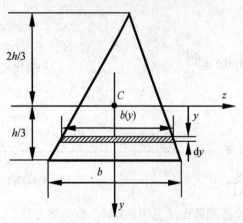

图 5.3-6　三角形截面

5.3.4 组合截面的惯性矩、惯性积

当一个截面由若干个简单截面组成时，根据定义，组合截面对某坐标轴的惯性矩等于每个组成部分对同一坐标轴的惯性矩之和，组合截面对某一对正交坐标轴的惯性积等于每个组成部分对同一对正交坐标轴的惯性积之和，即

$$I_y = \sum_{i=1}^{n} I_{yi} , \quad I_z = \sum_{i=1}^{n} I_{zi} , \quad I_{yz} = \sum_{i=1}^{n} I_{yzi} \qquad (5.3\text{-}11)$$

式中：I_{yi}、I_{zi}、I_{yzi} 分别为第 i 个简单截面对 y 轴的惯性矩、对 z 轴的惯性矩和对 y 轴与 z 轴的惯性积。

【例 5.3-1】 试计算图 5.3-7（a）所示空心截面对形心轴 z 轴的惯性矩。

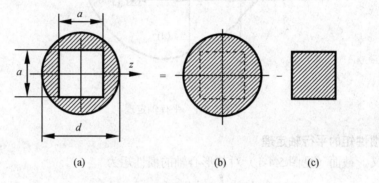

(a)　　　　　　　　(b)　　　　　　　　(c)

图 5.3-7 计算截面性质的负面积法

解 图 5.3-7（a）所示空心截面可视为图 5.3-7（b）所示的圆截面与图 5.3-7（c）所示方形截面的差，于是有

$$I_z = I_{圆形,z} - I_{矩形,z}$$

而

$$I_{圆形,z} = \frac{\pi d^4}{64} , \quad I_{矩形,z} = \frac{a^4}{12}$$

故有

$$I_z = I_{圆形,z} - I_{矩形,z} = \frac{\pi d^4}{64} - \frac{a^4}{12}$$

这种先把截面适当增添，然后再减去以利于惯性矩计算的方法，称为"**负面积法**"。

5.4 平 行 轴 定 理

如前所述，工程问题的许多截面（工字、丁字、槽形等）是简单截面（如矩形）的组合，整个截面的惯性矩（惯性积）等于各组成部分惯性矩（惯性积）之和。组成部分的惯性矩在各自的形心坐标系中是容易计算的。利用坐标变换理论，很容易将组成部分关于自身形心轴的几何性质转换为一般坐标系的几何性质。坐标系转换包括坐标系平移和坐标系旋转。本节介绍惯性矩和惯性积的平行移轴定理，下节介绍惯性矩和惯性积的

转轴公式。

面积为 A 的任意截面如图 5.4-1 所示。在截面平面内建立通过其形心 C 的一对形心轴 y_0、z_0，以及与它们平行的坐标轴 y、z，截面的形心 C 在 Oyz 坐标系内的坐标设为（a，b）。

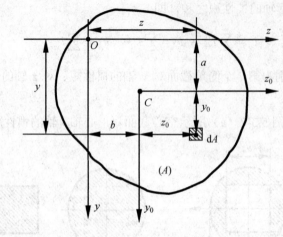

图 5.4-1　平行轴定理

5.4.1　惯性矩的平行轴定理

根据定义，截面（见图 5.4-1）对其形心轴的惯性矩为

$$I_{y_0} = \int_A z_0^2 \mathrm{d}A \,, \quad I_{z_0} = \int_A y_0^2 \mathrm{d}A \tag{a}$$

对 y、z 轴的惯性矩为

$$I_y = \int_A z^2 \mathrm{d}A \,, \quad I_z = \int_A y^2 \mathrm{d}A \tag{b}$$

由图 5.4-1 可知

$$y = y_0 + a \,, \quad z = z_0 + b \tag{c}$$

将式（c）代入式（b），展开后得

$$I = I_{y_0} + 2bS_{y_0} + b^2 A, \quad I_z = I_{z_0} + 2aS_{z_0} + a^2 A \tag{d}$$

由于 y_0、z_0 轴为形心轴，则式（d）中的静矩 $S_{y_0} = S_{z_0} = 0$，于是式（d）简化为

$$I_y = I_{y_0} + b^2 A, \quad I_z = I_{z_0} + a^2 A \tag{5.4-1}$$

式（5.4-1）称为**惯性矩的平行轴定理**。该式表明：

（1）对任意轴的惯性矩，等于对与该轴平行的形心轴的惯性矩再加上面积与两对应平行轴距离平方的乘积。

（2）在截面对所有互相平行的轴的众多惯性矩中，截面对形心轴的惯性矩为最小。

5.4.2　惯性积的平行轴定理

根据定义，截面（见图 5.4-1）对其形心轴的惯性积为

$$I_{y_0 z_0} = \int_A y_0 z_0 \mathrm{d}A \tag{a}$$

对 y、z 轴的惯性矩、惯性积分别为

$$I_{yz} = \int_A yz \mathrm{d}A \tag{b}$$

由图 5.4-1 可知

$$y = y_0 + a , \quad z = z_0 + b \tag{c}$$

将式（c）代入式（b），展开后得

$$I_{yz} = I_{y_0 z_0} + b S_{z_0} + a S_{y_0} + abA \tag{d}$$

由于 y_0、z_0 轴为形心轴，因此

$$S_{y_0} = 0 , \quad S_{z_0} = 0$$

于是式（d）变为

$$I_{yz} = I_{y_0 z_0} + abA \tag{5.4-2}$$

式（5.4-2）表明：截面对任意一对直角坐标轴的惯性积，等于该截面对形心平行坐标轴的惯性积，再加上截面面积与形心坐标积的乘积。式（5.4-2）称为**惯性积的平行轴定理**。

利用平行轴定理可根据对形心轴的惯性矩和惯性积，计算对其他与形心轴平行的坐标轴的惯性矩和惯性积，或进行相反的计算。但应注意的是，由于 a 与 b 代表形心 C 在坐标系 Oyz 内的坐标，因此均为代数量。

【例 5.4-1】 求图 5.4-2 所示矩形截面对 y、z 轴的惯性矩和惯性积。

解 （1）计算形心惯性矩和惯性积。

作平行于 y、z 轴的形心轴 y_C、z_C，截面对 y_C、z_C 轴的惯性矩和惯性积分别为

$$I_{y_C} = \frac{hb^3}{12} , \quad I_{z_C} = \frac{bh^3}{12} , \quad I_{y_C z_C} = 0$$

（2）计算非形心惯性矩和惯性积。

应用式（5.4-1）和式（5.4-2）得截面对 y、z 轴的惯性矩和惯性积分别为

$$I_y = I_{y_C} + \left(\frac{b}{2}\right)^2 bh = \frac{hb^3}{3} , \quad I_z = I_{z_C} + \left(\frac{h}{2}\right)^2 bh = \frac{bh^3}{3}$$

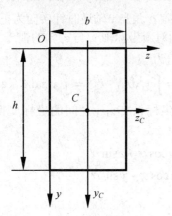

图 5.4-2 利用平行轴定理求惯性矩

$$I_{yz} = I_{y_C z_C} + \frac{b}{2} \times \frac{h}{2} \times bh = \frac{b^2 h^2}{4}$$

【例 5.4-2】 求图 5.4-3 所示半圆形截面对于平行于直径边的形心轴 z_C 轴的惯性矩 I_{z_C}。

解 由式（5.3-7b）知

$$I_z = \frac{\pi d^4}{64 \times 2} = \frac{\pi (2R)^4}{128} = \frac{\pi R^4}{8}$$

由［例 5.2-1］知

$$y_C = \frac{4R}{3\pi}$$

故由 $I_z = I_{z_C} + y_C^2 A$，得出

$$I_{z_C} = \frac{\pi R^4}{8} - \left(\frac{4R}{3\pi}\right)^2 \times \frac{1}{2}\pi R^2 = \left(\frac{\pi}{8} - \frac{8}{9\pi}\right) R^4$$

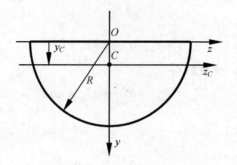

图 5.4-3   利用平行轴定理求惯性矩

5.5   转轴公式   主惯性轴   主惯性矩

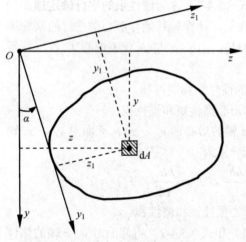

图 5.5-1   不同坐标系下截面惯性矩的转换

5.5.1   惯性矩和惯性积的转轴公式

转轴公式是坐标系绕坐标原点旋转时，截面关于不同转轴的惯性矩和惯性积的变化规律。

如图 5.5-1 所示，截面对 y 轴与 z 轴的惯性矩及惯性积分别为 I_y、I_z 与 I_{yz}，现将 y、z 轴绕坐标原点 O 旋转 α 角（规定 α 角自 y 轴逆时针转向为正，反之为负）后，截面对新坐标轴 y_1 与 z_1 轴的惯性矩及惯性积分别记为

$$I_{y_1} = \int_A z_1^2 \mathrm{d}A \ , \quad I_{z_1} = \int_A y_1^2 \mathrm{d}A \ , \quad I_{y_1z_1} = \int_A y_1 z_1 \mathrm{d}A \quad (a)$$

坐标系 Oyz 和坐标系 Oy_1z_1 之间的坐标变换式为

$$y_1 = y\cos\alpha + z\sin\alpha$$
$$z_1 = z\cos\alpha - y\sin\alpha$$

将上式代入式（a）得

$$I_{y_1} = \int_A z_1^2\mathrm{d}A = \int_A (z\cos\alpha - y\sin\alpha)^2\,\mathrm{d}A = \cos^2\alpha\int_A z^2\mathrm{d}A + \sin^2\alpha\int_A y^2\mathrm{d}A - 2\sin\alpha\cos\alpha\int_A yz\mathrm{d}A$$

$$= I_y\cos^2\alpha + I_z\sin^2\alpha - I_{yz}\sin 2\alpha$$

以 $\cos^2\alpha = (1+\cos 2\alpha)/2$，$\sin^2\alpha = (1-\cos 2\alpha)/2$ 代入上式，得

$$I_{y_1} = \frac{I_y + I_z}{2} + \frac{I_y - I_z}{2}\cos 2\alpha - I_{yz}\sin 2\alpha \qquad (5.5\text{-}1)$$

同理可得

$$I_{z_1} = \frac{I_y + I_z}{2} - \frac{I_y - I_z}{2}\cos 2\alpha + I_{yz}\sin 2\alpha \qquad (5.5\text{-}2)$$

$$I_{y_1z_1} = \frac{I_y - I_z}{2}\sin 2\alpha + I_{yz}\cos 2\alpha \qquad (5.5\text{-}3)$$

式（5.5-1）、式（5.5-2）和式（5.5-3）称为惯性矩和惯性积的**转轴公式**。

由转轴公式（5.5-1）～式（5.5-3）可知

$$I_{y_1} + I_{z_1} = I_y + I_z = I_p = 常数$$

这表明，截面对一对垂直轴的惯性矩之和保持不变，换言之，截面对一对垂直轴的惯性矩之和与转轴的方位无关，是截面惯性矩的一个不变量。

5.5.2　主惯性轴、主惯性矩

1. 主惯性轴、主惯性矩

惯性积的转轴公式（5.5-3）反映了惯性积随坐标轴旋转角度 α 的变化规律。由式（5.5-3）可以看出，当 $\alpha = 0°$ 时，$I_{y_1 z_1} = I_{yz}$，而当 $\alpha = 90°$ 时，$I_{y_1 z_1} = -I_{yz}$。这说明坐标轴由 $\alpha = 0°$ 旋转至 $\alpha = 90°$ 的过程中，惯性积的正负号发生改变。因此，对于任何形状的截面，总可以找到一对特殊的直角坐标轴 y_0、z_0，使截面对于这一对坐标轴的惯性积等于零，即 $I_{y_0 z_0} = 0$。惯性积等于零的一对坐标轴称为该截面的**主惯性轴**，截面关于主惯性轴的惯性矩称为**主惯性矩**。因为惯性积是对一对坐标轴而言的，所以主惯性轴总是成对出现的。

设主惯性轴的方位角为 α_0，则由式（5.5-3）并令 $I_{y_0 z_0} = 0$ 得

$$I_{y_0 z_0} = \left(\frac{I_y - I_z}{2} \sin 2\alpha_0 + I_{yz} \cos 2\alpha_0 \right) = 0$$

也即

$$\tan 2\alpha_0 = \frac{2I_{yz}}{I_z - I_y} \tag{5.5-4}$$

式（5.5-4）是确定两个主惯性轴方位的公式。将由式（5.5-4）确定的 α_0 和 $\alpha_0 + 90°$ 代入式（5.5-1）和式（5.5-2）得截面主惯性矩为

$$\begin{matrix} I_{y_0} \\ I_{z_0} \end{matrix} = \frac{I_y + I_z}{2} \pm \frac{I_y - I_z}{2} \cos 2\alpha_0 \mp I_{yz} \sin 2\alpha_0 \tag{5.5-5}$$

两个截面主惯性矩其实也是两个极值惯性矩，即一个取最大值，另一个取极小值。这只要令式（5.5-1）或式（5.5-2）关于 α 的导数等于零，即可证明。最大和最小主惯性矩分别为

$$\begin{matrix} I_{max} \\ I_{min} \end{matrix} = \frac{I_y + I_z}{2} \pm \frac{1}{2} \sqrt{(I_y - I_z)^2 + 4I_{yz}^2} \tag{5.5-6}$$

2. 形心主惯性轴、形心主惯性矩

如果一对主惯性轴的交点与截面的形心重合，则称这对主惯性轴为该截面的**形心主惯性轴**，简称**形心主轴**。而截面对于形心主惯性轴的惯性矩称为**形心主惯性矩**。

工程计算中有重要意义的是形心主惯性轴和形心主惯性矩。

由于任何截面对于包括其形心对称轴在内的一对正交坐标轴的惯性积恒等于零，因此，对截面有对称轴的情况，可用观察法确定截面的形心主惯性轴的位置。

（1）如果截面有一个对称轴，则此轴必定是形心主惯性轴，而另一根形心主惯性轴通过形心，并与此轴垂直。

（2）如果截面有两个对称轴，则此两轴都为形心主惯性轴。

（3）如果截面有三个或更多个对称轴，那么过该形心的任何轴都是形心主惯性轴，而且该截面对于其任一形心主惯性轴的惯性矩都相等。

对于没有对称轴的截面，其形心主惯性轴的位置可以通过计算来确定。确定截面形心主

惯性矩的步骤是：

（1）建立坐标系；

（2）由式（5.2-2）或式（5.2-3）求形心位置；

（3）建立形心坐标系，求 I_{y_C}、I_{z_C}、$I_{y_C z_C}$；

（4）由式（5.5-4）求形心主轴方向 α_0；

（5）由式（5.5-5）求形心主惯性矩 I_{y_0} 和 I_{z_0}。

【例 5.5-1】 计算图 5.5-2 所示 T 形截面的形心主惯性矩。

解 图 5.5-2 所示 T 形截面具有一个对称轴，此轴必为形心轴。只要确定形心的位置，即可确定形心主轴。将截面看成是由两个矩形 I 和 II 所组成的组合截面，利用平行轴定理即可求出形心主惯性矩。

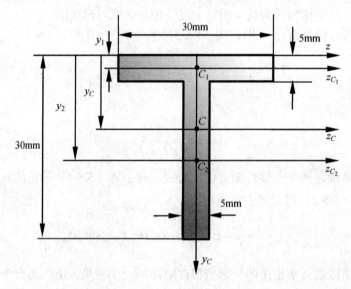

图 5.5-2　T 形截面的形心主惯性矩

（1）求形心的位置。

取 z 轴为参考轴，建立坐标系如图 5.5-2 所示。C_1 和 C_2 分别为矩形 I 和 II 的形心，y_1 和 y_2 分别为矩形 I 和 II 的形心 y 坐标，则形心坐标为

$$z_C = 0$$

$$y_C = \frac{\Sigma A_i y_i}{\Sigma A_i} = \frac{A_1 y_1 + A_2 y_2}{A_1 + A_2}$$

$$= \frac{30\text{mm} \times 5\text{mm} \times 2.5\text{mm} + 30\text{mm} \times 5\text{mm} \times 20\text{mm}}{30\text{mm} \times 5\text{mm} + 30\text{mm} \times 5\text{mm}} = 11.25\text{mm}$$

y_C 轴和 z_C 轴为形心主轴。

（2）求截面的形心主惯性矩。

由式（5.3-11）有

$$I_{y_C} = I_{1,y_C} + I_{2,y_C} = \frac{5 \times 30^3}{12} + \frac{30 \times 5^3}{12} = 11562.5\text{mm}^4$$

由平行轴定理，得

$$I_{z_C} = (I_{1,z_{C_1}} + a_1^2 A_1) + (I_{2,z_{C_2}} + a_2^2 A_2)$$

式中　$I_{1,z_{C_1}} = \dfrac{30 \times 5^3}{12} = 312.5\text{mm}^4$，　$I_{2,z_{C_2}} = \dfrac{5 \times 30^3}{12} = 11250\text{mm}^4$

$$a_1 = y_C - y_1 = 11.25 - 2.5 = 8.75\text{mm}$$

$$a_2 = y_2 - y_C = 20 - 11.25 = 8.75\text{mm}$$

故有

$$\begin{aligned}
I_{z_C} &= (I_{1,z_{C_1}} + a_1^2 A_1) + (I_{2,z_{C_2}} + a_2^2 A_2) \\
&= (312.5 + 8.75^2 \times 30 \times 5) + (11250 + 8.75^2 \times 30 \times 5) \\
&= 34531.25\text{mm}^4 = 3.45 \times 10^{-8}\,\text{m}^4
\end{aligned}$$

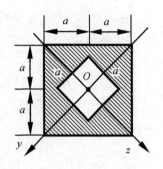

图 5.5-3　多对称截面的惯性矩

【例 5.5-2】　计算图 5.5-3 所示截面的惯性矩 I_y 和 I_z。

解　由于正方形具有四个对称轴，所以任何形心轴皆为形心主轴，且任何形心主惯性矩皆相等。由负面积法，得

$$I_y = I_z = \frac{(2a)^4}{12} - \frac{a^4}{12} = \frac{5}{4}a^4$$

本 章 要 点

1. 静矩与形心

$$S_z = \int_A y\mathrm{d}A，\quad S_y = \int_A z\mathrm{d}A \tag{5.2-1}$$

$$S_z = \sum_{i=1}^n \int_{A_i} y\mathrm{d}A = \sum_{i=1}^n A_i y_{C_i} \tag{5.2-6}$$

$$S_y = \sum_{i=1}^n \int_{A_i} z\mathrm{d}A = \sum_{i=1}^n A_i z_{C_i} \tag{5.2-7}$$

$$y_C = \frac{S_z}{A}，\quad z_C = \frac{S_y}{A} \tag{5.2-3}$$

静矩的几何意义是截面形心相对于指定坐标轴之间距离的远近程度的度量。性质：截面对某轴的静矩为零时，该轴必通过截面形心。

2. 惯性矩、极惯性矩、惯性积和惯性半径

$$I_z = \int_A y^2\mathrm{d}A，\quad I_y = \int_A z^2\mathrm{d}A \tag{5.3-1}$$

惯性矩 $I_z(I_y)$ 的几何意义是截面面积相对于坐标轴分布的集中程度的度量，恒大于零。

$$I_\mathrm{p} = \int_A \rho^2\mathrm{d}A = \int_{A_i}(y^2 + z^2)\,\mathrm{d}A = I_z + I_y \tag{5.3-2}$$

极惯性矩 I_p 的几何意义是截面面积相对于坐标原点分布的集中程度的度量，恒大于零。

$$I_{yz} = \int yz\mathrm{d}A \tag{5.3-3}$$

惯性积 I_{yz} 的几何意义是截面面积相对于一对正交坐标轴（yz）分布的集中程度的度量。惯性积的正负取决于坐标轴。只要 y 轴和 z 轴有一个为对称轴，惯性积 I_{yz} 必为零。

$$i_y = \sqrt{\frac{I_y}{A}}, \quad i_z = \sqrt{\frac{I_z}{A}} \tag{5.3-5}$$

3. 平行轴定理

$$I_y = I_{y_0} + b^2 A, \quad I_z = I_{z_0} + a^2 A \tag{5.4-1}$$

$$I_{yz} = I_{y_0 z_0} + abA \tag{5.4-2}$$

使用条件：两对互垂轴必须平行；两对轴中必须有一对轴为形心轴。

4. 转轴公式

$$I_{y_1} = \frac{I_y + I_z}{2} + \frac{I_y - I_z}{2}\cos 2\alpha - I_{yz}\sin 2\alpha \tag{5.5-1}$$

$$I_{z_1} = \frac{I_y + I_z}{2} - \frac{I_y - I_z}{2}\cos 2\alpha + I_{yz}\sin 2\alpha \tag{5.5-2}$$

$$I_{y_1 z_1} = \frac{I_y - I_z}{2}\sin 2\alpha + I_{yz}\cos 2\alpha \tag{5.5-3}$$

5. 主惯性轴和主惯性矩

（1）主惯性轴（主轴）：使 $I_{y_0 z_0} = 0$ 的一对正交坐标轴。

主惯性轴方位：
$$\tan 2\alpha_0 = \frac{2I_{yz}}{I_z - I_y} \tag{5.5-4}$$

（2）主惯性矩（主惯矩）：截面对主惯性轴的惯性矩。

主惯性矩：
$$\begin{matrix} I_{y_0} \\ I_{z_0} \end{matrix} = \frac{I_y + I_z}{2} \pm \frac{I_y - I_z}{2}\cos 2\alpha_0 \mp I_{yz}\sin 2\alpha_0 \tag{5.5-5}$$

（3）形心主惯性轴（形心主轴）：通过截面形心的主惯性轴。

（4）形心主惯性矩：截面对形心主轴的惯性矩。

 思 考 题

5.1 何谓静矩？在图 5.1 所示矩形截面中，z 为形心轴，a-a 横线距 z 轴坐标为 y。试问 a-a 横线以下部分对 z 轴的静矩 $S_{z,下}$ 和 a-a 横线以上部分对 z 轴的静矩 $S_{z,上}$ 有什么关系？

5.2 何谓极惯性矩、轴惯性矩？极惯性矩和轴惯性矩有什么关系？它们的几何意义是什么？

5.3 何谓平行轴定理？平行轴定理成立的条件是什么？

5.4 什么是负面积法？能否用负面积法计算静矩？

5.5 何谓轴惯性矩、主惯性矩和形心主惯性矩。

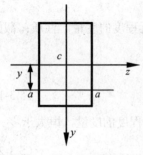

思考题 5.1 图　关于静矩的讨论

 习　题

5.1（5.2 节）　试确定题图 5.1 中所示平面的形心位置。

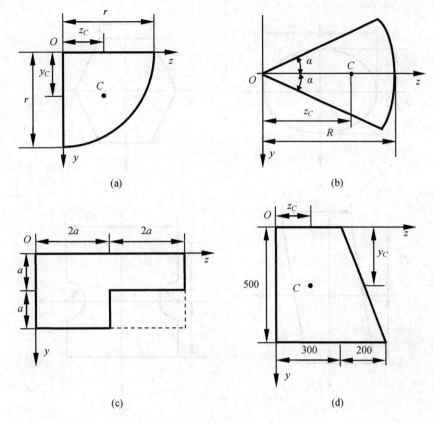

题图 5.1

5.2（5.2 节） 试求题图 5.2 中所示中的阴影面积对 z 轴的静矩。

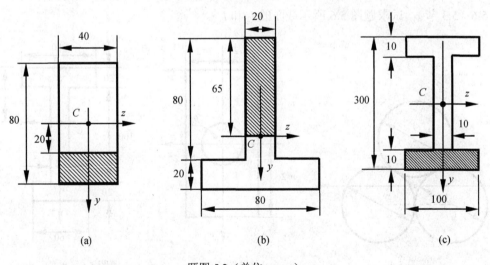

题图 5.2（单位：mm）

5.3（5.3 节） 试计算题图 5.3 中所示截面对水平形心轴 z 的惯性矩。

5.4（5.3 节） 题图 5.4 所示为三个等直径圆相切的组合截面，试求对形心轴 z 轴的惯性矩。

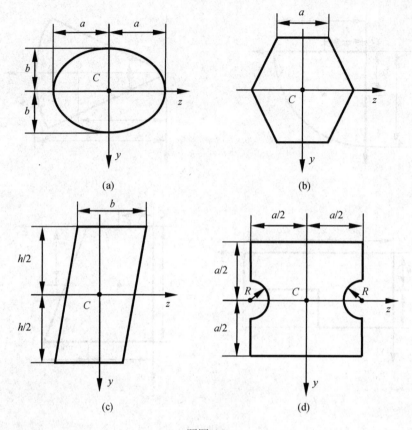

(a)　　　　　　　　(b)

(c)　　　　　　　　(d)

题图 5.3

5.5（5.3 节）　试利用平行轴定理求题图 5.5 所示截面对 y、z 轴及 z_1 轴的惯性矩。

5.6（5.3 节）　试求题图 5.6 所示截面的 I_z 和 I_{yz}。

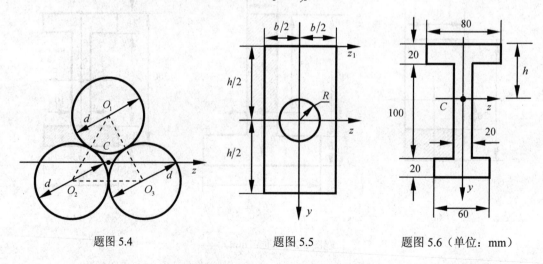

题图 5.4　　　　　　　题图 5.5　　　　　　题图 5.6（单位：mm）

5.7（5.3 节）　题图 5.7 所示矩形、箱形和工字形截面的面积相等，试求它们对形心轴 z 轴的惯性矩之比。

5.8（5.4 节）　试求题图 5.8 所示截面的 I_z 及 I_{z_1}。

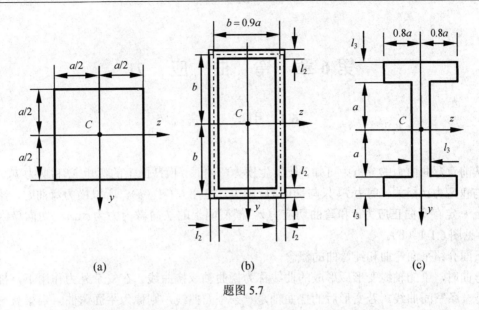

(a)　　　　　　　　(b)　　　　　　　　(c)

题图 5.7

5.9（5.4 节）　试求题图 5.9 所示截面的 I_y 及 I_z。

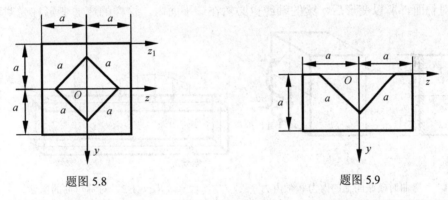

题图 5.8　　　　　　　　　　　　　题图 5.9

5.10（5.4 节）　题图 5.10 所示组合截面为两根 No.20a 的普通热轧槽型钢所组成的截面，欲使 $I_z = I_y$，试确定 b 值的大小。

5.11（5.5 节）　试求题图 5.11 所示各截面主形心轴的位置与主形心轴的惯性矩。

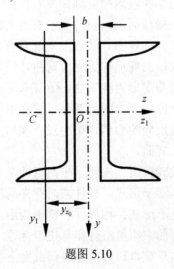

题图 5.10

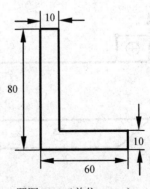

题图 5.11（单位：mm）

第6章 弯曲应力

6.1 引　言

从前章弯曲内力的分析中可知，梁发生横力弯曲时，横截面上的弯矩 M 和剪力 F_S。弯矩 M 只与正应力 σ 相关，剪力 F_S 只与切应力 τ 相关，见图 6.1-1（a）。所以横力弯曲时，梁的横截面上一定有**弯曲正应力 σ** 和**弯曲切应力 τ**。横截面上的法向微内力为 $\sigma\mathrm{d}A$，切向微内力为 $\tau\mathrm{d}A$，见图 6.1-1（b）。

下面介绍平面弯曲和纯弯曲的概念。

弯曲时，梁的轴线变形后形成的曲线称为**挠曲轴**或**挠曲线**。在复杂外力作用下，挠曲轴可能是一条空间曲线。若变形后的挠曲轴是一条平面曲线，则称为**平面弯曲**。当梁有一个纵向对称面，且所有外力均作用在该平面内时（见图 6.1-2），由于对称性，梁的变形必然对称于纵向对称面，所以变形后，梁的轴线也必然在该平面内。这样的弯曲变形称为**对称弯曲**。

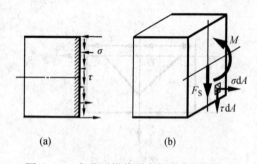

图 6.1-1　弯曲时横截面上的内力和微内力

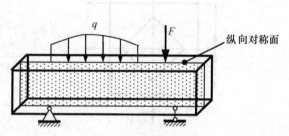

图 6.1-2　对称弯曲的概念

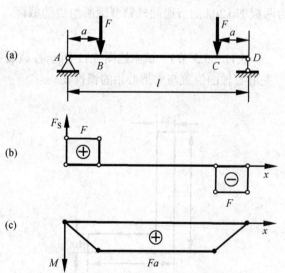

图 6.1-3　四点弯曲简支梁的内力图

对图 6.1-3（a）所示四点弯曲简支梁，其剪力图和弯矩图分别如图 6.1-3（b）、（c）所示。横截面上只有弯矩没有剪力的梁段的变形称为**纯弯曲**。横截面上既有弯矩也有剪力的梁段的变形称为**横力弯曲**。可见 BC 梁段的弯曲变形为**纯弯曲**。AB 梁和 CD 梁段发生的弯曲变形为**横力弯曲**。仅在梁的两端作用等值反向的力偶，梁中没有横向力，梁即发生纯弯曲。

轴向拉压、扭转、平面弯曲是杆件的三种基本变形形式。杆件同时存在两种以上的基本变形形式，称杆件的变形为**组合变形**，如斜弯曲、弯拉组合和弯扭组合等。

本章重点研究横力时横截面上弯曲正应

力 σ 和弯矩 M 的关系，弯曲切应力 τ 和剪力 F_S 的关系及其强度计算，还将研究斜弯曲、弯拉（压）组合变形的强度计算。

6.2 弯曲正应力

梁发生弯曲变形时，变形不是均匀的，所以横截面内各点的应力也不相同。本节讨论梁发生平面弯曲时梁的变形和应力。和推导圆轴扭转切应力公式类似，弯曲正应力公式的推导也要分析变形几何关系、物理关系和静力关系。

6.2.1 纯弯曲梁的变形分析

可以通过试验，例如采用矩形截面的橡皮梁来研究纯弯曲时梁的变形（见图 6.2-1）。

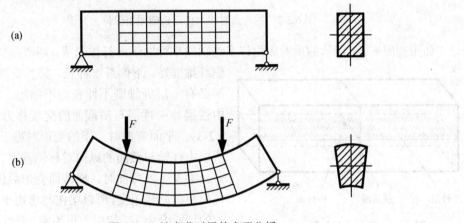

图 6.2-1　纯弯曲时梁的变形分析

试验前，在梁的表面画上一系列与轴线平行的纵向线和与轴线垂直的周向线［见图 6.2-1（a）］，然后在对称于中央截面的两个位置上施加大小相等的集中载荷 F，载荷之间的梁段将发生纯弯曲变形［见图 6.2-1（b）］。可以看到：

（1）原来平行的纵向线变为同心的圆弧线，上面的纵向线缩短，下面的纵向线伸长。

（2）横向线仍为直线，且仍与纵向线正交，不同的横向线之间相对转动了一个角度。

（3）梁的上端宽度增加，下端宽度减小，横截面不再是矩形。

根据试验现象，可以认为，变形前的横截面变形后仍保持为平面，且仍与纵向线正交。这个假设称为**平面假设**。实际上，对于纯弯曲的梁，与轴线平行的纵向线确实弯成了弧线，平面假设也是真实存在的，下面进行分析。

首先，梁发生纯弯曲时，与轴线平行的纵向线将弯成弧线。由于各横截面上的弯矩相等，因此梁段中各微段的变形相同。对于与轴线平行的任意纵向线（包括内部的纵向线）来说，其上各点的曲率也必然相同，即各纵向线将弯成弧线。

其次，由对称性可知，发生纯弯曲时，梁上任意横截面变形后将保持为平面。弯曲前，在任意截面 D 上关于纵向对称面对称地取点 k 和点 k'［见图 6.2-2（a）］。弯曲过程中，无论在 A 处的观察者，还是在 B 处的观察者看到的点 k 和点 k' 的运动将相同，所以这两点只能在原来的横截面内。例如，在 A 处如果看到点 k 和点 k' 离它而去［见图 6.2-2（b）］，在 B 处看

到点 k' 和点 k 的情况也应相同，这样就会产生矛盾。

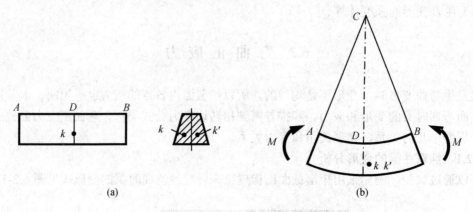

图 6.2-2　纯弯曲时梁上任意横截面将保持为平面

如果把图 6.1-1 所示的梁看成由许多与轴线平行的纵向纤维组成，则弯曲变形后，梁的上侧纤维缩短，下侧纤维伸长，梁的变形是连续的，中间必有一层纤维既不伸长也不缩短。这层纤维称为**中性层**。中性层与横截面的交线称为**中性轴**（见图6.2-3）。平面弯曲时，梁的变形对称于纵向对称面，所以中性轴与截面的纵向对称轴垂直。

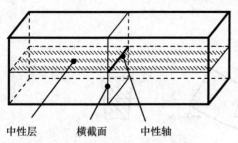

图 6.2-3　梁的中性轴和中性层

梁发生纯弯曲时，横截面变形后仍保持为平面，且仍与纵向线正交，所以梁在与弯矩平行和垂直的面内的切应变为零，切应力也为零。弹性理论和试验分析均表明，细长梁在小变形时，横截面上没有切应力；与轴线平行的纵向截面上既没有切应力也没有正应力。也就是说，"纤维"之间既没有挤压也没有相互错动。这样，纯弯曲时，各纵向"纤维"仅受沿轴向的正应力，称为**单向受力假设**。此假设在纯弯曲时是完全正确的，在横力弯曲时，也是很精确的。

6.2.2　纯弯曲梁的弯曲正应力

1. 变形几何关系

在纯弯曲的梁段中取一长度为 $\mathrm{d}x$ 的微段［见图 6.2-4（a）、(b)］，并在横截面上建立空间直角坐标系［见图 6.2-4（c）］。这里，y 轴是通过横截面的对称轴，z 轴为通过横截面的中性轴。梁发生纯弯曲后，微段上到中性层坐标为 y 的一条纵向线 ab 变为弧线 $a'b'$［见图 6.2-4(b)］。设微段两侧面的相对转角为 $\mathrm{d}\theta$，中性层的曲率半径为 ρ。由图可见，弧 $a'b'$ 的曲率半径为 $\rho+y$。纵向线 ab 的伸长量为

$$\mathrm{d}(\Delta l) = a'b' - ab = (\rho + y)\mathrm{d}\theta - \rho\mathrm{d}\theta = y\mathrm{d}\theta$$

所以纵向线 ab 的正应变为

$$\varepsilon = \frac{\mathrm{d}(\Delta l)}{\mathrm{d}x} = \frac{y\mathrm{d}\theta}{\rho\mathrm{d}\theta} = \frac{y}{\rho} \tag{a}$$

式（a）说明，梁横截面各点的纵向正应变与该点到中性轴的坐标成正比，与中性层的曲率半径成反比。

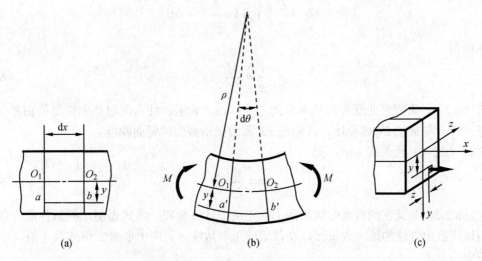

图 6.2-4　纯弯曲时微段的变形

2. 物理关系

根据单向受力假设，每根纤维在纯弯曲时均处于单向受力状态，即受到单向拉伸或压缩。当材料中的正应力不超过比例极限 σ_p，且材料的拉压弹性模量 E 相等时，由胡克定律可知，横截面上坐标为 y 处的正应力为

$$\sigma = E\varepsilon = E\frac{y}{\rho} \tag{b}$$

发生图 6.2-4 所示变形时，在 y 坐标为正的点，正应力为正，在 y 坐标为负的点，正应力为负，所以公式中的 y 可按代数值计算。可见，梁横截面各点的正应力与该点到中性轴的坐标成正比，中性轴上，正应力为零。

3. 静力关系

式（b）表明了横截面上正应力变化的规律，但要计算任意点的正应力，还必须知道中性轴的位置和曲率半径 ρ 的大小。为此，须考虑静力平衡条件。

在横截面上任取微面积 dA，其形心坐标为 (y, z)，微面积上的法向微内力大小为 σdA。所有法向微内力组成了一个空间平行力系，该力系向图 6.2-4（c）的原点简化，只能有三个内力分量。实际上，横截面上没有轴力，仅有位于 x-y 平面内的弯矩 M，因此有

$$F_N = \int_A \sigma dA = 0 \tag{c}$$

$$M_z = \int_A y\sigma dA = M \tag{d}$$

$$M_y = \int_A z\sigma dA = 0 \tag{e}$$

将式（b）带入式（c），并根据静矩的定义，有

$$\frac{E}{\rho}\int_A y dA = \frac{E}{\rho}S_z = 0 \tag{f}$$

由于 $E/\rho \neq 0$，只有 $S_z=0$，因此，z 是形心轴，即截面的中性轴通过形心。

将式（b）代入式（d），并根据惯性矩的定义，有

$$M_z = \frac{E}{\rho} \int_A y^2 \mathrm{d}A = \frac{E}{\rho} I_z = M \qquad\qquad (g)$$

从而得

$$\frac{1}{\rho} = \frac{M}{EI_z} \qquad\qquad (6.2\text{-}1)$$

式（6.2-1）研究弯曲变形的基本公式之一。该式表明，纯弯曲时梁中性层的曲率 $1/\rho$ 与弯矩成正比，与乘积 EI_z 成反比。式中的 EI_z 称为梁横截面的**弯曲刚度**。

将式（6.2-1）代入式（b），得

$$\sigma = \frac{M}{I_z} y \qquad\qquad (6.2\text{-}2)$$

式（6.2-2）是梁在纯弯曲时横截面上的正应力计算公式。该式表明，截面各点的弯曲正应力与该点到中性轴的距离成正比，在截面的上下边缘，正应力取最大值或最小值，中性轴处，正应力为零。

再看式（e），将式（b）代入式（e），并根据惯性积的定义，有

$$M_y = \frac{E}{\rho} \int_A yz\mathrm{d}A = \frac{E}{\rho} I_{yz} = 0 \qquad\qquad (h)$$

这里研究的是对称弯曲，所以 y 轴是横截面的主形心轴，截面对 y、z 轴的惯性积必然为零，式（h）是自然满足的。

6.2.3　最大弯曲正应力

由式（6.2-2）可知，横截面的最大正应力发生在离中性轴最远处。令 $y = y_{\max}$，表示离中性轴的最远距离，则最大正应力的值为

$$\sigma_{\max} = \frac{M}{I_z} y_{\max}$$

令

$$W_z = \frac{I_z}{y_{\max}} \qquad\qquad (6.2\text{-}3)$$

W_z 称为截面对中性轴 z 的**抗弯截面系数，或称抗弯截面模量**。最大弯曲正应力为

$$\sigma_{\max} = \frac{M}{W_z} \qquad\qquad (6.2\text{-}4)$$

对于图 6.2-5（a）所示矩形截面，抗弯截面系数为

$$W_z = \frac{I_z}{h/2} = \frac{bh^2}{6} \qquad\qquad (6.2\text{-}5)$$

对于图 6.2-5（b）所示圆形截面，抗弯截面系数为

$$W_z = \frac{I_z}{d/2} = \frac{\pi d^3}{32} \qquad\qquad (6.2\text{-}6)$$

对于图 6.2-5（c）所示空心圆截面，抗弯截面系数为

$$W_z = \frac{I_z}{D/2} = \frac{\dfrac{\pi D^4}{64} - \dfrac{\pi d^4}{64}}{D/2} = \frac{\pi D^3}{32}\left(1 - \frac{d^4}{D^4}\right)$$

令 $\alpha=d/D$，为空心圆截面的内、外径之比，则

$$W_z = \frac{\pi D^3}{32}(1-\alpha^4)$$　　　　　　（6.2-7）

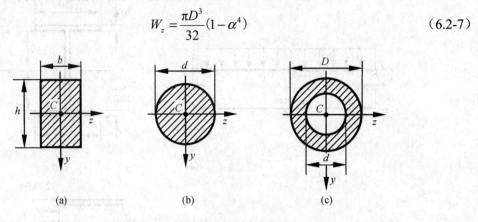

(a)　　　　　　　　(b)　　　　　　　　(c)

图 6.2-5　常见截面的弯曲截面模量

对于各种标准型钢截面的抗弯截面系数，可以从附录 A 的型钢表中查得。

6.2.4　横力弯曲的正应力

梁最常发生的弯曲是横力弯曲。这时，梁的横截面不能保持为平面，即会发生翘曲。由于有横向力存在，梁的各纵向纤维之间还有挤压作用。但弹性力学的分析结果表明，对于工程中常见的梁，采用纯弯曲的正应力公式计算应力，所得结果略微偏低，梁的跨度与其高度比越大，误差越小。故前述公式仍可用于计算梁在横力弯曲时的正应力。

【例 6.2-1】　直径 $d=0.4\text{mm}$ 的钢丝，受两端外力偶作用，弯成直径 $D=400\text{mm}$ 的圆弧。已知钢丝的弹性模量 $E=200\text{GPa}$，试求钢丝横截面上的最大正应力。

解　钢丝中性层的曲率半径为

$$\rho = \frac{D+d}{2} \approx \frac{D}{2} = 200\text{mm}$$

由钢丝中性层的曲率半径与弯矩的关系

$$\frac{1}{\rho} = \frac{M}{EI_z}$$

得

$$M = \frac{EI_z}{\rho}$$

$$\sigma_{\max} = \frac{M}{I_z}y_{\max} = \frac{Ey_{\max}}{\rho} = \frac{200\times10^9\,\text{Pa}\times0.4\text{mm}/2}{200\text{mm}}$$

$$= 2.00\times10^8\,\text{Pa} = 200\text{MPa}$$

【例 6.2-2】　图 6.2-6（a）所示简支梁，横截面为工字形。试求梁中央截面的最大正应力及腹板与翼缘交界处的正应力，并画出正应力沿横截面的分布图。

解　（1）计算横截面的惯性矩。

$$I_z = 2\left[\frac{0.25\text{m}\times(0.02\text{m})^3}{12} + (0.25\text{m})(0.02\text{m})(0.16\text{m})^2\right] + \frac{0.02\text{m}\times(0.3\text{m})^3}{12}$$

$$= 3.013\times10^{-4}\,\text{m}^4$$

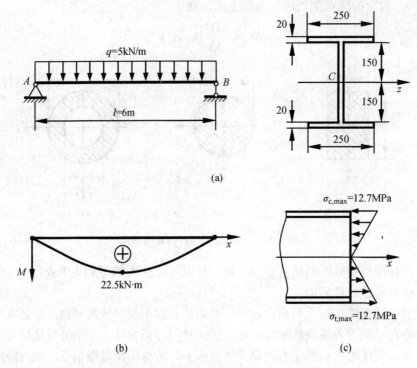

图 6.2-6　工字形截面简支梁应力分析

（2）计算正应力。

画出梁的弯矩图如图 6.2-6（b）所示。横截面对中性轴对称，最大弯曲拉应力和压应力相等，其值为

$$\sigma_{\max} = \frac{M}{I_z} y_{\max} = \frac{22.5 \times 10^3 \text{N} \cdot \text{m}}{3.013 \times 10^{-4} \text{m}^4} \times (0.02\text{m} + 0.15\text{m})$$
$$= 1.27 \times 10^7 \text{Pa} = 12.7\text{MPa}$$

腹板根部的正应力大小为

$$\sigma = \frac{M}{I_z} y = \frac{22.5 \times 10^3 \text{N} \cdot \text{m}}{3.013 \times 10^{-4} \text{m}^4} \times 0.15\text{m} = 1.12 \times 10^7 \text{Pa} = 11.2\text{MPa}$$

画出横截面的正应力分布图如图 6.2-6（c）所示。

6.3　弯　曲　切　应　力

梁发生横力弯曲时，横截面上既有弯矩，也有剪力。相应地在梁的横截面上除了有正应力之外，还有切应力。本节重点研究矩形等截面梁内的弯曲切应力与剪力的关系，然后讨论其他截面梁的弯曲切应力。

6.3.1　矩形截面梁

图 6.3-1（a）所示为一宽 b 高 h 的矩形截面梁的微段 $\text{d}x$，x 截面上的 y 轴和 z 轴为截面的对称轴。设截面上的剪力为 F_S，方向沿截面的纵向对称轴 y［见图 6.3-1（b）］。

假设横截面上切应力的指向与剪力的方向一致，并沿截面宽度均匀分布。这是因为：在横截面两侧边缘的各点处，切应力必与边缘平行，与剪力方向一致。如果切应力不与边缘平行，则可将其分解为垂直于截面边缘和平行于截面边缘的分量。根据切应力互等定理，梁的侧表面上必然有垂直于边缘的切应力，但对于自由表面，这是不可能的。由对称性，y 轴各点处的切应力必然与剪力方向一致。如果截面是比较狭长的，沿截面宽度方向，切应力的大小和方向不可能有大的变化，也就是可假设弯曲切应力沿截面的宽度均匀分布。所以，y 坐标相同的各点，弯曲切应力的大小和方向相同。

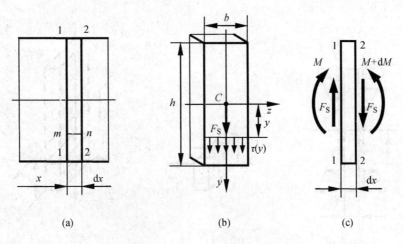

图 6.3-1　微段 dx 的受力分析

根据切应力互等定理，在梁与中性层平行的纵向截面内存在切应力，这个事实可由试验来验证。图 6.3-2（a）所示的简支梁，由同样尺寸的三个板重叠在一起，板与板之间没有摩擦，受载之后将会在各梁的接触面观察到明显的滑动。图 6.3-2（b）则是将这三个板粘在一起，受载之后，作为一个整体的梁发生变形，这时，纵向截面内的切应力防止了各板之间的相对滑动。

下面根据前面的假设，推导弯曲切应力公式。

考虑从梁中取出的长为 dx 的微段［见图 6.3-1（a）］，微段横截面的内力如图 6.3-1（c）所示，相应的正应力及切应力如图 6.3-3（a）所示。为计算横截面上距中性轴为 y 处的切应力 $\tau(y)$，在该处用与中性层平行的纵向截面 $m\text{-}n$ 将微段截为两段［见图 6.3-1（a）、图 6.3-3（a）］，取下段微块作为研究对象［见图 6.3-3（b）、（c）］。设切出部分左右侧面的面积为 ω，由微内力 σdA 组成的内力系的合力分别为 F_{N1} 和 F_{N2}。因为两侧面的弯矩不等，F_{N1} 和 F_{N2} 也不相等。在切出部分的顶面上，存在与 $\tau(y)$ 相等的切应力 τ'。与切应力 τ' 对应的微内力系的合力为 dF_S'。由切出部分的平衡方程 $\Sigma F_x = 0$ 可得

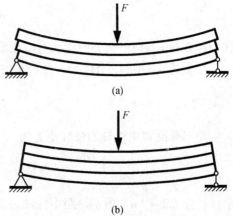

图 6.3-2　纵向截面内存在切应力的试验验证
（a）三板重叠；（b）三板粘合

$$F_{N2} - F_{N1} - dF_S' = 0 \tag{a}$$

式中

$$dF_S' = \tau' b \, dx \tag{b}$$

$$F_{N1} = \int_\omega \sigma \, dA = \int_\omega \frac{M}{I_z} y^* \, dA \tag{c}$$

$$F_{N2} = \int_\omega \sigma \, dA = \int_\omega \frac{M + dM}{I_z} y^* \, dA \tag{d}$$

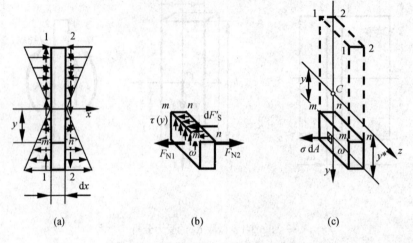

图 6.3-3   弯曲切应力微块分析示意图

将式（b）～式（d）代入式（a）得到

$$\tau' = \frac{dM}{dx} \times \frac{S_z(\omega)}{I_z b} \tag{e}$$

其中

$$S_z(\omega) = \int_\omega y^* \, dA \tag{f}$$

式中：$S_z(\omega)$ 为切出部分的截面对横截面中性轴的静矩。

根据式（4.4-2），$dM/dx = F_S$，并由 $\tau' = \tau(y)$，得

$$\tau(y) = \frac{F_S S_z(\omega)}{I_z b} \tag{6.3-1}$$

矩形截面对中性轴的惯性矩 I_z 为

$$I_z = \frac{bh^3}{12} \tag{g}$$

如图 6.3-4（a）所示，距中性轴为 y 的横线以外部分面积 ω 对中性轴的静矩为

$$S_z(\omega) = b\left(\frac{h}{2} - y\right) \times \frac{1}{2}\left(y + \frac{h}{2}\right) = \frac{b}{2}\left(\frac{h^2}{4} - y^2\right) \tag{h}$$

将式（g）和式（h）代入式（6.3-1），得

$$\tau(y) = \frac{3F_S}{2bh}\left(1 - \frac{4y^2}{h^2}\right) \tag{6.3-2}$$

由式（6.3-2）可知，弯曲切应力沿横截面高度呈抛物线分布 [见图 6.3-4（b）]；在横截面距中性轴最远处，切应力为零；越靠近中性轴处，切应力越大；在中性轴处，$y = 0$，切应力达到最大值，其值为

$$\tau_{max} = \frac{3}{2}\times\frac{F_S}{bh} = \frac{3}{2}\times\frac{F_S}{A} \tag{6.3-3}$$

式中：A 为横截面的面积。

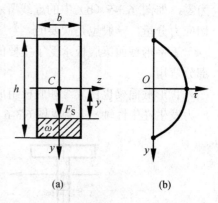

图 6.3-4　横截面切应力分布规律

这表明，横截面上的最大切应力是该截面上平均切应力的 1.5 倍。

式（6.3-3）适用于狭长的矩形截面梁。分析表明，当 $h/b > 2$ 时，上述解答的误差极小；当 $h/b = 1$ 时，误差约为 10%。当用公式计算截面较宽的梁横截面的切应力时，得到的是距中性轴为 y 处截面宽度上 y 方向切应力大小的平均值。

6.3.2　工字形及其他截面梁

工字形截面梁由上下翼缘和腹板组成 [见图 6.3-5（a）]。由于腹板截面为狭长矩形，仍然可以假设：腹板横截面上，与中性轴平行的线段上的弯曲切应力大小和方向均相同。用推导矩形截面梁弯曲切应力相同的方法，可得到同样的计算公式，即

$$\tau(y) = \frac{F_S S_z(\omega)}{I_z d} \tag{6.3-4}$$

式中：d 为腹板的厚度。

$S_z(\omega)$ 是图 6.3-5（a）中阴影部分面积对中性轴的静矩，其公式为

$$S_z(\omega) = b\left(\frac{H}{2} - \frac{h}{2}\right)\times\frac{1}{2}\left(\frac{h}{2} + \frac{H}{2}\right) + d\left(\frac{h}{2} - y\right)\times\frac{1}{2}\left(y + \frac{h}{2}\right) = \frac{b}{8}\left(H^2 - h^2\right) + \frac{d}{2}\left(\frac{h^2}{4} - y^2\right)$$

于是

$$\tau = \frac{F_S}{I_z d}\left[\frac{b}{8}\left(H^2 - h^2\right) + \frac{d}{2}\left(\frac{h^2}{4} - y^2\right)\right] \tag{6.3-5}$$

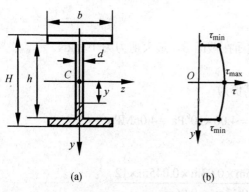

图 6.3-5　工字形截面腹板的弯曲切应力分布

由式（6.3-5）可知，沿腹板高度，切应力也是按抛物线分布 [见图 6.3-5（b）] 的。最大和最小切应力分别发生在中性轴上和腹板与翼缘交界处。当 $y=0$ 和 $y=\pm h/2$ 时，最大和最小切应力分别为

$$\tau_{max} = \frac{F_S}{I_z d}\left[\frac{bH^2}{8} - \frac{h^2}{8}(b - d)\right] \tag{6.3-6}$$

$$\tau_{min} = \frac{F_S}{I_z d}\left(\frac{bH^2}{8} - \frac{bh^2}{8}\right) \tag{6.3-7}$$

由于腹板的宽度 d 远小于翼缘的宽度 b，因

此横截面上的切应力数值变化不大。

在翼缘上，也有平行于剪力 F_S 的切应力存在，分布比较复杂，但数量较小，上下边缘必为零，如图 6.3-5（b）中的虚线所示，一般不进行计算。另外，翼缘上还有平行于其宽度的切应力分量，一般也是次要的。

工字形截面梁腹板承受了主要的切应力，而翼缘由于离中性轴较远，负担了截面上的大部分弯矩。

T 形截面梁也由翼缘和腹板组成，横截面上的弯曲切应力也由式（6.3-4）计算。最大切应力发生在中性轴 z 上［见图 6.3-6（a）］。

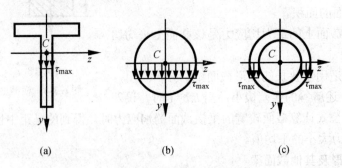

图 6.3-6　不同形状横截面上的最大切应力

圆形截面梁和圆环形截面梁的最大弯曲切应力公式的推导方法与矩形截面梁类似，最大切应力也发生在截面的中性轴上，并沿中性轴均匀分布［见图 6.3-6（b）］。

对于圆形截面梁

$$\tau_{\max} = \frac{4}{3} \times \frac{F_S}{A} \tag{6.3-8}$$

对于薄壁圆环形截面梁，横截面切应力分布如图 6.3-6（c）所示，最大切应力为

$$\tau_{\max} = 2\frac{F_S}{A} \tag{6.3-9}$$

式中：A 为横截面面积。

一般情况下，梁横截面的最大弯曲切应力发生在截面的中性轴上。

【例 6.3-1】　图 6.3-7（a）所示简支梁，横截面为矩形。试求危险截面的最大切应力及该应力所在截面点 k 处的切应力。

解　（1）剪力分析。

梁的剪力图如图 6.3-7（b）所示。可见危险截面在截面 B，最大剪力为 19.5kN。

（2）计算最大弯曲切应力。

最大弯曲切应力发生在截面 B 的中性轴上，其值为

$$\tau_{\max} = \frac{3}{2} \times \frac{F_S}{bh} = \frac{3}{2} \times \frac{19.5 \times 10^3\,\mathrm{N}}{0.06\mathrm{m} \times 0.12\mathrm{m}} = 4.06 \times 10^6\,\mathrm{Pa} = 4.06\mathrm{MPa}$$

（3）计算 K 点处的切应力。

$$\tau_K = \frac{F_S S_z(\omega)}{I_z b} = \frac{19.5 \times 10^3\,\mathrm{N} \times 0.06\mathrm{m} \times 0.03\mathrm{m} \times 0.045\mathrm{m} \times 12}{0.06\mathrm{m} \times 0.12\mathrm{m}^3 \times 0.06\mathrm{m}}$$

$$= 3.05 \times 10^6\,\mathrm{Pa} = 3.05\mathrm{MPa}$$

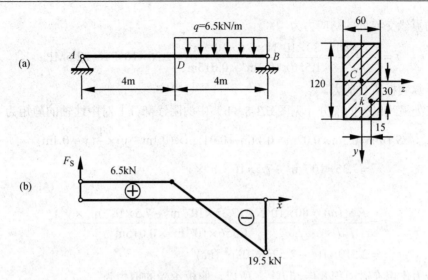

图 6.3-7　受分布载荷的简支梁剪力分析

【**例 6.3-2**】　工字形梁横截面尺寸如图 6.3-8（a）所示，受剪力 $F_S=80$kN 作用。试求截面的最大弯曲切应力、腹板与翼缘交界处的切应力，并计算腹板承受的剪力。

解　（1）计算应力。

截面对中性轴的惯性矩为

$$I_z = \frac{0.015 \times 0.2^3}{12} + 2 \times \left(\frac{0.3 \times 0.02^3}{12} + 0.3 \times 0.02 \times 0.11^2 \right) = 1.556 \times 10^{-4} \, \text{m}^4$$

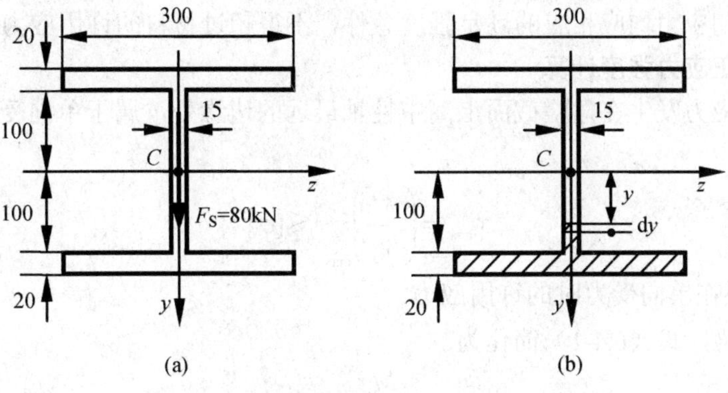

图 6.3-8　受剪力的工字形截面梁的切应力分析

半截面对中性轴的静矩为

$$S_{z,\text{max}} = 0.3\text{m} \times 0.02\text{m} \times 0.11\text{m} + 0.015\text{m} \times 0.1\text{m} \times 0.05\text{m} = 7.350 \times 10^{-4} \, \text{m}^3$$

翼缘截面对中性轴的静矩为

$$S_z(\omega) = 0.3\text{m} \times 0.02\text{m} \times 0.11\text{m} = 6.600 \times 10^{-4} \text{m}^3$$

最大弯曲切应力发生在中性轴上，大小为

$$\tau_{\text{max}} = \frac{F_S S_{z,\text{max}}}{I_z d} = \frac{80 \times 10^3 \, \text{N} \times 7.35 \times 10^{-4} \, \text{m}^3}{1.556 \times 10^{-4} \, \text{m}^4 \times 0.015\text{m}} = 2.52 \times 10^7 \, \text{Pa} = 25.2 \text{MPa}$$

腹板与翼缘交界处的切应力为

$$\tau = \frac{F_S S_z(\omega)}{I_z d} = \frac{80 \times 10^3\,\text{N} \times 6.6 \times 10^{-4}\,\text{m}^3}{1.556 \times 10^{-4}\,\text{m}^4 \times 0.015\,\text{m}} = 2.26 \times 10^7\,\text{Pa} = 22.6\,\text{MPa}$$

（2）计算腹板所受剪力。

腹板 y 处横线以外的部分［见图 6.3-8（b）中的阴线部分］对中性轴的静矩为

$$S_z(\omega) = 0.3\,\text{m} \times 0.02\,\text{m} \times 0.11\,\text{m} + 0.015\,\text{m} \times (0.1\,\text{m} - y) \times \frac{1}{2}(y + 0.1\,\text{m})$$

$$= 7.35 \times 10^{-4}\,\text{m}^3 - 7.5 \times 10^{-3}\,\text{m}^3 \times y^2$$

于是

$$\tau = \frac{F_S S_z(\omega)}{I_z d} = \frac{80 \times 10^3\,\text{N} \times (7.35 \times 10^{-4}\,\text{m}^3 - 7.5 \times 10^{-3}\,\text{m}^3 \times y^2)}{1.556 \times 10^{-4}\,\text{m}^4 \times 0.015\,\text{m}}$$

$$= 2.519 \times 10^7 - 2.571 \times 10^8 y^2 \ (\text{Pa})$$

该切应力作用在微面积 $\text{d}A = \tau \text{d}y$ 上。所以，腹板承受的剪力为

$$F_{S,w} = \int_{A,w} \tau \text{d}A = \int_{-0.1\text{m}}^{0.1\text{m}} [(2.519 \times 10^7 - 2.571 \times 10^8 y^2) \times 0.015\,\text{m}] \text{d}y$$

$$F_{S,w} = 74.3 \times 10^3\,\text{N} = 74.3\,\text{kN}$$

可见，腹板承受了 74.3/80=92.8%的总剪力。

6.4　梁的强度计算与提高梁强度的措施

梁受横力弯曲时，横截面上既有正应力，也有切应力。为使梁能够安全工作，梁内的最大正应力及最大切应力均应相应的满足强度条件，不得超过材料的许用应力。

6.4.1　弯曲正应力强度计算

梁的最大正应力发生在危险截面上离中性轴最远的边缘处，属于单向受力状态。梁的正应力强度条件为

$$\sigma_{\max} = \left(\frac{M}{W_z}\right)_{\max} \leqslant [\sigma] \tag{6.4-1}$$

式中：$[\sigma]$ 为材料在单向受力时的许用应力。

对于等截面梁，式（6.4-1）简化为

$$\sigma_{\max} = \frac{M_{\max}}{W_z} \leqslant [\sigma] \tag{6.4-2}$$

如果材料的许用拉应力 $[\sigma_t]$ 和许用压应力 $[\sigma_c]$ 不相等，则应分别进行拉应力和压应力的强度计算。

利用正应力的强度条件，可以进行强度校核、确定截面尺寸、确定许用载荷等强度计算。

6.4.2　弯曲切应力强度计算

最大弯曲切应力一般发生在横截面的中性轴处，而这里的正应力为零，属于纯剪切状态。梁的切应力强度条件为

$$\tau_{\max} = \left(\frac{F_S S_{z,\max}}{I_z b}\right)_{\max} \leqslant [\tau] \tag{6.4-3}$$

式中：b 为梁横截面中性轴处的宽度；$[\tau]$ 为材料在纯剪切时的许用应力。

对于等截面梁，式（6.4-3）简化为

$$\tau_{max} = \frac{F_{S,max} S_{z,max}}{I_z b} \leqslant [\tau] \qquad (6.4\text{-}4)$$

梁必须同时满足正应力和切应力强度条件。一般来说，在非薄壁截面的细长梁中，最大弯曲正应力远大于最大弯曲切应力，通常只需进行正应力强度计算，但有时也需考虑弯曲切应力强度条件。例如对于短而高的梁，或支座附近有集中力时，梁中的弯曲切应力相对较大；又如木材、胶缝抗剪能力差，也需进行切应力强度计算。

因为一般情况下梁的强度条件以正应力强度条件为主，所以在设计梁时，可按正应力强度条件进行设计，再用切应力强度条件校核。

6.4.3　提高梁强度的措施

梁的正应力是影响梁的强度的主要因素。弯曲正应力强度条件为

$$\sigma_{max} = \left(\frac{M}{W_z} \right)_{max} \leqslant [\sigma]$$

可见，要提高梁的强度，可以通过减小弯矩，增加抗弯截面系数来实现。同时，还要考虑节约材料。所以，可以从以下三方面考虑。

6.4.3.1　选择合理的截面形状

同样的横截面积，不同的截面形状，截面的抗弯截面系数是不同的。例如面积相同的圆形和正方形的截面，正方形截面的抗弯截面系数大于圆形截面；同样面积的宽为 b、高为 h 的矩形截面，设中性轴与宽度方向平行，显然，h/b 越大，抗弯截面系数越大。实际上，弯曲正应力沿截面是线性分布的，中性轴附近弯曲正应力较小，材料没有被充分利用。如果把这部分材料挪到离中性轴较远的截面边缘，就会减小边缘处的最大弯曲正应力，从而提高强度。箱形、工字形截面梁中性轴附近的材料较少，上下边缘材料较多，与同样面积的矩形等截面相比，具有较大的抗弯截面系数，所以抗弯性能好。

对于工程上常用的抗拉强度小于抗压强度的脆性材料，可采用中性轴偏向受拉一侧的截面形状，如 T 形、槽形截面，使材料的抗拉和抗压强度得到均衡的发挥。

6.4.3.2　采用变截面梁

梁的不同截面的弯矩一般是变化的。如果截面不变化，截面尺寸只能按危险截面的最大应力设计，这样非危险截面的尺寸就相对偏大。所以，在进行梁的设计时，使抗弯截面系数随弯矩的大小而变，从而节约材料。横截面沿梁的轴线变化的梁，称为**变截面梁**。若梁的各横截面的最大正应力均相等，这样的梁称为**等强度梁**。设计等强度梁时，应使梁各截面的最大弯曲正应力等于许用应力，即要求

$$\sigma_{max} = \frac{M(x)}{W_z(x)} = [\sigma]$$

于是得

$$W_z(x) = \frac{M(x)}{[\sigma]}$$

例如，对于图 6.4-1（a）所示的悬臂梁，在自由端作用集中力 F 时，任意截面的弯矩大

小为

$$M(x)=Fx$$

如果采用矩形截面的等强度梁，当截面宽度不变时，任意截面的高度为

$$h(x) = \sqrt{\frac{6Fx}{b[\sigma]}}$$

即截面的高度按 $x^{\frac{1}{2}}$ 规律变化 [见图 6.4-1（b）]。在集中力作用点附近，除了要考虑弯曲正应力强度条件外，还应按切应力强度条件进行设计，即设计成图 6.4-1（b）所示虚线形状。

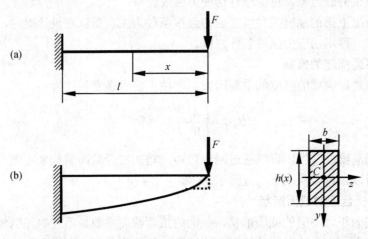

图 6.4-1　等强度悬臂梁

机械中的阶梯轴、汽车用的钢板弹簧、建筑中的鱼腹梁，都是等强度梁设计思想的应用。

6.4.3.3　改善梁的受力情况

图 6.4-2 所示的四根梁所受的载荷总量相同。在图 6.4-2（b）所示简支梁上增设辅助梁，集中力 $F=ql$ 分成了两个相等的集中力 $F_1=ql/2$，最大弯矩由图 6.4-2（a）的 $ql^2/4$ 降为 $ql^2/6$。

如果 ql 是均匀分布的，则最大弯矩为 $ql^2/8$ [见图 6.4-2（c）]。

在载荷不变的情况下，改变梁的支座情况，也可减小最大弯矩。把图 6.4-2（c）所示梁的支座变为如图 6.4-2（d）所示的外伸梁，则最大弯矩减小到 $ql^2/40$。

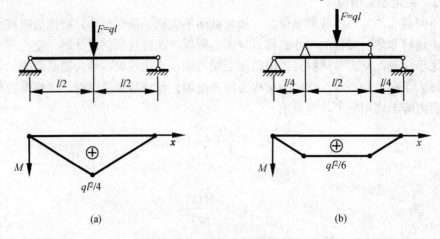

图 6.4-2　通过改善梁的受力情况减小梁内的最大弯矩（一）

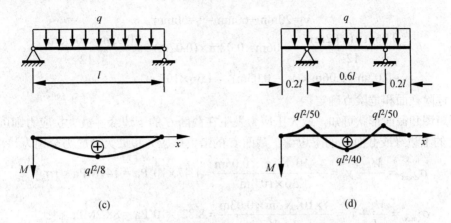

图 6.4-2　通过改善梁的受力情况减小梁内的最大弯矩（二）

【例 6.4-1】 T 形截面铸铁梁尺寸如图 6.4-3（a）所示。在截面 B、D 分别受集中力 F_1、F_2 作用。已知 F_1=9kN，F_2=4kN，材料的抗拉强度极限 $\sigma_{b,t}$=320MPa，材料的抗压强度极限 $\sigma_{b,c}$=750MPa，取安全因数 n=3.5。

（1）试校核梁的强度；

（2）若梁的载荷不变，但梁上下倒置，试问梁是否满足强度条件。

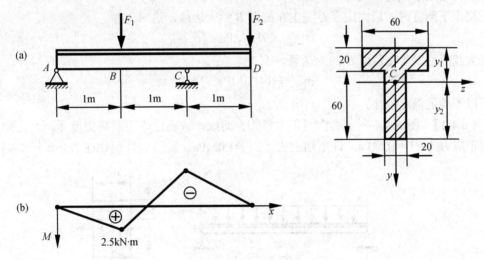

图 6.4-3　T 形截面铸铁梁

解　先校核强度。

（1）许用应力计算。

$$[\sigma_t] = \frac{320\text{MPa}}{3.5} = 91.4\text{MPa}$$

$$[\sigma_c] = \frac{750\text{MPa}}{3.5} = 214\text{MPa}$$

（2）几何性质计算。

$$y_1 = \frac{60\text{mm} \times 20\text{mm} \times 10\text{mm} + 60\text{mm} \times 20\text{mm} \times 50\text{mm}}{2 \times 60\text{mm} \times 20\text{mm}} = 30\text{mm}$$

$$y_2 = 20\text{mm} + 60\text{mm} - y_1 = 50\text{mm}$$

$$I_z = \frac{0.06\text{m} \times (0.02\text{m})^3}{12} + 0.06\text{m} \times 0.02\text{m} \times (0.02\text{m})^2 + \frac{0.02\text{m} \times (0.06\text{m})^3}{12}$$
$$+ 0.02\text{m} \times 0.06\text{m} \times (y_2 - 0.03\text{m})^2 = 1.36 \times 10^{-6}\,\text{m}^4$$

（3）危险截面和危险点确定。

由弯矩图和截面形状可知，最大压应力发生在截面 C 的下边缘，最大拉应力则可能发生在截面 C 的上边缘或截面 B 的下边缘。截面 C 的最大压应力和最大拉应力分别为

$$\sigma_{c,max} = \frac{M_{max}}{I_z} y_2 = \frac{4 \times 10^3\,\text{N} \cdot \text{m} \times 0.05\text{m}}{1.36 \times 10^{-6}\,\text{m}^4} = 1.47 \times 10^8\,\text{Pa} = 147\text{MPa} < [\sigma_c]$$

$$\sigma_{t,max} = \frac{M_{max}}{I_z} y_1 = \frac{4 \times 10^3\,\text{N} \cdot \text{m} \times 0.03\text{m}}{1.36 \times 10^{-6}\,\text{m}^4} = 8.82 \times 10^7\,\text{Pa} = 88.2\text{MPa} < [\sigma_t]$$

截面 B 的拉应力为

$$\sigma_{t,max} = \frac{M}{I_z} y_2 = \frac{2.5 \times 10^3\,\text{N} \cdot \text{m} \times 0.05\text{m}}{1.36 \times 10^{-6}\,\text{m}^4}$$
$$= 9.19 \times 10^7\,\text{Pa} = 91.9\text{MPa} < [\sigma_t] \times 105\% = 96.0\text{MPa}$$

所以梁满足强度条件。

然后讨论上下倒置情况。

当梁上下倒置时，最大压应力发生在截面 B 的上边缘，这时

$$\sigma_{c,max} = 91.9\text{MPa} < [\sigma_c]$$

最大拉应力发生在截面 C 的上边缘，有

$$\sigma_{t,max} = 147.1\text{MPa} > [\sigma_t]$$

所以不满足强度条件。

【例 6.4-2】 图 6.4-4 所示梁由两根木料胶合而成，试确定许用载荷集度 $[q]$。已知木材的许用正应力 $[\sigma] = 10\text{MPa}$，许用切应力 $[\tau] = 1.0\text{MPa}$，胶缝的许用切应力 $[\tau_1] = 0.4\text{MPa}$。

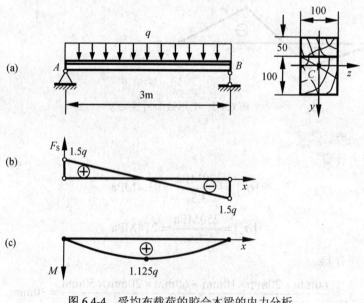

图 6.4-4 受均布载荷的胶合木梁的内力分析

解　（1）作梁的剪力图和弯矩图。

剪力图和弯矩图如图 6.4-4（b）、（c）所示。

（2）按梁的正应力强度条件确定许用载荷。

由

$$\sigma_{max} = \frac{M_{max}}{W_z} \leqslant [\sigma]$$

$$\frac{1.125m^2 \times q \times 6}{0.1m \times (0.15m)^2} \leqslant 10 \times 10^6 \, Pa$$

得

$$q \leqslant 3.33 \times 10^3 \, N/m$$

（3）按梁的切应力强度条件确定许用载荷。

由

$$\tau_{max} = \frac{3}{2} \times \frac{F_s}{A} \leqslant [\tau]$$

$$\frac{3}{2} \times \frac{1.5m \times q}{0.1m \times 0.15m} \leqslant 1 \times 10^6 \, Pa$$

得

$$q \leqslant 6.67 \times 10^3 \, N/m$$

（4）按胶缝的切应力强度条件确定许用载荷

由

$$\tau_{胶缝} = \frac{F_s S_z(\omega)}{I_z b} \leqslant [\tau_1]$$

$$\frac{1.5m \times q \times 0.1m \times 0.05m \times 0.05m \times 12}{0.1m \times (0.15m^3) \times 0.1m} \leqslant 0.4 \times 10^6 \, Pa$$

得

$$q \leqslant 3.00 \times 10^3 \, N/m$$

可见，许用载荷集度为

$$[q] = 3kN/m$$

【**例 6.4-3**】矩形截面梁横截面尺寸如图 6.4-5（a）所示，横截面的最大弯矩 $M_{max} = 40N \cdot m$。为提高其强度，在梁的底部增加了两条肋［见图 6.4-5（b）］。试分别计算这两种情况下梁的最大弯曲正应力。

解　（1）未加肋情况。

显然，对称轴 z 为中性轴。截面关于对称轴 z 的抗弯截面系数为

$$W_z = \frac{bh^2}{6} = \frac{0.06m \times (0.03m)^2}{6} = 9.00 \times 10^{-6} \, m^3$$

最大正应力发生在梁的下边缘，为

$$\sigma_{max} = \frac{M_{max}}{W_z} = \frac{40N \cdot m}{9 \times 10^{-6} \, m^3} = 4.44 \times 10^6 \, Pa = 4.44 MPa$$

（2）加肋情况。

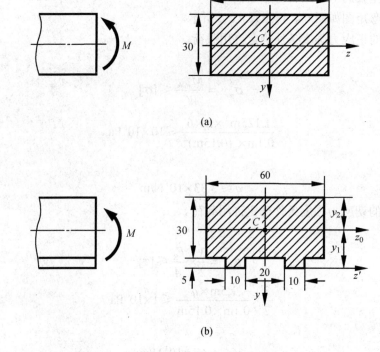

(a)

(b)

图 6.4-5 横截面内弯曲正应力分析

由式（5.2-8）计算截面形心坐标为

$$y_1 = \frac{2\times(10\text{mm}\times5\text{mm}\times2.5\text{mm}) + 60\text{mm}\times30\text{mm}\times(15\text{mm}+5\text{mm})}{2\times10\text{mm}\times5\text{mm} + 60\text{mm}\times30\text{mm}} = 19.08\text{mm}$$

$$y_2 = 15.92\text{mm}$$

形心轴 z_0 为中性轴。由式（5.3-11）和式（5.4-1）计算截面对中性轴的惯性矩为

$$I_{z_0} = \frac{0.06\text{m}\times(0.03\text{m})^3}{12} + 0.06\text{m}\times0.03\text{m}\times(0.01592\text{m}-0.015\text{m})^2$$

$$+ 2\left[\frac{0.01\text{m}\times(0.005\text{m})^3}{12} + 0.01\text{m}\times0.005\text{m}\times(0.01908\text{m}-0.0025\text{m})^2\right]$$

$$= 1.642\times10^{-7}\,\text{m}^4$$

最大正应力为

$$\sigma_{\max} = \frac{M_{\max}}{I_{z_0}}y_1 = \frac{40\text{N}\cdot\text{m}}{1.642\times10^{-7}\,\text{m}^4}\times0.01908\text{m} = 4.65\times10^6\,\text{Pa} = 4.65\text{MPa}$$

可见，加肋之后，最大正应力不减反增。

6.5 斜 弯 曲

当梁有一纵向对称面，且外力均作用在该对称面内时，梁发生平面弯曲。这时，梁的正应力由式（6.2-2）计算。在工程实际中，外力往往并不作用在梁的纵向对称面内，这时梁将发生非对称弯曲——斜弯曲。如图 6.5-1 所示的矩形截面梁，作用在其端部的外力 F 与铅垂

方向 y 有一夹角 φ。下面分析该梁任意截面的正应力。

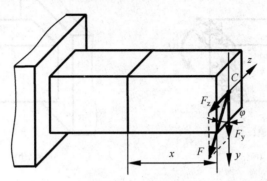

图 6.5-1　斜弯曲

将力 F 分别向对称轴 y、z 分解，两个分力分别为
$$F_y=F\cos\varphi$$
$$F_z=F\sin\varphi$$

这样，力 F 的作用可用两个分力的作用代替，而每个分力单独作用时，梁都将发生对称弯曲，也就是梁作用 F 时发生的弯曲变形可以看做是图 6.5-2（a）、（b）两个对称弯曲的叠加。

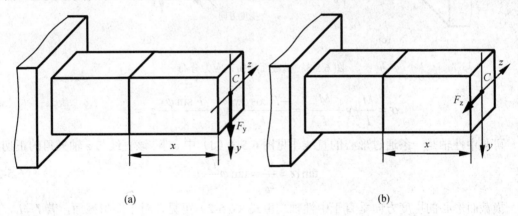

（a）　　　　　　　　　　　　　　　　　　　　　（b）

图 6.5-2　由叠加法分析斜弯曲梁的内力

在 F_y 和 F_z 作用下，截面 x 的弯矩分别为
$$M_z=F_yx$$
$$M_y=F_zx$$

由每一个弯矩产生的横截面上任意点的正应力均可用式（6.2-2）计算，横截面应力分布如图 6.5-3（a）、（b）所示。所以在两个弯矩共同作用下的任意点的正应力为

$$\sigma = \frac{M_z}{I_z}y + \frac{M_y}{I_y}z \qquad (6.5\text{-}1)$$

其中 y，z 为任意点的坐标，弯矩 M_z、M_y 的正负应规定为：在坐标为正的点引起拉应力的弯矩为正；反之为负。所以，图 6.5-3 中的 M_z 是负的，M_y 是正的。叠加后，横截面上的应力分布如图 6.5-3（c）所示。

下面讨论中性轴的确定。因为中性轴上各点正应力为零，设中性轴上任意点 k 的坐标为 y_0，z_0［见图 6.5-3（d）］，则中性轴的方程为

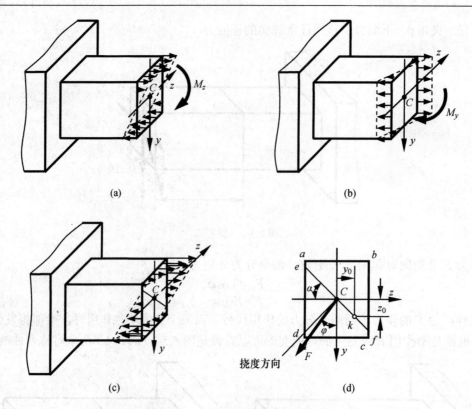

(a)　　　　　　　　　　(b)

(c)　　　　　　　　　　(d)

挠度方向

图 6.5-3　横截面弯曲正应力分布

$$\sigma = \frac{M_z}{I_z}y + \frac{M_y}{I_y}z = \frac{-F\cos\varphi x}{I_z}y_0 + \frac{F\sin\varphi x}{I_y}z_0 = 0$$

可见中性轴是一条通过形心的直线〔见图 6.5-3（d）中 ef〕，该直线与 z 轴夹角的正切为

$$\tan\alpha = \frac{y_0}{z_0} = \tan\varphi\frac{I_z}{I_y} \tag{6.5-2}$$

横截面形心的挠度方向垂直于中性轴。由式（6.5-2）可见，对于矩形截面，若 $I_z \neq I_y$，则 $\alpha \neq \varphi$。也就是说，外力方向与挠度方向不是一个方向。换言之，外力方向不垂直于中性轴。可以证明，对于图 6.5-1 所示的悬臂梁，梁的挠曲轴仍为平面曲线，但与外力不在同一平面内，故称为斜弯曲。

斜弯曲时，最大正应力发生在离中性轴最远的横截面边缘处。对于图示矩形截面，最大拉应力和最大压应力分别发生在点 b 和点 d 处〔见图 6.5-3（d）〕，其值相等，均为

$$\sigma_{\max} = \frac{|M_z|}{W_z} + \frac{|M_y|}{W_y}$$

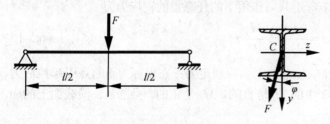

图 6.5-4　桥式起重机大梁受斜弯曲

【例 6.5-1】桥式起重机大梁为 25b 工字钢（见图 6.5-4），材料为 Q235 钢，许用应力 $[\sigma]$=160MPa，l=4m。起重机小车行进时，载荷偏离对称面一个角度 φ，若 φ=15°，F=20kN，不计大梁

自重，试校核梁的强度。

解 当小车行驶到梁的中点时，梁处于最不利的受力情况。这时跨度中点截面的弯矩最大，最大弯矩为

$$M_{max}=Fl/4=20kN \cdot m$$

将外力向 y 轴及 z 轴分解，得

$$F_y=F\cos\varphi, \quad F_z=F\sin\varphi$$

在铅垂面内，跨度中点由力 F_y 引起的最大弯矩为

$$M_z=F\cos\varphi \cdot l/4=M_{max}\cos\varphi=20\cos15°=19.32kN \cdot m$$

在水平面内，跨度中点由力 F_z 引起的最大弯矩为

$$M_y=F\sin\varphi \cdot l/4=M_{max}\sin\varphi=20\sin15°=5.18kN \cdot m$$

查型钢表（见附录 A）可知，25b 工字钢的两个抗弯截面系数分别为

$$W_z=422.72cm^3, \quad W_y=52.423cm^3$$

最大拉应力和最大压应力分别发生在截面的左下角和右上角，其数值为

$$\sigma_{max} = \frac{M_z}{W_z} + \frac{M_y}{W_y} = \frac{19.32\times10^3 N \cdot m}{422.72\times10^{-6} m^3} + \frac{5.18\times10^3 N \cdot m}{52.423\times10^{-6} m^3}$$

$$= 4.570\times10^7 Pa + 9.881\times10^7 Pa$$

$$=1.45\times10^9 Pa = 145MPa < [\sigma] = 160MPa$$

若载荷 F 不偏离梁的纵向垂直对称面，跨度中点的最大应力为

$$\sigma_{max} = \frac{M_z}{W_z} = \frac{20\times10^3 N \cdot m}{422.72\times10^{-6} m^3} = 4.73\times10^7 Pa = 4.73MPa$$

可见，载荷仅偏离了一个较小的角度，而应力却增大了 2 倍。这是由于梁截面的抗弯截面系数 W_z 和 W_y 相差较大引起的。

6.6 弯拉（压）组合变形

杆件同时发生弯曲变形和拉伸（压缩）变形的情况称为弯曲与拉伸（压缩）的组合变形，即**弯拉（压）组合变形**。杆件上同时作用有横向力和轴向力时，杆件发生弯拉（压）组合变形。这时，杆件横截面的内力除了弯矩、剪力之外，还有轴力。在小变形的条件下，轴力仅引起与弯曲正应力同向的正应力，对弯曲切应力没有影响，因此只要把弯曲正应力与轴力正应力进行叠加，即可完成这种组合变形的应力分析。

6.6.1 弯拉（压）组合变形

图 6.6-1（a）所示矩形截面杆，同时承受横向载荷和 F_1 轴向载荷 F_2 的作用。在小变形的情况下，仍然可用叠加法计算梁的内力和应力。任意横截面 *m-m* 的内力大小为：弯矩 $M_z=F_1x$，剪力 $F_S=F_1$ 和轴力 $F_N=F_2$。忽略剪力的影响，由轴力和弯矩产生的截面坐标为 y 处的正应力分别为

$$\sigma_N = \frac{F_N}{A}$$

$$\sigma_M = \frac{M_z}{I_z}y$$

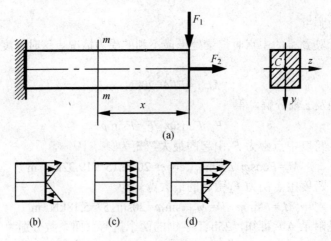

图 6.6-1　弯拉组合变形

　　轴力和弯矩的正应力在截面的分布如图 6.6-1（b）、（c）所示。根据叠加原理，坐标为 y 处的正应力为

$$\sigma = \frac{F_N}{A} + \frac{M_z}{I_z} y \tag{6.6-1}$$

　　正应力在截面的分布如图 6.6-1（d）所示。所以，截面上正应力的分布仍然是线性的。由式（6.6-1）可见，截面的中性轴不通过形心，最大拉、压应力发生在截面的上下边缘处。

　　当发生弯拉（压）组合变形的杆件有两个纵向对称面时，且横截面上两个对称面内的弯矩分别为 M_z 和 M_y 时，截面上任一点的应力可表示为

$$\sigma = \frac{F_N}{A} + \frac{M_z}{I_z} y + \frac{M_y}{I_y} z \tag{6.6-2}$$

　　截面的中性轴不通过形心，且不与横截面的对称轴 y、z 平行。最大拉、压应力发生在与中性轴平行且与截面边缘相切的直线的切点处。对于矩形、工字形等截面，危险点发生在角点处。

6.6.2　偏心拉伸或压缩

　　当外力平行但不通过杆件的轴线时，杆件也会发生弯拉（压）组合变形，这种组合变形称为**偏心拉伸**或**偏心压缩**。

　　图 6.6-2（a）所示立柱，受与杆件轴线平行的偏心压力 F 作用，偏心距分别为 $e_y=|y|$ 和 $e_z=|z|$。

　　将力 F 向端面的形心 C 简化，得到轴向压力 F、外力偶矩 $M_{ez}=Fy$ 和 $M_{ey}=Fz$，它们分别产生轴向压缩和绕 y 轴及 z 轴的两个平面弯曲 [见图 6.6-2（b）]。

　　对任意横截面进行研究 [见图 6.6-2（c）]，该截面的内力为

$$F_N = -F$$
$$M_z = M_{ez} = Fy$$
$$M_y = M_{ey} = Fz$$

　　由轴力 F_N、弯矩 M_z 和弯矩 M_y 引起的正应力在截面的分布如图 6.6-2（d）～（f）所示。可见，在偏心压缩时，杆件处于弯压组合变形状态，截面上任意点处的应力为

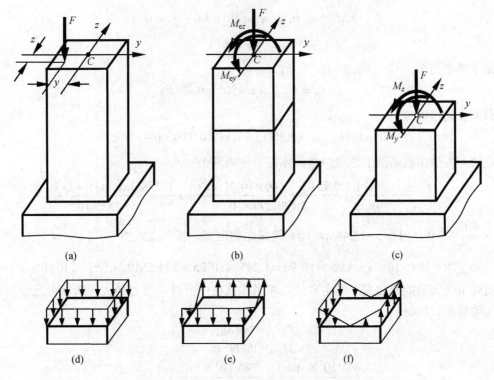

图 6.6-2 偏心受压杆件的内力与应力分析

$$\sigma = \frac{F_N}{A} + \frac{M_z}{I_z}y + \frac{M_y}{I_y}z \qquad (6.6\text{-}3)$$

式（6.6-3）与式（6.6-2）形式完全相同。可见，偏心压缩或偏心拉伸时，中性轴是一条不过截面形心的直线。

【例 6.6-1】 图 6.6-3（a）所示起重架的最大起重量 F=40kN，横梁 AB 由两根 No.18 槽钢组成。材料为 Q235 钢，许用应力 $[\sigma]$ =140MPa。不计槽钢自重，试校核横梁的强度。

解 No.18 槽钢的抗弯截面系数 W_z=152cm³，面积 A=29.299cm²。

梁 AB 受力如图 6.6-3（b）所示。梁为弯曲和压缩的组合变形。当载荷 F 移动到梁的中点时，梁内的弯矩最大。载荷 F 向右移动，弯矩变小，但横梁内的轴力变大，危险截面应在中点的右侧。为找到危险截面，考虑距点 A 为 x 的截面。

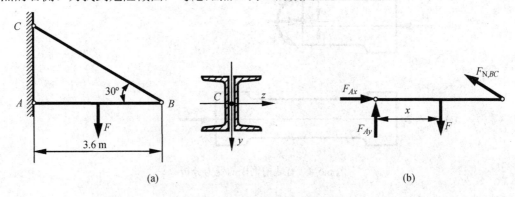

图 6.6-3 起重架横梁的受力分析

$$\Sigma M_A = 0, \quad F_{N,BC} \times \sin 30° \times 3.6 - Fx = 0$$

$$F_{N,BC} = 0.556Fx$$

梁中的轴力为

$$F_{N,AB} = F_{N,BC} \times \cos 30° = 0.481Fx$$

截面 x 的弯矩为

$$M(x) = F_{N,BC} \times \sin 30°(3.6 - x) = 0.278(3.6 - x)Fx$$

危险点发生在截面的上边缘，最大压应力可表示为

$$\sigma_{max} = \frac{F_{N,AB}}{A} + \frac{M(x)}{W_z} = \frac{0.481 \text{m}^{-1} \times 40 \times 10^3 \text{N} \cdot \text{m} \times x}{2 \times 29.299 \times 10^{-4}} + \frac{0.278(3.6 - x) \times 40 \times 10^3 x}{2 \times 152 \times 10^{-6}}$$

令 $\dfrac{\mathrm{d}\sigma_{max}}{\mathrm{d}x} = 0$，可得 x=1.844m，即危险截面的位置，代入上式得

$$\sigma_{max} = 1.184 \times 10^8 \text{Pa} + 6.05 \times 10^6 \text{Pa} = 1.245 \times 10^8 \text{Pa} = 124.5\text{MPa} < [\sigma] = 140\text{MPa}$$

实际上，该梁的弯曲变形是主要的，而当载荷在中点时，弯矩最大，所以可把中点截面作为危险截面。这时

$$F_{N,AB} = 34.64\text{kN}$$
$$M_{max} = 36\text{kN} \cdot \text{m}$$

$$\sigma_{max} = \frac{34.64 \times 10^3 \text{N} \cdot \text{m}}{2 \times 29.299 \times 10^{-4} \text{m}^3} + \frac{36 \times 10^3 \text{N} \cdot \text{m}}{2 \times 152 \times 10^{-6} \text{m}^3}$$
$$= 1.184 \times 10^8 \text{Pa} + 5.91 \times 10^6 \text{Pa} = 1.243 \times 10^8 \text{Pa} = 124.3\text{MPa}$$

可见，与用实际危险截面计算所得的结果相差很小。

【例 6.6-2】　带有一缺槽的钢板受力如图 6.6-4（a）所示。已知板宽 b=80mm，板厚 δ=10mm，缺槽深 t=10mm，F=80kN，钢板的许用应力 $[\sigma]$=150MPa。试校核钢板的强度。

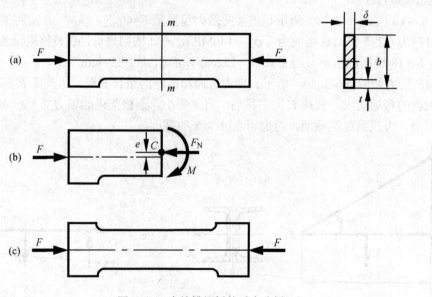

图 6.6-4　有缺槽钢板的受力分析

解　（1）受力分析。

由于钢板有缺槽,外力 F 对缺槽段任意截面 $m\text{-}m$ 形成偏心压缩,设偏心距为 e[见图 6.6-4（b）]。力的作用线距顶面的距离为 $b/2$,截面 $m\text{-}m$ 的形心 C 距顶面的距离为 $(b-t)/2$,所以偏心距为

$$e = \frac{b}{2} - \frac{b-t}{2} = \frac{80\text{mm}}{2} - \frac{80\text{mm} - 10\text{mm}}{2} = 5\text{mm}$$

设截面的内力分别为 F_N 和 M,则

$$\Sigma F_x = 0, \quad F_N = F$$
$$\Sigma M_C = 0, \quad M = Fe$$

（2）应力和强度计算。

在轴力和弯矩的共同作用下,截面 $m\text{-}m$ 的下边缘发生最大压应力,其值为

$$\sigma_{\max} = \frac{F_N}{A} + \frac{M}{W_z} = \frac{F}{\delta(b-t)} + \frac{Fe \times 6}{\delta(b-t)^2}$$

$$= \frac{80 \times 10^3 \text{N}}{0.01\text{m} \times (0.08\text{m} - 0.01\text{m})} + \frac{80 \times 10^3 \text{N} \times 0.005\text{m}}{0.01\text{m} \times (0.08\text{m} - 0.01\text{m})^2 / 6}$$

$$= 1.143 \times 10^8 \text{Pa} + 4.90 \times 10^7 \text{Pa} = 1.63 \times 10^8 \text{Pa}$$

$$= 163\text{MPa} > [\sigma] = 150\text{MPa}$$

所以不满足强度条件。

由偏心引起的弯曲应力约占总应力的 30%。如果在杆的另一侧切一个同样尺寸的槽［见图 6.6-4（c）］,杆内的最大应力为

$$\sigma = \frac{F_N}{A} = \frac{80 \times 10^3 \text{N}}{0.01\text{m} \times (0.08\text{m} - 0.02\text{m})} = 1.33 \times 10^8 \text{Pa} = 133\text{MPa} < [\sigma] = 150\text{MPa}$$

上面的计算表明,偏心载荷将引起较大的弯曲正应力,应尽量避免。

【例 6.6-3】 图 6.6-5 所示矩形截面立柱,受偏心压力 F 作用。若使横截面不出现拉应力,试求偏心距 e 的大小。

解 将力 F 向形心 C 简化,得到轴向压力 F 和外力偶矩 $M_{ez} = Fe$。任意截面的内力为

$$F_N = -F$$
$$M_z = Fe$$

弯矩 M_z 在任意截面的右边缘产生拉应力,为使截面不出现拉应力,右边缘的应力为

$$\sigma = \frac{F_N}{A} + \frac{M_z}{W_z} = \frac{-F}{bh} + \frac{Fe \times 6}{bh^2} \leqslant 0$$

所以

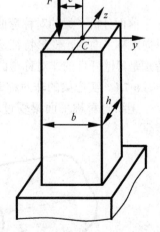

图 6.6-5　偏心受压立柱应力分析

$$e \leqslant \frac{b}{6}$$

即当力 F 的偏心距满足上式时,截面不会出现拉应力。

由对称性,当偏心压力 F 作用在 z 轴时,为使截面不出现拉应力,偏心距应满足

$$e \leqslant \frac{h}{6}$$

这样，得到了截面上 y、z 轴上的四个点，当偏心压力作用在 y、z 轴上，且位于这四个点之内时，截面不会出现拉应力。用直线将这四个点连接起来，形成一个菱形[见图 6.6-6（a）]，只要偏心压力作用在该菱形区域内，任意横截面上就不会出现拉应力。对任意横截面的杆件，都有一个封闭区域，当压力作用在该区域内时，截面不会出现拉应力，这个区域称为**截面核心**。矩形、工字形和圆形截面的截面核心如图 6.6-6 所示。

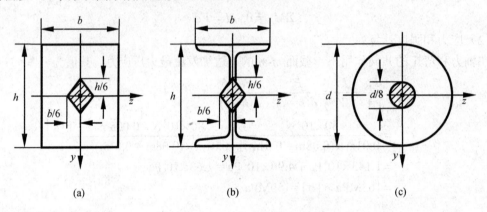

图 6.6-6　常见截面的截面核心

砖石、混凝土等脆性材料耐压不耐拉，应尽量避免截面上出现拉应力，即偏心压力应作用在截面核心之内。

*6.7　关于弯曲变形的进一步分析

前面分析了梁的对称弯曲和斜弯曲问题。这种弯曲要求梁有纵向对称平面，外力也作用在纵向对称平面内，变形特征是轴线为一平面曲线。这是工程中常见的弯曲变形。非对称弯曲，特别是薄壁杆件的非对称弯曲也很普遍。本节分析实心梁的非对称弯曲和薄壁杆件的弯曲。

6.7.1　实心梁的非对称弯曲

无纵向对称平面梁受过轴线的载荷作用，横截面上内力的最一般情况如图 6.7-1（a）所示。

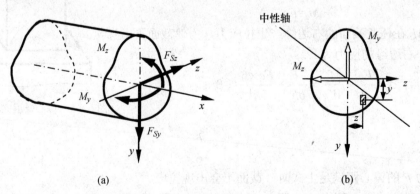

图 6.7-1　非对称弯曲内力分析

假设图中轴 y 和轴 z 为形心主惯性轴。此时梁段受两形心主惯性平面内的双向弯曲，这与 6.5 节所分析的双对称截面梁的斜弯曲完全相似。M_z 仅引起 xy 平面内的弯曲，而 M_y 仅引起 xz 平面内的弯曲。根据叠加法，横截面任意点的弯曲正应力为

$$\sigma = \frac{M_z y}{I_z} + \frac{M_y z}{I_y} \tag{6.7-1}$$

令式（6.7-1）为零，即得截面的中性轴方程。中性轴与 y 轴的夹角由下式计算，即

$$\tan \theta = \frac{z}{y} = -\frac{M_z I_y}{M_y I_z} \tag{6.7-2}$$

弯曲切应力的计算可参考弯曲正应力的计算方法。切应力计算公式为

$$\tau_y = \frac{F_{Sy} S_z(\omega)}{I_z b(z)}, \quad \tau_z = \frac{F_{Sz} S_y(\omega)}{I_y h(y)} \tag{6.7-3}$$

$$\tau = \sqrt{\tau_y^2 + \tau_z^2} \tag{6.7-4}$$

最大切应力发生在截面形心，为

$$\tau_{\max} = \sqrt{\tau_{y,\max}^2 + \tau_{z,\max}^2} = \sqrt{\left(\frac{F_{Sy} S_{z,\max}}{I_z b}\right)^2 + \left(\frac{F_{Sz} S_{y,\max}}{I_y h}\right)^2} \tag{6.7-5}$$

式中：b 和 h 分别为截面相应形心主轴处的宽度。

6.7.2　开口薄壁杆件的非对称弯曲

薄壁截面梁具有特殊的几何特性和承载能力，即使载荷作用在过形心的平面内，也会产生扭转变形，特别是对抗扭能力很差的开口薄壁杆件，这种扭转变形是杆件失效的重要因素。为了改善开口薄壁杆件的承载能力，就必须分析只弯不扭的加载条件，避免扭转变形的产生。

以图 6.7-2 所示开口薄壁截面悬臂梁在自由端受集中力为例，分析薄壁截面的应力、内力和截面剪心的概念。

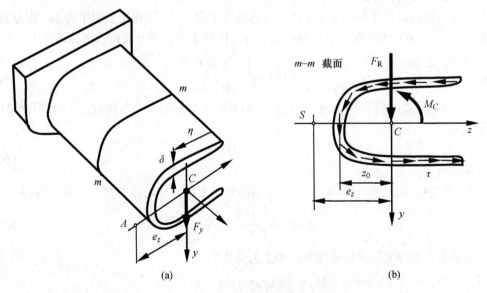

图 6.7-2　开口薄壁截面受力分析（一）

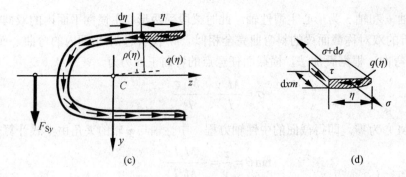

图 6.7-2　开口薄壁截面受力分析（二）

图 6.7-2 中轴 y 和轴 z 为形心主惯性轴。薄壁杆件的壁厚可能不为常数，$\delta(\eta)$ 为位置 η 处的厚度 ［见图 6.7-2（a）］。开口薄壁截面梁任意横截面 $m\text{-}m$ 上的切应力 τ 如图 6.7-2（b）所示，截面上的正应力没在图中画出。

假设切应力沿壁厚均匀分布，剪力流定义为

$$q(\eta) = \tau(\eta)\delta(\eta) \tag{6.7-6}$$

将剪力流向截面形心简化，得主矢 F_R 和关于形心的主矩 M_C。F_R 和 M_C 最终合称为一集中力 F_{Sy}，作用线过点 S。形心到点 S 的距离为

$$e_z = \frac{M_C}{F_R} = \frac{M_C}{F_{Sy}} \tag{6.7-7}$$

如果梁自由端的集中力过形心沿 y 轴向下，则梁既弯曲又扭转。可见，只有把过形心的集中力平移距离 e_z 至 A 点 ［见图 6.7（a）］，才能保证薄壁杆件只发生 xy 平面内的弯曲而不发生扭转。

一般情况下，横截面上有弯曲剪力 F_{Sy} 和 F_{Sz}。能够保证薄壁杆件仅发生平面弯曲，F_{Sy} 和 F_{Sz} 作用线必须通过的交点称为截面的**剪心**。剪心其实是一个与载荷无关的几何量。

6.7.3　剪心位置的确定

假设薄壁梁在垂直于形心主轴 z 的平面内发生平面弯曲，横截面上弯矩为 M_z，剪力为 F_{Sy}。由图 6.7-2（c）、（d）所示微块沿 x 方向的平衡，可得距开口端 η 处的剪力流为

$$q(\eta) = \frac{\int_\omega (\mathrm{d}\sigma)\mathrm{d}A}{\mathrm{d}x} \tag{6.7-8}$$

式中：ω 为微块阴影的面积，也为 η 的函数；$\mathrm{d}\sigma$ 为正应力的增量，与横截面上弯矩 M_z 的增量成正比，即

$$\mathrm{d}\sigma = \frac{\mathrm{d}My}{I_z} \tag{6.7-9}$$

把式（6.7-9）代入式（6.7-8），并注意到横截面上剪力和弯矩的微分关系，可得

$$q(\eta) = \frac{F_{Sy}S_z(\omega)}{I_z} = \frac{F_{Sy}S_z(\eta)}{I_z} \tag{6.7-10}$$

因为横截面剪力流关于形心的主矩和主矢分别为

$$M_C = \int_l \rho(\eta)q(\eta)\mathrm{d}\eta , \quad F_R = F_{Sy}$$

根据合力矩定理可知

$$F_{Sy}e_z = \int_l \rho(\eta)q(\eta)\mathrm{d}\eta$$

把式（6.7-10）代入上式，得

$$e_z = \frac{\int_l S_z(\eta)\rho(\eta)\mathrm{d}\eta}{I_z} \qquad (6.7\text{-}11)$$

式中：l 为截面中心线的总长；$S_z(\eta)$ 为 η 处平行于 z 轴的横线一侧面积对主形心轴 z 的静矩；$\rho(\eta)$ 为 η 处微剪力 $q(\eta)\mathrm{d}(\eta)$ 的力臂。

需要注意的是，在使用式（6.7-11）进行积分时，要正确地处理被积函数 $S_z(\eta)$ $\rho(\eta)$。可取 $\rho(\eta)$ 恒为正，$S_z(\eta)$ 除按照本身的定义计算外，其正负还要取决于剪力流的得方向。若不同积分段剪力流关于形心的矩为同一方向，则取同样的正负；若为相反的方向，则取异号。

同理可证，薄壁梁在垂直于形心主轴 y 的平面内发生平面弯曲时，剪力 F_{Sz} 作用线的位置由式（6.7-12）确定，即

$$e_y = \frac{\int_l S_y(\eta)\rho(\eta)\mathrm{d}\eta}{I_y} \qquad (6.7\text{-}12)$$

式（6.7-11）和式（6.7-12）表明，截面剪心的位置仅取决于截面的形状与尺寸，而与载荷无关。式（6.7-11）和式（6.7-12）是确定剪心的一般公式。

【例 6.7-1】 求图 6.7-3 所示等边槽钢的剪心位置。

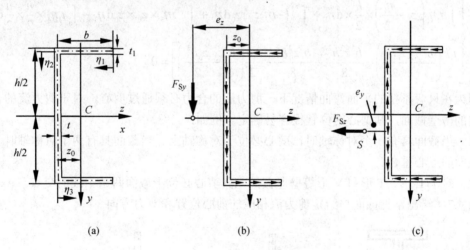

图 6.7-3 等边槽钢的截面剪心

解 （1）求梁在垂直于 z 的平面内发生平面弯曲时的剪心坐标 e_z。

对图 6.7-3（b）所示剪力流，设剪力 F_{Sy} 通过剪心 S，剪心距主形心轴 y 的距离为 e_z。由式（6.7-11）有

$$e_z = \frac{1}{I_z}\left[\int_0^b S_z(\eta_1)\rho(\eta_1)\mathrm{d}\eta_1 + \int_0^h S_z(\eta_2)\rho(\eta_2)\mathrm{d}\eta_2 + \int_0^b S_z(\eta_3)\rho(\eta_3)\mathrm{d}\eta_3\right]$$

$$= \frac{1}{I_z}\left\{\left[\int_0^b\left(-t_1\eta_1\times\frac{h}{2}\right)\times\frac{h}{2}\mathrm{d}\eta_1 + \int_0^h\left[-t_1b\times\frac{h}{2}-t\eta_2\left(\frac{h}{2}-\frac{\eta_2}{2}\right)\right]z_0\mathrm{d}\eta_2\right\}\right.$$

$$+ \int_0^b \left(-t_1 b \times \frac{h}{2} + t_1 \eta_3 \times \frac{h}{2} \right) \times \frac{h}{2} \mathrm{d}\eta_3 \Bigg\}$$

$$= \frac{1}{I_z} \left[\frac{-t_1 h^2 b^2}{8} - \left(\frac{t_1 h^2 b z_0}{2} + \frac{t h^3 z_0}{12} \right) - + \frac{t_1 h^2 b^2}{4} + \frac{t_1 h^2 b^2}{8} \right]$$

$$= \frac{1}{I_z} \left[- \frac{t_1 h^2 b^2}{4} - \left(\frac{t_1 h^2 b}{2} + \frac{t h^3}{12} \right) z_0 \right]$$

注意到

$$I_z = \frac{t_1 h^2 b}{2} + \frac{t_1^3 h b}{6} + \frac{t_1 h^3 b}{12} \approx \frac{t_1 h^2 b^2}{2} + \frac{t h^3}{12}$$

得

$$e_z = - \left(\frac{t_1 h^2 b^2}{4 I_z} + z_0 \right)$$

（2）求梁在垂直于 y 的平面内发生平面弯曲时的剪心坐标 e_y。

对图 6.7-3（c）所示剪力流，设剪力 F_{Sz} 通过剪心 S，剪心距主形心轴 z 的距离为 e_y。由式（6.7-12）有

$$e_y = \frac{1}{I_y} \left[\int_0^b S_y(\eta_1) \rho(\eta_1) \mathrm{d}\eta_1 + \int_0^{h/2} S_y(\eta_2) \rho(\eta_2) \mathrm{d}\eta_2 - \int_0^{h/2} S_y(\eta_3) \rho(\eta_3) \mathrm{d}\eta_3 + \int_0^b S_y(\eta_3) \rho(\eta_3) \mathrm{d}\eta_3 \right]$$

$$= \frac{1}{I_y} \left[\int_0^b t_1 \eta_1 \left(z_1 - \frac{\eta_1}{2} \right) \times \frac{h}{2} \times \mathrm{d}\eta_1 + \int_0^{h/2} (-t \eta_2 z_0) z_0 \mathrm{d}\eta_2 + \int_0^{h/2} t \eta_3 \times z_0 \times z_0 \mathrm{d}\eta_3 - \int_0^b t_1 \eta_4 \times \frac{h}{2} \times \frac{h}{2} \mathrm{d}\eta_4 \right]$$

$$= \frac{1}{I_y} \left[\frac{t_1 h}{2} \left(\frac{b^3}{3} - \frac{z_0 b^2}{2} \right) - \frac{b^3 z_0^2 h^2}{8} + \frac{b^3 z_0^2 h^2}{8} - \frac{t_1 h}{2} \left(\frac{b^3}{3} - \frac{z_0 b^2}{2} \right) \right] = 0$$

因为在只弯不扭的平面弯曲情况下，剪力流的合力必须通过剪心，对于剪力流的合力容易确定的薄壁截面，其剪心的位置很容易确定。例如：

（1）当截面具有一个对称轴时，剪心必位于对称轴上。当截面具有两个对称轴时，剪心必与截面的形心重合。

（2）对于 L 形、T 形和 V 形等壁厚截面，其剪心必位于截面两条中线的交点。

图 6.7-4 给出常见截面与给定剪力流相应的剪心位置和剪力方向。

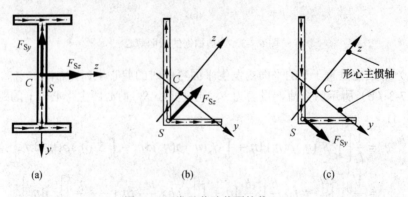

图 6.7-4　常见薄壁截面的剪心

本 章 要 点

1. 弯曲正应力

发生弯曲变形时，梁内存在既不伸长也不缩短的纤维层，称为中性层。中性层与横截面的交线称为中性轴。当梁发生平面弯曲且处于弹性范围内时，中性轴垂直于载荷作用面并通过横截面的形心。

梁的中性层曲率半径与弯矩的关系为

$$\frac{1}{\rho} = \frac{M}{EI_z} \tag{6.2-1}$$

式中：ρ 为曲率半径；EI_z 为弯曲刚度。

截面上距中性轴为 y 处的弯曲正应力为

$$\sigma = \frac{M}{I_z} y \tag{6.2-2}$$

最大弯曲正应力发生在距中性轴最远处，其值为

$$\sigma_{\max} = \frac{M}{W_z}$$

$$W_z = \frac{I_z}{y_{\max}} \tag{6.2-4}$$

式中：W_z 为截面对中性轴 z 的抗弯截面系数。

以上公式适用于平面弯曲，也可用于细长杆的横力弯曲。因为在推导时未应用小变形条件，公式在大变形时也适用。

2. 弯曲切应力

矩形截面梁距中性轴为 y 处的弯曲切应力为

$$\tau(y) = \frac{F_S S_z(\omega)}{I_z b} \tag{6.3-1}$$

式中：$S_z(\omega)$ 为过 y 点处所作横线以外的部分横截面对中性轴 z 的静矩。

矩形截面梁的最大弯曲切应力为

$$\tau_{\max} = \frac{3}{2} \frac{F_S}{A} \tag{6.3-3}$$

工字形、T 形等截面梁腹板中的弯曲切应力与矩形截面梁的计算方法类似，只需把式（6.3-1）中矩形的宽度 b 换成腹板的宽度 d，并计算相应的静矩 $S_z(\omega)$。

3. 梁的强度

等截面梁的正应力强度条件为

$$\sigma_{\max} = \frac{M_{\max}}{W_z} \leqslant [\sigma] \tag{6.4-2}$$

对于等截面梁的切应力强度条件为

$$\tau_{\max} = \frac{F_{S,\max} S_{z,\max}}{I_z b} \leqslant [\tau] \tag{6.4-4}$$

等截面梁的最大弯曲正应力发生在弯矩最大截面距中性轴最远处，最大切应力一般发生在剪力最大截面的中性轴上。在一般细长的非薄壁截面梁中，梁的强度以正应力强度条件为主。

4. 斜弯曲

当梁有两个纵向对称面，而载荷偏离对称面或在两个对称面内均作用有载荷时，梁发生非对称弯曲——斜弯曲。斜弯曲可看做沿两个纵向对称面内的平面弯曲的叠加。发生斜弯曲时，梁的轴线可以不是一条平面曲线，也可以是一条平面曲线。中性轴仍通过截面的形心，但外力方向不垂直于中性轴。所以斜弯曲可以是平面弯曲，也可以不是平面弯曲。最大正应力发生在截面离中性轴最远处。对于矩形、工字形等截面，危险点发生在角点处。

5. 弯拉（压）组合变形

杆同时承受横向和轴向载荷或受偏心力（与轴线平行但不共线的力）的作用时，会发生弯拉（压）组合变形。偏心拉伸或压缩是弯拉（压）组合变形的常见形式。弯拉（压）组合变形可看做拉伸（压缩）与弯曲的叠加。发生弯拉（压）组合变形时，中性轴不通过截面的形心，最大拉、压应力发生在与中性轴平行且与截面边缘相切的直线的切点处。对于矩形、工字形等截面，危险点发生在角点处。

思 考 题

6.1 纯弯曲正应力公式是如何推导出来的？变形几何关系是如何得到的？弯曲平面假设和纵向纤维互不挤压假设在建立正应力公式时各起什么作用？

6.2 试说明下列概念的异同：①中性轴与形心轴；②纯弯曲与对弯曲；③平面弯曲和斜弯曲；④惯性矩 I_z 与拉弯截面系数 W_t。

6.3 弯曲切应力公式 $\tau = \dfrac{F_S S_z(\omega)}{I_z b}$ 是如何导出的？最大弯曲切应力有什么特点？如何计算？

6.4 弯曲正应力和弯曲切应力与哪些因素有关？最大弯曲正应力是否一定发生在最大弯矩所在截面？什么情况下一定发生在最大弯矩所在截面？最大弯曲切应力是否一定发生在最大剪力所在截面？什么情况下一定发生在最大剪力所在截面？

6.5 试比较轴向变形和弯曲变形正应力的异同。

 习　题

6.1（6.2 节） 钢丝直径 d=0.4mm，弹性模量 E=200GPa。若将钢丝弯成直径 D=400mm 的圆弧，试求钢丝横截面上的最大正应力。

6.2（6.2 节） 矩形截面梁如题图 6.1 所示，已知 l=4m，b=8cm，h=12cm，q=2kN/m。试求危险截面上 a、c、d 三点的正应力。

6.3（6.2 节） 题图 6.2 所示矩形截面梁，在外伸端受载荷 F=1kN 作用。试求梁内的最大正应力。

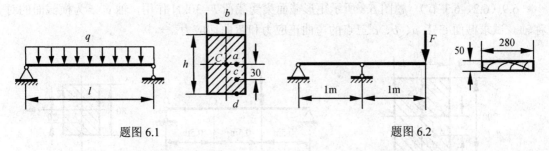

题图 6.1　　　　　　　　　　　　　　　题图 6.2

6.4（6.2 节）　题图 6.3 所示梁，长 $l=4\mathrm{m}$，由 No.20 槽钢制成，受载荷 $F=4\mathrm{kN}$ 作用。试求梁内的最大拉应力和最大压应力。

6.5（6.2 节）　题图 6.4 所示等边三角形截面梁，三角形的边长为 4cm，截面上沿纵向对称面的弯矩为 $M=200\mathrm{N\cdot m}$。试求横截面上的最大拉应力和最大压应力。

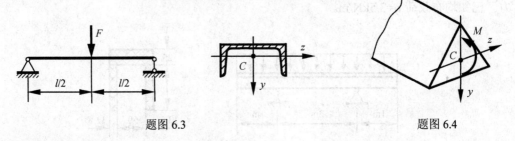

题图 6.3　　　　　　　　　　　　　　　　　题图 6.4

6.6（6.2 节）　题图 6.5 所示矩形截面两端外伸的梁，在其中心作用一集中力 F。当外伸长度 a 为何值时，梁内的弯曲正应力最大？并求最大正应力的值。

6.7（6.2 节）　两个简支梁的跨度相同，受均布载荷 q 作用［见题图 6.6（a）］，一个是整体截面梁［见题图 6.6（b）］，另一个由两根方形截面杆叠置而成，假设重合面之间没有间隙，可以相互无摩擦滑动［见题图 6（c）］。试分别计算二梁中的最大弯曲正应力，并分别画出沿截面高度的正应力分布图。

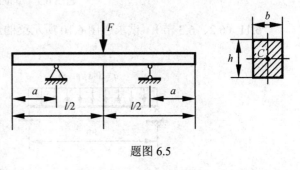

题图 6.5

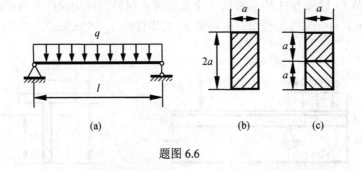

题图 6.6

6.8（6.3 节）　某梁的矩形截面如题图 6.7 所示，截面上的剪力 $F_\mathrm{S}=40\mathrm{kN}$。求截面上 a、b、c 三点的弯曲切应力。

6.9（6.2、6.3 节）　题图 6.8 所示矩形截面梁受载荷 F=30kN 作用，轴 y、z 为横截面的对称轴。试求截面 C 上 a、b、c 三点的弯曲正应力和弯曲切应力。

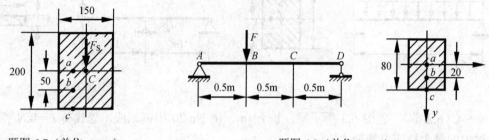

题图 6.7（单位：mm）　　　　　　　　　　题图 6.8（单位：mm）

6.10（6.3 节）　题图 6.9 所示外伸梁由三块塑料板粘接而成，试求胶缝处的最大弯曲切应力。已知均布载荷 q=3.5kN/m。

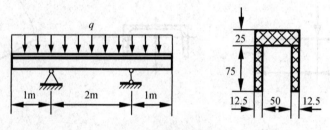

题图 6.9（单位：mm）

6.11（6.2、6.3 节）　试求题图 6.10 所示梁的最大弯曲正应力和最大弯曲切应力。

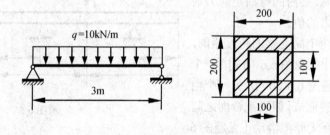

题图 6.10（单位：mm）

6.12（6.4 节）　题图 6.11 所示铸铁 T 形截面梁，材料的许用拉应力为 $[\sigma_t]$=40MPa，许用压应力为 $[\sigma_c]$=100MPa，截面对形心轴 z_C 的惯性矩 I_{zC}=5965cm^4，y_C=157.5mm。试校核梁的强度。

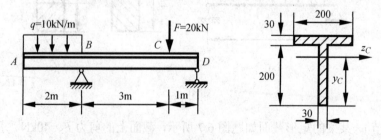

题图 6.11（单位：mm）

6.13（6.4 节） 题图 6.12 所示简支梁，由三块尺寸相同的木板胶接而成，试确定许用载荷 [F]。已知 l=1m，木材的许用正应力 [σ]=10MPa，许用切应力 [τ]=1.0MPa，胶缝的许用切应力 [τ_1]=0.5MPa。

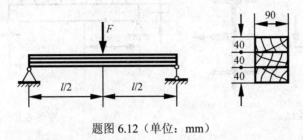

题图 6.12（单位：mm）

6.14（6.4 节） 题图 6.13 所示梁由聚苯乙烯板粘接而成。胶缝处的许用切应力 [τ]=80kPa，试按胶缝的强度条件求许用载荷 [F]。

6.15（6.4 节） 题图 6.14 所示在直径为 d 的圆木中锯出一矩形截面梁，欲使该梁的弯曲强度最高，求矩形截面的高度 h 与宽度 b。

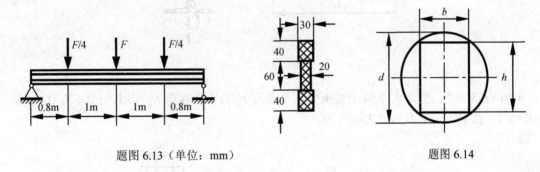

题图 6.13（单位：mm）   题图 6.14

6.16（6.4 节） 题图 6.15 所示铸铁 T 形截面梁，材料的许用拉应力与许用压应力之比为 [σ_t] / [σ_c]=1/3，试求翼缘的合理宽度 b。

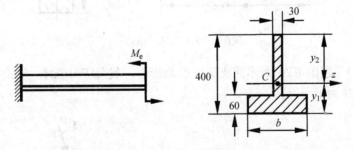

题图 6.15（单位：mm）

6.17（6.4 节） 题图 6.16 所示梁由两根 No.32 工字钢铆接而成，铆钉的纵向间距为 s=150mm，直径 d=20mm，材料的许用切应力为 [τ]=90MPa。若梁所受力 F=40kN，试校核铆钉的剪切强度。

6.18（6.3 节） 题图 6.17（a）所示的矩形截面简支梁高度为 h、宽度为 B，受均布载荷 q 作用，沿虚线所示纵向面和横向面截出部分如题图 6.17（b）所示。试求纵向面 $abcd$ 上内力系的合力，并说明它与什么力平衡。

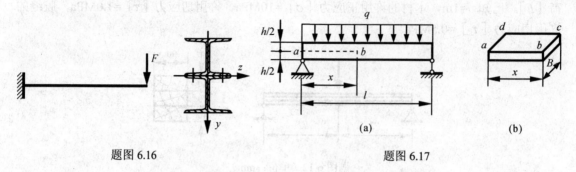

题图 6.16　　　　　　　　　　　　　　　题图 6.17

6.19（6.5 节）　题图 6.18 所示悬臂梁由 No.22b 工字钢制成，受载荷 $F=20\text{kN}$ 作用，载荷与铅垂方向夹角为 15°。试求梁内的最大正应力。

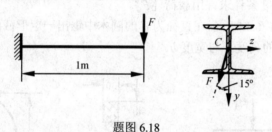

题图 6.18

6.20（6.5 节）　题图 6.19 所示梁承受水平载荷 F_1 与铅垂载荷 F_2 作用，已知 $F_1=1.6\text{kN}$，$F_2=0.8\text{kN}$，试求图示梁内的最大正应力。

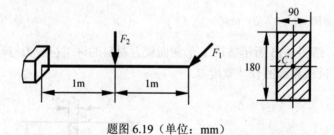

题图 6.19（单位：mm）

6.21（6.5 节）　题图 6.20 所示简支梁，C 为形心，载荷 $F=10\text{kN}$，与铅垂方向的夹角为 15°。试求梁内的最大正应力。

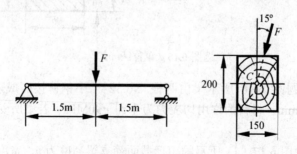

题图 6.20（单位：mm）

6.22（6.5 节） 题图 6.21 所示悬臂梁承受水平载荷 F_1 与铅垂载荷 F_2 作用，已知 F_1=1kN，F_2=2kN，许用应力 $[\sigma]$=160MPa，试确定截面的直径 d。

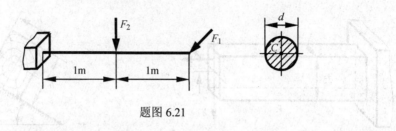

题图 6.21

6.23（6.6 节） 题图 6.22 所示矩形截面杆受水平拉力 F 作用，已知 F=144kN，许用应力 $[\sigma]$=160MPa，试校核杆的强度。

6.24（6.6 节） 题图 6.23 所示简支折线梁受载荷 F=8kN 作用，横截面为 250mm × 250mm 的正方形，试求梁内的最大正应力。

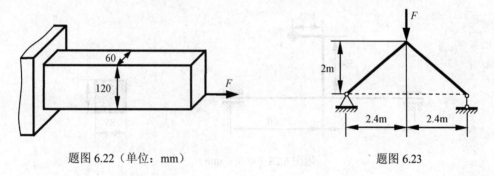

题图 6.22（单位：mm）   题图 6.23

6.25（6.6 节） 题图 6.24 所示矩形截面杆承受载荷 F_1 和 F_2 作用，已知 F_1=25kN，F_2=5kN，试求杆内的最大正应力。

6.26（6.6 节） 题图 6.25 所示带切槽的矩形截面杆，受水平拉力 F 作用。已知 F=1kN，试求杆内的最大正应力。

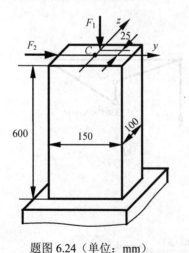

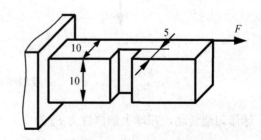

题图 6.24（单位：mm）   题图 6.25（单位：mm）

6.27（6.6 节） 题图 6.26 所示矩形截面杆受偏心距为 e 的拉力 F 作用，轴 y、z 为对称轴。测得上下表面的正应变分别为 ε_1=0.001 和 ε_2=0.0004，材料的弹性模量 E=210GPa，试求拉力 F 和偏心距 e。

6.28（6.5 节） 屋面与水平面的夹角为 α，如题图 6.27 所示。试根据强度条件求屋架上矩形截面檩条最经济的高宽比 h/b。

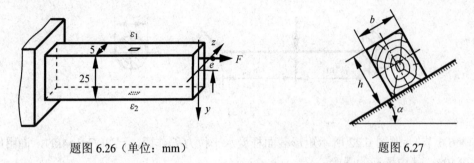

题图 6.26（单位：mm）   题图 6.27

6.29 方轴 AB 以匀角速度 $\omega = 100\text{rad/s}$ 转动，重量 $W = 100\text{N}$ 的球通过折杆 CD 固定于轴 AB，如题图 6.28 所示。轴的许用应力 $[\sigma] = 160\text{MPa}$，试校核轴 AB 的强度。

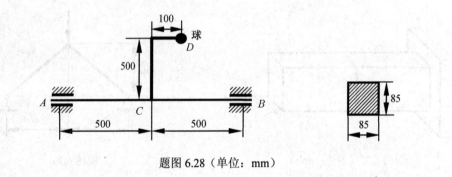

题图 6.28（单位：mm）

解 （1）受力分析。

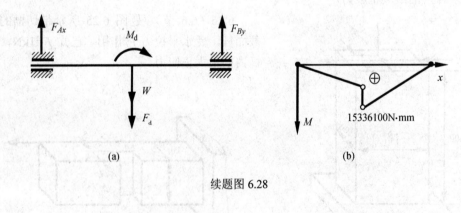

续题图 6.28

球作匀速转动，在球上加惯性力 F_d 为

$$F_d = \frac{Wr\omega^2}{g} = \frac{100\text{N} \times 500\text{mm} \times (100\text{rad/s})^2}{9800\text{mm/s}^2} = 51020.4\text{N}$$

当球的加惯性力与自重相叠加时，方轴处于最不利位置，计算简图如续题图 6.29（a）所示。

$$M_d = (100\text{N} + 51020.4\text{N}) \times 100\text{mm} = 5112040\text{N} \cdot \text{mm}$$

$$F_{By} = \frac{5112040\text{N}\cdot\text{mm}}{1000\text{mm}} + \frac{51120.4\text{N}}{2} = 30672.2\text{N}$$

$$F_{Ay} = W + F_d - F_{By} = 51120.4\text{N} - 30672.2\text{N} = 20448.2\text{N}$$

（2）强度计算。

方轴 AB 的弯矩图如续题图 6.28（b）所示。危险截面在轴 AB 的中央截面 C_+，最大弯矩为

$$M_{\max} = 30672.2\text{N} \times 500\text{mm} = 15336100\text{N}\cdot\text{mm}$$

$$\sigma_{\max} = \frac{M_{\max}}{W_z} = \frac{6 \times 15336100\text{N}\cdot\text{mm}}{85 \times 85^2\text{mm}^3} = 149.8\text{MPa} < [\sigma]$$

安全。

6.30（6.7 节） 试确定题图 6.29 所示半圆薄壁截面的剪心。已知平均半径为 R_0。

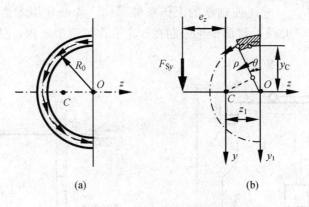

(a)　　　　(b)

题图 6.29　半圆薄壁截面的剪心

解　（1）计算几何性质。

建立坐标系如题图 6.29（b）所示。薄壁截面对形心主轴 y 的静矩、形心坐标、惯性矩分别为

$$S_y = \int_A z_C \mathrm{d}A = \int_A (R_0\sin\theta)R_0 t\mathrm{d}\theta = 2R_0^2 t, \quad z_1 = \frac{S_y}{A} = \frac{2R_0}{\pi}, \quad I_z = \frac{\pi R_0^3 t}{4}$$

（2）计算剪心坐标。

$$y_C = \frac{2R_0}{\theta}\sin\frac{\theta}{2}\cos\frac{\theta}{2} = \frac{R_0}{\theta}\sin\theta$$

$$S_z(\theta) = R_0 t\theta y_C = -R_0^2 t\sin\theta \quad \rho(\theta) = R_0 - z_1\sin\theta$$

$$e_z = \frac{1}{I_z}\int_0^\pi S_z(\theta)\rho(\theta)R_0\mathrm{d}\theta = -\frac{1}{I_z}\int_0^\pi R_0^2 t\sin\theta(R_0 - z_1\sin\theta)R_0\mathrm{d}\theta$$

$$= -\frac{1}{I_z}\left(\int_0^\pi R_0^4 t\sin\theta\mathrm{d}\theta - \int_0^\pi R_0^3 tz_1\sin\theta\sin\theta\mathrm{d}\theta\right) = -\frac{1}{I_z}\left(2R_0^4 t - \frac{\pi R_0^3 tz_1}{2}\right) = -\frac{4R_0}{\pi}$$

由于 z 轴为对称轴，故 $e_y = 0$。

第7章 弯 曲 变 形

7.1 引 言

工程中有些受弯构件在载荷作用下虽能满足强度要求，但由于弯曲变形过大，刚度不足，仍不能保证构件正常工作。例如工厂中常用的吊车（见图 7.1-1），当吊车主梁弯曲变形过大时，就会影响小车的正常运行，出现"爬坡"现象；再比如图 7.1-2 所示的传动轴，如果轴的弯曲变形过大，就会使齿轮啮合力沿齿宽分布极不均匀，加速齿轮的磨损，增加运转时的噪声和振动，同时还使轴承的工作条件恶化，降低使用寿命。因此，为了保证受弯构件的正常工作，必须把弯曲变形限制在一定的许可范围之内，使受弯构件满足刚度条件。

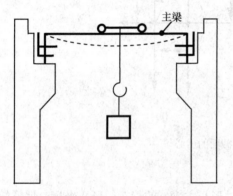

图 7.1-1　工厂中常用的吊车

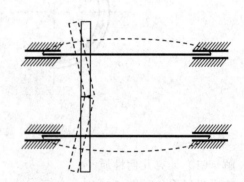

图 7.1-2　传动轴

工程中还有另外一些受弯构件，由于工作的需要，又要求它们具有较大的变形。例如汽车和拖车上安装的板弹簧，就是利用其弹性弯曲变形较大的特点，以减小车厢所受到的振动和冲击；又如车床用的切割刀，其头部往往做成弯曲形状，这样在切割过程中当遇到金属中的硬点时，由于刀杆变形，使刀尖在水平方向产生较大的位移，以减小吃刀深度，达到自动"让刀"的目的。

以图 7.1-3 所示受竖向集中力作用水平放置的悬臂梁为例说明描述梁的变形的概念。

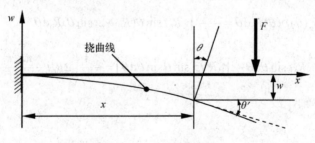

图 7.1-3　梁的变形描述

假设梁在 xw 平面内发生平面弯曲。变形前的梁轴线与 x 轴重合。弯曲变形后的梁轴线称为**梁的挠曲线或挠曲轴**。在小变形条件下，变形后的梁轴线成为 xw 平面内一条光滑平坦的连续曲线。横截面形心在垂直于梁轴线方向的位移称为**挠度**，用 w 表示。虽然梁在弯曲时轴线长度不变，轴线上各点在 x 方向也存在线位移，但在小变形条件下，这种沿轴线方向的位移极小，可以忽略不计，于是轴线上各点只有**挠度**。通常挠度随截面的位置而变化，为 x 的函数，可表示为

$$w = w(x) \tag{7.1-1}$$

式（7.1-1）称为**挠曲线方程**。

当梁发生弯曲时，不仅梁的轴线上各点（即横截面形心）有了挠度，而且横截面也绕相应的中性轴转过微小角度，产生了微小的角位移。横截面的角位移称为**转角**，用 θ 表示。研究表明，对于细长梁，剪力对变形的影响一般可以忽略不计，梁弯曲后横截面仍然垂直于梁的挠曲线的切线（见 6.1 节）。换言之，横截面的微小转角 θ 等于挠曲线的切线与水平轴 x 之间的夹角 θ'（见图 7.1-3），即

$$\theta = \theta'$$

基于上面的分析，可见描述水平梁的弯曲变形只需要横截面形心的**竖向位移 w** 和横截面的转角 θ。

对于图 7.1-3 所示 xw 坐标系，通常规定位于 x 轴上方的挠度为正，从 x 轴逆时针转到挠曲线的切线形成的转角为正，反之为负。照此规定，图 7.1-3 所示挠度和转角皆为负值。

显然，转角也是随截面位置不同而变化的，它也是截面位置 x 的函数，即

$$\theta = \theta(x) \tag{7.1-2}$$

式（7.1-2）称为**转角方程**。小变形时转角 θ 是一个很小的量，可近似等于它的正切值，即

$$\theta \approx \tan\theta = \frac{\mathrm{d}w}{\mathrm{d}x} = w'(x) \tag{7.1-3}$$

式（7.1-3）表明，在小变形的条件下，转角为挠度的一阶导数，两者并不相互独立。因此，求梁的任一截面的挠度和转角，关键在于确定梁的挠曲线方程 $w = w(x)$。

本章研究梁的弯曲变形，主要用于解决梁的刚度问题。另外，求解梁的静不定问题和压杆稳定问题也需要了解梁的变形。

7.2　梁的挠曲线近似微分方程

梁的变形实际上是微段变形的累加结果。在第 6 章纯弯曲应力公式的推导过程中，给出了梁的任意微段的弯曲变形基本公式，即

$$\frac{1}{\rho} = \frac{M}{EI}$$

在忽略剪切变形的情况下，上式也适用于横力弯曲，只是梁横截面的弯矩 M 和相应截面处梁的挠曲线的曲率半径 ρ 均为截面位置 x 的函数，因此梁的挠曲线的曲率可表示为

$$\frac{1}{\rho(x)} = \frac{M(x)}{EI} \tag{a}$$

　　即梁的任一截面处挠曲线的曲率与该截面上的弯矩成正比，与截面的弯曲刚度 EI 成反比。

　　另外，由高等数学知，挠曲线 $w = w(x)$ 上任一点的曲率为

$$\frac{1}{\rho(x)} = \pm \frac{w''}{\left[1 + (w')^2\right]^{\frac{3}{2}}} \tag{b}$$

式中 "''" 表示二阶导数。将式（b）代入式（a），可得

$$\frac{M(x)}{EI} = \pm \frac{w''}{\left[1 + (w')^2\right]^{\frac{3}{2}}} \tag{7.2-1}$$

　　式（7.2-1）称为**挠曲线微分方程**。这是一个二阶非线性微分方程，精确解很难得到。在工程实际中，梁的挠度 w 和转角 θ 数值都很小，θ 之值远远小于 1，而 $(w')^2$ 会更小，因此可以略去不计，于是式（7.2-1）简化为

$$\frac{M(x)}{EI} = \pm w'' \tag{7.2-2}$$

　　式（7.2-2）中右端正负号的选择与弯矩 M 的正负符号规定及 xw 坐标系的选择有关。

　　根据弯矩 M 的正负符号规定，当梁的弯矩 $M > 0$ 时，梁的挠曲线为凹曲线（向下凸），按图 7.2-1 所示坐标系，挠曲线的二阶导函数值 $w'' > 0$；反之，当梁的弯矩 $M < 0$ 时，挠曲线为凸曲线（向上凸），$w'' < 0$。可见，梁上的弯矩 M 与挠曲线的二阶导数 w'' 符号相同。所以，式（7.2-2）的右端应取正号，即

$$w'' = \frac{M(x)}{EI} \tag{7.2-3}$$

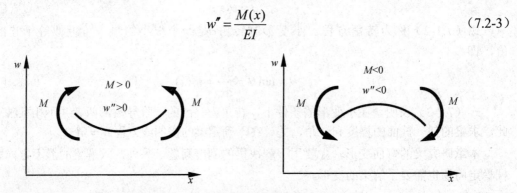

图 7.2-1　弯矩与挠曲线的凹凸性

　　式（7.2-3）称为**梁的挠曲线（挠曲轴）近似微分方程**。虽然其结果是近似的，但实践表明，对于大多数工程实际问题来说是能够满足精度要求的。需要指出的是，由于推导式（a）时，使用了胡克定律，因此式（7.2-3）仅适用于小变形线弹性材料。

　　还应注意，xw 坐标系的选取是人为的。例如在土木建筑行业，通常规定挠度 w 向下为正，与此相适应，规定转角顺时针转为正。在此情况下，挠曲线近似微分方程为

$$w'' = -\frac{M(x)}{EI} \tag{7.2-4}$$

　　其实，计算变形时真正关注的是挠度（转角）的大小和指向（转向），正负并不重要。

7.3　计算梁位移的积分法

梁的挠曲线近似微分方程可用直接积分的方法求解。将挠曲线近似微分方程（7.2-3）积分，可得梁的转角方程为

$$\theta(x) = w' = \int \frac{M(x)}{EI} \mathrm{d}x + C \qquad (7.3\text{-}1)$$

再积分一次，即可得梁的挠曲线方程

$$w(x) = \int \left[\int \frac{M(x)}{EI} \mathrm{d}x \right] \mathrm{d}x + Cx + D \qquad (7.3\text{-}2)$$

当 EI 等于常量时，可以把 EI 移到积分号外边。式中 C 和 D 为积分常数，它们可由梁的约束所提供的已知位移来确定。由梁的约束所提供的已知位移称为**位移边界条件**，简称**边界条件**。

当梁的载荷较多或截面的形状、尺寸沿梁轴改变时，各段梁的挠曲线近似微分方程也不相同。这样，在求梁的变形时就要分段写出不同的挠曲线近似微分方程，每段积分后，都会出现两个积分常数。所以除了利用梁的边界条件来确定部分积分常数外，同时还必须考虑分段处挠度和转角的性质。由于梁的挠曲线是一条光滑连续曲线，因此在梁段交界处两侧的挠度和转角方程在该交界处必须取相同的数值。分段处挠曲线应满足的光滑连续条件称为梁的**光滑连续条件**，简称**连续条件**。

对图 7.3-1 所示的带有附属梁的悬臂梁，其边界条件和光滑连续条件分别为

（1）边界条件（支承条件）。

固定端为

$$w_1(x_1 = 0) = 0 , \quad \theta_1(x_1 = 0) = 0 \qquad (a)$$

铰支座（固定铰支座和滑动铰支座）为

$$w_3(x_3 = l) = 0$$

（2）光滑连续条件。

在铰接处 B，有

$$w_1(x_1 = a_1) = w_2(x_2 = a_1) \qquad (b)$$

在集中力处，有

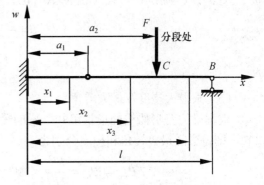

图 7.3-1　关于梁的边界和连续性条件

$$w_2(x_2 = a_2) = w_3(x_3 = a_2) , \quad \theta_2(x_2 = a_2) = \theta_3(x_3 = a_2) \qquad (c)$$

条件（c）也可分别简单地表示为

$$w_{C_-} = w_{C_+} \text{ 和 } \theta_{C_-} = \theta_{C_+}$$

【例 7.3-1】 求图 7.3-2 中等截面直梁的转角与挠度方程，并计算最大挠度及最大转角。设弯曲刚度 EI 为常数。

解　（1）建立坐标系并写出弯矩方程。

$$M(x) = F(x - l) \qquad (0 \leqslant x \leqslant l)$$

（2）建立挠曲线近似微分方程并积分。

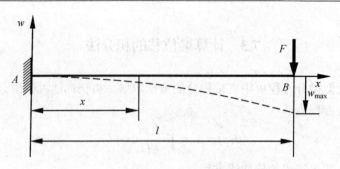

图 7.3-2　受集中力悬臂梁的变形

$$EIw'' = M(x) = F(x - l)$$

$$EIw' = EI\theta = \frac{1}{2}F(x - l)^2 + C \tag{a}$$

$$EIw = \frac{1}{6}F(x - l)^3 + Cx + D \tag{b}$$

（3）应用位移边界条件确定积分常数。

$$x = 0 \text{ 时}, \quad \theta = 0, \quad w = 0 \tag{c}$$

将式（c）代入式（a）和式（b）即得

$$C = -\frac{1}{2}Fl^2, \quad D = \frac{1}{6}Fl^3 \tag{d}$$

（4）建立转角和挠度方程。

将常数 C 和 D 代入式（a）和式（b），整理得

$$\theta = \frac{F}{2EI}(x^2 - 2lx) \tag{e}$$

$$w = \frac{F}{6EI}(x^3 - 3lx^2) \tag{f}$$

（5）求最大挠度及最大转角。

根据梁的变形曲线的形状可知，梁的最大转角和挠度在 $x = l$ 处，将 $x = l$ 代入式（e）和（f），即得梁的最大转角和挠度分别为

$$\theta_{\max} = |\theta_B| = \frac{Fl^2}{2EI} \text{（顺时针）}, \quad w_{\max} = |w_B| = \frac{Fl^3}{3EI} \text{ （↓）} \tag{g}$$

讨论：求梁的最大挠度和最大转角的一般方法是对挠度和转角方程的增减性、凹凸性和极值进行分析。对本题而言，从转角方程不难发现，转角恒为负值，转角的导数也恒为负值，故转角方程和挠度方程均为减函数。考虑到在固定端挠度和转角均为零，故转角和挠度的最大值发生在自由端。

【例 7.3-2】　如图 7.3-3 所示简支梁 AB 受集中力 F 作用，试求该梁的最大挠度和转角。设弯曲刚度 EI 为常数。

解　（1）求约束反力。

由平衡条件求得简支梁 AB 两端的约束反力为

$$F_{Ay} = \frac{b}{l}F, \quad F_{By} = \frac{a}{l}F$$

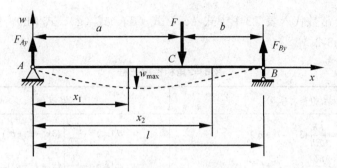

图 7.3-3　受集中力简支梁的变形

（2）列梁的挠曲线近似微分方程并积分。

由于 AC 段和 CB 段的弯矩方程不同，因此应分段建立挠曲线近似微分方程，并分别进行积分，结果见表 7.3-1。

表 **7.3-1**　　　　　　　　　　　　　近似微分方程及其积分

AC 段 $(0 \leqslant x_1 \leqslant a)$		CB 段 $(a \leqslant x_2 \leqslant l)$	
$M_1(x_1) = \dfrac{b}{l}Fx_1$	(a)	$M_2(x_2) = \dfrac{b}{l}Fx_2 - F(x_2 - a)$	(e)
$EIw_1'' = \dfrac{Fb}{l}x_1$	(b)	$EIw_2'' = \dfrac{Fb}{l}x_2 - F(x_2 - a)$	(f)
$EIw_1' = EI\theta_1 = \dfrac{Fb}{2l}x_1^2 + C_1$	(c)	$EIw_2' = EI\theta_2 = \dfrac{Fb}{2l}x_2^2 - \dfrac{F}{2}(x_2 - a)^2 + C_2$	(g)
$EIw_1 = \dfrac{Fb}{6l}x_1^3 + C_1x_1 + D_1$	(d)	$EIw_2 = \dfrac{Fb}{6l}x_2^3 - \dfrac{F}{6}(x_2 - a)^3 + C_2x_2 + D_2$	(h)

需要注意的是，对含有 $(x_2 - a)$ 项及其高次项积分时，就以 $(x_2 - a)$ 为自变量进行积分，这样处理可以使积分常数的确定得以简化。

（3）确定积分常数。

挠曲线在 C 截面的连续条件为

$$\theta_1(a) = \theta_2(a)，\quad w_1(a) = w_2(a) \tag{i}$$

将式（i）代入表 7.3-1 中式（c）、式（d）、式（g）、式（h），得

$$\frac{Fb}{2l}a^2 + C_1 = \frac{Fb}{2l}a^2 - \frac{F}{2}(a - a)^2 + C_2$$

$$\frac{Fb}{6l}a^3 + C_1a + D_1 = \frac{Fb}{6l}a^3 - \frac{F}{6}(a - a)^3 + C_2a + D_2$$

由以上两式解得

$$C_1 = C_2，\quad D_1 = D_2 \tag{j}$$

梁在 A、B 两端的边界条件为

$$w_1(0) = 0，\quad w_2(l) = 0 \tag{k}$$

将式（k）分别代入表 7.3-1 中式（d）、式（h），得

$$D_1 = D_2 = 0，\quad C_1 = C_2 = -\frac{Fb}{6l}(l^2 - b^2) \tag{l}$$

将解得的积分常数代入表 7.3-1 中式（c）、式（d）、式（g）、式（h），整理后，梁的转角和挠度方程见表 7.3-2。

表 7.3-2   梁的转角和挠度方程

AC 段（$0 \leqslant x_1 \leqslant a$）	CB 段（$a \leqslant x_2 \leqslant l$）
$\theta_1(x_1) = \dfrac{Fb}{6EIl}(3x_1^2 - l^2 + b^2)$	$\theta_2(x_2) = \dfrac{Fb}{6EIl}\left[(3x_2^2 - l^2 + b^2) - \dfrac{3l}{b}(x_2 - a)^2\right]$
$w_1(x_1) = \dfrac{Fbx_1}{6EIl}(x_1^2 - l^2 + b^2)$	$w_2(x_2) = \dfrac{Fb}{6EIl}\left[(x_2^2 - l^2 + b^2)x_2 - \dfrac{l}{b}(x_2 - a)^3\right]$

（4）求梁的最大挠度和转角。

梁的左端截面的转角为

$$\theta_A = \theta_1(x_1)\big|_{x_1=0} = -\frac{Fab(l+b)}{6EIl} \qquad (\text{m})$$

梁的右端截面的转角为

$$\theta_B = \theta_2(x_2)\big|_{x_2=l} = \frac{Pab(l+a)}{6EIl} \qquad (\text{n})$$

当 $a > b$ 时，可以断定 θ_B 为最大转角。

为了确定挠度为极值的截面，先确定 C 截面的转角

$$\theta_C = \theta_1(x_1)\big|_{x_1=a} = \frac{Fab}{3EIl}(a-b) \qquad (\text{o})$$

若 $a > b$，则转角 $\theta_C > 0$。AC 段挠曲线为光滑连续曲线，而 $\theta_A < 0$，当转角从截面 A 到截面 C 连续地由负值变为正值时，AC 段内必有一截面转角为零。为此，令 $\theta_1(x_1) = 0$，即

$$\frac{Pb}{6EIl}(3x_0{}^2 - l^2 + b^2) = 0$$

解得

$$x_0 = \sqrt{\frac{l^2 - b^2}{3}} \qquad (\text{p})$$

在 x_0 处挠度取极小值。由 AC 段的挠曲线方程可求得 AB 梁的最大挠度为

$$w_{\max} = \left\|\left[w_1(x_1)\right]_{x_1=x_0}\right\| = \frac{Fb}{9\sqrt{3}EIl}\sqrt{(l^2 - b^2)^3} \qquad (\downarrow)$$

当集中力 F 作用在梁中央截面，即 $a=b=l/2$ 时，梁得到最大挠度也发生在梁中央截面，梁中央截面的挠度为

$$w = -\frac{Fl^3}{48EI} \qquad (\downarrow)$$

【例 7.3-3】 悬臂梁受三角形分布载荷作用，最大分布力集度为 q_0，如图 7.3-4 所示。用积分法求挠曲线方程和自由端的挠度和转角。设 EI 为常量。

解 （1）外力分析。

根据平衡条件求得支座反力为

$$F_{Ay} = \frac{q_0 l}{2}, \quad M_A = \frac{q_0 l^2}{6}$$

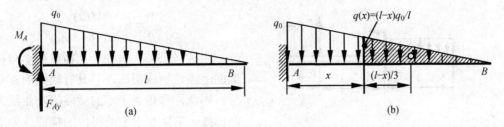

图 7.3-4 受三角形分布载荷的悬臂梁

（2）内力分析。

任意截面 x 的弯矩等于右段分布力对 x 截面的矩，为

$$M(x) = -\frac{q_0(l-x)^2}{2l} \times \frac{(l-x)}{3} = -\frac{q_0(l-x)^3}{6l} \tag{a}$$

（3）建立挠曲线微分方程并积分。

$$EIw'' = M(x) = -\frac{q_0}{6l}(l-x)^3 \tag{b}$$

$$EIw' = \frac{q_0}{24l}(l-x)^4 + C \tag{c}$$

$$EIw = -\frac{q_0}{120l}(l-x)^5 + Cx + D \tag{d}$$

（4）由边界条件定积分常数。

在 $x = 0$ 处

$$\theta_A = w'(0) = 0 \tag{e}$$

$$w_A = w(0) = 0 \tag{f}$$

联立式（c）～式（f），得

$$C = -\frac{q_0 l^3}{24}, \quad D = \frac{q_0 l^4}{120} \tag{g}$$

挠曲线微分方程和转角方程分别为

$$w(x) = -\frac{q_0(l-x)^5}{120EIl} - \frac{q_0 l^3}{24EI}x + \frac{q_0 l^4}{120EI}$$

$$\theta(x) = w'(x) = \frac{q_0(l-x)^4}{24EIl} - \frac{q_0 l^3}{24EI}$$

自由端的挠度和转角分别为

$$w_B = -\frac{q_0 l^4}{30EI} \quad (\downarrow), \quad \theta_B = -\frac{q_0 l^3}{24EI} \quad （顺时针）$$

【例 7.3-4】 图 7.3-5（a）所示悬臂梁受均布载荷 q、集中力 $F(=qa/2)$ 和集中力偶矩 M_e $(=qa^2)$ 作用。试绘制挠曲线的大致形状。

解 （1）确定挠曲线的基本依据。

确定挠曲线的基本依据之一是梁的挠曲线微分方程，即

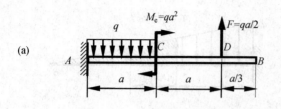

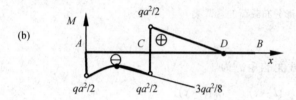

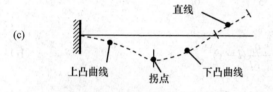

图 7.3-5　梁挠曲线大致形状分析

$$\frac{1}{\rho} = w'' = \frac{M(x)}{EI} \qquad (7.3\text{-}3)$$

由式（7.3-3）可知，挠曲线曲率与相应截面上的弯矩成正比，且具有相同的正负符号。因此，弯矩大于零的梁段的挠曲线为下凸曲线，弯矩小于零的梁段的挠曲线为上凸曲线，弯矩等于零的梁段的挠曲线为直线。

确定挠曲线另一基本依据是：梁的挠曲线必须满足边界条件和位移光滑连续条件。

（2）绘制挠曲线的大致形状。

图 7.3-5（a）所示梁的弯矩图如图 7.3-5（b）所示。AC 段的弯矩为负，CD 段的弯矩为正，DB 段的弯矩为零。所以，AC 段的挠曲线为上凸曲线，CD 段的挠曲线为下凸曲线，DB 段的挠曲线为直线，在点 C 处有一个拐点。考虑到在固定端 A，截面的挠度和转角都为零，画出挠曲线的大致形状如图 7.3-5（c）所示。

7.4　计算梁位移的叠加法

7.4.1　载荷叠加法

积分法是求解梁变形的基本方法。此方法的优点是可以求任意截面的挠度和转角，但必须先求出梁的挠曲线方程和转角方程。当梁上同时作用若干个载荷，而且只需要求出某些特定截面（如挠度为最大，或转角为最大的截面）的挠度和转角时，积分法就显得繁琐了。在这种情况下，用叠加法求解梁的变形问题要方便得多。

适用于线弹性小变形的梁的挠曲线近似微分方程（7.2-3）为二阶线性微分方程，并且方程中的弯矩 $M(x)$ 与载荷成线性齐次关系（参见 4.3 节）。比如图 7.4-1 所示梁的弯矩方程可写为

$$M = Fx + \frac{1}{2}qx^2 = M_F + M_q$$

则方程（7.2-3）可写为

图 7.4-1　关于载荷叠加法求变形

$$w'' = \frac{1}{EI}(M_F + M_q) \qquad (7.4\text{-}1)$$

该式为 F 和 q 的线性微分方程。因此，其解必为 F 和 q 单独作用时挠曲线微分方程解的线性组合，与 F 和 q 成线性关系，可写为

$$w = w_F + w_q$$

这一结论显然对多个载荷作用的情况也成立。所以，当梁上有几个载荷共同作用时，可以分别计算梁在每个载荷单独作用时的变形，然后进行叠加，即可求得梁在几个载荷共同作用时的总变形。

通常把简支梁和悬臂梁在简单载荷作用下的挠度和转角方程以及典型截面的挠度和转角制成表，用叠加法求弯曲变形时，可直接使用表中的结果，得到复杂载荷作用下梁的挠度和转角。附录 B 列出了常见简单梁的挠度和转角。

【例 7.4-1】 求图 7.4-2（a）所示梁 B 点的挠度和转角，其中 $F = ql$，设弯曲刚度 EI 为常数。

解 均布载荷 q 单独作用时 [见图 7.4-2（b）]，由附录 B 第 3 栏可知 B 点的挠度和转角分别为

$$w_{B,q} = -\frac{ql^4}{8EI}, \quad \theta_{B,q} = -\frac{ql^3}{6EI} \tag{a}$$

集中力 F 单独作用时 [见图 7.4-2（c）]，由附录 B 第 1 栏可知 B 点的挠度和转角分别为

$$w_{B,F} = -\frac{ql^4}{3EI}, \quad \theta_{B,F} = -\frac{ql^3}{2EI} \tag{b}$$

根据叠加原理，由式（a）和式（b）得 B 点的挠度和转角分别为

$$w_B = w_{B,q} + w_{B,F} = -\frac{11ql^4}{24EI} \text{（向下）}, \quad \theta_B = \theta_{B,q} + \theta_{B,F} = -\frac{2ql^3}{3EI} \text{（顺时针）}$$

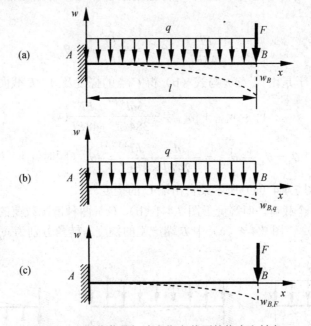

图 7.4-2　用载荷叠加法求指定截面的挠度和转角

【例 7.4-2】 求图 7.4-3（a）所示简支梁中点 C 的挠度 w_C 以及梁端截面的转角 θ_A 与 θ_B，设弯曲刚度 EI 为常数。

解 均布载荷 q 单独作用时 [见图 7.4-3（b）]，由附录 B 第 8 栏可知 C 点的挠度及 A、B 截面转角分别为

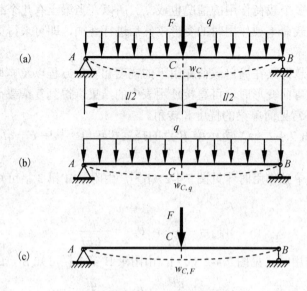

图 7.4-3　用载荷叠加法求指定截面的挠度和转角

$$w_{C,q} = -\frac{5ql^4}{384EI}, \quad \theta_{A,q} = -\frac{ql^3}{24EI} = -\theta_{B,q} \tag{a}$$

集中力 F 单独作用时 [见图 7.4-3（c）]，由附录 B 第 6 栏可知 C 点的挠度及 A、B 截面转角分别为

$$w_{C,F} = -\frac{Fl^3}{48EI}, \quad \theta_{A,F} = -\frac{Fl^2}{16EI} = -\theta_{B,F} \tag{b}$$

根据叠加原理，于是由式（a）与式（b）得 C 点的挠度及 A、B 截面转角分别为

$$w_C = w_{C,q} + w_{C,F} = -\frac{5ql^4}{384EI} - \frac{Fl^3}{48EI}(\downarrow)$$

$$\theta_A = \theta_{A,q} + \theta_{A,F} = -\frac{ql^3}{24EI} - \frac{Fl^2}{16EI} = -\theta_B \text{（顺时针）}$$

【例 7.4-3】　求图 7.4-4（a）所示梁自由端 C 的挠度。

解　此梁只有一个载荷，但等价于图 7.4-4（b）、（c）两种情况载荷的叠加，其中图 7.4-4（b）中 C 端位移为 w_{C_1}；图 7.4-4（c）中 B 端产生的挠度与转角分别为 w_B、θ_B。

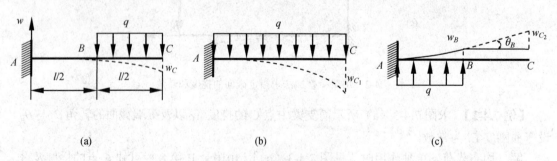

图 7.4-4　载荷叠加法的灵活应用

于是自由端 C 的挠度为

$$w_C = w_{C_1} + w_B + w_{C_2} = w_{C_1} + w_B + \theta_B \times \frac{l}{2} = -\frac{ql^4}{8EI} + \frac{q\left(\frac{l}{2}\right)^4}{8EI} + \frac{q\left(\frac{l}{2}\right)^3}{6EI} \times \frac{l}{2} = -\frac{41ql^4}{384EI}(\downarrow)$$

［例 7.4-1］～［例 7.4-3］解决的是简单梁同时受多个载荷（复杂载荷）作用的问题。方法是利用载荷的分解实现变形的分解，利用载荷的叠加实现变形的叠加，这种方法常称为**载荷叠加法**。

7.4.2 逐段叠加法（逐段刚化法）

载荷叠加法适用于复杂载荷问题，而对于非简支、非悬臂的复杂梁（如复合梁、连续梁、阶梯梁），就要利用分离变形体的叠加，实现变形的叠加，即将梁分解成若干个以一定方式连接的几种受基本载荷作用的简单梁段，利用变形积累的原理进行叠加，这种方法称为**逐段叠加法或逐段刚化法**。在将梁分解成简单梁段时，要求各简单梁段的内力（变形）与原梁的内力（变形）完全相同，只是端部的约束条件可以不同。下面以图 7.4-5（a）所示受集中力作用的外伸梁为例说明逐段叠加法的基本思想。

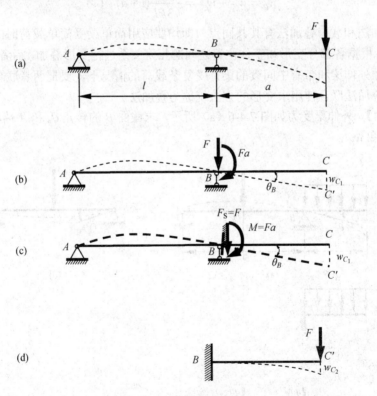

图 7.4-5 逐段叠加法原理

外伸梁的挠曲线如图 7.4-5（a）中的虚线所示。首先分析梁段 AB 的变形。根据等效截面法，求得 B_+ 截面的剪力 $F_S = F$，弯矩 $M = Fa$，它们是右段（B_+C）上作用的外力对左段（AB_+）的等效作用。因此，图 7.4-5（b）所示梁段 AB_+ 的变形与图 7.4-5（a）所示梁段 AB_+ 的变形相同。而 B_+C 受 AB 变形的影响，发生刚性转动，转角为 B 截面的转角 θ_B，变为斜直线 BC'。由于 B_+ 截面的剪力对 AB 段的变形没有影响，弯矩对 AB 段引起的变形可查附录 B。图 7.4-5

（a）中 BC 段的变形可认为在图 7.4-5（b）所示的状态下假想地将截面 B 变成固定端，而后在 C' 位置加竖向力 F，如图 7.4-5（c）所示。梁外伸端截面 C 的挠度 w_C 为

$$w_C = w_{C_1} + w_{C_2} \qquad\qquad\qquad (a)$$

由附录 B 第 9 栏查得截面 B 的转角为

$$\theta_B = -\frac{Fal}{3EI}$$

而截面 C 的牵连挠度为

$$w_{C_1} = \theta_B a = -\frac{Fa^2 l}{3EI}$$

对图 7.4-5（c）所示悬臂梁受集中力的情况，由附录 B 第 1 栏查得截面 C 的挠度为

$$w_{C_2} = -\frac{Fa^3}{3EI}$$

由式（a）得截面 C 的总挠度为

$$w_C = w_{C_1} + w_{C_2} = -\frac{Fa^2}{3EI}(l+a) \quad (\downarrow)$$

逐段叠加法和载荷叠加法有其共同点，即均要应用简单梁受简单载荷时的计算结果。不同的是，前者根据各部分变形和整体位移之间的几何关系进行变形叠加，后者进行载荷叠加。在复杂梁（如外伸梁和带有中间铰的梁）受复杂载荷的情况下，要把两者联合使用。逐段叠加法和载荷叠加法联合使用求变形的方法统称为**叠加法**。

【例 7.4-4】 外伸梁受力如图 7.4-6（a）所示，求截面 B 的转角 θ_B 和 A 端以及 BC 段中点 D 的挠度 w_A 和 w_D。

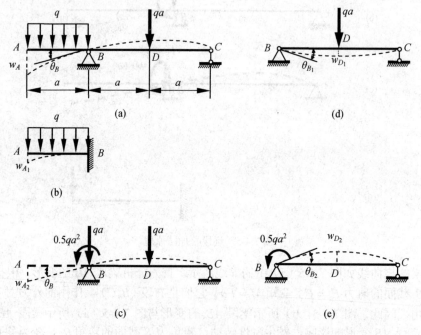

图 7.4-6 外伸梁变形分析

解 根据逐段叠加法，原外伸梁的变形可视为图 7.4-6（b）所示悬臂梁变形和图 7.4-6（c）所示简支梁外伸段梁变形的叠加。

简支梁 BC 的 θ_B 和 w_D 也就是原梁的 θ_B 和 w_D，即为图 7.4-6（d）、（e）中所示变形的叠加，于是有

$$\theta_{B_1} = -\frac{(qa)(2a)^2}{16EI} = -\frac{qa^3}{4EI}, \quad \theta_{B_2} = \frac{(0.5qa^2)(2a)}{3EI} = \frac{qa^3}{3EI}$$

$$w_{D_1} = -\frac{(qa)(2a)^3}{48EI} = -\frac{qa^4}{6EI}, \quad w_{D_2} = \frac{(0.5qa^2)(2a)^2}{16EI} = \frac{qa^4}{8EI}$$

叠加得

$$\theta_B = \theta_{B_1} + \theta_{B_2} = -\frac{qa^3}{4EI} + \frac{qa^3}{3EI} = \frac{qa^3}{12EI} \quad （逆时针）$$

$$w_D = w_{D_1} + w_{D_2} = -\frac{qa^4}{6EI} + \frac{qa^4}{8EI} = -\frac{qa^4}{24EI}(\downarrow)$$

而 A 端的挠度 w_A 由两部分组成：AB 段本身的弯曲变形引起的 A 端挠度 w_{A_1} 和由 B 截面转动引起的 A 端挠度 w_{A_2}，即

$$w_A = w_{A_1} + w_{A_2} = w_{A_1} - |\theta_B|a = -\frac{qa^4}{8EI} - \frac{qa^3}{12EI}a = -\frac{5qa^4}{24EI} \quad (\downarrow)$$

【例 7.4-5】 图 7.4-7（a）所示变截面梁 $ABCD$，每段梁的弯曲刚度如图所示，求 D 端截面的挠度 w_D。

解 由于三段梁的弯曲刚度不同，因此应分别求出各段梁的位移，然后再叠加。根据变形叠加法，图 7.4-7（a）中的挠度 w_D 可视为图 7.4-7（b）中（图中 AC 为直线）只有 CD 段变形、图 7.4-7（c）中只有 BC 段变形和 7.4-7（d）中只有 AB 段变形三种情况的叠加，即

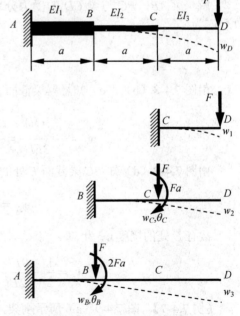

$$w_D = w_1 + w_2 + w_3$$

由图 7.4-7（b）知 D 端截面的挠度为

$$w_1 = -\frac{Fa^3}{3EI_1}$$

由图 7.4-7（c）知 D 端截面的挠度为

$$w_2 = w_C + \theta_C a$$

$$= \left(-\frac{Fa^3}{3EI_2} - \frac{Fa \times a^2}{2EI_2}\right) + \left(-\frac{Fa^2}{2EI_2} - \frac{Fa \times a}{EI_2}\right)a$$

图 7.4-7 悬臂阶梯梁的变形分析

由图 7.4-7（d）知 D 端截面的挠度为

$$w_3 = w_B + \theta_B \times 2a = \left(-\frac{Fa^3}{3EI_3} - \frac{2Fa \times a^2}{2EI_3} \right) + \left(-\frac{Fa^2}{2EI_3} - \frac{2Fa \times a}{EI_3} \right) \times 2a$$

所以 D 端截面的挠度 w_D 为

$$w_D = -\frac{1}{3}Fa^3\left(\frac{1}{EI_1} + \frac{7}{EI_2} + \frac{19}{EI_3} \right) \quad (\downarrow)$$

【例 7.4-6】 图 7.4-8（a）所示多跨静定梁 AD，由梁 AB、BC 与梁 CD 用铰链连接而成。在 BC 中点 E 处作用集中载荷 F，试求 E 处的挠度 w_E。设梁各截面的弯曲刚度均为 EI。

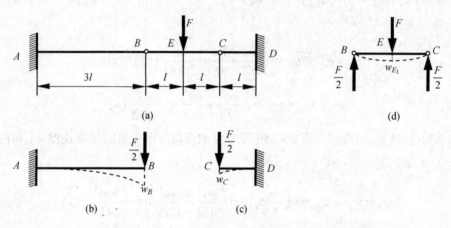

图 7.4-8   多跨静定梁的变形分析

解   梁 AB、BC 与梁 CD 的受力分别如图 7.4-8（b）、（c）、（d）所示，显然 E 处的挠度 w_E 为

$$w_E = \frac{1}{2}(w_B + w_C) + w_{E_1}$$

由图 7.4-8（b）、（c）知悬臂梁截面 B、C 的挠度为

$$w_B = -\frac{\frac{F}{2}(3l)^3}{3EI} = -\frac{9Fl^3}{2EI}, \quad w_C = -\frac{\frac{F}{2}l^3}{3EI} = -\frac{Fl^3}{6EI}$$

由图 7.4-8（d）知 BC 梁截面 E 处的挠度为

$$w_{E_1} = -\frac{F(2l)^3}{48EI} = -\frac{Fl^3}{6EI}$$

故有 E 处的挠度 w_E 为

$$w_E = \frac{1}{2}\left(-\frac{9Fl^3}{2EI} - \frac{Fl^3}{6EI} \right) - \frac{Fl^3}{6EI} = -\frac{5Fl^3}{2EI}(\downarrow)$$

【例 7.4-7】 图 7.4-9（a）所示刚架，B 处为刚性连接，在 C 处承受集中载荷 F，试用叠加法求截面 C 的位移。已知弯曲刚度 EI 为常数。

解   刚架的变形如图 7.4-9（a）所示，根据叠加法的原理，首先将 BC 段刚化，为了分析 AB 段的受力，将载荷 F 平移至截面 B，得到一集中力 F 和一附加力偶矩 Fa，见图

7.4-9（b）。

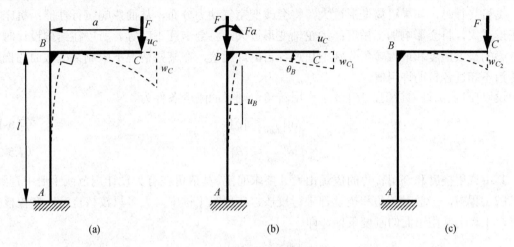

图 7.4-9　刚架的变形分析

显然，AB 段的变形是由轴向压力 F 引起的轴向变形和由力偶矩 Fa 引起的弯曲变形叠加而成的。由计算可知，和弯曲变形相比，轴向变形通常是一个很小的量，除非特殊声明考虑轴向变形，一般情况下，计算刚架变形时，可略去轴向变形。AB 段的弯曲使截面 B 发生水平方向的挠度 u_B 和转角 θ_B，从而引起截面 C 产生的水平位移 u_C 及挠度 w_{C_1} 分别为

$$u_C = u_B = \frac{Fal^2}{2EI}(\rightarrow), \quad w_{C_1} = \theta_B a = \frac{Fa^2 l}{EI}(\downarrow)$$

再将 AB 段刚化，BC 段如同一根固支在截面 B 的悬臂梁［见图 7.4-9（c）］，则由于 BC 段弯曲变形而引起的截面 C 的挠度 w_{C_2} 为

$$w_{C_2} = \frac{Fa^3}{3EI}(\downarrow)$$

于是，刚架截面 C 的垂直位移（挠度）w_C 为

$$w_C = w_{C_1} + w_{C_2} = \frac{Fa^2 l}{EI} + \frac{Fa^3}{3EI}(\downarrow)$$

使用逐段叠加法的要点是分段和变形等效。为了使所取梁段的变形与原梁等效，且便于计算，要把外力进行适当的平移。适当原则是所考虑梁段内的外力不能平移，所考虑梁段外的外力向梁段支座处平移（梁段为简支的情况），或者向欲求位移的截面处平移（悬臂梁的情况）。还应注意，在叠加时不要漏掉因杆件的刚体转动而引起的截面的牵连位移。

7.5　梁的刚度条件与合理刚度设计

7.5.1　梁的刚度条件

工程中的许多梁除应满足强度条件外，还必须具备足够的刚度，否则将导致结构不能正

常工作。例如桥梁的挠度过大，当车辆通过时就会发生很大的振动，大大减少桥梁的服役年限。飞机飞行时，如果机翼变形过大，将会改变空气动力分布，从而影响飞行性能；机床立轴变形过大，将会影响加工精度；齿轮轴变形过大，将会卡死不动等。所以在结构设计时，规定梁的最大挠度和最大转角分别不超过各自的许用值，在某些情况下限制某些截面的挠度和转角不超过各自的许用值。

设以 $[\delta]$ 表示许用挠度，$[\theta]$ 表示许用转角，则梁的刚度条件为

$$|w|_{max} \leqslant [\delta] \tag{7.5-1}$$

$$|\theta|_{max} \leqslant [\theta] \tag{7.5-2}$$

其中许用挠度和许用转角的值是由设计要求而定，其值可在有关设计规范或手册中查到。在机械工程中，一般对转角和挠度都进行校核，在建筑工程中，大多只校核挠度。在校核挠度时，工程上常用下面的刚度条件，即

$$\left| \frac{w_{max}}{l} \right| \leqslant \left[\frac{w}{l} \right] \tag{7.5-3}$$

式中：w_{max}/l 为梁的相对挠度；$[w/l]$ 为梁的许用相对挠度。

此外工程设计中还有另外一类问题，所考虑的不是限制构件的弹性变形和位移，而是希望在构件不发生强度失效的前提下，尽量产生较大的弹性位移。例如，各种车辆中用于减振的弹簧都是采用厚度不大的板条叠合而成，采用这种结构，弹簧既可以承受很大的力而不发生破坏，同时又能承受较大的弹性变形，吸收车辆受到振动和冲击时产生的动能，达到抗振和抗冲击的效果。

7.5.2　梁的合理刚度设计

梁的弯曲变形一方面取决于弯曲内力的分布，另一方面又与跨长和截面的几何性质有关。因此，在第 6 章所述提高弯曲强度的某些措施（例如合理安排梁的受力情况、合理调整支座、合理选择截面形状等），对于提高梁的刚度仍然是非常有效的。但也应看到，提高梁的刚度与提高梁的强度是属于两种不同性质的问题，因此解决的办法也不尽相同。

1. 合理选择截面形状

弯曲变形与梁的横截面惯性矩 I 成反比，所以从提高梁的刚度方面考虑，合理的截面形状，是使用较小的截面面积，却能获得较大惯性矩的截面。如工字形和箱形截面就比矩形截面更为合理。但应注意，弯曲刚度与弯曲强度对于截面的要求有所不同。梁的最大弯曲正应力取决于危险截面的弯矩与抗弯截面系数 W_z 对危险区采取局部增大 W_z 的措施就能提高梁的强度。而梁的位移则与梁各微段的弯曲变形有关，故在梁的全跨范围内增大惯性矩 I 才有效。

2. 合理选择材料

弯曲变形与材料的弹性模量 E 有关，所以从提高梁的刚度方面考虑，选择 E 较大的材料能提高梁的刚度。但应注意，影响梁强度的材料性能是极限应力 σ_u，各种钢材的极限应力差别很大，因而其强度差别很大，但是它们的弹性模量却十分接近。例如普通钢 Q235 的 σ_s 为 235MPa，合金钢 40Cr 钢的 σ_s 为 785MPa，但它们的 E 却都约为 200GPa，所以若用后者替换前者，可以大大提高强度，却不能提高梁的刚度。

3. 尽可能减小梁的跨度

梁的挠度和转角与梁的跨度关系很大。由［例 7.3-1］和［例 7.3-3］可以看出：在集中载荷作用下，梁的最大挠度与梁跨度 l 的三次方成正比。但是，最大弯曲应力则仅与跨度 l 成正比。这表明，梁跨度的微小改变，将引起弯曲变形的显著改变。例如将上述梁的跨度缩短 20%，最大挠度也相应减少 48.8%。所以，如果条件允许，应尽量减小梁的跨度以提高其刚度。

4. 合理布置载荷和调整梁的支座

弯矩是引起弯曲变形的主要因素。提高弯曲刚度应使梁的弯矩分布合理，尽可能降低弯矩值。一方面可以通过合理布置载荷来实现，如将集中力分散为分布力。例如，对于在跨度中点承受集中载荷 F 的简支梁，如果将载荷改为沿梁长的均布载荷（合力仍为 F），施加在同一梁上，梁的最大挠度将仅为前者的 62.5%。另一方面也可以采取调整支座的方法。如受均布载荷作用的简支梁，通过将支座向里移动变为外伸梁（见图 7.5-1）使弯矩分布得到改善，由于梁的跨度减小，且外伸部分的载荷产生反向变形（见图 7.5-2），从而减小了梁的最大挠度。

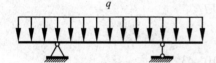

图 7.5-1　受均布载荷作用的外伸梁

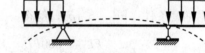

图 7.5-2　受产生反向变形载荷作用的外伸梁

还可以增加梁的约束，使静定梁成为静不定梁，从而有效提高梁的刚度。例如，大型的桥梁都有多个桥墩支承，为多度静不定梁。

【例 7.5-1】 图 7.5-3 所示受均布载荷作用的简支梁 AB 采用 No.22a 工字钢，弹性模量 $E=200\text{GPa}$，已知 $l=6\text{m}$，$q=5\text{kN/m}$，$[w/l]=1/400$，试校核梁的刚度。

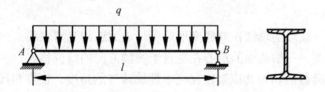

图 7.5-3　受均布载荷作用的简支梁

解　由附录 A 查得 No.22a 工字钢的惯性矩为

$$I_z = 0.34\times10^{-4}\text{m}^4$$

梁中的最大挠度为

$$w_{max} = \frac{5ql^4}{384EI_z} = \frac{5\times5\times10^3\times6^4}{384\times200\times10^9\times0.34\times10^{-4}} = 0.0124\text{m}$$

则有

$$\frac{w_{max}}{l} = \frac{0.0124}{6} = \frac{1}{484} < \frac{1}{400}$$

故满足刚度要求。

【例 7.5-2】 图 7.7-4 所示悬臂梁 AB，已知 $F = 30\text{kN}$，$L = 3\text{m}$，$[\delta] = \dfrac{L}{800}$，$[\sigma] = 160\text{MPa}$，$E = 200\text{GPa}$，试按强度条件和刚度条件选择梁的工字钢型号。

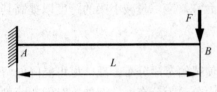

图 7.5-4　受集中力作用的悬臂梁

解　（1）按强度要求设计。

梁的最大弯矩为

$$|M|_{max} = FL$$

根据弯曲正应力强度条件：$|M|_{max}/W_z \leqslant [\sigma]$，解得

$$W_z \geqslant \frac{|M|_{max}}{[\sigma]} = \frac{FL}{[\sigma]} = \frac{30 \times 10^3 \times 3}{160 \times 10^6} = 5.625 \times 10^{-4}\,\text{m}^3$$

由附录 A 选择与上值最接近的工字钢型号是 No.32a。

（2）按刚度要求设计。

梁的最大挠度为

$$|w|_{max} = w_B = \frac{FL^3}{3EI_z}$$

根据刚度条件：$|w|_{max} \leqslant [\delta]$，解得

$$I_z \geqslant \frac{FL^3}{3E[\delta]} = \frac{800FL^2}{3E} = \frac{800 \times 30 \times 10^3 \times 3^2}{3 \times 200 \times 10^9} = 3.60 \times 10^{-4}\,\text{m}^4$$

由附录 A 选择与上值最接近的工字钢型号是 No.50a。

为使梁能同时满足强度条件和刚度条件，应选择型号大的工字钢 No.50a。

本　章　要　点

1. 挠度和转角

（1）挠曲线——梁段的轴线在弯曲变形后所形成的连续光滑曲线。

（2）横截面挠度——横截面的形心在垂直于梁轴方向的线位移。

（3）转角——横截面相对其原来位置绕中性轴转过的角度。挠度和转角之间满足以下关系，即

$$\theta = \frac{\text{d}w}{\text{d}x} \tag{7.1-3}$$

2. 挠曲线近似微分方程

在小变形条件下，坐标系取 w 轴向上，x 轴向右，挠曲线近似微分方程为

$$w'' = \frac{M(x)}{EI} \tag{7.2-3}$$

3. 积分法求位移

将挠曲线近似微分方程相继积分两次，得

$$\theta(x) = w' = \int \frac{M(x)}{EI}\text{d}x + C \tag{7.3-1}$$

$$w(x) = \iint \left[\int \frac{M(x)}{EI} \mathrm{d}x \right] \mathrm{d}x + Cx + D \tag{7.3-2}$$

说明：（1）积分应遍及全梁；

（2）根据连续性条件和边界条件，可以确定积分常数；

（3）本方法是求弯曲变形的基本方法。

4. 叠加法求位移

（1）载荷叠加法。在线弹性和小变形的前提下，挠度和转角总是梁上载荷的线性齐次函数，因此可以用叠加法求梁的变形，即梁在多个载荷共同作用下所引起的总变形等于各个载荷分别作用所引起的变形的代数和。

（2）逐段叠加法（逐段刚化法）。将梁分成若干段，分别计算各梁段的变形在需求位移处所引起的位移，然后计算其总和（代数和或是矢量和），即得需求的位移。在计算某梁段的变形在需求位移处所引起的位移时，仅让该梁段发生变形满足边界条件的变形，其余梁段均视为刚体。

载荷叠加法和逐段叠加法往往联合使用，统称为叠加法。

5. 梁的刚度条件和合理刚度设计

（1）梁的刚度条件为

$$|w|_{\max} \leqslant [\delta] \tag{7.5-1}$$

$$|\theta|_{\max} \leqslant [\theta] \tag{7.5-2}$$

（2）梁的合理刚度设计。

1）合理选择截面形状；

2）合理选择材料；

3）尽可能减小梁的跨度；

4）合理布置载荷和调整梁的支座；

5）增加梁的约束使之成为静不定梁。

 **思 考 题**

7.1　挠度与转角之间有什么关系？该关系成立的条件是什么？

7.2　梁的近似挠曲线微分方程 $\mathrm{d}^2 w(x) / \mathrm{d}x^2 = M(x)/EI$ 成立的条件是什么？该方程中的自变量 x 的正向与因变量 w 的正向选取有何关系？试给出思考题图 7.1 所示各坐标下的微分方程。

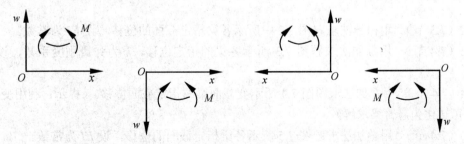

思考题图 7.1

7.3　如何给出挠曲线的大致情况？如何判断挠曲线的凹凸和特点？

7.4　使用逐段分析叠加法求梁段的变形时，如何正确地使用力的平移定理？

7.5　在什么条件下可以使用叠加法求变形？

习　题

7.1（7.3 节）　用积分法求位移时，题图 7.1 中各梁应分几段？写出确定积分常数的位移边界条件和变形连续条件。

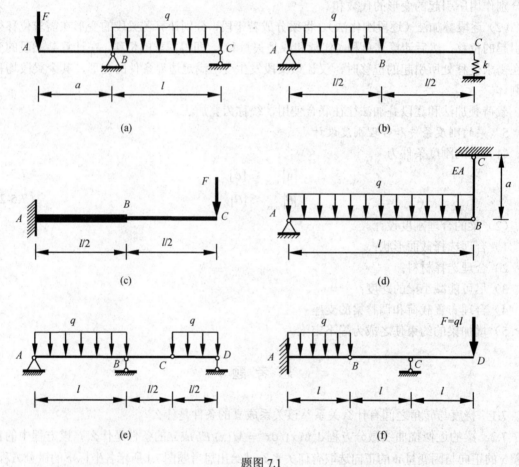

题图 7.1

7.2（7.3 节）　用积分法求题图 7.2 中所示各梁指定截面的位移，设 EI 为常数。

7.3（7.4 节）　用叠加法求题图 7.3 所示各梁的指定位移，k 为弹簧刚度系数，设 EI 为常数。

7.4（7.4 节）　用叠加法求题图 7.4 所示变截面梁的指定截面位移。（提示：利用变形的对称性，可转化为悬臂梁求解）

7.5（7.4 节）　用叠加法求题图 7.5 所示各梁指定截面的位移，设 EI 为常数。

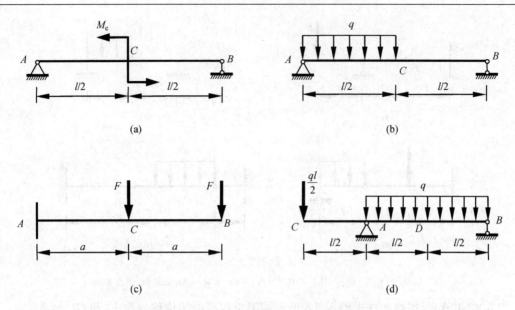

题图 7.2

（a）求 θ_A、w_C；（b）求 θ_A、θ_B、w_C、w_{max}；（c）求 θ_B、w_B；（d）求 θ_A、θ_C、w_C、w_D

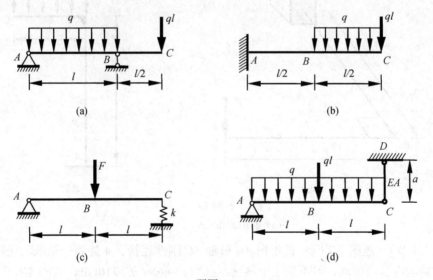

题图 7.3

（a）求 w_C、θ_C；（b）求 w_C、θ_C；（c）求 w_B、θ_A；（d）求 w_B

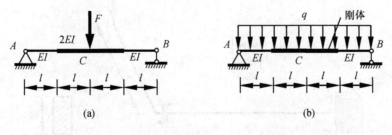

题图 7.4

（a）求 w_C、θ_A；（b）求 AB 中点 C 的 w_C

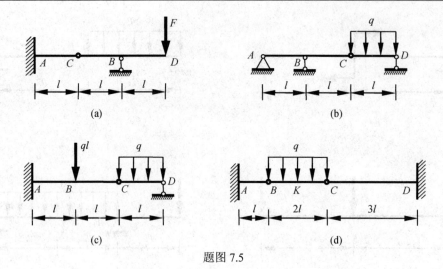

题图 7.5

（a）求 w_D、θ_{C-}、θ_{C+}；（b）求 θ_D、w_C；（c）求 w_C；（d）求 BC 中点 K 的 w_K

7.6（7.4 节）　用叠加法求题图 7.6 所示刚架指定截面的位移，设 EI 和 GI_p 为常数。

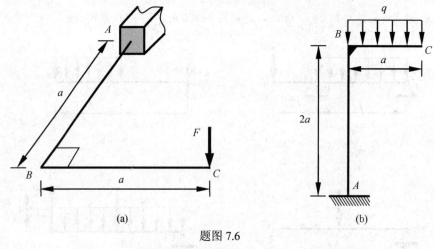

题图 7.6

（a）求 θ_C；（b）求 w_C、Δ_{Cx}

7.7（7.4 节）　题图 7.7 所示直角拐 AB 与轴 AC 刚性连接，A 处为一轴承，允许 AC 轴的端截面在轴承内自由转动，但不能上下移动。已知 $F=60$N，$E=210$GPa，$G=0.4E$，试求截面 B 的垂直位移。

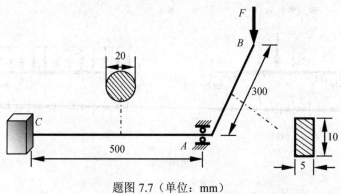

题图 7.7（单位：mm）

7.8（7.4 节）　题图 7.8 所示外伸梁两端受 F 作用，EI 为常数，试问：

（1）$\dfrac{x}{l}$ 为何值时，梁跨度中点的挠度与自由端的挠度数值相等；

（2）$\dfrac{x}{l}$ 为何值时，梁跨度中点挠度最大。

7.9（7.4 节）　题图 7.9 所示悬臂梁 $ABCD$ 在 D 端受集中力 F 作用。若使悬臂梁 B 截面的挠度为零，试求 a/l 的比值。设 EI 为常数。

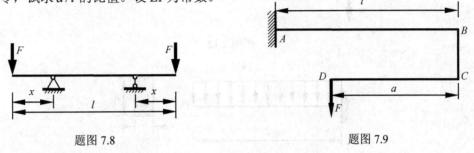

　　　　　　　题图 7.8　　　　　　　　　　　　　　　　　题图 7.9

7.10（7.4 节）　题图 7.10 所示悬臂梁，已知集中载荷 qL 作用在 xoz 平面内，均布载荷 q 和集中载荷 $2qL$ 作用在 xoy 平面内，试计算梁自由端的挠度。

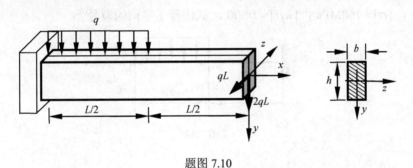

题图 7.10

7.11（7.4 节）　题图 7.11 所示简支梁 AB 的左、右端各作用一个力偶矩分别为 M_{eA} 和 M_{eB} 的力偶。如欲使挠曲线的拐点位于离左端 $l/3$ 处，则力偶矩 M_{eA} 与 M_{eB} 应保持何种关系？

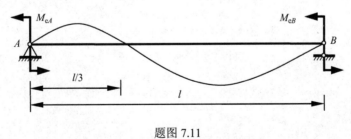

题图 7.11

7.12（7.5 节）　题图 7.12 所示直径为 $d=15\text{cm}$ 的钢轴 ABC，已知 $F=40\text{kN}$，$E=200\text{GPa}$，若规定 B 支座处转角许用值 $[\theta]=5.24\times10^{-3}\text{rad}$，试校核钢轴的刚度。

7.13（7.5 节）　题图 7.13 所示矩形悬臂梁 AB 受均布载荷 q 作用，已知 $q=10\text{kN/m}$，$l=3\text{m}$，$E=200\text{GPa}$，$[\sigma]=120\text{MPa}$，$[w]=0.012\text{m}$，$h=2b$，试设计梁截面尺寸 b 和 h。

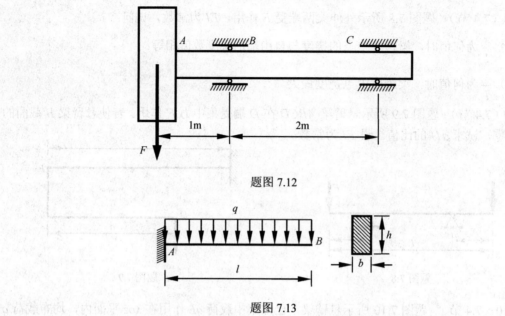

题图 7.12

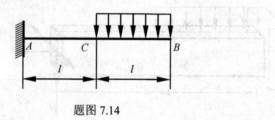

题图 7.13

7.14（7.5 节） 题图 7.14 所示悬臂梁 AB 受均布载荷 q 作用，已知 $q=15\text{kN/m}$ ，$l=1\text{m}$ ，$E=210\text{GPa}$ ，$[\sigma]=160\text{MPa}$ ，$[w/l]=1/500$ ，试选择工字钢的型号。

题图 7.14

第8章 应力-应变状态分析

8.1 引　言

前面各章分别分析了杆件在轴向载荷、外扭力偶和横向力作用下的应力和应变的分布规律，给出了在这几种基本变形情况下危险点的位置和最大应力的计算公式，建立了相应的强度和刚度条件。

需要指出的是，在前面的分析中，所涉及的危险点的应力状态都是简单应力状态，即单向应力状态和纯剪切状态。对于这样的应力状态，可以直接建立强度条件［如式（2.5-2）、式（3.4-10）和式（6.4-1）］。实际的承力构件可能受到轴向载荷、外扭力偶和横向力的共同作用，构件在多种外载荷共同作用下的应力状态将是复杂应力状态，最一般的应力状态如图 1.4-2 所示。下面给出几种特殊的复杂应力状态的实例。

横向力作用下的工字梁，在横截面上既有弯矩又有剪力，见图 8.1-1（a）；在腹板与翼缘交界处，将有较大的正应力和切应力，相应的应力状态见图 8.1-1（b）。

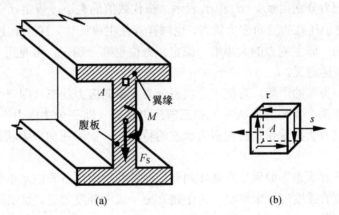

图 8.1-1　工形梁内腹板与翼缘交界处的应力状态

受内压作用的圆筒将在纵向和横向同时受到拉伸变形，见图 8.1-2（a）。表面上一点 A 处的应力状态见图 8.1-2（b）。

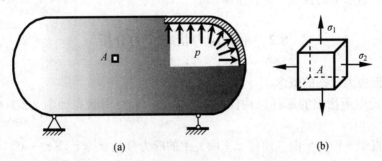

图 8.1-2　受内压圆筒表面上一点处的应力状态

高速公路路面受到来自重型运输车辆车轮的压力，见图 8.1-3（a）。路面与车轮接触部位受到竖直方向的压应力，同时向四周扩胀。但是由于四周材料的约束而受到侧向均匀的压应力，故接触部位受三向压应力作用，见图 8.1-3（b）。

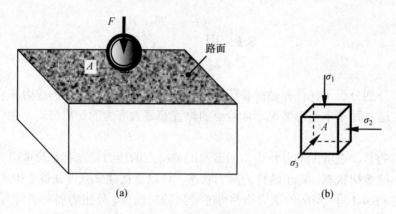

图 8.1-3　路面受重压处的应力状态

在图 8.1-2（b）和图 8.1-3（b）所示单元体的微面上，只有正应力而无切应力。无切应力作用的微面称为**主平面**，主平面上的正应力称为**主应力**，由主平面构成的单元体称为**主单元体**，其上的主应力分别用 σ_1、σ_2 和 σ_3 表示。按代数值的大小，规定 $\sigma_1 \geqslant \sigma_2 \geqslant \sigma_3$。

可以证明，对于任意的三向应力状态，也同样存在主单元体，这三个主应力互不相等时，主单元体是唯一的，即主应力的大小唯一确定，方位也唯一确定，可见用主应力表示一点处的应力状态具有普遍意义。

根据主应力不为零的个数，可把应力状态分为：**单向应力状态**（即一个主应力不为零）、**二向应力状态**（即两个主应力不为零）和**三向应力状态**（即三个主应力不为零）。当然，也可把单向和二向应力状态看作是三向应力状态的特例。二向和三向应力状态统称为**复杂应力状态**。

材料在复杂应力状态下如何建立破坏判据的问题利用前面各章的基本变形理论是无法回答的，需要更一般的强度理论来解决。为了建立更一般的强度理论，就必须对复杂的应力状态进行更深入的分析。

本章研究应力应变分析的基本理论，主要分析一点处不同截面上的应力分量的转换关系，一点处不同方向应变分量之间的转换关系，确定最大正应力和最大切应力所在的截面和大小，为建立复杂应力状态下的强度理论打下基础。

8.2　平面应力状态应力分析

8.2.1　平面应力状态的概念

如同在绪论中所指出的那样，构件内一点 k 的一般应力状态如图 8.2-1（同图 1.4-2）所示。

如果在垂直于 z 轴的平面（简称 z 平面）上的应力分量 $\sigma_z = \tau_{zx} = \tau_{zy} = 0$，那么就只剩下

垂直于 x 轴的平面（简称 x 面）上的应力分量 σ_x、τ_{xy}，以及垂直于 y 轴的平面（简称 y 面）上的应力分量 σ_y、τ_{yx}。这样的应力状态称为**平面应力状态**。

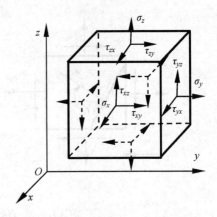

图 8.2-1　一点处应力状态的描述

薄板受到作用在薄板中面上的载荷的情形可以近似地认为是平面应力状态，见图 8.2-2（a）。由于板的厚度很小，可以认为板内任意点只受 xy 面内的应力分量，而在 xy 面外（即在 z 平面内）没有任何应力分量。矩形截面梁的对称弯曲情况也可以近似地认为是平面应力状态，见图 8.2-2（b）。还有构件的自由表面（即不受任何外载荷的表面）可以认为处于平面应力状态，如圆轴受扭时，圆周上各点受纯剪切应力状态。

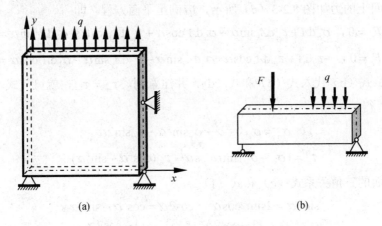

(a)　　　　　　　　　　(b)

图 8.2-2　平面应力状态的实例

8.2.2　斜截面上的应力分量

图 8.2-3（a）是平面应力状态的一般情况，假设应力分量 σ_x、σ_y、τ_{xy}、$\tau_{yx}(=\tau_{xy})$ 为已知，则与 z 轴平行的任意斜截面上的应力分量就可由 σ_x、σ_y、τ_{xy} 来表达。斜截面的方位由 x 轴与斜截面的外法线 n 之间的夹角 a 确定。a 斜截面上的应力分量记为 σ_α、τ_α。规定：从 x 轴逆转到斜截面的外法线 n 所形成的角度 α 为正，截面上的正应力以离开截面为正，切应力以该切应力关于截面内侧点的矩顺转为正（在弹性力学中，切应力的正负规定与材料力学相反，即正的切应力关于截面内侧任意点的矩为逆时针旋转）。按此规定，图 8.2-3 中的 α 为正，所有截面上的正应力都为正，x 正面（该面的外法线与 x 轴正向相同）和负面上的切应力都为正，而 y 正面和负面上的切应力均为负。

为了得到斜截面上的应力分量与 x、y 面上应力分量之间的关系，考虑斜截面下方微小三角块的平衡，见图 8.2-3（b）。设三角块的斜边长 $\mathrm{d}r$，两直角边分别为 $\mathrm{d}x$ 和 $\mathrm{d}y$，在 z 方向的厚度为 t，则该微块斜面的面积为

$$\mathrm{d}A = \mathrm{d}rt \qquad\qquad (\mathrm{a})$$

垂直面和水平面的面积分别为

$$\mathrm{d}A_x = \mathrm{d}rt\cos\alpha，\quad \mathrm{d}A_y = \mathrm{d}rt\sin\alpha \qquad (\mathrm{b})$$

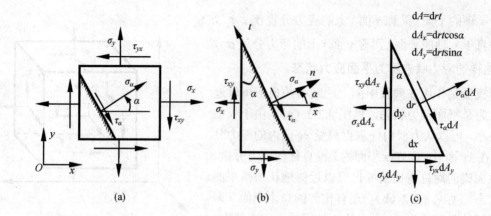

图 8.2-3　一点处平面应力状态下的斜截面应力分析

三角块各面上的力如图 8.2-3（c）所示，应满足平衡方程，即

$$\sum F_n = 0, \quad \sigma_\alpha dA + \tau_{xy} dA_x \sin\alpha - \sigma_x dA_x \cos\alpha + \tau_{yx} dA_y \cos\alpha - \sigma_y dA_y \sin\alpha = 0 \quad \text{（c）}$$

$$\sum F_t = 0, \quad -\tau_\alpha dA + \tau_{xy} dA_x \cos\alpha + \sigma_x dA_x \sin\alpha - \tau_{yx} dA_y \sin\alpha - \sigma_y dA_y \cos\alpha = 0 \quad \text{（d）}$$

把式（a）、式（b）代入式（c）和式（d），并注意到，$\tau_{xy} = \tau_{yx}$，就可从式（c）和式（d）解出 σ_α 和 τ_α，得

$$\sigma_\alpha = \sigma_x \cos^2\alpha + \sigma_y \sin^2\alpha - \tau_{xy} \sin 2\alpha \quad \text{（8.2-1）}$$

$$\tau_\alpha = (\sigma_x - \sigma_y)\sin\alpha\cos\alpha + \tau_{xy}(\cos^2\alpha - \sin^2\alpha) \quad \text{（8.2-2）}$$

注意到下面的三角关系式（e）和式（f）

$$\sin 2\alpha = 2\sin\alpha\cos\alpha, \quad \cos 2\alpha = \cos^2\alpha - \sin^2\alpha \quad \text{（e）}$$

$$\cos^2\alpha = \frac{1 + \cos 2\alpha}{2}, \quad \sin^2\alpha = \frac{1 - \cos 2\alpha}{2} \quad \text{（f）}$$

式（8.2-1）和式（8.2-2）可改写为

$$\sigma_\alpha = \frac{\sigma_x + \sigma_y}{2} + \frac{\sigma_x - \sigma_y}{2}\cos 2\alpha - \tau_{xy}\sin 2\alpha \quad \text{（8.2-3）}$$

$$\tau_\alpha = \frac{\sigma_x - \sigma_y}{2}\sin 2\alpha + \tau_{xy}\cos 2\alpha \quad \text{（8.2-4）}$$

式（8.2-3）和式（8.2-4）给出了斜截面上的应力分量与坐标面上应力分量之间的关系，是求斜截面上应力分量的重要公式。

*8.2.3　平面应力的转换

图 8.2-4（a）是两个平面直角坐标系 oxy 和 $ox'y'$，x 轴和 x' 轴的交角为 α。一点 k 处的应力状态既可在 oxy 坐标系（z 轴垂直于纸面方向指向读者）下表示，应力分量为 σ_x、σ_y、τ_{xy}，见图 8.2-4（b），也可在 $ox'y'$ 坐标系（z' 轴与 z 轴重合）下表示，应力分量为 $\sigma_{x'}$、$\sigma_{y'}$、$\tau_{x'y'}$，见图 8.2-4（c）。

因为 σ_x、σ_y、τ_{xy} 和 $\sigma_{x'}$、$\sigma_{y'}$、$\tau_{x'y'}$ 都代表同一点的应力状态，所以这两组应力分量之间应有一定的关系。比较图 8.2-3 和图 8.2-4 可以看出，x' 斜截面上的应力分量与 α 斜截面上的应力分量是相同的，即

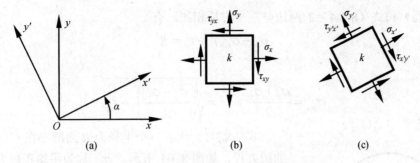

图 8.2-4 一点处应力状态在不同坐标系的表示

$$\sigma_{x'} = \frac{\sigma_x + \sigma_y}{2} + \frac{\sigma_x - \sigma_y}{2}\cos2\alpha - \tau_{xy}\sin2\alpha \qquad (8.2\text{-}5)$$

$$\tau_{x'y'} = \frac{\sigma_x - \sigma_y}{2}\sin2\alpha + \tau_{xy}\cos2\alpha \qquad (8.2\text{-}6)$$

而 y' 斜截面上的正应力 $\sigma_{y'}$ 可由式（8.2-3）求出，只要把式（8.2-3）右端的 α 用 $\alpha + (\pi/2)$ 代替即得

$$\sigma_{y'} = \frac{\sigma_x + \sigma_y}{2} + \frac{\sigma_x - \sigma_y}{2}\cos(2\alpha + \pi) - \tau_{xy}\sin(2\alpha + \pi) \qquad （a）$$

式（a）就是

$$\sigma_{y'} = \frac{\sigma_x + \sigma_y}{2} - \frac{\sigma_x - \sigma_y}{2}\cos2\alpha + \tau_{xy}\sin2\alpha \qquad (8.2\text{-}7)$$

y' 斜截面上的切应力 $\tau_{y'x'}$ 可由式（8.2-4）求出，但在把式（8.2-4）右端的 α 用 $\alpha + (\pi/2)$ 代替之后，还要把左端的 τ_α 换成 $-\tau_{y'x'}$，结果是

$$\tau_{y'x'} = \frac{\sigma_x - \sigma_y}{2}\sin2\alpha + \tau_{xy}\cos2\alpha \qquad (8.2\text{-}8)$$

可见式（8.2-8）和式（8.2-4）右端是相同的。

把式（8.2-5）和式（8.2-7）两边的对应项相加，得到

$$\sigma_{x'} + \sigma_{y'} = \sigma_x + \sigma_y \qquad (8.2\text{-}9)$$

对于一般情况下的三向应力状态（见图 8.2-1），式（8.2-9）也成立，即

$$\sigma_{x'} + \sigma_{y'} + \sigma_{z'} = \sigma_x + \sigma_y + \sigma_z \qquad (8.2\text{-}10)$$

式（8.2-10）说明，微小正六面体上互相垂直截面上的正应力分量之和与该微小正六面体的取向无关。通常把互相垂直截面上的正应力分量之和称为应力分量的第一不变量，用 I_1 表示。

8.3 应　力　圆

8.3.1 应力圆方程

式（8.2-3）和式（8.2-4）是一个圆关于斜截面方位角 α 的参数方程。事实上，把式（8.2-3）改写成

$$\sigma_\alpha - \frac{\sigma_x + \sigma_y}{2} = \frac{\sigma_x - \sigma_y}{2}\cos2\alpha - \tau_{xy}\sin2\alpha \qquad （a）$$

将式（a）和式（8.2-4）的两边分别平方后相加，有

$$(\sigma_\alpha - \sigma_{\text{ave}})^2 + \tau_\alpha^2 = R^2 \tag{8.3-1}$$

其中

$$\sigma_{\text{ave}} = \frac{\sigma_x + \sigma_y}{2}, \quad R = \sqrt{\left(\frac{\sigma_x - \sigma_y}{2}\right)^2 + \tau_{xy}^2} \tag{8.3-2}$$

式（8.3-1）代表一个半径为 R 而圆心在 C（σ_{ave}，0）的圆方程，如图 8.3-1 所示。σ_{ave} 称为**平均正应力**。

下面将要说明，这个圆上任何一点 M 的坐标 σ_M 和 τ_M 将与单元体上某一斜截面上的应力分量 σ_α 和 τ_α 一一对应，因此称为**应力圆**。首次引入这个圆进行应力分析的是德国工程师莫尔［Mohr（1835～1918 年）］，故又称为莫尔（Mohr）圆。

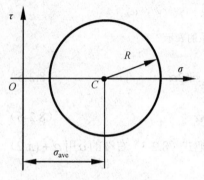

图 8.3-1　应力圆

8.3.2　应力圆的画法

借助于应力圆进行应力分析时，通常不是根据圆心 $C(\sigma_{\text{ave}},0)$ 和半径 R 作应力圆，而是由 x 面上的应力分量 σ_x、τ_{xy} 和 y 面上的应力分量 σ_y、τ_{yx} 在 $\sigma\text{-}\tau$ 坐标系中的对应点直接画出应力圆。设 x 面的应力分量在 $\sigma\text{-}\tau$ 中的对应点为 $X(\sigma_x, \tau_{xy})$，y 面上的应力分量的对应点为 $Y(\sigma_y, \tau_{yx})$，以点 X 和点 Y 的连线为直径所画的圆就是应力圆，见图 8.3-2（b）。从图 8.3-2（b）不难看出，这个圆的半径是 R，而圆心在 C。为便于说明问题，记半径 CX 与正应力轴线的夹角为 $2\alpha_{\text{p}}$。下面将会看到，α_{p} 其实是最大应力 σ_{max} 所在截面与单元体的 x 正面之间的夹角。

下面说明如何确定任意 α 斜截面上的应力分量 σ_α、τ_α 在应力圆上的对应点 $D(\sigma_D, \tau_D)$。对于图 8.3-2（a）所示的单元体，α 面是从 x 面逆时针旋转 α 角度得到的，而在应力圆上，与 α 面对应的 D 点就是从点 X 沿圆周逆时针旋转 2α 角度得到的，见图 8.3-2（b）。

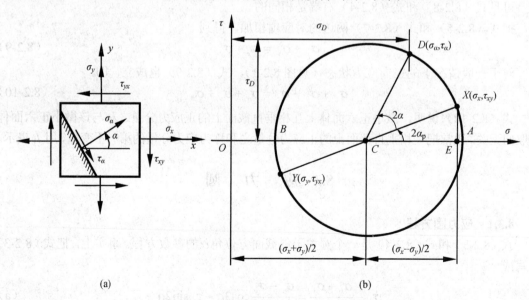

(a)　　　　　　　　　　　　　　　　(b)

图 8.3-2　单元体和应力圆的对应关系

事实上

$$\sigma_D = \overline{OC} + \overline{CD}\cos(2\alpha_p + 2\alpha) = \overline{OC} + \overline{CX}\cos(2\alpha_p + 2\alpha)$$
$$= \overline{OC} + (\overline{CX}\cos 2\alpha_p)\cos 2\alpha - (\overline{CX}\sin 2\alpha_p)\sin 2\alpha \tag{a}$$
$$= \frac{\sigma_x + \sigma_y}{2} + \frac{\sigma_x - \sigma_y}{2}\cos 2\alpha - \tau_{xy}\sin 2\alpha = \sigma_\alpha$$

同理可得

$$\tau_D = \overline{CD}\sin(2\alpha_p + 2\alpha) = \tau_\alpha \tag{b}$$

从上面由应力圆求斜截面应力分量的方法可知，由于 α 是任意的，故单元体上任意斜截面上的应力分量与应力圆上的点具有一一对应、夹角 2 倍、转向一致的关系，并且要注意点与面对应的基准。不难得到以下结论：与单元体上互相垂直截面上应力分量对应的两点必在相应应力圆上某一直径的两端。

8.4　极值应力与主应力

根据平面应力状态的应力圆极易求出单元体内的最大应力、最小应力及其所在的截面。图 8.4-1（a）为平面应力状态的应力圆，点 A 对应的正应力最大，切应力为零，点 B 对应的正应力最小，切应力为零，最大、最小正应力分别为

$$\left.\begin{array}{c}\sigma_{max}\\\sigma_{min}\end{array}\right\} = \overline{OC} \pm \overline{CA} = \frac{\sigma_x + \sigma_y}{2} \pm \sqrt{\left(\frac{\sigma_x - \sigma_y}{2}\right)^2 + \tau_{xy}^{\ 2}} \tag{8.4-1}$$

而最大正应力所在截面的方位角 α_p 则由下式确定，即

$$\tan 2\alpha_p = -\frac{\overline{XF}}{\overline{CF}} = -\frac{\tau_{xy}}{(\sigma_x - \sigma_y)/2} = -\frac{2\tau_{xy}}{\sigma_x - \sigma_y} \tag{8.4-2}$$

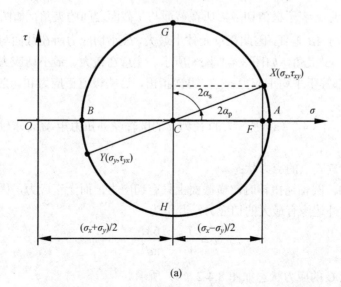

(a)

图 8.4-1　单元体和应力圆的关系（一）

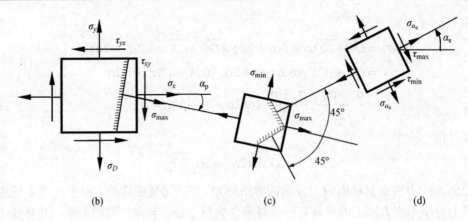

图 8.4-1　单元体和应力圆的关系（二）

由图 8.4-1（a）可知，$2\alpha_p$ 是从点 X 沿圆周顺时针转到点 A 所形成的角度，应为负值，故式（8.4-2）中有负号出现。最大正应力所在截面的外法线与 x 正面的外法线之间的夹角为 α_p，或者说，最大正应力所在截面与 x 正面之间的夹角为 α_p，见图 8.4-1（b）。注意到点 A 和点 B 位于应力圆上同一直径的两端，故最大与最小正应力所在截面必定互相垂直，如图 8.4-1（c）所示。

图 8.4-1（a）还表明，应力圆的最高点 G 对应着最大切应力，最低点 H 对应着最小切应力，最大切应力和最小切应力在数值上等于应力圆的半径，即

$$\left.\begin{array}{r}\tau_{max}\\\tau_{min}\end{array}\right\}=\pm\overline{CG}=\pm R=\pm\sqrt{\left(\frac{\sigma_x-\sigma_y}{2}\right)^2+\tau_{xy}^{\ 2}} \tag{8.4-3}$$

其作用平面由下式确定，即

$$\tan2\alpha_s=\frac{\sigma_x-\sigma_y}{2\tau_{xy}} \tag{8.4-4}$$

式（8.4-4）中的 α_s 表示极值切应力所在截面与 x 截面之间的夹角，如图 8.4-1（d）所示。

由于线段 $\overline{GH}$ 与 $\overline{AB}$ 垂直，因此在单元体上最大、最小切应力所在截面与极值正应力 σ_{max} 和 σ_{min} 所在截面成 45°夹角，如图 8.4-1（c）所示。注意在最大、最小切应力所在截面上还有正应力 σ_{α_s}，其值都等于平均正应力 σ_{ave}。再次指出，这些极值正应力和切应力都位于与 z 轴平行的斜截面上。

【例 8.4-1】　如图 8.4-2（a）所示，直径为 d 的圆轴受外扭力矩 M_e，求轴内的极值正应力和极值切应力。

解　（1）确定危险点的应力状态。

由第 4 章可知，圆轴纯扭转时，横截面上只有切应力，而无正应力，因而受纯剪切应力状态，在横截面的外边缘有最大的切应力，其值为

$$\tau=\frac{T}{W_p}=\frac{16M_e}{\pi d^3}$$

离读者最近点 C 的应力状态如图 8.4-2（b）所示。

（2）极值应力分析。

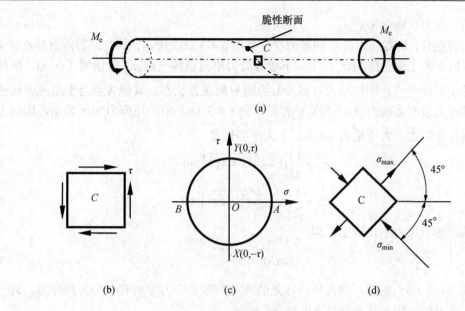

图 8.4-2　纯剪切应力状态的主应力

对应于点 C 的应力状态的应力圆如图 8.4-2（c）所示。由应力圆可见，极值拉应力和极值压应力分别为

$$\sigma_{t,max} = \sigma_A = \tau = \frac{16M_e}{\pi d^3} , \quad \sigma_{c,max} = -\sigma_B = |-\tau| = \frac{16M_e}{\pi d^3}$$

极值拉应力 $\sigma_{t,max}$ 等于最大切应力，发生在与轴线成 45° 倾角的螺旋截面上。

（3）圆轴扭转破坏分析。

对于脆性材料，如果最大拉应力首先超过材料的极限拉应力，将发生垂直于 45° 斜截面方向的断裂破坏，如图 8.4-2（a）中虚线所示；对于塑性材料，如果最大切应力首先达到材料的极值切应力，将发生沿横截面的屈服破坏。低碳钢和灰口铸铁圆轴扭转试验的结果证实了上述论断。

【例 8.4-2】　图 8.4-3（a）所示矩形截面简支梁受分布力 q 作用。试分析任意横截面 m-m 上 a、b、c、d、e 各点处应力的变化情况。

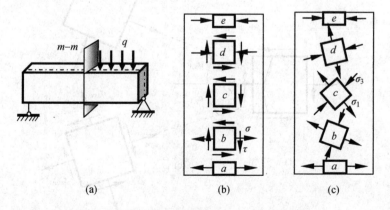

图 8.4-3　简支梁内沿截面高度各点的应力状态

解 （1）应力状态分析。

梁横力弯曲时，横截面上各点的应力状态如图8.4-3（b）所示，其共同的特点是没有（或忽略了）纵向截面上的正应力 σ_y。上、下边缘处为单向拉伸（点 a）或压缩（点 e），横截面就是它们的主平面之一，中性轴上（点 c）为纯剪切应力状态。其他各点为平面应力状态，由于纵向截面上没有正应力 σ_y，为简单起见，图8.4-3（b）中的正应力用 σ 表示，切应力用 τ 表示，则各点的主应力［见式（8.4-1）］大小必然是

$$\sigma_1 = \frac{1}{2}\left(\sigma + \sqrt{\sigma^2 + 4\tau^2}\right) > 0 \tag{a}$$

$$\sigma_3 = \frac{1}{2}\left(\sigma - \sqrt{\sigma^2 + 4\tau^2}\right) < 0 \tag{b}$$

所在截面的方位由下式确定，即

$$\tan 2a_p = -\frac{2\tau}{\sigma} \tag{c}$$

式（a）和式（b）表明，梁内任一点处的两个非零主应力中必有一个为拉应力，另一个为压应力，各点的主应力状态如图8.4-3（c）所示。

（2）主应力迹线。

如果把梁分成若干个微段，求出每一个微段沿横截面高度的主应力状态［见图8.4-3（c）］，就可以绘制出两组曲线。在一组曲线上，各点的切向即对应点的主拉应力方向，在另一组曲线上，各点的切向即对应点的主压应力方向。因为一点处的主应力是互相垂直的，所以这两组曲线相交时必定是互相垂直的。这两组曲线称为梁的**主应力迹线**。

在钢筋混凝土梁中，配筋的原则要求钢筋沿主拉应力方向，使得钢筋主要承受拉应力，从而充分发挥钢筋承拉的性能特长，弥补混凝土不宜承拉的性能弱点，达到提高钢筋混凝土梁承载能力的目的。

【例 8.4-3】 平面应力状态见图8.4-4（a）。已知 $\sigma_x = 8\text{MPa}$，最大正应力 $\sigma_{max} = 10\text{MPa}$，求切应力 τ_{xy} 和最大切应力。

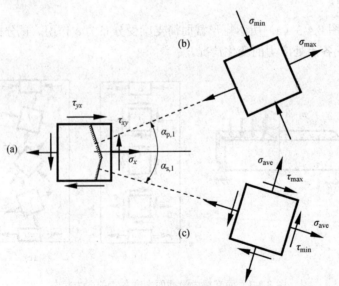

图 8.4-4　最大应力和应力分量的相互关系

解 （1）确定单元体的应力状态。

由图 8.4-4（a）知，$\sigma_y = 0$，最大正应力 $\sigma_{\max}$ 与应力分量之间的关系式为

$$\sigma_{\max} = \frac{\sigma_x}{2} + \sqrt{\left(\frac{\sigma_x}{2}\right)^2 + \tau_{xy}^2}$$

由此得

$$\tau_{xy}^2 = \left(\sigma_{\max} - \frac{\sigma_x}{2}\right)^2 - \frac{\sigma_x^2}{2} = (10-4)^2 - 4^2 = 20 \text{MPa}^2$$

所以

$$\tau_{xy} = -2\sqrt{5}\text{MPa} = -4.472\text{MPa}$$

这样，单元体的应力状态就完全确定了。

（2）求主应力。

由式（8.4-2）有

$$\tan 2\alpha_{\text{p}} = \frac{-2\tau_{xy}}{\sigma_x - \sigma_y} = \frac{2 \times 4.472\text{MPa}}{8\text{MPa} - 0} = 1.1175$$

$$2\alpha_{\text{p}} = 48.176° \text{ 和 } 48.176° + 180° = 228.19°$$

由此得到对应于两个极值正应力的方位角为

$$\alpha_{\text{p},1} = 24.1°，\quad \alpha_{\text{p},2} = 114.1°$$

由式（8.2-3）得

$$\sigma_{\alpha_{\text{p},1}} = \frac{8}{2} + \frac{8}{2} \times \cos 48.1° - (-4.472) \times \sin 48.1° = 10\text{MPa}$$

$$\sigma_{\alpha_{\text{p},2}} = \frac{8}{2} + \frac{8}{2} \times \cos 228.2° - (-4.472) \times \sin 228.2° = -2\text{MPa}$$

极值正应力为

$$\sigma_{\max} = 10\text{MPa}，\quad \sigma_{\min} = -2\text{MPa}$$

（3）求极值切应力。

极值切应力所在的截面由下式确定

$$\tan 2\alpha_{\text{s}} = \frac{\sigma_x - \sigma_y}{2\tau_{xy}} = \frac{8\text{MPa} - 0}{2 \times (-4.472\text{MPa})} = -0.895$$

$$2\alpha_{\text{s}} = -41.81° \text{ 和 } 138.19°$$

$$\alpha_{\text{s},1} = -20.90°，\quad \alpha_{\text{s},2} = 69.09°$$

把上面求得的方位角 $\alpha_{\text{s},1}$ 和 $\alpha_{\text{s},2}$ 代入式（8.2-4），得

$$\tau_{\alpha_{\text{s},1}} = \frac{8}{2} \times \sin(-41.81°) + (-4.472) \times \cos(-41.81°) = -6\text{MPa}$$

$$\tau_{\alpha_{\text{s},2}} = \frac{8}{2} \times \sin 138.19° + (-4.472) \times \cos 138.19° = 6\text{MPa}$$

极值切应力所对应的单元体示于图 8.4-4（c）。不难发现，$\alpha_{\text{p},1} - \alpha_{\text{s},1} = 45.0°$，这验证了最大正应力所在截面与最大切应力所在截面夹 45° 角的结论。

上面给出了求极值应力的基本方法。求极值应力的另一种方法是首先由式（8.4-1）和式（8.2-3）求出极值应力的大小，然后由式（8.4-2）和式（8.4-4）得到相应极值应力的方位角，而究竟哪个方位角对应着哪个极值应力则需要借助于应力圆判定。建议读者用这一方法再解此题。

8.5 三向应力状态的最大应力

前面各节所讨论的都是平面应力状态，而且斜截面都是垂直于微小单元体的自由表面。本节讨论三向应力状态和所有斜截面上的应力情况。

前已指出，对于一般的三向应力状态，存在唯一的主应力和主平面，所以研究三向主应力状态具有普遍意义。下面仅针对三向主应力状态进行讨论。

8.5.1 三向应力状态的应力圆

考虑图 8.5-1（a）所示主单元体。首先研究与 z 轴平行的斜截面上的应力。显然在与 z 轴平行的任意斜截面 $abcd$ 上的应力分量与 σ_3 无关，仅与 σ_1 和 σ_2 有关，见图 8.5-1（b）。由前面应力圆的作法，在 σ-τ 平面内，可作出由 σ_1 和 σ_2 确定的应力圆，圆心为 $C_{12}\,[0,\,(\sigma_1+\sigma_2)/2\,]$。此圆上点的坐标和单元体上与 z 轴平行截面上的应力分量一一对应，见图 8.5-2。

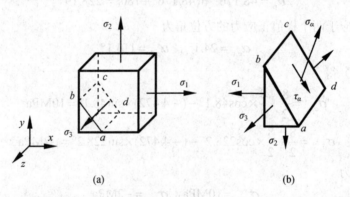

(a)   (b)

图 8.5-1 主单元体

同理，作出由 σ_2 和 σ_3 所确定的应力圆 $C_{23}\,[0,\,(\sigma_2+\sigma_3)/2\,]$，此圆上点的坐标和单元体上与 x 轴平行的截面上的应力分量一一对应；作出由 σ_1 和 σ_3 所确定的应力圆 $C_{13}\,[0,\,(\sigma_1+\sigma_3)/2\,]$，此圆上点的坐标和单元体上与 y 轴平行的截面上的应力分量一一对应。显然，单元体内还有更多的斜截面不在上述三组特殊的截面内，自然对应的应力也不在三个应力圆上。那么这些斜截面上的应力分量又如何呢？可以证明，这些斜截面上的正应力和切应力在 σ-τ 坐标面内对应的点必位于三圆所构成的阴影区域内部，如图 8.5-2 所示的任意点 k。

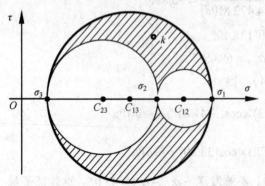

图 8.5-2 对应于主单元体的三向应力圆

8.5.2 单元体中的最大应力

由于任何不与三个坐标轴 x、y、z 平行的斜截面上的应力分量所对应的点必落在阴影区域内部（见图 8.5-2），故单元体中的正应力不会超过最大主应力 σ_1，也不会小于最小主应力 σ_3，所以最大正应力和最小正应力分别为

$$\sigma_{\max} = \sigma_1 \tag{8.5-1}$$

$$\sigma_{\min} = \sigma_3 \tag{8.5-2}$$

而最大切应力为

$$\tau_{\max} = \frac{\sigma_1 - \sigma_3}{2} \tag{8.5-3}$$

在单元体内，$\sigma_{\max}$ 和 $\sigma_{\min}$ 所在的截面是相互垂直的，而 $\tau_{\max}$ 所在截面与 σ_1、σ_3 所在截面成 45° 夹角。$\tau_{12} = (\sigma_1 - \sigma_2)/2$，$\tau_{23} = (\sigma_2 - \sigma_3)/2$ 和 $\tau_{13} = (\sigma_1 - \sigma_3)/2$ 分别称为**面内极值切应力**。

由式（8.5-3）可知，对于 $\sigma_1 \neq 0$，$\sigma_2 = \sigma_3 = 0$ 的单向应力状态，有

$$\tau_{\max} = \frac{\sigma_1}{2} \tag{a}$$

而对于 $\sigma_1 = \sigma_2 \neq 0$，$\sigma_3 = 0$ 的二向应力状态，也有

$$\tau_{\max} = \frac{\sigma_1}{2} \tag{b}$$

可见，两向等拉应力状态的最大切应力与等值的单向应力状态的最大切应力相同，但发生最大切应力的截面要比单向应力状态多一倍。

对于 $\sigma_1 = \sigma_2 = \sigma_3 = \sigma < 0$ 的三向等压应力状态，则有

$$\tau_{\max} = \tau_{\min} = 0 \tag{c}$$

这说明对于三向等压应力状态，单元体内不存在切应力。在这样的应力状态下，材料只存在体积的收缩，不可能发生剪切变形，没有形状的改变。

【**例 8.5-1**】　求图 8.5-3 所示应力状态的主应力、最大正应力和最大切应力（应力单位为 MPa）。

解　（1）已知，$\sigma_x = 80\text{MPa}$，$\sigma_y = 20\text{MPa}$，$\tau_{xy} = -35\text{MPa}$，$\sigma_z = 98\text{MPa}$。根据主应力状态是唯一的结论，可知 σ_z 必为一主应力。

（2）视 σ_x、σ_y 和 τ_{xy} 为一平面应力状态，可求出与之对应的两个极值正应力为

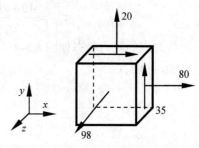

图 8.5-3　特殊的三向应力状态

$$\left.\begin{array}{c}\sigma_{\max}\\\sigma_{\min}\end{array}\right\} = \frac{\sigma_x + \sigma_y}{2} \pm \sqrt{\left(\frac{\sigma_x - \sigma_y}{2}\right)^2 + \tau_{xy}{}^2} = \begin{array}{c}96.1\text{MPa}\\3.9\text{MPa}\end{array}$$

这两个极值应力仅代表与 σ_z 平行的所有斜截面上的最大和最小正应力，而单元体所有截面上的最大正应力必须考虑 σ_z 的大小。

（3）按照主应力的排列顺序，有

$$\sigma_1 = 98\text{MPa}，\quad \sigma_2 = 96.1\text{MPa}，\quad \sigma_3 = 3.9\text{MPa}$$

单元体的最大正应力和最大切应力分别为

$$\sigma_{\max} = \sigma_1 = 98\text{MPa}$$

$$\tau_{\max} = \frac{\sigma_1 - \sigma_3}{2} = \frac{98\text{MPa} - 3.9\text{MPa}}{2} = 47.05\text{MPa}$$

【例 8.5-2】 变形体内一点的应力状态为图 8.5-4（a）、（b）所示应力状态的叠加。试求该点的主应力（应力单位为 MPa）。

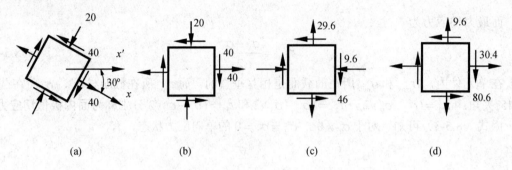

$$\text{(a)} \qquad\qquad \text{(b)} \qquad\qquad \text{(c)} \qquad\qquad \text{(d)}$$

图 8.5-4   一点处应力状态的叠加分析

解 （1）应力状态的叠加。

当一点处应力状态处于不同方位时，必须转换到相同，才能进行叠加。对图 8.5-4（a）所示坐标系，由式（8.2-5）、式（8.2-7）和式（8.2-8），得

$$\sigma_{x'} = \frac{40-20}{2} + \frac{40+20}{2}\cos 60° - 40\sin 60° = -9.6\text{MPa}$$

$$\sigma_{y'} = \frac{40-20}{2} - \frac{40+20}{2}\cos 60° + 40\sin 60° = 29.6\text{MPa}$$

$$\tau_{x'y'} = \frac{40+20}{2}\sin 60° + 40\cos 60° = 46.0\text{MPa}$$

对应的应力状态如图 8.5-4（c）所示。将图 8.5-4（b）和图 8.5-4（c）所示应力状态进行叠加，得

$$\sigma_{x'} = 40 - 9.6 = 30.4\text{MPa}$$

$$\sigma_{y'} = -20 + 29.6 = 9.6\text{MPa}$$

$$\tau_{x'y'} = 40 + 40.6 = 80.6\text{MPa}$$

对应的应力状态如图 8.5-4（d）所示。

（2）求主应力。

由式（8.4-1）得

$$\left.\begin{array}{c}\sigma_{\max}\\ \sigma_{\min}\end{array}\right\} = \frac{30.4+9.6}{2} \pm \sqrt{\left(\frac{30.4-9.6}{2}\right)^2 + 86^2} = \begin{array}{c}106.6\\ -66.6\end{array}\text{MPa}$$

$$\sigma_1 = 106.6\text{MPa}, \quad \sigma_2 = 0, \quad \sigma_3 = -66.6\text{MPa}$$

*8.6 平面应变状态分析

前面各节的分析表明，构件内部任意点处的应力分量随截面方位而改变，只要知道某一微小正六面体的应力分量，则其他任意截面上的应力分量就可完全确定。与应力状态的情况完全相似，构件内任意点的应变分量也随方位而改变，只要知道某一相互垂直方向的正应变和切应变，则其他任意方位的应变分量也能完全确定。

本节研究平面应力状态下一点处的面内应变，在材料力学中，习惯上把这样的变形状态称为平面应变。需要说明的是，在更深层次的变形体力学中，平面应变的含义是：若与 z 方向有关的三个应变分量 ε_z、γ_{yz}、γ_{zx} 恒为零，ε_x、ε_y 和 γ_{xy} 一般不为零，即变形仅在 xy 平面内发生，沿 z 方向没有应变，则称这样的应变状态为 xy 平面内的平面应变。可见，这样定义的平面应变与对应于平面应力状态的应变状态并不相同，因为在平面应力状态发生时，在 z 方向是有正应变的，即 ε_z 一般不为零〔见式（8.7-4）〕。

8.6.1 任意方向的应变分量

假如构件内给定点 k 的应变分量 ε_x、ε_y 和 γ_{xy} 为已知，则该点处沿任意方向的线应变可由 ε_x、ε_y 和 γ_{xy} 来表达，具体表达式推导如下。

图 8.6-1（a）表示边长为 $\mathrm{d}x$ 和 $\mathrm{d}y$ 的矩形微块 $kbcd$ 的变形情况。边 $\mathrm{d}x$ 的变形量为 $\varepsilon_x\mathrm{d}x$，$\mathrm{d}y$ 的变形量为 $\varepsilon_y\mathrm{d}y$，直角 $\angle akb$ 的切应变为 γ_{xy}。现在考察沿斜边 kc 方向的线应变 ε_α。设由 ε_x、ε_y 和 γ_{xy} 在斜边 kc 方向引起的应变分别为 $\varepsilon_{\alpha,x}$、$\varepsilon_{\alpha,y}$ 和 $\varepsilon_{\alpha,xy}$。在小变形的条件下，叠加原理成立，于是有

$$\varepsilon_l = \varepsilon_{\alpha,x} + \varepsilon_{\alpha,y} + \varepsilon_{\alpha,xy} \tag{a}$$

由单一应变分量 ε_x、ε_y 和 γ_{xy} 引起斜边 kc 的变形量分别如图 8.6-1（b）、（c）、（d）所示。于是斜边 kc 的总伸长 $\varepsilon_\alpha\mathrm{d}l$ 为由单一应变分量引起的变形量的代数和，即

$$\varepsilon_{\alpha,x}\mathrm{d}l + \varepsilon_{\alpha,y}\mathrm{d}l + \varepsilon_{\alpha,xy}\mathrm{d}l = \varepsilon_x\mathrm{d}x\cos\alpha + \varepsilon_y\mathrm{d}y\sin\alpha - \gamma_{xy}\mathrm{d}y\cos\alpha \tag{b}$$

注意到

$$\mathrm{d}x = \mathrm{d}l\cos\alpha, \quad \mathrm{d}y = \mathrm{d}l\sin\alpha \tag{c}$$

由式（a）～式（c），得到

$$\varepsilon_\alpha = \varepsilon_x\cos^2\alpha + \varepsilon_y\sin^2\alpha - \gamma_{xy}\cos\alpha\sin\alpha \tag{8.6-1}$$

或者

$$\varepsilon_\alpha = \frac{\varepsilon_x + \varepsilon_y}{2} + \frac{\varepsilon_x - \varepsilon_y}{2}\cos2\alpha - \frac{\gamma_{xy}}{2}\sin2\alpha \tag{8.6-2}$$

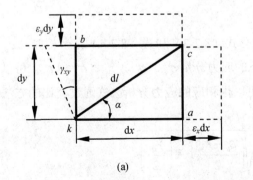
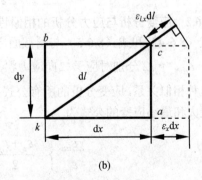

(a) (b)

图 8.6-1 一点处任意方向的应变与应变分量的关系（一）

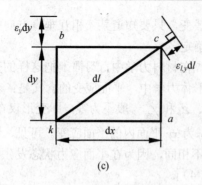 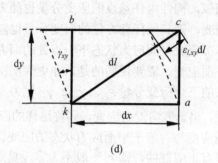

(c)   (d)

图 8.6-1   一点处任意方向的应变与应变分量的关系（二）

不难看出，只要把式（8.6-2）等号右端各项中的 α 替换成 $\alpha+90°$，稍作整理即可得到与 kc 垂直的微段 ke 沿 ke 方向的线应变 $\varepsilon_{\alpha+90°}$（见图 8.6-2），即

$$\varepsilon_{\alpha+90°} = \frac{\varepsilon_x + \varepsilon_y}{2} - \frac{\varepsilon_x - \varepsilon_y}{2}\cos2\alpha + \frac{\gamma_{xy}}{2}\sin2\alpha \qquad (8.6\text{-}3)$$

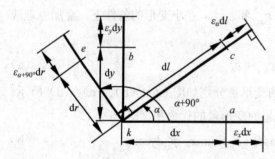

在图 8.6-1（a）所示的应变状态下，斜边 kc 不仅发生线应变 ε_α，还有微小的转动 φ_α，斜边 ke 不仅发生线应变 $\varepsilon_{\alpha+90°}$，还有微小的转动 $\varphi_{\alpha+90°}$，类似线应变 ε_α 和 $\varepsilon_{\alpha+90°}$ 的推导，可求得

$$\varphi_\alpha = (\varepsilon_x - \varepsilon_y)\cos\alpha\sin\alpha + \gamma_{xy}\sin^2\alpha \qquad (d)$$

$$\varphi_{\alpha+90°} = (\varepsilon_x - \varepsilon_y)\cos\alpha\sin\alpha + \gamma_{xy}\cos^2\alpha \qquad (e)$$

图 8.6-2   一点处相互正交方向的线应变 ε_α 和 $\varepsilon_{\alpha+90°}$

根据切应变的定义，直角 $\angle cke$ 的切应变 γ_α 为

$$\gamma_\alpha = \varphi_{\alpha+90°} - \varphi_\alpha \qquad (f)$$

把式（d）、式（e）代入式（f），有

$$\gamma_\alpha = (\varepsilon_x - \varepsilon_y)\sin2\alpha + \gamma_{xy}\cos2\alpha \qquad (8.6\text{-}4)$$

或者

$$\frac{\gamma_\alpha}{2} = \frac{\varepsilon_x - \varepsilon_y}{2}\sin2\alpha + \frac{\gamma_{xy}}{2}\cos2\alpha \qquad (8.6\text{-}5)$$

8.6.2 应变分析与应力分析的相似性

式（8.6-4）和式（8.6-5）与斜截面应力公式（8.2-3）和式（8.2-4）完全相似。ε_x、ε_y、$\gamma_{xy}/2$、ε_α、$\gamma_\alpha/2$ 分别对应于二向应力状态下的应力分量 σ_x、σ_y、τ_{xy}、σ_α 和 τ_α。可以证明，基于这种相似关系，应变分析的所有公式都可以由相应的应力分析公式通过类比的方法得到，例如最大和最小应变的公式为

$$\left.\begin{array}{r}\varepsilon_{\max}\\ \varepsilon_{\min}\end{array}\right\} = \frac{\varepsilon_x + \varepsilon_y}{2} \pm \sqrt{\left(\frac{\varepsilon_x - \varepsilon_y}{2}\right)^2 + \left(\frac{\gamma_{xy}}{2}\right)^2} \qquad (8.6\text{-}6)$$

其方位角 α_p 由下式确定，即

$$\tan 2\alpha_\mathrm{p} = -\frac{\gamma_{xy}}{\varepsilon_x - \varepsilon_y} \tag{8.6-7}$$

$\varepsilon_{\max}$、$\varepsilon_{\min}$ 是沿互相垂直方向的两个主应变。而最大切应变 $\gamma_{\max}$ 及其方位角 α_s 分别由下式确定，即

$$\gamma_{\max} = \sqrt{(\varepsilon_x - \varepsilon_y)^2 + \gamma_{xy}{}^2} \tag{8.6-8}$$

$$\tan 2\alpha_\mathrm{s} = \frac{\varepsilon_x - \varepsilon_y}{\gamma_{xy}} \tag{8.6-9}$$

应变分量转变公式为

$$\varepsilon_{x'} = \frac{\varepsilon_x + \varepsilon_y}{2} + \frac{\varepsilon_x - \varepsilon_y}{2}\cos\alpha - \frac{\gamma_{xy}}{2}\sin\alpha \tag{8.6-10a}$$

$$\varepsilon_{y'} = \frac{\varepsilon_x + \varepsilon_y}{2} - \frac{\varepsilon_x - \varepsilon_y}{2}\cos 2\alpha + \frac{\gamma_{xy}}{2}\sin 2\alpha \tag{8.6-10b}$$

$$r_{x'y'} = \frac{\varepsilon_x - \varepsilon_y}{2}\sin 2\alpha + \frac{\gamma_{xy}}{2}\cos 2\alpha \tag{8.6-10c}$$

与应力分析中的应力圆相对应，在应变分析中，也有应变圆。一点处不同方位的应变分量 ε_α、$\gamma_{xy}/2$ 与 $\varepsilon - \dfrac{\gamma}{2}$ 坐标平面内的应变圆上的点一一对应，具体应用不再赘述。

8.6.3　应变的实测

构件中的应力是不能直接测量的，只有通过间接的手段计算出来。比如测得构件表层某点的应变，确定了该点的应变状态，就可以通过应力-应变关系计算出应力分量。所以应变测量具有重要的意义，是解决工程实际问题的重要手段。

测量时，切应变不易测量，故通常选择三个特殊的方向 α_1、α_2 和 α_3，测量出相应方向上的正应变 ε_{α_1}、ε_{α_2} 和 ε_{α_3}。可建立下述三个方程式，即

$$\begin{aligned}
\varepsilon_{\alpha_1} &= \frac{\varepsilon_x + \varepsilon_y}{2} + \frac{\varepsilon_x - \varepsilon_y}{2}\cos 2\alpha_1 - \frac{\gamma_{xy}}{2}\sin 2\alpha_1 \\
\varepsilon_{\alpha_2} &= \frac{\varepsilon_x + \varepsilon_y}{2} + \frac{\varepsilon_x - \varepsilon_y}{2}\cos 2\alpha_2 - \frac{\gamma_{xy}}{2}\sin 2\alpha_2 \\
\varepsilon_{\alpha_3} &= \frac{\varepsilon_x + \varepsilon_y}{2} + \frac{\varepsilon_x - \varepsilon_y}{2}\cos 2\alpha_3 - \frac{\gamma_{xy}}{2}\sin 2\alpha_3
\end{aligned} \tag{8.6-11}$$

由此可解出应变分量 ε_x、ε_y 和 r_{xy}。

若取特殊的角度 $\alpha_1 = 0$，$\alpha_2 = 45°$ 和 $\alpha_3 = 90°$，则式（8.6-11）简化为

$$\varepsilon_x = \varepsilon_{0°}, \quad \varepsilon_y = \varepsilon_{90°}, \quad \gamma_{xy} = \varepsilon_{0°} + \varepsilon_{90°} - 2\varepsilon_{45°} \tag{8.6-12}$$

关于应变测量的技术，请参考有关试验应力分析方面的资料。

需要注意，上面进行平面应变分析所涉及的只是纯几何关系，与材料的性质无关。故在小变形的前提下，所得结论对线弹性材料和非线弹性材料都是成立的。

【例 8.6-1】 发现图 8.6-3 所示单元体在 x 方向收缩了 0.00050m/m，沿 y 方向伸长了 0.00030m/m，偏转了一个角度 $\alpha = 0.00060$rad。求主应变和主应变方向。

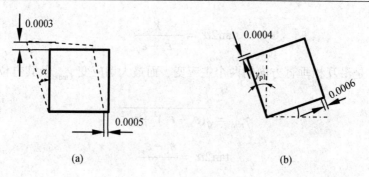

图 8.6-3　单元体的应变状态

解　（1）应变状态的确定。

题中给出的信息表明给定点的应变分量为

$$\varepsilon_x = -5\times10^{-4}, \quad \varepsilon_y = 3\times10^{-4}, \quad r_{xy} = +6\times10^{-4}$$

（2）求主应变。

由式（8.6-8）得

$$\tan2\alpha_p = -\frac{\gamma_{xy}}{\varepsilon_x - \varepsilon_y} = \frac{6\times10^{-4}}{(-5-3)\times10^{-4}} = \frac{3}{4}$$

$$2\alpha_p = +36.87° \text{ 和 } 216.85°$$

$$\alpha_{p,1} = +18.44°, \quad \alpha_{p,2} = +108.43°$$

由式（8.6-2）得

$$\varepsilon_{\alpha_{p,1}} = \left(\frac{-5+3}{2} + \frac{-5-3}{2}\times\cos36.87° - \frac{6}{2}\times\sin36.87°\right)\times10^{-4}$$

$$= -1 - 4\times0.8 - 3\times0.6 = -6.0\times10^{-4}$$

$$\varepsilon_{\alpha_{p,2}} = \left(\frac{-5+3}{2} + \frac{-5-3}{2}\times\cos216.87° - \frac{6}{2}\times\sin216.87°\right)\times10^{-4}$$

$$= -1 - 4\times(-0.8) - 3\times(-0.6) = 4\times10^{-5}$$

根据主应变的定义可知

$$\varepsilon_1 = \varepsilon_{\alpha_{p,2}} = 4\times10^{-5}, \quad \varepsilon_2 = \varepsilon_{\alpha_{p,1}} = -6\times10^{-4}$$

8.7　广 义 胡 克 定 律

在概述中，已经给出了单向和纯剪切应力状态的应力-应变之间的关系式（1.6-1）和（1.6-2）。本节给出复杂应力状态的应力-应变关系。

考虑图 8.7-1 所示沿三个互垂方向受单向应力状态的微小正六面体。

根据单向应力状态的胡克定律（见 1.6 节），对于各向同性材料，由于 σ_x 的作用，图 8.7-1（a）所示结构在 x 方向有正应变，即

$$\varepsilon_x' = \frac{\sigma_x}{E}$$

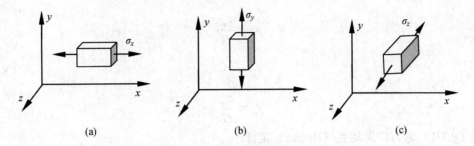

图 8.7-1　一点处受拉单元体

而在 y 和 z 方向，由于泊松效应，也分别有正应变

$$\varepsilon_y' = -\mu\varepsilon_x' = -\frac{\mu\sigma_x}{E}$$

$$\varepsilon_z' = -\mu\varepsilon_z' = -\frac{\mu\sigma_x}{E}$$

这里"撇号"表示正应力在不同方向引起的应变。可以证明，单元体各面上的正应力仅引起正应变，而不会引起切应变。

如果在 y 方向施加正应力 σ_y ［见图 8.7-1（b）］，产生的应变为

$$\varepsilon_x'' = -\mu\varepsilon_y'' = -\frac{\mu\sigma_y}{E}$$

$$\varepsilon_y'' = \frac{\sigma_y}{E}$$

$$\varepsilon_z'' = -\mu\varepsilon_y'' = -\frac{\mu\sigma_y}{E}$$

最后，在 z 方向施加正应力 σ_z ［见图 8.7-1（c）］，产生的应变为

$$\varepsilon_x''' = -\mu\varepsilon_z''' = -\frac{\mu\sigma_z}{E}$$

$$\varepsilon_y''' = -\mu\varepsilon_z''' = -\frac{\mu\sigma_z}{E}$$

$$\varepsilon_z''' = \frac{\sigma_z}{E}$$

可以证明，对各向同性材料，即使在单元体上有切应力存在，切应力也不会引起相应方向的正应变，仅仅引起相应的切应变。所以，叠加想 x、y、z 三个方向正应力作用所产生的应变，得到下面的正应力-正应变关系，即

$$\varepsilon_x = \frac{1}{E}[\sigma_x - \mu(\sigma_y + \sigma_z)]$$

$$\varepsilon_y = \frac{1}{E}[\sigma_y - \mu(\sigma_x + \sigma_z)] \tag{8.7-1a}$$

$$\varepsilon_z = \frac{1}{E}[\sigma_z - \mu(\sigma_x + \sigma_y)]$$

而切应力和切应变之间的关系为

$$\gamma_{xy} = \frac{\tau_{xy}}{G}$$

$$\gamma_{yz} = \frac{\tau_{yz}}{G}$$

$$\gamma_{zx} = \frac{\tau_{zx}}{G}$$

（8.7-1b）

式（8.7-1）称为**广义胡克（Hooke）定律**。

如果 $\sigma_z = \tau_{xy} = \tau_{xz} = 0$，则应力状态简化为平面应力状态（见图 8.7-2）。微体的变形状态如图 8.7-2（b）所示，式（8.7-1）简化为

$$\varepsilon_x = \frac{1}{E}(\sigma_x - \mu\sigma_y)$$

$$\varepsilon_y = \frac{1}{E}(\sigma_y - \mu\sigma_x)$$

（8.7-2a）

$$\gamma_{xy} = \frac{\tau_{xy}}{G}$$

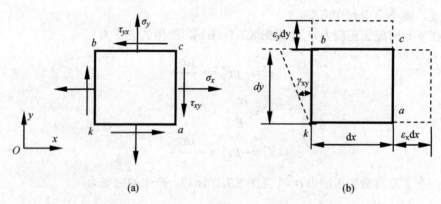

(a)　　　　　　　　　　　　　　(b)

图 8.7-2　平面应力状态

此时，z 方向的正应变为

$$\varepsilon_z = -\frac{\mu}{E}(\sigma_y + \sigma_x)$$

（8.7-2b）

对主应力状态，式（8.7-2）成为

$$\varepsilon_1 = \frac{1}{E}(\sigma_1 - \mu\sigma_2)$$

$$\varepsilon_2 = \frac{1}{E}(\sigma_2 - \mu\sigma_1)$$

（8.7-3）

$$\varepsilon_3 = -\frac{\mu}{E}(\sigma_1 + \sigma_2)$$

也可以由应变来表达应力，例如从式（8.7-3）解出主应力，则有

$$\sigma_1 = \frac{E}{1-\mu^2}(\varepsilon_1 + \mu\varepsilon_2)$$

（8.7-4）

$$\sigma_2 = \frac{E}{1-\mu^2}(\varepsilon_2 + \mu\varepsilon_1)$$

注意，由式（8.7-4）给出的主应力大小顺序只是就相应平面内的主应力而言，并没有考虑 $\sigma_z = 0$。

应力-应变关系式是可变形固体力学的基本方程之一，是联系应力与应变的桥梁。下面给出几个例题，说明广义胡克定律的应用。

【例 8.7-1】 用直角应变花在一个钢制构件上某点测得 $\varepsilon_{0°} = 0.00050$，$\varepsilon_{45°} = -0.0002$ 和 $\varepsilon_{90°} = -0.00030$。假设 $E = 200 \times 10^3 \text{MPa}$，$\mu = 0.3$，求该点的主应力。

解　（1）确定应变状态。

根据式（8.6-12）有

$$\varepsilon_x = 5 \times 10^{-4}$$

$$\varepsilon_y = -3 \times 10^{-4}$$

$$\gamma_{xy} = \varepsilon_{0°} + \varepsilon_{90°} - 2\varepsilon_{45°} = [(5-3) - 2(-2)] \times 10^{-4} = 6 \times 10^{-4}$$

（2）确定主应变。

由式（8.6-7）可知

$$\varepsilon_1 = \left[\frac{5-3}{2} + \sqrt{\left(\frac{5-(-3)}{2}\right)^2 + \left(\frac{6}{2}\right)^2} \right] \times 10^{-4} = 6 \times 10^{-4}$$

$$\varepsilon_2 = \left[\frac{5-3}{2} - \sqrt{\left(\frac{5-(-3)}{2}\right)^2 + \left(\frac{6}{2}\right)^2} \right] \times 10^{-4} = -4 \times 10^{-4}$$

（3）确定主应力。

由式（8.7-4）可知

$$\sigma_1 = \frac{E}{1-\mu^2}(\varepsilon_1 + \mu\varepsilon_2) = \frac{200 \times 10^3 \text{ MPa}}{1 - 0.3^2} \times [6 \times 10^{-4} + 0.3 \times (-4 \times 10^{-4})]$$

$$= 105.5 \text{MPa}$$

$$\sigma_2 = \frac{E}{1-\mu^2}(\varepsilon_2 + \mu\varepsilon_1) = \frac{200 \times 10^3 \text{ MPa}}{1 - 0.3^2} \times [-4 \times 10^{-4} + 0.3 \times (6 \times 10^{-4})]$$

$$= -48.3 \text{MPa}$$

【例 8.7-2】 一槽形刚体的槽深和槽宽均为 10mm，其内放置一边长 a=10mm 的正方体钢块，钢块顶面受合力 F=10kN 的均布压力，见图 8.7-3。试求钢块的三个主应力和三个主应变。已知弹性模量 E=200GPa，μ=0.30。

解　（1）应力分析。

钢块内任意点的应力状态为

$$\sigma_z = \frac{-F}{a^2} = \frac{-10000 \text{N}}{100 \text{mm}^2} = -100 \text{MPa}, \quad \sigma_x = 0 \tag{a}$$

$$\sigma_y \text{ 为未知}$$

（2）应变分析。

由于钢块在 y 方向被约束，不能发生变形，考虑到胡克定律，钢块内任意点的应变状态为

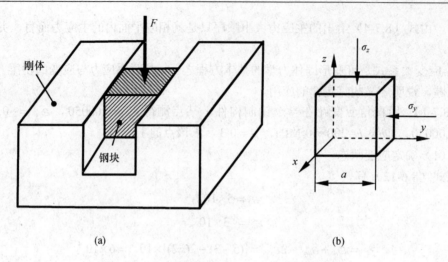

图 8.7-3　处于刚性槽内的正方形钢块的应力状态

$$\varepsilon_y = \frac{\sigma_y - \mu\sigma_z}{E} = 0, \quad \varepsilon_x = \frac{0 - \mu(\sigma_y + \sigma_z)}{E}, \quad \varepsilon_z = \frac{\sigma_z - \mu\sigma_y}{E} \qquad （b）$$

由于在 y 方向的应变总是保持为零，因此应变只能在 xz 平面内产生。

由式（b）的第一式得

$$\sigma_y = \mu\sigma_z = 0.3 \times (-100\mathrm{MPa}) = -30\mathrm{MPa} \qquad （c）$$

于是由式（b）的第二、三式得

$$\varepsilon_x = \frac{0 - \mu(\sigma_z + \sigma_y)}{E} = \frac{-0.3 \times (-100\mathrm{MPa} - 30\mathrm{MPa})}{200 \times 10^3\mathrm{MPa}} = 1.99 \times 10^{-4} \qquad （d）$$

$$\varepsilon_z = \frac{\sigma_z - \mu\sigma_y}{E} = \frac{-100\mathrm{MPa} - 0.3 \times (-30\mathrm{MPa})}{200 \times 10^3\mathrm{MPa}} = -4.55 \times 10^{-4} \qquad （e）$$

（3）求主应力和主应变。

根据主应力和主应变的定义，易得

$$\sigma_1 = 0, \quad \sigma_2 = -30\mathrm{MPa}, \quad \sigma_3 = -100\mathrm{MPa}$$

$$\varepsilon_1 = 1.99 \times 10^{-4}, \quad \varepsilon_2 = 0, \quad \varepsilon_3 = -4.55 \times 10^{-4}$$

可见，主应力和主应变的方向相同。事实上，可以证明，对于各向同性材料，其主应力和主应变的方向是一致的。

【例 8.7-3】　一槽形刚体内放置一边长 a=10mm 的正方体钢块，槽形刚体与钢块之间有微小间隙 $\delta = 0.0005\mathrm{mm}$，钢块顶面受合力 F=10kN 的均布压力，见图 8.7-4。试求钢块的三个主应力和三个主应变。已知弹性模量 E=200GPa，μ=0.30。

解　（1）先考虑钢块仅受竖直压缩的情况。

应力状态为

$$\sigma_z = \frac{-F}{a^2} = \frac{-10000\mathrm{N}}{100\mathrm{mm}^2} = -100\mathrm{MPa}, \quad \sigma_x = \sigma_y = 0$$

应变状态为

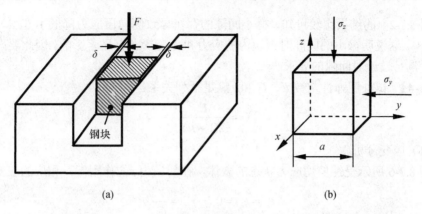

图 8.7-4　处于刚性槽内有间隙的正方形钢块

$$\varepsilon_{z1} = \frac{\sigma_z}{E} = \frac{-100\text{MPa}}{200\times10^3\text{MPa}} = -5.0\times10^{-4}$$

$$\varepsilon_{x1} = \varepsilon_{y1} = -\mu\varepsilon_z = -0.3\times(-5.0\times10^{-4}) = 1.5\times10^{-4}$$

沿 y 方向的膨胀量为

$$\Delta a = a\varepsilon_{y1} = 10\times1.5\times10^{-4}\text{mm} = 1.5\times10^{-3}\text{mm} > 2\delta = 1\times10^{-3}\text{mm} \tag{a}$$

由于钢块自由膨胀量$\Delta\alpha$大于总间隙2δ，因此侧向接触应力σ_y是存在的。

（2）考虑钢块和刚性槽侧面有接触应力的情况。

假设钢块的变形是均匀的，因此整个钢块的应力状态和单元体应力状态是相同的，见图 8.7-4（b）。应力状态为

$$\sigma_z = \frac{-F}{a^2} = \frac{-10000\text{N}}{100\text{mm}^2} = -100\text{MPa}, \quad \sigma_x = 0 \tag{a}$$
$$\sigma_y \text{ 为未知}$$

应变状态为

$$\varepsilon_y = \frac{2\delta}{a} = \frac{0.001}{10} = 1.0\times10^{-4}, \quad \varepsilon_x \text{和} \varepsilon_z \text{为未知} \tag{b}$$

由胡克定律，有

$$\varepsilon_y = \frac{\sigma_y - \mu\sigma_z}{E}, \quad \varepsilon_x = \frac{-\mu(\sigma_y + \sigma_z)}{E}, \quad \varepsilon_z = \frac{\sigma_z - \mu\sigma_y}{E} \tag{c}$$

把式（b）代入式（c），得

$$\sigma_y = E\varepsilon_y + \mu\sigma_z = 200\times10^3\text{MPa}\times10^{-4} - 0.3\times100\text{MPa} = -10\text{MPa} \tag{d}$$

$$\varepsilon_z = \frac{-100\text{MPa} + 0.3\times10\text{MPa}}{200\times10^3\text{MPa}} = -4.85\times10^{-4} \tag{e}$$

$$\varepsilon_y = \frac{-0.3\times(-10-100)\text{MPa}}{200\times10^3\text{MPa}} = 1.65\times10^{-4} \tag{f}$$

主应力和主应变状态分别为

$$\sigma_1 = 0, \quad \sigma_2 = -10\text{MPa}, \quad \sigma_3 = -100\text{MPa}$$
$$\varepsilon_1 = 1.65\times10^{-4}, \quad \varepsilon_2 = 1.0\times10^{-4}, \quad \varepsilon_3 = -4.85\times10^{-4}$$

　　和［例 8.7-2］的结果比较可知，微小间隙的存在导致侧向压应力降低了 67%，竖向位移增大了约 7%。这说明微小的间隙对钢块内的应力和应变状态有显著影响。因此要严格控制间隙的大小，满足设计对间隙的要求。

【例 8.7-4】 试证明弹性常数 E、G 和 μ 满足下列关系：

$$G = \frac{E}{2(1+\mu)}$$

证 （1）应变分析。

考虑图 8.7-6 所示受纯剪切应力状态的微体。在切应力 τ 的作用下，相应的应变为

$$\varepsilon_x = \varepsilon_y = 0 , \quad \gamma_{xy} = \frac{\tau}{G}$$

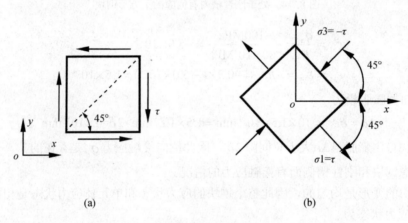

(a)   (b)

图 8.7-5　纯剪切应力状态

由式（8.6-5）得微体 45°方位的正应变为

$$\varepsilon_{45°} = -\frac{\gamma_{xy}}{2} = -\frac{\tau}{2G} \qquad (a)$$

（2）应力分析。

由式（8.4-1）和式（8.4-2）可知，图 8.7-6（a）所示应力状态的主应力为 $\sigma_1 = -\sigma_3 = \tau$，等同于图 8.7-6（b）。根据广义胡克定律，有

$$\varepsilon_{45°} = \frac{1}{E}(\sigma_3 - \mu\sigma_1) = -\frac{(1+\mu)\tau}{E} \qquad (b)$$

比较式（a）和式（b）可知

$$G = \frac{E}{2(1+\mu)}$$

本　章　要　点

1. 应力状态的概念

一般而言，物体受力后，同一截面上不同点处的应力各不相同，而同一点在不同方向截面上的应力也各不相同。过一点不同截面上应力的变化情况，称为一点处的应力状态。

在任意加载情况下，变形体内一点的应力状况将有 6 个应力分量 σ_x、σ_y、σ_z、τ_{xy}、τ_{yz}、τ_{zx} [见图 8.2-1（a）]，该点其他截面上的应力均可由这 6 个应力分量确定，并且必然存在唯一的主应力状态，即 σ_1、σ_2 和 σ_3 [见图 8.2-1（b）]，规定 $\sigma_1 \geqslant \sigma_2 \geqslant \sigma_3$。

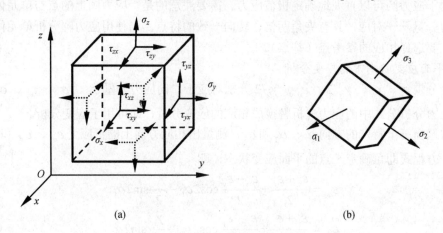

(a)　　　　　　　　　　　　　　　(b)

图 8.2-1　一点处应力状态的描述

2.　平面应力状态下的应力分析

α 斜截面上的应力分量为

$$\sigma_\alpha = \frac{\sigma_x + \sigma_y}{2} + \frac{\sigma_x - \sigma_y}{2}\cos 2\alpha - \tau_{xy}\sin 2\alpha \tag{8.2-3}$$

$$\tau_\alpha = \frac{\sigma_x - \sigma_y}{2}\sin 2\alpha + \tau_{xy}\cos 2\alpha \tag{8.2-4}$$

最大、最小正应力及其所在截面方位角 α_p 为

$$\left.\begin{array}{r}\sigma_{\max} \\ \sigma_{\min}\end{array}\right\} = \frac{\sigma_x + \sigma_y}{2} \pm \sqrt{\left(\frac{\sigma_x - \sigma_y}{2}\right)^2 + \tau_{xy}^{\ 2}} \tag{8.4-1}$$

$$\tan 2\alpha_p = -\frac{2\tau_{xy}}{\sigma_x - \sigma_y} \tag{8.4-2}$$

最大、最小切应力及其所在截面方位角 α_s 为

$$\left.\begin{array}{r}\tau_{\max} \\ \tau_{\min}\end{array}\right\} = \pm\sqrt{\left(\frac{\sigma_x - \sigma_y}{2}\right)^2 + \tau_{xy}^{\ 2}} \tag{8.4-3}$$

$$\tan 2\alpha_s = \frac{\sigma_x - \sigma_y}{2\tau_{xy}} \tag{8.4-4}$$

在进行平面应力状态分析时，要注意 α 的正负规定（从 x 方向逆转形成的角度为正）和 τ 的正负（对作用面内侧任意点产生顺时针方向力矩时为正）。式（8.4-1）中的 $\sigma_{\max}$ 是 xy 平面内的最大正应力，并不一定是最大主应力 σ_1，要确定该点的三个主应力，还应考虑 z 面内的主应力情况。同样，式（8.4-3）中的 $\tau_{\max}$ 仅是 xy 平面内的最大切应力，而该点的最大切应力应由式（8.5-3）确定，即

$$\tau_{\max} = \frac{\sigma_1 - \sigma_3}{2} \tag{8.5-3}$$

$\tau_{\max}$ 所在截面与 σ_1 和 σ_3 所在截面成 45° 夹角。

借助于应力圆可以直观地确定极值应力。需要注意的是，应力圆上的点与单元体斜截面上的应力分量一一对应，具有夹角两倍、转向一致的特点。当使用应力圆分析单元体的应力状态时，要选择相应的参考点（基点）。

3. 平面应变状态下的应变分析

应变分量 ε_x、ε_y、$\gamma_{xy}/2$、ε_α、$\gamma_\alpha/2$ 分别对应于二向应力分量 σ_x、σ_y、τ_{xy}、σ_α 和 τ_α。只要把应力分析公式中的应力分析替换成相应的应变分量，即可用于应变分析。

通常选择三个特殊的方向 α_1、α_2 和 α_3，测量出相应方向上的正应变 ε_{α_1}、ε_{α_2} 和 ε_{α_3}。由下述三个方程式即可确定一点的平面应变状态，即

$$\varepsilon_{\alpha_1} = \frac{\varepsilon_x + \varepsilon_y}{2} + \frac{\varepsilon_x - \varepsilon_y}{2} \cos 2\alpha_1 - \frac{\gamma_{xy}}{2} \sin 2\alpha_1$$

$$\varepsilon_{\alpha_2} = \frac{\varepsilon_x + \varepsilon_y}{2} + \frac{\varepsilon_x - \varepsilon_y}{2} \cos 2\alpha_2 - \frac{\gamma_{xy}}{2} \sin 2\alpha_2 \tag{8.6-11}$$

$$\varepsilon_{\alpha_3} = \frac{\varepsilon_x + \varepsilon_y}{2} + \frac{\varepsilon_x - \varepsilon_y}{2} \cos 2\alpha_3 - \frac{\gamma_{xy}}{2} \sin 2\alpha_3$$

由此可解出应变分量 ε_x、ε_y 和 γ_{xy}。

若取特殊的角度 $\alpha_1 = 0$、$\alpha_2 = 45°$ 和 $\alpha_3 = 90°$，则式（8.6-11）简化为

$$\varepsilon_x = \varepsilon_{0°}, \quad \varepsilon_y = \varepsilon_{90°}, \quad \gamma_{xy} = \varepsilon_{0°} + \varepsilon_{90°} - 2\varepsilon_{45°} \tag{8.6-12}$$

4. 各向同性材料的广义胡克定律

三向应力状态下的广义胡克定律为

$$\varepsilon_x = \frac{1}{E}[\sigma_x - \mu(\sigma_y + \sigma_z)]$$

$$\varepsilon_y = \frac{1}{E}[\sigma_y - \mu(\sigma_x + \sigma_z)] \tag{8.7-1a}$$

$$\varepsilon_z = \frac{1}{E}[\sigma_z - \mu(\sigma_x + \sigma_y)]$$

$$\gamma_{xy} = \frac{\tau_{xy}}{G}$$

$$\gamma_{yz} = \frac{\tau_{yz}}{G} \tag{8.7-1b}$$

$$\gamma_{zx} = \frac{\tau_{zx}}{G}$$

平面应力状态下的广义胡克定律为

$$\varepsilon_x = \frac{1}{E}(\sigma_x - \mu\sigma_y)$$

$$\varepsilon_y = \frac{1}{E}(\sigma_y - \mu\sigma_x) \tag{8.7-2a}$$

$$\gamma_{xy} = \frac{\tau_{xy}}{G}$$

$$\varepsilon_z = -\frac{\mu}{E}(\sigma_y + \sigma_x) \qquad (8.7\text{-}2b)$$

广义胡克定律是联系应力和应变的桥梁，是变形体力学分析的主要方程式。

本章的要点是求主应力。

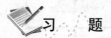
思　考　题

8.1　平面应力状态任一斜截面的应力公式是如何建立的？公式的成立与材料的行为和应力的范围（比如超出比例极限）是否有关系？

8.2　表示一点处应力状态的单元体是否唯一？在三个主应力皆不为零的情况下，主应力状态是否唯一？为什么分析主应力状态具有一般意义？

8.3　什么是平面应变状态？平面应变状态分析的有关公式与平面应力状态分析公式有何对应关系？

8.4　广义胡克定律是如何建立的？应用条件是什么？各向同性材料的主应变与主应力之间是否有关系？

8.5　应变能密度、体积应变能密度和畸变能密度是如何计算的？它们之间有什么关系？

习　题

8.1（8.1 节）　何为单向应力状态和二向应力状态？圆轴受扭时［见题图 8.1（a）］，轴表面各点处于何种应力状态？梁受横力弯曲时［见题图 8.1（b）］，梁顶、梁底及其他各点处于何种应力状态？

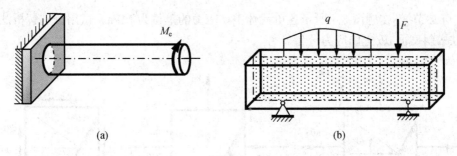

(a)　　　　　　　　　　　　　　(b)

题图 8.1

8.2（8.1 节）　构件如题图 8.2 所示。试确定危险点的位置，并用单元体表示危险点的应力状态。

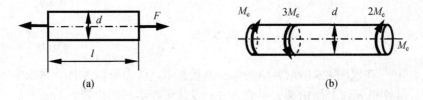

(a)　　　　　　　　　　　　　(b)

题图 8.2（一）

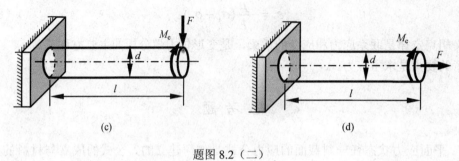

题图 8.2（二）

8.3（8.1 节） 简支梁的受力和尺寸如题图 8.3 所示，$M_e=80\text{kN·m}$，$F=160\text{kN}$。求 A、B 两点的应力分量，并用单元体表示。

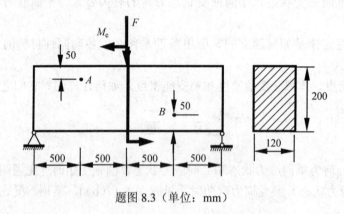

题图 8.3（单位：mm）

8.4（8.2 节） 在题图 8.4 所示各单元体中，应力的单位为 MPa。试用分别解析法和应力圆图解法求斜截面 ab 上的应力分量。

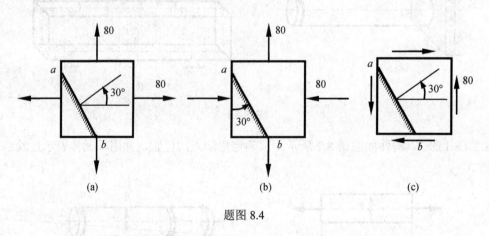

题图 8.4

8.5（8.4 节） 在题图 8.5 所示各单元体应力状态中，应力单位 MPa。试求主应力大小和主平面位置，并在单元体上绘出最大主应力方向及其所在主平面位置。

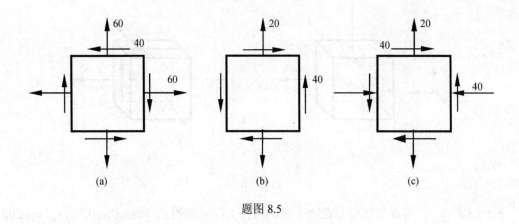

题图 8.5

8.6（8.4 节）　对题图 8.6 所示各单元体（应力单位为 MPa），试用解析法求解主应力、最大切应力的大小，并在单元体上示出最大主应力的方向。

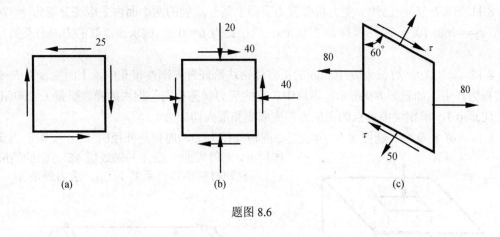

题图 8.6

8.7（8.5 节）　求题图 8.7 所示单元体的主应力和最大切应力（应力单位为 MPa）。

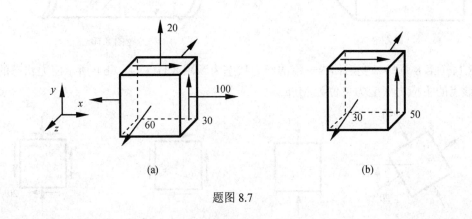

题图 8.7

8.8（8.5 节）　已知应力状态如题图 8.8 所示（应力单位为 MPa），试画三向应力圆，并求单元体的主应力、最大正应力和最大切应力。

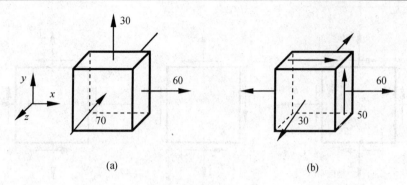

题图 8.8

8.9（8.6 节）　用直角应变花在一个钢制构件上某点测得 $\varepsilon_{0°} = -500 \times 10^{-6}$，$\varepsilon_{45°} = -200 \times 10^{-6}$ 和 $\varepsilon_{90°} = 300 \times 10^{-6}$。该处表层处于平面应力状态，试求该点处的主应变。

8.10（8.7 节）　试求题 8.9 中给定测点的应力分量 σ_x、σ_y 和 τ_{xy}。已知材料的弹性模量 $E = 200\text{GPa}$，泊松比 $\mu = 0.3$。

8.11 （8.7 节）　已知一受力构件自由表面上某一点处的两个面内主应变分别为 $\varepsilon_1 = 240 \times 10^{-6}$，$\varepsilon_2 = -160 \times 10^{-6}$，弹性模量 $E = 210\text{GPa}$，泊松比为 $\mu = 0.3$，试求该点处的主应力及另一主应变。

8.12（8.7 节）　边长为 $a = 10\text{mm}$ 的正方体钢块恰好置入刚性模孔中，上面受合力 $F = 9\text{kN}$ 的均布力作用，如题图 8.9 所示。钢块中各点的应力状态相同，钢块的弹性模量 $E = 200\text{GPa}$，泊松比 $\mu = 0.3$，求钢块中各点的主应力、主应变和最大切应力。

8.13（第 8 章*）　题图 8.10 所示空心圆轴外径为 D，内径是外径的 1/2。在图示力偶矩作用下，测得表面一点 A 与轴线成 45°方向的线应变 $\varepsilon_{45°}$。已知材料的弹性系数 E、μ，求力偶矩 M_e。

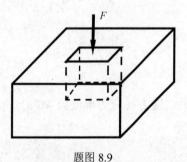

题图 8.9

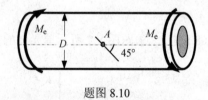

题图 8.10

8.14（第 8 章*）　变形体内一点的应力状态为题图 8.11（a）、（b）所示应力状态的叠加。试求该点的主应力（应力单位为 MPa）。

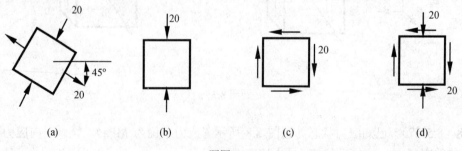

题图 8.11

解　（1）应力状态的叠加。题图 8.11（a）对应的应力状态为纯剪应力状态，如题图 8.11（c）所示。将题图 8.11（b）、（c）所示应力状态进行叠加，得

$$\sigma_x = 0 ，\quad \sigma_y = -20\text{MPa} ，\quad \tau_{xy} = 20\text{MPa}$$

对应的应力状态如题图 8.11（d）所示。

（2）求主应力。对题图 8.11（d）所示应力状态，由式（8.4-1）得

$$\left.\begin{array}{c}\sigma_{\max}\\ \sigma_{\min}\end{array}\right\} = \frac{0-20}{2} \pm \sqrt{\left(\frac{0+20}{2}\right)^2 + 20^2} = \begin{array}{c}12.4\\ -32.4\end{array}\text{MPa}$$

$$\sigma_1 = 12.4\text{MPa} ，\quad \sigma_2 = 0 ，\quad \sigma_3 = -32.4\text{MPa}$$

第9章 强度理论和复杂应力状态下的强度计算

9.1 引　　言

前述各章建立了简单应力状态（包括单向应力和纯剪切应力状态）的强度条件，利用正应力强度和切应力强度条件［见式（2.5-2）、式（3.4-10）、式（6.4-1）］，解决了杆件在轴向载荷、外扭力偶矩和横向载荷单独作用下的强度计算问题。然而杆件通常受轴向载荷、外扭力偶矩和横向载荷的共同作用，危险点处于复杂应力状态（见第 8 章）。对于复杂应力状态，显然不能简单地使用根据单一载荷建立的强度条件进行强度计算，应考虑建立针对复杂应力状态的强度理论。考虑到任何复杂的应力状态都可用主应力状态表示，因此在主应力状态下建立强度条件具有一般意义。

由于主应力分量 $\sigma_i(i=1、2、3)$ 之间具有各种不同的数值组合，要用试验的方法测出各种应力组合下的极限应力 σ_{iu} 是不可能的。因此要研究材料在复杂应力状态下的失效规律，提出关于材料破坏的假设，即建立材料破坏的**强度理论**，在强度理论的指导下进行强度计算。

在静载荷作用下，材料的失效形式主要分为两种：一种为**脆性破坏**，也称为断裂；另一种为**塑性破坏**，也称为屈服。大量的试验和经验表明，材料破坏的形式不仅与材料有关，也受应力应变状态和温度的影响。比如，脆性材料在常温下容易发生脆性破坏，但在接近三向等压应力状态或在较高温度下会发生塑性破坏；塑性材料易发生塑性破坏，但在接近三向等拉应力作用下或在足够低的温度下也会发生脆性破坏。在不考虑温度影响的情况下，构件的失效主要与材料和应力状态有关。

建立复杂应力状态下材料破坏条件的关键是要明确两点：一是引起材料失效的主要因素是什么；二是如何确定引起材料失效的主要因素的极限值。引起材料破坏的因素很多，比如可能与应力、应变和应变能密度都有关系，但是在建立强度理论时，简单地认为引起材料破坏的因素是唯一的；虽然材料破坏与应力状态有关，但是认为引起材料破坏的主要因素的极限值与应力状态无关。影响因素的单一性假设将使得强度理论简单，极限值与应力状态无关的假设提供了由单向拉伸试验确定材料失效时主要因素极限值的根据。

在此基本思想指导下建立的强度理论是否正确，必须接受试验与实践的检验。经受不住实践检验的强度理论必须被抛弃。

另外，需要指出的是，强度理论的正确与否是相对于一定精度而言的。随着科学技术的进步，计算的精度越来越高。因此强度理论也是逐渐完善和不断发展的，甚至是没有止境的。

本章主要介绍基于上述简单假设建立的四个强度理论和组合变形下的强度计算。这四个强度理论分别是最大拉应力理论、最大拉应变理论、最大切应力理论和畸变能密度理论，它们均建立于 19 世纪之前，称为经典强度理论。此外，还简单介绍 20 世纪以来建立的所谓近代强度理论。

9.2 关于断裂的经典强度理论

9.2.1 最大拉应力理论（第一强度理论）

该理论认为，无论材料处于何种应力状态，引起材料断裂的主要因素都是最大拉应力 σ_1。只要最大拉应力 σ_1 达到材料单向拉伸时最大拉应力的极限值 σ_{1u}，断裂就会发生。

因为材料单向拉伸断裂时的最大极限拉应力 $\sigma_{1u} = \sigma_b$［见图 9.2-1（a）］，所以根据最大拉应力理论，破坏条件为

$$\sigma_1 = \sigma_b \tag{9.2-1}$$

构件强度条件为

$$\sigma_1 \leqslant [\sigma] \tag{9.2-2}$$

式中：σ_1 为危险点应力状态［见图 9.2-1（b）］的最大拉应力；$[\sigma] = \sigma_b/n$，为单向拉伸时的许用应力。

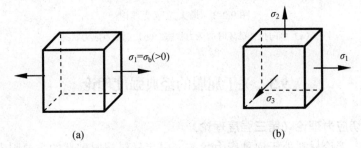

图 9.2-1 最大拉应力理论

（a）单向拉伸破坏时的应力状态；（b）危险点应力状态

式（9.2-2）适用于拉应力占主导时脆性材料的强度计算。

9.2.2 最大拉应变理论（第二强度理论）

该理论认为，无论材料处于何种应力状态，引起材料断裂的主要因素都是最大拉应变 ε_1。只要最大拉应变 ε_1 达到材料单向拉伸时最大拉应变的极限值 ε_{1u}，断裂就会发生。

因为材料单向拉伸时最大拉应变的极限值 ε_{1u} 等于材料的极限应变 ε_b，根据最大拉应变理论，破坏条件为

$$\varepsilon_{t,max} = \varepsilon_b \quad (\varepsilon_1 > 0) \tag{9.2-3}$$

假设材料从受力直至断裂，应力和应变都保持线性关系（见图 9.2-2），即有

$$\varepsilon_b = \frac{\sigma_b}{E} \tag{9.2-4}$$

根据广义胡克定律

$$\varepsilon_{t,max} = \frac{1}{E}[\sigma_1 - \mu(\sigma_2 + \sigma_3)] \tag{9.2-5}$$

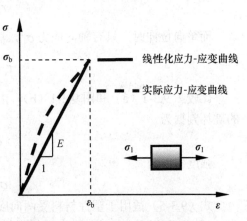

图 9.2-2 单向拉伸应力-应变曲线

比较图 9.2-3（a）和图 9.2-3（b），由式（9.2-4）和式（9.2-5）得到危险点发生断裂破坏的破坏判据为

$$\sigma_1 - \mu(\sigma_2 + \sigma_3) = \sigma_b \qquad (9.2\text{-}6)$$

强度条件为

$$\sigma_1 - \mu(\sigma_2 + \sigma_3) \leqslant [\sigma] \qquad (9.2\text{-}7)$$

式（9.2-7）适用于拉应变占主导时脆性材料的强度计算。

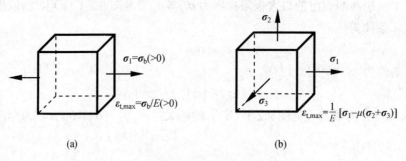

图 9.2-3　最大拉应变理论

（a）单向拉伸破坏时的应力状态；（b）危险点应力状态

9.3　关于屈服的经典强度理论

9.3.1　最大切应力理论（第三强度理论）

该理论认为，无论材料处于何种应力状态，引起材料屈服破坏的主要因素都是最大切应力 τ_{max}。只要最大切应力 τ_{max} 达到材料单向拉伸时最大切应力的极限值 τ_u，屈服就会发生。

因为材料单向拉伸时最大切应力的极限值 τ_u 等于材料的屈服切应力 τ_s，根据最大切应力理论，破坏条件为

$$\tau_{max} = \tau_s \qquad (9.3\text{-}1)$$

根据最大切应力 τ_{max} 与主应力的关系，有

$$\tau_{max} = \frac{\sigma_1 - \sigma_3}{2} \qquad (9.3\text{-}2)$$

而单向拉伸时，只有轴向应力 σ_1，屈服时，$\sigma_1 = \sigma_s$，所以屈服切应力

$$\tau_s = \frac{\sigma_s - 0}{2} = \frac{\sigma_s}{2} \qquad (9.3\text{-}3)$$

比较图 9.3-1（a）和图 9.3-1（b），由式（9.3-2）和式（9.3-3）得到危险点发生断裂破坏的破坏判据为

$$\sigma_1 - \sigma_3 = \sigma_s \qquad (9.3\text{-}4)$$

强度条件为

$$\sigma_1 - \sigma_3 \leqslant [\sigma] \qquad (9.3\text{-}5)$$

式（9.3-5）适用于塑性材料受两向应力状态时的强度计算，在工程中广泛使用。但是从式（9.3-5）可以看出，主应力 σ_2 对材料的破坏不会产生影响。而更复杂的试验表明，主应力 σ_2 对材料的破坏是有一定影响的。下面介绍的第四强度理论反映了三个主应力对破坏的影响。

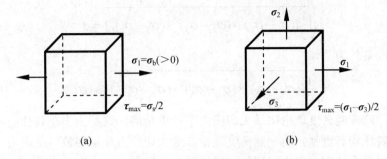

图 9.3-1 最大切应力理论

（a）单向拉伸破坏时的应力状态；（b）危险点应力状态

9.3.2 畸变能理论（第四强度理论）

该理论认为，无论材料处于何种应力状态，引起材料屈服破坏的主要因素都是畸变能密度 v_d。只要畸变能密度 v_d 达到材料单向拉伸时畸变能密度的极限值 v_{du}，屈服就会发生。

应变能也称为**变形能**，是变形体在外力作用下发生变形的过程中，变形体内储存的一种能量，单位体积内储存的应变能称为**变形能密度**或**比能**，变形能密度又可分解为**体变能密度**和**畸变能密度**。关于应变能的概念和有关应变能的计算见第 11 章（能量法），这里直接引用有关的结果。

在线弹性的情况下，畸变能密度与主应力的关系式为

$$v_d = \frac{1+\mu}{6E}[(\sigma_1 - \sigma_2)^2 + (\sigma_2 - \sigma_3)^2 + (\sigma_3 - \sigma_1)^2] \tag{9.3-6}$$

因为材料单向拉伸时畸变能密度的极限值 v_{du} 等于材料的屈服畸变能密度 v_{ds}，根据畸变能密度理论，破坏条件为

$$v_d = v_{ds} \tag{9.3-7}$$

单向拉伸时，只有轴向应力 σ_1，$\sigma_2 = \sigma_3 = 0$，屈服时，$\sigma_1 = \sigma_s$，由式（9.3-6）得屈服畸变能密度为

$$v_{ds} = \frac{1+\mu}{6E}(2\sigma_s^2) = \frac{(1+\mu)\sigma_s^2}{3E} \tag{9.3-8}$$

比较图 9.3-2（a）和图 9.3-2（b），由式（9.3-6）和式（9.3-8）得到危险点发生断裂破坏的破坏判据为

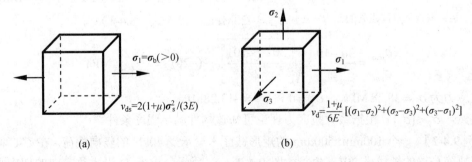

图 9.3-2 最大畸变能理论

（a）单向拉伸破坏时的应力状态；（b）危险点应力状态

$$\sqrt{\frac{1}{2}[(\sigma_1-\sigma_2)^2+(\sigma_2-\sigma_3)^2+(\sigma_3-\sigma_1)^2]}=\sigma_s \qquad (9.3\text{-}9)$$

于是，强度条件为

$$\sqrt{\frac{1}{2}[(\sigma_1-\sigma_2)^2+(\sigma_2-\sigma_3)^2+(\sigma_3-\sigma_1)^2]}\leqslant[\sigma] \qquad (9.3\text{-}10)$$

试验表明，畸变能密度理论比最大切应力理论更精确，这是由于在畸变能密度理论中，三个主应力对破坏均有贡献。畸变能密度理论和最大切应力理论都被广泛应用于工程构件的强度计算，而由最大切应力理论得到的计算结果趋于保守（见［例 9.4-3]）。

9.4　相当应力和强度条件的统一表达式

式（9.2-2）、式（9.2-7）、式（9.3-5）、式（9.3-10）的左端皆为主应力的某种线性组合，其实在承载构件内并不存在这样的应力分量，它们是根据强度理论导出的结果。为了把它们与真实应力区分开来，称之为**相当应力**。对应于四个强度理论的强度条件可统一地表达为

$$\sigma_{ri}\leqslant[\sigma] \qquad (9.4\text{-}1)$$

这里

$$\sigma_{r1}=\sigma_1 \qquad (9.4\text{-}2a)$$

$$\sigma_{r2}=\sigma_1-\mu(\sigma_2+\sigma_3) \qquad (9.4\text{-}2b)$$

$$\sigma_{r3}=\sigma_1-\sigma_3 \qquad (9.4\text{-}2c)$$

$$\sigma_{r4}=\sqrt{\frac{1}{2}[(\sigma_1-\sigma_2)^2+(\sigma_2-\sigma_3)^2+(\sigma_3-\sigma_1)^2]} \qquad (9.4\text{-}2d)$$

式中：σ_{r1}、σ_{r2}、σ_{r3}、σ_{r4} 分别称为第一、第二、第三和第四相当应力。

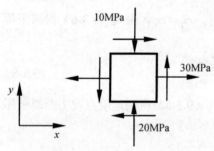

图 9.4-1　某铸铁构件危险点处的应力状态

用强度理论进行强度计算的关键是计算危险点处的三个主应力，而要计算三个主应力就必须弄清楚危险点处于何种应力状态。

【**例 9.4-1**】　某铸铁构件危险点处的应力状态如图 9.4-1 所示，试校核其强度。已知铸铁的许用拉应力 $[\sigma_t]=40\text{MPa}$。

解　由图可知，$\sigma_x=30\text{MPa}$，$\sigma_y=-10\text{MPa}$，$\tau_{xy}=-20\text{MPa}$，代入式（8.4-1）有

$$\begin{matrix}\sigma_{\max}\\\sigma_{\min}\end{matrix}=\frac{30-10}{2}\pm\sqrt{\left[\frac{30-(-10)}{2}\right]^2+(-20)^2}=\begin{matrix}38.28\\-13.28\end{matrix}\text{MPa}$$

主应力为 $\sigma_1=38.28\text{MPa}$，$\sigma_2=0$，$\sigma_3=-13.28\text{MPa}$。

显然，$\sigma_1<[\sigma_t]$，根据最大拉应力理论可知该构件满足强度条件。

【**例 9.4-2**】　一个 100mm×500mm 的矩形截面木梁承受 40kN 的竖向载荷。在 C-C 截面有一纹理缺陷与梁的轴线成 20°夹角，如图 9.4-2（a）所示。求点 D 沿木纹方向的切应力，并用第三强度理论校核纹理缺陷处 D 的强度，假设 $[\sigma]$=2MPa。

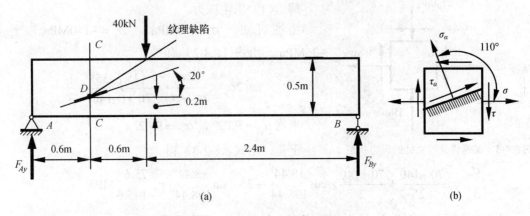

图 9.4-2 带有纹理缺陷的木梁

解 （1）支反力计算。

$$\sum M_B = 0 , \quad -F_{Ay} \times 3.6\text{m} + 40\text{kN} \times 2.4\text{m} = 0$$

$$F_{Ay} = \frac{40\text{kN} \times 2.4\text{m}}{3.6\text{m}} = 26.667\text{kN} \quad (\uparrow)$$

$$F_B = 40\text{kN} - F_{Ay} = 13.333\text{kN} \quad (\uparrow)$$

（2）*C-C* 截面内力计算。

$$F_{\text{S}} = F_{Ay} = 26.667\text{kN}$$

$$M = F_{Ay} \times 0.6\text{m} = 16\text{kN} \cdot \text{m}$$

（3）纹理缺陷处 *D* 的应力状态确定。

由弯曲切应力公式（6.3-2）和弯曲正应力公式（6.2-2），有

$$\tau = \frac{3F_{\text{S}}}{2bh}\left(1 - \frac{4y^2}{h^2}\right) = \frac{3 \times 26.667 \times 10^3 \text{N}}{2 \times 100 \times 500\text{mm}^2} \times \left(1 - \frac{4 \times (250-200)^2\text{mm}^2}{500^2\text{mm}^2}\right) = 0.768\text{MPa}$$

$$\sigma = \frac{M}{I_z} y = \frac{16 \times 10^6 \text{N} \cdot \text{mm} \times 50\text{mm} \times 12}{100 \times 500^3} = \frac{16 \times 5 \times 12 \times 10^7}{5^2 \times 10^8} = 0.768\text{MPa}$$

点 *D* 的应力状态如图 9.4-2（b）所示。

（4）纹理缺陷处沿木纹方向（$\alpha = 110°$）的切应力计算。

$$\tau_\alpha = \tau_{110°} = \frac{\sigma_x - \sigma_y}{2}\sin 2\alpha + \tau_{xy}\cos 2\alpha$$

$$= \frac{0.768\text{MPa}}{2} \times \sin 220° + 0.768\text{MPa} \times \cos 220° = -0.835\text{MPa}$$

方向与图 9.4-2（b）所示方向相反。

（5）点 *D* 的强度校核。

$$\sigma_{\text{r3}} = \sqrt{\sigma^2 + 4\tau^2} = \sqrt{0.768 + 4 \times 0.768^2} = 1.7173\text{MPa} < [\sigma]$$

满足第三强度理论的强度条件。

【例 9.4-3】 考虑如图 9.4-3 所示的应力状态，如果由拉伸试验测得材料的屈服极限 $\sigma_{\text{s}} = 210\text{MPa}$，那么由第三、第四强度理论判断该点是否会屈服？

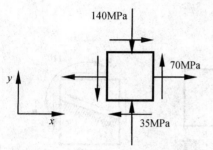

图 9.4-3 某构件危险点处的应力状态

解 （1）求主应力。

由图可知，$\sigma_x = 70\text{MPa}$，$\sigma_y = -140\text{MPa}$，$\tau_{xy} = -35\text{MPa}$，由式（8.4-2）有

$$\tan 2\alpha_p = \frac{-2\tau_{xy}}{\sigma_x - \sigma_y} = \frac{-2 \times (-35)}{70 - (-140)} = \frac{1}{3}$$

求得 $\alpha_{p1} = 9.22°$，$\alpha_{p2} = 99.2°$。

于是，由式（8.2-3）得

$$\begin{matrix}\sigma_{\alpha_{p1}} \\ \sigma_{\alpha_{p2}}\end{matrix} = \frac{70-140}{2} + \frac{70+140}{2} \times \cos\begin{matrix}18.44° \\ 198.44°\end{matrix} + 35 \times \sin\begin{matrix}18.44° \\ 198.44°\end{matrix} = \begin{matrix}75.6 \\ -145.6\end{matrix}\text{MPa}$$

另一个主应力显然为零，所以三个主应力分别为 $\sigma_1 = 75.6\text{MPa}$，$\sigma_2 = 0$，$\sigma_3 = -145.6\text{MPa}$。

（2）由第三强度理论进行强度计算。

$$\sigma_{r3} = \sigma_1 - \sigma_3 = 75.6 + 145.6 = 220\text{MPa} > \sigma_s = 210\text{MPa}$$

结论：该点将进入屈服状态。

（3）由第四强度理论进行强度计算。

$$\sigma_{r4} = \sqrt{\frac{1}{2}\left[(\sigma_1 - \sigma_2)^2 + (\sigma_2 - \sigma_3)^2 + (\sigma_3 - \sigma_1)^2\right]}$$

$$= \sqrt{\frac{1}{2} \times (75.6^2 + 145.6^2 + 221^2)} = 194.7\text{MPa} < 210\text{MPa}$$

结论：该点将不进入屈服状态。

根据上面的分析可见，由第三强度理论预测的结果趋于保守。但应注意，虽然由第四强度理论预测的结果该点将不进入屈服，但是也已经接近屈服。

9.5 弯扭组合和拉（压）弯扭组合变形

本节介绍工程构件常见的弯扭组合和拉（压）弯扭组合变形。

9.5.1 弯扭组合变形

杆件在弯矩和扭矩共同作用下发生的变形称为**弯扭组合变形**。图 9.5-1（a）所示圆形截面轴在自由端受集中力 F。把力 F 向自由端截面的形心简化，得到一个力 F 和一个附加力偶矩 $M_e = FD/2$，见图 9.5-1（b）。力 F 使轴弯曲，力偶矩 M_e 使轴扭转。轴的横截面上既有弯矩又有扭矩。

不难判断，由于固定端截面有最大的弯矩 $M = Fl$，因此固定端截面为危险截面。危险点位于危险截面的上（下）边缘。危险截面的内力和上边缘点 A 的应力状态分别如图 9.5-1（c）、（d）所示。

图 9.5-1 中

$$\sigma = \frac{M}{W}, \quad \tau = \frac{T}{W_p} = \frac{T}{2W} \tag{a}$$

通常，受弯扭组合变形的圆轴由塑性材料制成，必然发生塑性破坏，故应使用第三或第四强度理论进行强度计算。

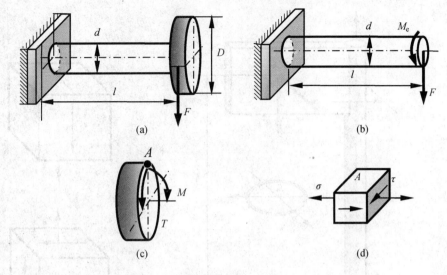

图 9.5-1　圆轴受弯扭组合变形的应力分析

由式（9.4-2c）和式（9.4-2d）分别得到

$$\sigma_{r3} = \sqrt{\sigma^2 + 4\tau^2} \leqslant [\sigma] \tag{9.5-1}$$

$$\sigma_{r4} = \sqrt{\sigma^2 + 3\tau^2} \leqslant [\sigma] \tag{9.5-2}$$

式（9.5-1）和式（9.5-2）适用于受两相应力状态的塑性材料。对于圆轴和空心圆轴，式（a）成立，把式（a）代入式（9.5-1）和式（9.5-2），又可得到直接由弯矩和扭矩表达的强度条件，即

$$\sigma_{r3} = \frac{\sqrt{M^2 + T^2}}{W} \leqslant [\sigma] \tag{9.5-3}$$

$$\sigma_{r4} = \frac{\sqrt{M^2 + 0.75T^2}}{W} \leqslant [\sigma] \tag{9.5-4}$$

9.5.2　拉（压）弯扭组合变形

杆件在轴力、弯矩和扭矩共同作用下发生的变形称为**拉（压）弯扭组合变形**。受拉（压）弯扭组合变形的杆件的危险点仍然处于两相应力状态，如图 9.5-1（d）所示。需要注意的是，图 9.5-1（d）中的正应力是弯曲正应力和轴力引起的正应力之和。对于由塑性材料制成的构件，强度条件式（9.5-1）和式（9.5-2）仍然成立。只要把危险点的正应力用弯曲正应力和拉（压）正应力之和替换即可。

【例 9.5-1】　重量 W=1800N 的交通指示牌由外径 73mm、内径 62.7mm 的标准钢管支撑，如图 9.5-2（a）所示。作用在此牌上的最大水平风力是 F=400N。$h=3m$，$l=1m$。求：

（1）固定端截面外边缘 A、B 两点的应力状态，并用从管上割离出的单元体表示（从沿管外正对面方向观察这些单元体）；

（2）计算 A、B 两点的第三和第四相当应力。

解　（1）内力分析。

钢管受双向弯曲和扭转组合变形，危险截面在固定端。固定端截面所受内力有弯矩 M_y 与 M_z、扭矩 T、轴力 F_N 和剪力 F_S。它们的大小分别为

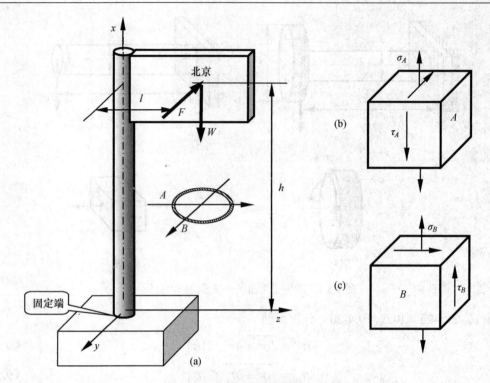

图 9.5-2　支撑交通指示牌的立柱

$$M_y = Wl = 1800\text{N} \times 1\,\text{m} = 1800\text{N} \cdot \text{m}$$

$$M_z = Fh = 400\text{N} \times 3\text{m} = 1200\text{N} \cdot \text{m}$$

$$T = Fl = 400\text{N} \cdot \text{m}$$

$$F_N = 1800\text{N} \quad （压）$$

$$F_S = 400\text{N}$$

（2）应力分析。

对点 A，内力引起的应力分量分别为

$$\sigma_{F_N} = \frac{F_N \times 4}{\pi(D^2 - d^2)} = \frac{1800\text{N} \times 4}{\pi \times (73^2 - 62.7^2)} = 1.326\text{MPa}$$

$$\sigma_{M_y} = \frac{M_y}{W_y} = \frac{M_y \times 32}{\pi D^3(1 - \alpha^4)} = \frac{1800 \times 10^3\text{N} \cdot \text{mm} \times 32}{\pi \times 73^3 \times [1 - (60/73)^4]} = 86.70\text{MPa}$$

$$\tau_T = \frac{T}{W_p} = \frac{T \times 16}{\pi D^3(1 - \alpha^4)} = \frac{400 \times 10^3\text{N} \cdot \text{mm} \times 16}{\pi \times 73^3 \times [1 - (62.6/73)^4]} = 9.63\text{MPa}$$

$$\tau_{F_S} = \frac{4F_S}{3A} = \frac{4}{3} \times \frac{400\text{N} \times 4}{\pi \times (73^2 - 62.5^2)} = 1.23\text{MPa}$$

应力状态简化为

$$\sigma_A = \sigma_{M_y} - \sigma_{F_N} = 85.37\text{MPa} \,, \quad \tau_A = \tau_T - \tau_{F_S} = 8.40\text{MPa}$$

对应的应力状态如图 9.5-2（b）所示。

对点 B，内力引起的应力分量分别为

$$\sigma_{F_N} = 1.326\text{MPa}, \quad \sigma_{M_z} = \frac{M_z}{W_z} = \frac{1200 \times 10^3\,\text{N}\cdot\text{mm} \times 32}{\pi \times 73^3 \times [1 - (62.5/73)^4]} = 57.82\text{MPa}$$

$$\tau_T = 9.63\text{MPa}, \quad \tau_{F_S} = 0$$

将应力分量合并，对应的应力状态如图 9.5-2（d）所示，其中

$$\sigma_B = \sigma_{M_z} - \sigma_{F_N} = 56.47\text{MPa}, \quad \tau_B = 9.63\text{MPa}$$

（3）计算 A、B 两点的第三和第四相当应力。

对点 A，第三和第四相当应力分别为

$$\sigma_{r3} = \sqrt{\sigma_A^2 + 4\tau_A^2} = \sqrt{85.37^2 + 4 \times 8.40^2} = 87.0\text{MPa}$$

$$\sigma_{r4} = \sqrt{\sigma_A^2 + 3\tau_A^2} = \sqrt{85.37^2 + 3 \times 8.40^2} = 86.6\text{MPa}$$

对点 B，第三和第四相当应力分别为

$$\sigma_{r3} = \sqrt{\sigma_B^2 + 4\tau_B^2} = \sqrt{56.47^2 + 4 \times 9.63^2} = 59.65\text{MPa}$$

$$\sigma_{r4} = \sqrt{\sigma_B^2 + 3\tau_B^2} = \sqrt{56.47^2 + 3 \times 9.63^2} = 58.88\text{MPa}$$

讨论：

（1）弯扭组合变形构件内通常还有轴力和剪力，轴力和剪力对构件的变形也有影响。分析表明对细长杆件而言，轴力和剪力的影响很小，可以忽略不计。

（2）本例题为双向弯曲和扭转的组合变形。危险点并不在固定端截面上的点 A 或点 B，而是位于点 A 和点 B 之间的外边缘上某点。对于圆截面杆，可以通过求合成弯矩 $M = \sqrt{M_y^2 + M_z^2}$ 的方法，把双向弯曲简化为单向弯曲。

（3）假设立柱为塑性材料，许用应力 $[\sigma] = 100\text{MPa}$，请读者自行对该立柱进行强度校核。

9.6　薄壁压力容器

薄壁压力容器主要有两端封闭的薄壁圆筒和球型压力容器。这两种压力容器在工业上被广泛使用，所以本节所讨论的关于薄壁压力容器的计算具有十分重要的实际价值。

在前面建立强度理论时就已指出，引起材料破坏的主要因素的极限值与应力状态无关是一种假设，在此假设之下，我们使用简单的拉伸试验获得了材料破坏的极限值。如果在复杂应力下，则测得材料破坏的极限值将直接验证前面所建立的强度理论是否正确。薄壁压力容器是最容易实现特殊复杂应力状态（如双向拉伸与扭转、弯曲与扭转）的构件。

首先分析如图 9.6-1（a）所示的受内压 p 作用、两端封闭的薄壁圆筒。设圆筒的平均直径（简称中径）为 D，壁厚为 t，通常规定 $\dfrac{t}{D} < \dfrac{1}{10}$ 的圆筒为薄壁圆筒，否则为厚壁筒。对于薄壁容器，认为不承受弯矩，只承受面内的拉伸和压缩变形。由于内压是一个自平衡力系，如果不考虑容器的自重和容重，支撑压力容器的约束理论上没有约束反力。圆筒的对称性排除了在横截面和过轴线的纵向截面上切应力的存在。因为如果在这些截面上切应力存在，将引起剪切变形，从而破坏对称性，所以这些截面上的应力都是主应力，如图 9.6-1（b）所示，σ_1 为过轴线的纵向截面上的正应力，即周向应力，σ_2 为横截面上的正应力，即轴向应力。下

面的推导将证明周向应力大于轴向应力，而轴向应力远大于内压，因此周向应力分别用 σ_1 和 σ_2 表示。

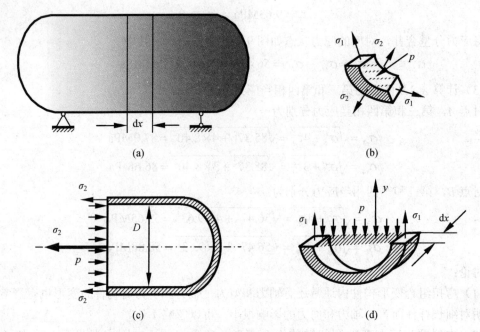

图 9.6-1　两端封闭的薄壁圆筒受内压 p 作用的应力状态

1. 轴向应力

横截面上的受力情况如图 9.6-1（c）所示，F_N 为横截面正应力 σ_2 的合力，即

$$F_N = \sigma_2 \pi D t \tag{9.6-1}$$

另外，F_N 与作用在横截面面积 $A = \pi D^2/4$ 上的内压 p 的合力 pA 相平衡，即

$$F_N = pA = p\pi D^2/4 \tag{9.6-2}$$

由式（9.6-1）和式（9.6-2）有

$$\sigma_2 = \frac{pD}{4t} \tag{9.6-3}$$

2. 周向应力

过轴线的纵向截面上的正应力 σ_1 可由图 9.6-1（d）所示长为 $\mathrm{d}x$ 的半个圆环求出。由 y 方向的平衡有

$$2\sigma_1 t\mathrm{d}x = D\mathrm{d}xp$$

所以

$$\sigma_1 = \frac{pD}{2t} \tag{9.6-4}$$

由式（9.6-3）和式（9.6-4）可见，对于薄壁圆筒压力容器，周向应力 σ_1 等于轴向应力 σ_2 的 2 倍。

3. 径向应力

显然在薄壁圆筒的内壁有压应力 $\sigma_3 = -p$，外壁为自由表面，无应力作用，如图 9.6-1（b）所示。对薄壁容器而言，σ_3 的绝对值远小于周向应力和径向应力。所以，薄壁圆筒内沿径向的最大压应力不可能超过 σ_3，故可忽略不计。

【例 9.6-1】　木桶由尺寸精确的桶板拼接成圆筒后，再由直径 d=10mm 的钢箍箍紧，见图 9.6-2。箍间距为 s=100mm，假设钢箍的许应力 $[\sigma]$=165MPa，木桶的内径 D=1m。试求木桶允许承受的内压 $[p]$（不计因箍紧而引起桶板的挤压效应）。

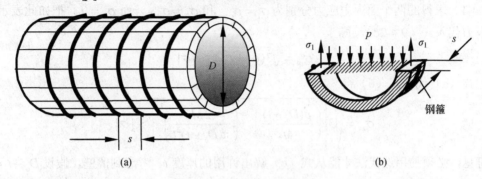

(a)　　　　　　　　　　　　　　　　　(b)

图 9.6-2　承受内压的钢箍木桶

解　该问题可用类似于分析薄壁压力容器的方法进行分析。视木桶为薄壁压力圆筒，筒内的周向应力假设均被所有的钢箍所承担，换言之，每圈钢箍横截面承受的轴力 F_N 等于长度为箍间距 s 的桶段的周向应力的合力 F_1。而

$$F_N \leqslant [\sigma]A_s = \frac{[\sigma]\pi d^2}{4}$$

$$F_1 = \sigma_1 st = \frac{Dp}{2t}st = \frac{Dps}{2}$$

由以上两式有

$$\frac{D[p]s}{2} = \frac{\pi d^2[\sigma]}{4}$$

解得

$$[p] = \frac{\pi d^2[\sigma]}{2Ds} = \frac{\pi \times 10^2\,\mathrm{mm}^2 \times 165\mathrm{MPa}}{2 \times 1000\mathrm{mm} \times 100\mathrm{mm}} = 0.259\mathrm{MPa} = 259\mathrm{kPa}$$

【例 9.6-2】　薄壁圆筒受内压 $p=3.5\mathrm{MPa}$，外扭力偶 $M_e = 700\mathrm{N \cdot m}$，圆筒的外径 $D_o = 200\mathrm{mm}$，长度 $l = 600\mathrm{mm}$，如图 9.6-3（a）所示。材料的屈服极限 $\sigma_s = 700\mathrm{MPa}$，安全系数 n=2，试根据第四强度理论确定薄壁圆筒的厚度 t。

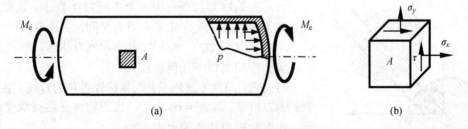

(a)　　　　　　　　　　　　　　　　　(b)

图 9.6-3　薄壁圆筒受内压和外扭力偶的应力分析

解　远离圆筒两端筒壁上一点的应力状态为平面应力状态，如图 9.6-3（b）所示。根据式（9.6-3）和式（9.6-4），有

$$\sigma_x = \frac{pD}{4t}, \quad \sigma_y = \frac{pD}{2t}, \quad \tau_{xy} = \frac{M}{2\pi r^2 t} \tag{a}$$

式中：$D = D_o - t$，为圆筒的平均直径；$M = M_e$。

注意到，第四相当应力与三个主应力的顺序无关，所以对于平面应力状态，不妨假设由式（8.4-1）求得的两个面内主应力分别为 $\sigma_1 = \sigma_{\max}$ 和 $\sigma_2 = \sigma_{\min}$，而 $\sigma_3 = 0$。把如此表示的三个主应力代入式（9.4-2d），得

$$\sigma_{r4} = \sqrt{3(\sigma_x^2 + \tau_{xy}^2)} \leqslant [\sigma] \tag{b}$$

把式（a）代入式（b）得

$$\sigma_{r4} = \sqrt{3\left[\left(\frac{p(D_o - t)}{4t}\right)^2 + \left(\frac{2M}{\pi(D_o - t)^2 t}\right)^2\right]} \leqslant [\sigma] \tag{c}$$

可见，必须使用迭代法才能从式（c）解出许用的厚度 t。考虑到薄壁，假设 $D_o - t \approx D_o$，则式（a）可写为

$$\sigma_x = \frac{pD_o}{4t} = \frac{3.5 \times 200}{4t} = \frac{175}{t} \text{MPa}$$

$$\sigma_y = \frac{pD_o}{2t} = \frac{350}{t} \text{MPa}$$

$$\tau_{xy} = \frac{2M}{\pi D_o^2 t} = \frac{2 \times 700 \times 10^3}{\pi \times 200^2 \times t} = \frac{11.14}{t}$$

于是式（c）简化为

$$\sigma_{r4} = \frac{\sqrt{3\left[\left(\frac{pD_o}{4}\right)^2 + \left(\frac{2M}{\pi D_o^2}\right)^2\right]}}{t} = \frac{\sqrt{3 \times \left[\left(\frac{3.5 \times 200}{4}\right)^2 + \left(\frac{2 \times 700 \times 10^3}{\pi \times 200^2}\right)^2\right]}}{t} = \frac{303}{t} \leqslant [\sigma] \tag{d}$$

由此解出

$$t \geqslant 0.87 \text{mm}$$

*9.7　强度理论的进一步讨论

9.7.1　应力空间

一点处的应力状态可用三个主应力 σ_i 表示。选取三个主应力作为坐标轴，就建立了主应力空间，见图 9.7-1。该空间的一个点（σ_1，σ_2，σ_3）代表一种应力状态。

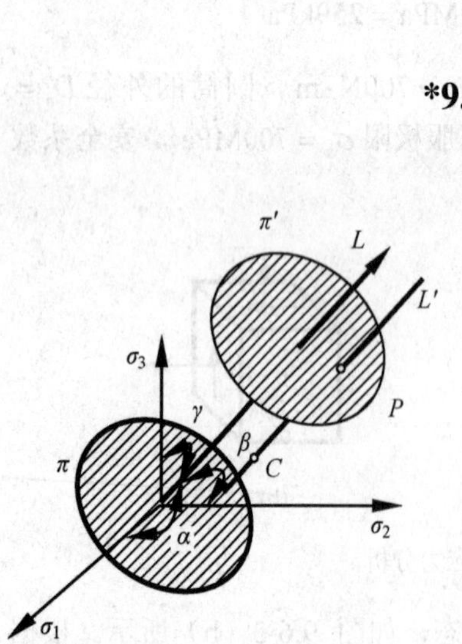

应力空间有以下几何特征：

（1）应力空间中过原点并与坐标轴等角的直线上各点的三个主应力相等，即 $\sigma_1 = \sigma_2 = \sigma_3$，代表物体在这点承受静水应力，所以称该直线为静水应力轴。

（2）应力空间中过原点而与 L 垂直的平面方程为 $\sigma_1 + \sigma_2 + \sigma_3 = 0$，该平面称为 π 平面。由于 π 平面上各点的平均应力为零，因此该平面上的点对应于不引起体积变形的应

图 9.7-1　应力空间

力状态。

（3）设直线 L' 与 L 平行，已知 L' 上点 C 的应力为 σ_1'、σ_2'、σ_3'，则直线 L' 的方程为

$$\sigma_1 - \sigma_1' = \sigma_2 - \sigma_2' = \sigma_3 - \sigma_3' = t \tag{9.7-1}$$

直线 L' 上任意一点 P（σ_1，σ_2，σ_3）的平均应力 $\sigma_m = (\sigma_1 + \sigma_2 + \sigma_3)/3$。应力空间中任意一点的应力偏量定义为

$$S_i = \sigma_i - \sigma_m \quad (i=1、2、3) \tag{9.7-2}$$

则对直线 L' 上的点 P（σ_1，σ_2，σ_3），把式（9.6-1）和 $\sigma_m = (\sigma_1 + \sigma_2 + \sigma_3)/3$ 代入式（9.7-2），得

$$S_i = (2\sigma_2' - \sigma_1' - \sigma_3')/3 = C_i \quad (i=1、2、3) \tag{9.7-3}$$

式中：C_i 为常数。

因此直线 L' 上各点的应力偏量 S_i 都相同。可以证明，L' 上的各点具有相同的畸变能密度，也就是具有相同的相当应力 σ_{r4}。

（4）应力空间中与 π 平面平行的平面 π' 的方程式为 $\sigma_1 + \sigma_2 + \sigma_3 = C$，其中 C 为常数。在此平面上的各点具有相同的平均应力 $C/3$。因此，在此平面上的各点具有相同的弹性体积变形。

9.7.2　最大拉应力理论的几何表示

一般情况下，主应力的顺序是未知的，故最大拉应力理论可表示为

$$\frac{\sigma_i}{\sigma_u} \leqslant 1 \quad (i=1、2、3) \tag{9.7-4}$$

所以式（9.7-4）代表的应力空间如图 9.7-2 所示。正方体的六个面为破坏表面，若点（σ_1，σ_2，σ_3）落在破坏表面上，断裂就会发生，若落在内部就是安全的，该理论给出一个有界的边界。

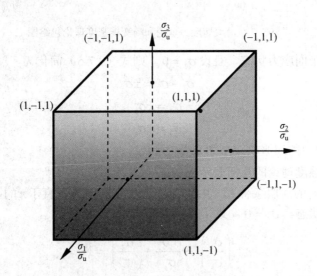

图 9.7-2　最大拉应力理论包络线

9.7.3　最大切应力理论的几何表示

最大切应力屈服条件可表示为

$$\sigma_1 - \sigma_2 = \pm\sigma_s \qquad\qquad (9.7\text{-}5a)$$

$$\sigma_2 - \sigma_3 = \pm\sigma_s \qquad\qquad (9.7\text{-}5b)$$

$$\sigma_3 - \sigma_1 = \pm\sigma_s \qquad\qquad (9.7\text{-}5c)$$

式（9.7-5）可用一个方程式来表达，即

$$[(\sigma_1 - \sigma_2)^2 - \sigma_s^2]\,[(\sigma_2 - \sigma_3)^2 - \sigma_s^2]\,[(\sigma_3 - \sigma_1)^2 - \sigma_s^2] = 0 \qquad (9.7\text{-}6)$$

在应力空间中，式（9.7-5a）表示两个与 σ_3 平行的平面，由于添加一个平均应力 σ_m 不改变式（9.7-5a），故式（9.7-5a）表示必与 π 平面垂直的两个平面。所以式（9.7-5）所建立的屈服面是由 3 对互相平行的平面所组成的垂直于 π 平面的正六边形柱面，见图 9.7-3（a）。它与 π 平面的截线（屈服线）是一个正六边形 [见图 9.7-3（b）]，其外接圆半径等于单向拉伸时的屈服应力 σ_s。在 π 平面上的投影为 $R = \sigma_s \sin\alpha = \sqrt{2/3}\,\sigma_s$。

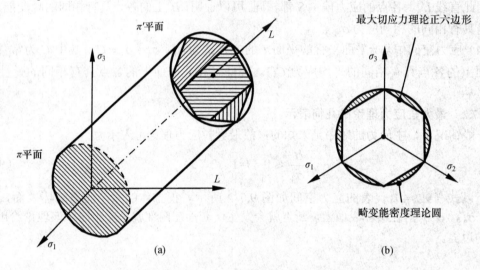

图 9.7-3　最大切应力理论和畸变能密度理论包络图

如果材料处于平面应力状态，且设 $\sigma_3 = 0$，则式（9.7-5）简化为

$$\sigma_1 - \sigma_2 = \pm\sigma_s \qquad\qquad (9.7\text{-}7a)$$

$$\sigma_2 = \pm\sigma_s \qquad\qquad (9.7\text{-}7b)$$

$$\sigma_3 = \pm\sigma_s \qquad\qquad (9.7\text{-}7c)$$

在 σ_1、σ_2 平面内的屈服轨迹如图 9.7-4 所示。

9.7.4　畸变能强度理论的几何表示

畸变能强度理论的屈服条件式（9.7-7）在应力空间中为垂直于 π 的圆柱面 [见图 9.7-3（a）]，对平面应力状态，$\sigma_3 = 0$，式（9.7-6）简化为

$$\left(\frac{\sigma_1}{\sigma_s}\right)^2 - \frac{\sigma_1\sigma_2}{\sigma_s^2} + \left(\frac{\sigma_2}{\sigma_s}\right)^2 = 1 \qquad (9.7\text{-}8)$$

式（9.7-8）在 $\sigma_1 - \sigma_2$ 平面内表示一个椭圆（见图 9.7-4）。

由图（9.7-3）可以看出，最大切应力理论的屈服轨迹是有六段直线组成的六角形，而畸变能屈服强度理论的轨迹是一个光滑的圆。从理论的观点看，畸变能屈服强度理论更容易应用。实践证明，最大切应力理论可以得到比畸变能强度理论更趋于保守的结果，但畸变能强

度理论更精确。这两个强度理论在复杂应力状态的分析中，都被广泛地使用。

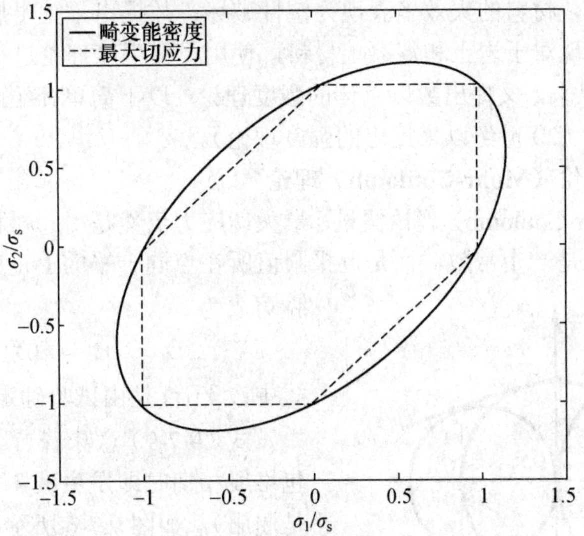

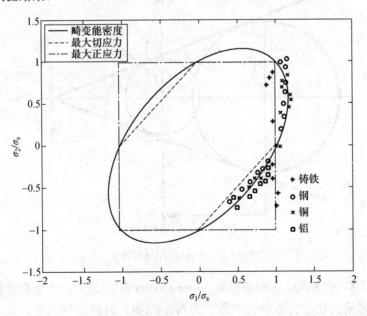

图 9.7-4　两向应力状态下两个强度理论的屈服轨迹

9.7.5　强度理论的试验验证

大量的受内压薄壁圆筒试验和受内压加扭转的薄壁圆筒试验被用来验证强度理论的正确性。典型的试验结果如图 9.7-5 所示。由图 9.7-5 可知，对塑性材料而言，畸变能密度理论更符合试验结果，而最大切应力理论则给出偏于安全的结果；对脆性材料而言，则最大拉应力理论更加符合试验结果。

图 9.7-5　强度理论的试验验证

9.7.6　近代强度理论简介

强度理论是伴随着社会发展而发展的。在 17 世纪，由于使用的材料主要是脆性材料（如砖、石和铸铁），材料的失效多表现为脆断，所以提出了关于断裂的强度理论。在 19 世纪末，大量的低碳钢被使用，材料的失效多表现为塑性破坏，故提出了关于屈服的强度理论。随着研究的深入，人们发现对于岩土和混凝土材料，使用经典强度理论进行强度计算都有较大的误差。进入 20 世纪以来，又提出数以百计的强度理论。以下简单介绍两个有代表性、被广泛应用的近代强度理论（20 世纪以来提出的强度理论）。

9.7.6.1 摩尔-库伦（Mohr-Coulomb）理论

摩尔-库伦（Mohr-Coulomb）理论假设，最大切应力仍然是引起材料破坏的主要因素，但切应力的极限值 τ_u 不是一个常数，而是过极限值所在点同一平面上正应力 σ 的函数。破坏条件可表为

$$|\tau| = f(\sigma) \tag{9.7-9}$$

式中：$f(\sigma)$ 是由试验确定的函数。

式（9.7-9）意味着当最大主应力圆的半径与包络线相切时即发生破坏（可能是断裂，也可能是屈服），如图 9.7-6 所示。

图 9.7-7 所示直线是最简单的 Mohr 包络线。该直线方程为

$$|\tau| = c - \sigma\tan\phi \tag{9.7-10}$$

式中：c 为黏聚力；ϕ 为内摩擦角。二者均由试验确定。

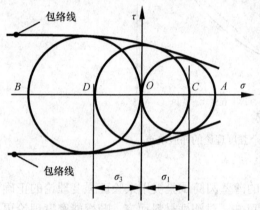

图 9.7-6 极限应力圆与包络线

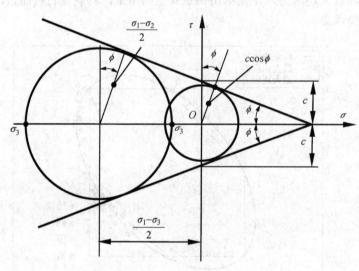

图 9.7-7 Mohr-Coulomb 理论

与式（9.7-10）相关的破坏理论称为 Mohr-Coulomb 理论。对于无摩阻材料，$\phi=0$，式（9.7-10）退化为最大切应力理论，其黏聚力等于纯剪切时的屈服应力。式（9.7-10）可转换为

$$\sigma_{rM} = \sigma_1 - \alpha\sigma_3 = \sigma_t \qquad (\text{对于 } \sigma_1 \geqslant \sigma_2 \geqslant \sigma_3) \tag{9.7-11}$$

其中

$$\alpha = \frac{\sigma_t}{\sigma_c} = \frac{1-\sin\phi}{1+\sin\phi} \tag{9.7-12}$$

$$\sigma_t = \frac{2\cos\phi}{1+\sin\phi}, \quad \sigma_c = \frac{2\cos\phi}{1-\sin\phi} \tag{9.7-13}$$

式中：σ_{rM} 为 Mohr-Coulomb 理论的相当应力；σ_t、σ_c 分别为材料拉伸和压缩破坏的极限正应力；α 为材料的拉压强度比。

9.7.6.2　双切应力强度理论

俞茂宏于 1961 年提出双切应力强度理论，该理论认为，影响材料屈服的因素不仅有最大切应力 $\tau_{max} = \tau_{13}$，还有中间主切应力 τ_{12}（或 τ_{23}）。

三个主切应力的定义为

$$\tau_{12} = \frac{\sigma_1-\sigma_2}{2}, \quad \tau_{23} = \frac{\sigma_2-\sigma_3}{2}, \quad \tau_{13} = \frac{\sigma_1-\sigma_3}{2} \tag{9.7-14}$$

由式（9.7-14）可知，最大切应力恒等于两个次主切应力之和。这说明三个主切应力中只有两个是独立的。故双切应力强度理论假设，无论材料处于何种状态，只要最大切应力和中间主切应力之和达到材料单向拉伸时的极限值，材料就会发生屈服。材料的屈服条件为

$$\tau_{13} + \tau_{12} = \sigma_s \quad （对于 \tau_{12} \geqslant \tau_{23}） \tag{9.7-15a}$$

$$\tau_{13} + \tau_{23} = \sigma_s \quad （对于 \tau_{23} \geqslant \tau_{12}） \tag{9.7-15b}$$

式（9.7-15）的主应力表达式为

$$\sigma_1 - \frac{\sigma_2+\sigma_3}{2} = \sigma_s \quad （对于 \tau_{12} \geqslant \tau_{23}）$$

$$\frac{1}{2}(\sigma_1+\sigma_2) - \sigma_3 = \sigma_s \quad （对于 \tau_{12} \leqslant \tau_{23}）$$

相应的强度条件为

$$\sigma_{rY} = \sigma_1 - \frac{1}{2}(\sigma_2+\sigma_3) \leqslant [\sigma] \quad \left[对于 \sigma_2 \leqslant \frac{1}{2}(\sigma_2+\sigma_3)\right] \tag{9.7-16a}$$

$$\sigma_{rY} = \frac{1}{2}(\sigma_1+\sigma_2) - \sigma_3 \leqslant [\sigma] \quad \left[对于 \sigma_2 \geqslant \frac{1}{2}(\sigma_1+\sigma_3)\right] \tag{9.7-16b}$$

式（9.7-16）适用于材料在复杂应力状态的屈服破坏。

为了使双切应力强度理论适用于岩土和混凝土，俞茂宏把双切应力强度理论修正为广义双切应力强度理论，其强度条件为

$$\sigma_1 - \frac{\alpha}{2}(\sigma_2+\sigma_3) \leqslant [\sigma_t], \quad \sigma_2 \leqslant \frac{\sigma_2+\alpha\sigma_3}{1+\alpha} \tag{9.7-17a}$$

$$\frac{1}{2}(\sigma_1+\sigma_2) - \alpha\sigma_3 \leqslant [\sigma_t], \quad \sigma_2 \geqslant \frac{\sigma_1+\alpha\sigma_3}{1+\alpha} \tag{9.7-17b}$$

式中：α 为材料的拉压强度比。

【例 9.7-1】在岩石基础上面安装重型设备以后，岩石基础可近似地认为受两向应力状态。假设岩石是层岩，层岩的层向与竖直方向成 30°夹角，如图 9.7-8 所示。试问所给的应力状态是否允许？假设岩石的静摩擦系数 $f=0.5$，岩层的黏聚力是 0.85kPa。假设层岩的破坏条件符合莫尔强度理论：$|\tau| = c - \sigma\tan\phi$，其中 $|\tau|$ 为破坏切应力，c 为黏聚力，σ 为层岩间的正应力，

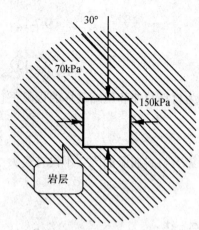

图 9.7-8　两向应力状态下的岩石基础

ϕ 为内摩擦角。

解　根据理论力学可知，摩擦角的正切等于静摩擦系数，即 $\tan\phi = f$。由题意，当层岩所受切应力 $|\tau_{30°}| \leqslant c - f\sigma_{30°} = 0.85 - 0.5\sigma_{30°}$ 时，所给应力状态是允许的，于是问题归结为求 30° 斜截面上的应力分量 $\sigma_{30°}$ 和 $\tau_{30°}$。由式 (8.2-3) 和式 (8.2-4) 有

$$\sigma_{30°} = \frac{-0.15 - 0.7}{2} + \frac{-0.15 + 0.7}{2} \times \cos 60° = -0.287 \text{MPa}$$

$$\tau_{30°} = -\frac{-0.15 + 0.7}{2} \times \sin 60° = -0.275 \times \frac{\sqrt{3}}{2} = -0.239 \text{MPa}$$

可知

$$|\tau_{30°}| \leqslant c - f\sigma_{30°} = 0.85 - 0.5 \times (-0.287) = 1.0 \text{MPa}$$

所以所给应力状态是允许的。

【例 9.7-2】　设 α=1.0、0.5 和 0.2，对于 $\sigma_y = 0$ 的平面应力状态，分别给出广义双切应力理论和 Mohr-Coulomb 理论在 $\sigma_x/\sigma_t - \tau_{xy}/\sigma_t$ 平面上的轨迹方程，作出相应的轨迹曲线。

解　(1) 求主应力。

$\sigma_y = 0$ 的平面应力状态如图 9.7-9 (a) 所示，主应力为

$$\sigma_1 = \sigma_{\max} = \frac{\sigma_x}{2} + \sqrt{\frac{\sigma_x^2}{4} + \tau_{xy}^2} > 0$$

$$\sigma_3 = \sigma_{\min} = \frac{\sigma_x}{2} - \sqrt{\frac{\sigma_x^2}{4} + \tau_{xy}^2} < 0 \tag{a}$$

$$\sigma_2 = 0$$

(2) 双切应力理论。

把式 (a) 代入式 (9.7-17a) 并化简，屈服轨迹方程可表达为

$$\left(\frac{\sigma_x}{\sigma_t} + \frac{2-\alpha}{2\alpha}\right)^2 + \frac{(2+\alpha)^2}{2\alpha}\left(\frac{\tau_{xy}}{\sigma_t}\right)^2 = \frac{(2+\alpha)^2}{4\alpha^2} \tag{9.7-18a}$$

把式 (a) 代入式 (9.7-17b) 并化简，屈服轨迹方程可表达为

$$\left(\frac{\sigma_x}{\sigma_t} + \frac{1-2\alpha}{2\alpha}\right)^2 + \frac{(1+2\alpha)^2}{\alpha}\left(\frac{\tau_{xy}}{\sigma_t}\right)^2 = \frac{(1+2\alpha)^2}{4\alpha^2} \tag{9.7-18b}$$

由式 (9.7-18) 代表的轨迹如图 9.7-9 (b) 中的实线所示。

(3) Mohr-Coulomb 理论。

把式 (a) 代入式 (9.7-11) 并化简，屈服轨迹方程可表达为

$$\left(\frac{\sigma_x}{\sigma_t} + \frac{1-\alpha}{2\alpha}\right)^2 + \frac{(1+\alpha)^2}{\alpha}\left(\frac{\tau_{xy}}{\sigma_t}\right)^2 = \frac{(1+\alpha)^2}{4\alpha^2} \tag{9.7-19}$$

屈服轨迹如图 9.7-9 (b) 中的点画线所示。

由图 9.7-10 可见，广义双切应力理论和 Mohr-Coulomb 理论所得结果基本一致。考虑到

Mohr-Coulomb 理论由一条光滑的曲线表达，而双切应力理论需要两条曲线表达，在重合点处也不光滑，所以 Mohr-Coulomb 准较之双切应力理论有更多的优越性。需要指出的是，拉压性质相同的铝合金在复杂应力状态下的试验结果更接近双切应力理论的预测结果。

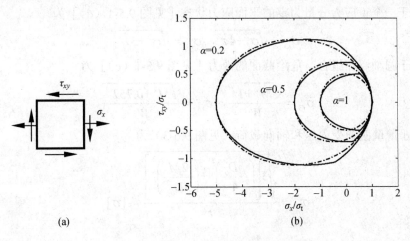

图 9.7-9　特殊平面应力状态下的屈服轨迹曲线

本　章　要　点

1. 建立强度理论的基本思想

由于材料破坏的复杂性，对材料破坏的机理简单化是必要的，也是科学的。建立强度理论的基本假设是：①引起材料破坏的因素是唯一的；②引起材料破坏的主要因素的极限值与应力状态无关。

2. 强度理论的统一表达式

$$\sigma_{ri} \leqslant [\sigma] \tag{9.4-1}$$

这里

$$\sigma_{r1} = \sigma_1 \tag{9.4-2a}$$

$$\sigma_{r2} = \sigma_1 - \mu(\sigma_2 + \sigma_3) \tag{9.4-2b}$$

$$\sigma_{r3} = \sigma_1 - \sigma_3 \tag{9.4-2c}$$

$$\sigma_{r4} = \sqrt{\frac{1}{2}[(\sigma_1 - \sigma_2)^2 + (\sigma_2 - \sigma_3)^2 + (\sigma_3 - \sigma_1)^2]} \tag{9.4-2d}$$

$$\sigma_{rM} = \sigma_1 - \frac{\sigma_t}{\sigma_c}\sigma_3 \tag{9.7-11}$$

$$\sigma_{rY} = \sigma_1 - \frac{1}{2}(\sigma_2 + \sigma_3) \leqslant [\sigma]\left[\text{对于} \sigma_2 \leqslant \frac{1}{2}(\sigma_2 + \sigma_3)\right] \tag{9.7-16a}$$

$$\sigma_{rY} = \frac{1}{2}(\sigma_1 + \sigma_2) - \sigma_3 \leqslant [\sigma]\left[\text{对于} \sigma_2 \geqslant \frac{1}{2}(\sigma_1 + \sigma_3)\right] \tag{9.7-16b}$$

式中：σ_{r1}、σ_{r2}、σ_{r3}、σ_{r4}、σ_{rM}、σ_{rY} 分别为第一、第二、第三、第四、Mohr、双切相当应力。

　　用强度理论进行强度计算的关键是计算危险点处的三个主应力，而要计算三个主应力就必须弄清楚危险点处于何种应力状态。

3. 典型应力状态下屈服破坏相当应力的表达式

（1）对于一个正应力分量为零的平面应力状态［见图 9.5-1（d）］为

$$\sigma_{r3}=\sqrt{\sigma^2+4\tau^2}, \quad \sigma_{r4}=\sqrt{\sigma^2+3\tau^2} \qquad (9.5\text{-}1,\ 2)$$

（2）对于圆轴弯扭组合，危险截面的内力［见图 9.5-1（c）］为

$$\sigma_{r3}=\frac{\sqrt{M^2+T^2}}{W}, \quad \sigma_{r4}=\frac{\sqrt{M^2+0.75T^2}}{W} \qquad (9.5\text{-}3,\ 4)$$

（3）对于薄壁圆筒受内压和轴向载荷（见图 9.6-3）为

$$\sigma_{r4}=\frac{\sqrt{3\left[\left(\dfrac{pD_o}{4}\right)^2+\left(\dfrac{2M}{\pi D_o{}^2}\right)^2\right]}}{t}\leqslant[\sigma]$$

思 考 题

9.1　何谓强度理论？

9.2　建立四种常用强度理论的基本思想是什么？

9.3　建立莫尔强度理论的基本思想是什么？适用于什么情况？

9.4　各种强度理论应用于单向应力状态时会有什么结果？

9.5　如何利用强度理论确定塑性和脆性材料在纯剪切时的许用应力？

习　题

9.1（9.2 节）　某铸铁构件危险点处的应力状态如题图 9.1 所示，试校核其强度。已知铸铁的许用拉应力$[\sigma_t]$=40MPa。

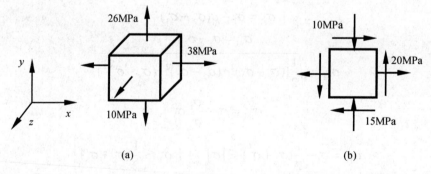

题图 9.1

9.2（9.3 节）　题图 9.2 所示直径 d=10mm 的圆形截面钢杆受轴向拉力 F=2kN 和矩 M_e=10N·m 的力偶作用。已知许用应力 $[\sigma]$=160MPa，试用第三强度理论校核该杆的强度。

9.3（9.3节）　炮筒横截面如题图 9.3 所示。在危险点处，σ_t =550MPa，σ_r =−350MPa，第三个主应力垂直于图面是拉应力，且其大小为 420MPa。试按第三、第四强度理论计算其相当应力。

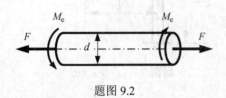

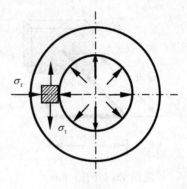

题图 9.2　　　　　　　　　　　　　　　　题图 9.3

9.4（9.2节）　题图 9.4 所示圆形截面铸铁杆承受轴向载荷 F_1，横向载荷 F_2 和矩为 M_1 的扭力偶作用，试用第一强度理论校核杆的强度。已知载荷 F_1=30kN，F_2=1.2kN，M_e=700N·m，杆径 d=80mm，杆长 l=800mm，许用应力 $[\sigma]$ =35MPa。

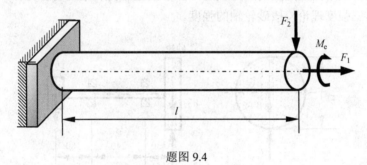

题图 9.4

9.5（9.3节）　题图 9.5 所示皮带轮传动轴 AB，其传递功率 P=7kW，转速 n=200r/min。皮带轮重量 W=1.8kN。左端齿轮上啮合力 F_n 与齿轮节圆切线的夹角（压力角）为 20°。轴的材料为 Q255 钢，其许用应力 $[\sigma]$=80MPa。试按第三强度理论估算轴的直径。

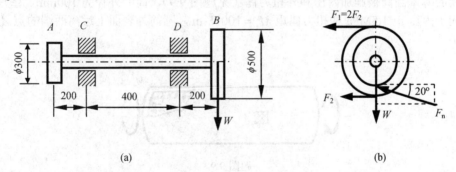

(a)　　　　　　　　　　　　　　　　(b)

题图 9.5（单位：mm）

9.6（9.3节）　题图 9.6 所示水平圆截面直角曲拐 ABC，受铅直力 F 作用，杆的直径 d=70mm，F=10kN，$[\sigma]$=160MPa。试用第三强度理论校核杆的强度。

9.7（9.3节）　题图 9.7 所示铁路圆信号板装在外径 D=60mm 的空心柱上。若信号板上所受的最大风载为 p=2000N/m²，许用应力为 $[\sigma]$=60MPa，试用第三强度理论选择空心柱的壁厚。

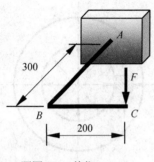

题图 9.6（单位：mm）

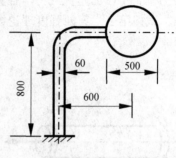

题图 9.7（单位：mm）

9.8（9.3 节）　某精密磨床砂轮轴如题图 9.8 所示，电动机的功率 P=3kW，转子转速 n= 1400r/min，转子重量 W_1=101N；砂轮直径 D=250mm，砂轮重量 W_2=275N；磨削力 F_z:F_y=3:1，砂轮轴直径 d=50mm，$[\sigma]$=60MPa。

（1）用单元体表示出危险点的应力状态，并求出主应力和最大切应力；

（2）试用第三强度理论校核砂轮轴的强度。

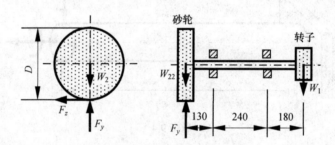

题图 9.8（单位：mm）

9.9（第 9 章*）　在研究子弹的蠕变时，需要控制管单元的应力状态。在此情况下，一个两端封闭的薄壁圆筒被施加内压和外扭力偶（见题图 9.9），筒的外径为 100mm、壁厚 6mm。试问对应于内压 p=1.5MPa 和扭力偶矩 M_e=100N·m，圆筒外表面上远离两端的点 A 的主应力是多少？

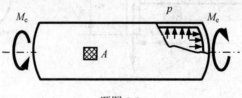

题图 9.9

9.10（第 9 章*）　题图 9.10 所示压力箱长 4m，直径 1m，壁厚 6mm，受内压 p=0.36MPa。用起重机将该压力箱吊离地面，起吊处 C、D 距离其近端是等距的。假设压力箱容重沿箱长方向为 150kg/m，试求点 A 和点 B 的主应力，并用第三强度理论校核该点的强度（$[\sigma]$ = 60MPa）。

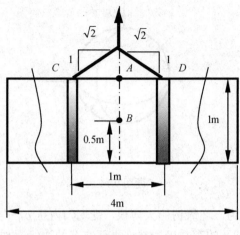

题图 9.10

9.11（9.3 节）　物体内一点 k 处于平面应力状态，如题图 9.11 所示。已知 $\sigma_x = 140\text{MPa}$，$\sigma_y = -100\text{MPa}$，$\tau_{xy} = 70\text{MPa}$，单向拉伸材料的屈服极限 $\sigma_s = 170\text{MPa}$。试根据第三强度理论和第四强度理论判断点 k 是否会屈服。

9.12　已知某点应力状态如题图 9.12 所示（应力单位：MPa）。单向拉伸材料的屈服极限 $\sigma_s = 700\text{MPa}$。根据第四强度理论，该点屈服时 σ_x 的最小值等于多少？

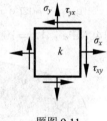

题图 9.11

*9.13　一种钢试件纯扭转试验如题图 9.13 所示。这种钢材在 $\tau_s = 140\text{MPa}$ 的应力下屈服。试问：根据第三、第四强度理论，这种钢材纯拉伸时屈服应力应为何值？

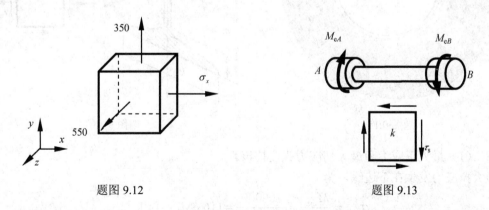

题图 9.12　　　　　　　　题图 9.13

9.14　玻璃在正常条件下属于脆性材料，拉伸极限应力仅有 0.5MPa，但在受压状态下却有很高的极限应力（6.5MPa），因此在深海作业中是一种很有价值的材料。设计一个盛有 0.3m^3 空气（近似大气压）、放置在 30m 深海底的玻璃球。[提示：静水压力为 γh，这里 γ 为密度，h 为海面以下的深度。取 $\gamma = 1000\text{kg/m}^3$，玻璃球视为薄壁球，球内的应力状态近似为 $\sigma_2 = \sigma_3 = -pD/(4\delta)$，$\sigma_1 = 0$]

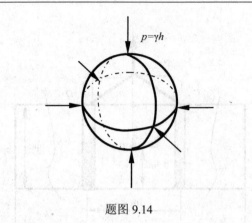

题图 9.14

*9.15　题图 9.15 所示为一环氧树脂大薄板，受均匀内压 p，内有一半径为 10 cm 的圆孔。为了使薄板内的应力不因圆孔的存在受影响，需要在孔的边缘添加一个钢质的圆环。试确定钢环的壁厚 δ，已知环氧树脂的弹性模量和 Poission 比分别为 $E_e = 6.7\text{GPa}$，$\mu_e = 0.4$，钢质圆环的弹性模量和 Poission 比分别为 $E_s = 200\text{GPa}$，$\mu_s = 0.3$。

9.16　题图 9.16 所示梁的危险截面上的剪力 $F_{S,\max}=300\text{kN}$，弯矩 $M_{\max}=100\text{kN}\cdot\text{m}$，$[\sigma] = 140\text{MPa}$，$[\tau] = 100\text{MPa}$，该梁为截面为 No.36a 的工字钢梁。试校核该截面的强度。

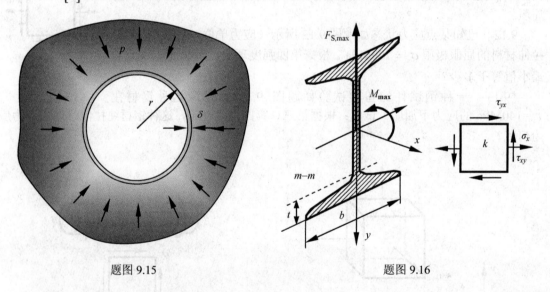

题图 9.15　　　　　　　　　　　　　题图 9.16

解　（1）最大正应力和最大切应力强度校核。

最大拉应力发生在下边缘，为

$$\sigma_{\max} = \frac{M_{\max}}{W_z} = \frac{100000}{875\times10^3} = 116.6\text{MPa} < [\sigma]$$

安全。

最大切应力发生在中性轴 z 上，为

$$\tau_{\max} = \frac{F_S}{bI_z / S_{z,\max}} = \frac{300000}{10\times307} = 97.7\text{MPa} < [\tau]$$

安全。

（2）强度理论校核翼缘与腹板的交界处强度。

用第四强度理论校核梁的翼缘与腹板的交界处，即 *m-m* 横线处的强度。*m-m* 横线处于平面应力状态，有很大的正应力和切应力。假设该横线距下边缘的高度为翼缘的平均厚度 *t*，翼缘的面积为 *bt*，则有

$$\sigma_x = \frac{M}{I_z}\left(\frac{h}{2}-t\right) = \frac{100\times10^3}{15800\times10^{-8}}\times\left(\frac{360}{2}-15.8\right)\times10^{-3} = 103.9\times10^6\,\text{Pa} = 103.9\text{MPa}$$

$$\tau_{xy} = \frac{F_S S_z(w)}{bI_z} = \frac{F_S bt(h/2-t)}{I_z d} = \frac{300000\times136\times15.8\times(180-7.9)}{15800\times10^4\times10} = 70.2\text{MPa}$$

根据第四强度理论，有

$$\sigma_{r4} = \sqrt{\sigma_x^2 + 3\tau_{xy}^2} = \sqrt{103.9^2 + 3\times70.2^2} = 160.0\text{MPa} > [\sigma]$$

不安全。

讨论：对于型号工字钢梁截面的特殊设计，一般可以保证翼缘与腹板交界处的相当应力小于截面内的最大正应力，所以通常不需要单独对翼缘与腹板交界处进行强度校核。但本道习题表明，当截面剪力很大时，并不能保证翼缘与腹板交界处有足够的强度，因此应该用强度理论校核交界面的强度。

第 10 章 压 杆 稳 定

10.1 引　　言

前面主要讨论了杆件的强度及刚度问题。构件在工作中不允许产生过大的应力，一般也不允许发生过大的变形。此外，轴向受压力作用的杆件，即**压杆**，也称为**柱**，还有**稳定性**问题。稳定性即构件保持原有平衡状态的能力。本章讨论无偏心轴向受压的均匀直杆，即**理想压杆**的稳定性问题。

图 10.1-1 为一两端铰支的理想压杆受压情况。当轴向压力 F 在横截面产生的应力小于材料的极限应力时，压杆保持直线状态的平衡。给压杆一个侧向的干扰力，使压杆发生侧向的微小弯曲［见图 10.1-1（a）］。压杆变弯以后，杆内产生弯矩。当干扰力撤除后，一方面，压杆由于自身的弹性，有变直的趋势；另一方面，轴向压力对压杆的任意截面产生弯矩，有使压杆保持或继续变弯的趋势。所以，压杆受压后，有可能发生以下三种情况，即

（1）当压力 F 小于某一临界值 F_{cr}［见图 10.1-1（b）］时，撤除干扰力。由于压杆内的弹性恢复弯矩大于轴向压力在杆内产生的弯矩，压杆将恢复到原来的直线平衡状态。原有的直线平衡状态称为**稳定平衡状态**。

（2）当压力 F 大于某一临界值 F_{cr}［见图 10.1-1（d）］时，撤除干扰力。由于压杆内的弹性恢复弯矩小于压力 F 在杆内产生的弯矩，压杆不仅不能恢复原形，而且还会继续弯曲直至发生强度破坏。这时压杆在微弯的条件下不能保持平衡。称这样的直线平衡状态为**不稳定平衡状态**。

（3）当压力 F 等于某一临界值 F_{cr}［见图 10.1-1（c）］时，干扰力撤除后，压杆任意截面的弹性恢复弯矩等于轴向压力 F 对该截面的矩，压杆仍然保持平衡，原有形状不变，即压杆在微弯的条件下保持平衡，既不回到原有的直线状态的平衡，也不继续弯曲。称这样的直线平衡为**随遇平衡**。

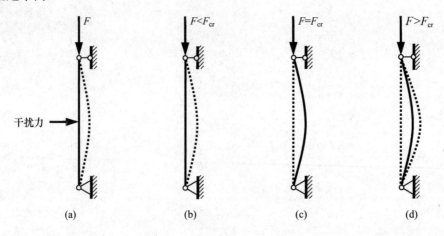

图 10.1-1　理想压杆临界力的概念

压杆处于不稳定平衡和随遇平衡均称为丧**失稳定性**，简称**失稳**，也称为**屈曲**。显然，失稳时压杆不能正常工作。压杆轴向压力的临界值 F_{cr} 称为**临界压力**或**临界力**。临界力是压杆失稳的最小压力。换言之，临界力是压杆保持微弯平衡状态所需要的最小压力，根据这一定义可以导出细长压杆临界力的计算公式。

10.2 细长压杆的临界力

10.2.1 两端铰支细长压杆临界力的欧拉公式

图 10.2-1（a）所示两端铰支的理想压杆，在临界力 F_{cr} 的作用下处于微弯状态的平衡，见图 10.2-1（b）。在小变形的情况下，假设杆内的应力不超过材料的比例极限，则梁的任意截面的挠度满足梁的挠曲轴近似微分方程 [见式（7.2-3）]，即

$$\frac{\mathrm{d}^2 w}{\mathrm{d}x^2} = \frac{M(x)}{EI} \tag{a}$$

将杆沿 x 截面截开，取下段为研究对象。x 截面的受力如图 10.2-1（c）所示，图中弯矩 $M(x)$ 为正，而挠度为负。对于图示坐标，应有

$$M(x) = -F_{cr} w \tag{b}$$

将式（b）代入式（a）得

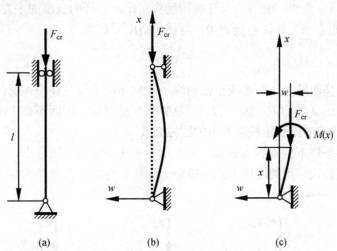

图 10.2-1 两端铰支的细长压杆在临界力下的微弯状态

$$\frac{\mathrm{d}^2 w}{\mathrm{d}x^2} = -\frac{F_{cr} w}{EI} \tag{c}$$

令

$$\frac{F_{cr}}{EI} = k^2 \tag{d}$$

得二阶常系数线性齐次微分方程

$$\frac{\mathrm{d}^2 w}{\mathrm{d}x^2} + k^2 w = 0 \tag{e}$$

其通解为

$$w = A\sin kx + B\cos kx \tag{f}$$

积分常数 A 和 B 可由杆的边界条件确定。由于当 $x=0$ 时，$w=0$，因此 $B=0$；当 $x=l$ 时，$w=0$，因此

$$A\sin kl=0 \tag{g}$$

若 $A=0$，则由式（f）知，$w=0$，这表示挠曲轴为一直线，这显然不是所要求的解，所以 $A\neq 0$。只能是

$$\sin kl=0 \tag{h}$$

于是得

$$kl=n\pi\quad(n=0,\ \pm1,\ \pm2,\ \cdots) \tag{i}$$

将式（i）代入式（d），得

$$F_{\mathrm{cr}}=\frac{n^2\pi^2 EI}{l^2} \tag{j}$$

根据临界力的定义，只有与 $n=\pm1$ 对应的 F_{cr} 才是压杆的临界力，即两端铰支压杆的临界力为

$$F_{\mathrm{cr}}=\frac{\pi^2 EI}{l^2} \tag{10.2-1}$$

这一结果是瑞士数学家欧拉（Leonhard Euler）于 1757 年发表的。式（10.2-1）被称为**欧拉公式**。式（10.2-1）表明，临界力与弯曲刚度成正比，与杆的长度的平方成反比。

根据式（f）和式（i）并注意到 $B=0$，得杆的挠度方程为

$$w=A\sin\frac{\pi x}{l} \tag{k}$$

所以失稳后，挠曲轴为一条半波正弦曲线，常数 A 决定发生在中截面的最大挠度。用上述方法虽然不能求出 A 的数值，但一般只对临界载荷感兴趣，因而不必求出。

10.2.2　两端非铰支细长压杆临界力的欧拉公式

对于其他约束条件下的临界力公式，可以用与前述类似的方法导出。下面根据两端铰支的细长压杆的欧拉公式，用类比的方法来确定一些常见约束方式压杆的临界力。

1. 一端固定，一端自由

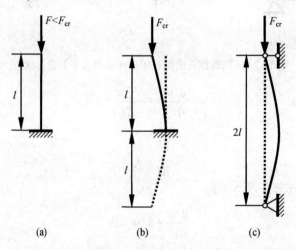

图 10.2-2　一端固定，一端自由与两端铰支压杆的类比

图 10.2-2（a）为一端固定，一端自由的细长压杆。在临界力 F_{cr} 的作用下，压杆保持微弯状态下的平衡［见图 10.2-2（b）］，其弹性曲线与两端铰支的压杆的上半部分形状相同，即 1/4 个正弦曲线。所以，长度为 l 的一端固定，一端自由的压杆的临界力，等于长度为 $2l$ 的两端铰支压杆的临界力［见图 10.2-2（c）］，即

$$F_{cr} = \frac{\pi^2 EI}{(2l)^2} \qquad (10.2\text{-}2)$$

2. 一端固定，一端铰支

若细长压杆的约束方式为一端固定，一端铰支［见图 10.2-3（a）］，失稳后，弹性曲线形状如图 10.2-3（b）所示。可见在从固定端 A 到最大挠度所在截面的杆段内，存在一个反弯点，即拐点，说明在此截面内，弯矩必为 0。可以证明该点距固定端约 $0.7l$，因而可将该点视为铰链。将长 $0.7l$ 的 BC 段视为两端铰支的压杆，于是计算临界应力的公式可写成

$$F_{cr} = \frac{\pi^2 EI}{(0.7l)^2} \qquad (10.2\text{-}3)$$

3. 两端固定

若细长压杆的支持方式为两端固定［见图 10.2-4（a）］，失稳后，弹性曲线的形状如图 10.2-4（b）所示。

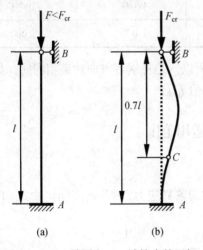

图 10.2-3　一端固定，一端铰支的压杆
在临界力下的微弯状态

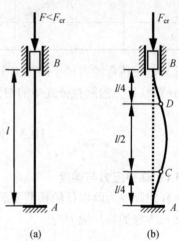

图 10.2-4　两端固定的压杆在
临界力下的微弯状态

在距两端各为 $l/4$ 处是曲线的拐点，该点弯矩为零，因而可将这两点视为铰链。将长 $l/2$ 的 CD 段视为两端铰支的压杆，于是计算临界应力的公式可写成

$$F_{cr} = \frac{\pi^2 EI}{(0.5l)^2} \qquad (10.2\text{-}4)$$

综合以上结果，临界力的公式可写成统一的形式

$$F_{cr} = \frac{\pi^2 EI}{(\mu l)^2} \qquad (10.2\text{-}5)$$

式（10.2-5）是欧拉公式的普遍形式。式中 μl 相当于两端铰支压杆的长度，称为**相当长度**或**有效长度**。系数 μ 称为**长度因数**。现把上述四种情况细长压杆的长度因数和临界载荷列

于表 10.2-1 中。

表 10.2-1　　　　　常见细长压杆的长度因数与临界载荷

支持方式	两端铰支	一端固定，一端自由	一端固定，一端铰支	两端固定
压杆的弹性曲线形状	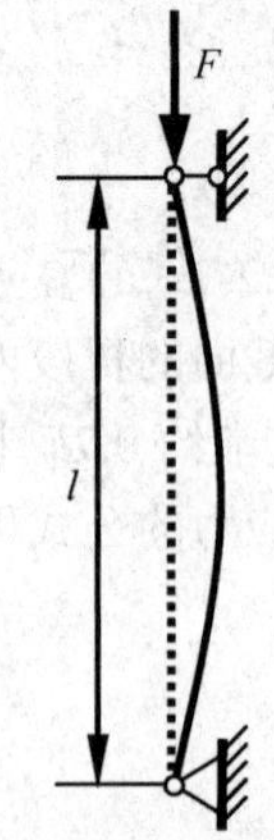	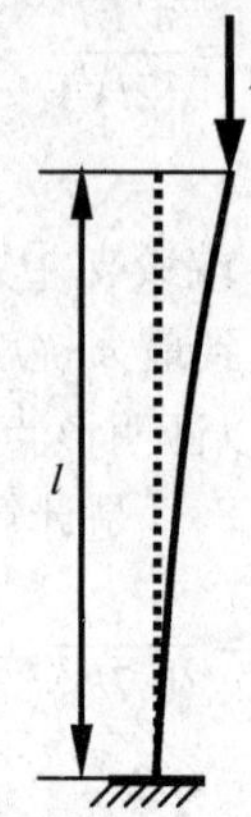	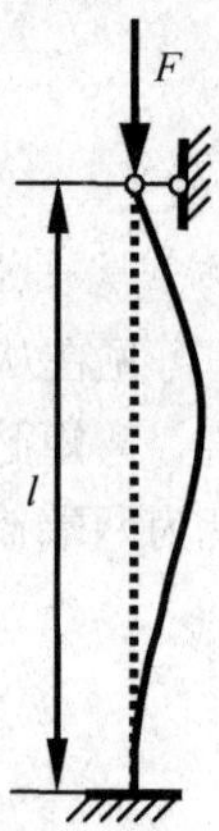	
F_{cr}	$\dfrac{\pi^2 EI}{l^2}$	$\dfrac{\pi^2 EI}{(2l)^2}$	$\dfrac{\pi^2 EI}{(0.7l)^2}$	$\dfrac{\pi^2 EI}{(0.5l)^2}$
μ	1	2	0.7	0.5

压杆总是在抗弯能力最小的纵向平面内失稳。所以，当杆端各方向约束相同时（如球形铰链），计算临界力的欧拉公式中的惯性矩须取最小值 $I_{\min}$。

10.3　欧拉公式的适用范围

10.3.1　临界应力与柔度

用压杆的临界力除以杆的横截面面积 A，其值称为**临界应力**，并用 σ_{cr} 表示。由式（10.2-5）可知，细长压杆的临界应力为

$$\sigma_{cr} = \frac{F_{cr}}{A} = \frac{\pi^2 EI}{(\mu l)^2 A} \tag{a}$$

令

$$i = \sqrt{\frac{I}{A}} \tag{10.3-1}$$

i 称为截面的**惯性半径**，量纲为 L。于是，式（a）可写成

$$\sigma_{cr} = \frac{\pi^2 E}{\left(\dfrac{\mu l}{i}\right)^2} \tag{b}$$

令

$$\lambda = \frac{\mu l}{i} \tag{10.3-2}$$

则细长压杆的临界应力为

$$\sigma_{\mathrm{cr}} = \frac{\pi^2 E}{\lambda^2} \qquad\qquad (10.3\text{-}3)$$

这是欧拉公式的另一种表达形式，称为**欧拉临界应力公式**。式中的λ为量纲为 1 的量，称为**柔度**、**长细比**或**细长比**。柔度越大，临界应力越小，压杆就越容易失稳。柔度集中反映了压杆的长度（l）、支持方式（μ）、截面形状与尺寸（i）等因素对临界应力的影响。式 10.3-3 表明，细长压杆的临界应力与柔度的平方成反比，与弹性模量成正比。可见，柔度对压杆的临界应力有较大影响，柔度越大，则临界应力越小。

对于图 10.3-1（a）所示的矩形截面，$I_z=bh^3/12$，$I_y=hb^3/12$，$A=bh$，代入式（10.3-1），得截面对 z 轴和 y 轴的惯性半径分别为

$$\begin{cases} i_z = \dfrac{h}{2\sqrt{3}} \\[2mm] i_y = \dfrac{b}{2\sqrt{3}} \end{cases} \qquad\qquad (10.3\text{-}4\text{a})$$

对于边长为 a 的正方形截面，有

$$i_z = i_y = \frac{a}{2\sqrt{3}} \qquad\qquad (10.3\text{-}4\text{b})$$

对于图 10.3-1（b）所示的圆形截面，$I_z=I_y=\pi d^4/64$，$A=\pi d^2/4$，代入式（10.3-1）得

$$i_z = i_y = \frac{d}{4} \qquad\qquad (10.3\text{-}5)$$

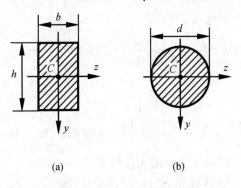

(a)　　　　　　　　　(b)

图 10.3-1　矩形与圆形截面

10.3.2　欧拉公式的适用范围

欧拉公式是用挠曲轴近似微分方程推导出来的，而该方程是建立在胡克定律的基础上，所以欧拉公式计算的临界应力不能超过材料的比例极限σ_{p}，即

$$\sigma_{\mathrm{cr}} = \frac{\pi^2 E}{\lambda^2} \leqslant \sigma_{\mathrm{p}} \qquad\qquad (\mathrm{c})$$

或

$$\lambda \geqslant \pi \sqrt{\frac{E}{\sigma_{\mathrm{p}}}} \qquad\qquad (\mathrm{d})$$

若令

$$\lambda_p = \pi\sqrt{\frac{E}{\sigma_p}} \qquad (10.3\text{-}6)$$

代入式（d），得

$$\lambda \geqslant \lambda_p \qquad (10.3\text{-}7)$$

即只有压杆的柔度满足式（10.3-6）时，欧拉公式才适用。柔度 $\lambda \geqslant \lambda_p$ 的压杆，称为**大柔度杆**，也称为**细长杆**。λ_p 是判断欧拉公式能否适用的柔度的界限值，称为**判别柔度**。在计算压杆的临界力或临界应力之前，应先判断欧拉公式是否适用。

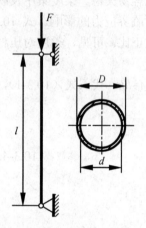

图 10.3-2　环形截面立柱受力分析

【例 10.3-1】 图 10.3-2 所示环形截面立柱受轴向压力作用，试计算临界应力。已知立柱的材料用低碳钢制成，长度 $l=6$m，外径 $D=80$mm，内径 $d=70$mm，弹性模量 $E=200$GPa，比例极限 $\sigma_p=200$MPa。

解 判别柔度为

$$\lambda_p = \pi\sqrt{\frac{E}{\sigma_p}} = \pi\times\sqrt{\frac{200\times10^9\,\mathrm{Pa}}{200\times10^6\,\mathrm{Pa}}} = 99.3$$

截面的惯性半径为

$$i = \sqrt{\frac{I}{A}} = \sqrt{\frac{\pi\times(0.08\,\mathrm{m})^4\times[1-(0.07\,\mathrm{m}/0.08\,\mathrm{m})^4]/64}{\pi\times[(0.08\,\mathrm{m})^2-(0.07\,\mathrm{m})^2]/4}} = 0.02658\,\mathrm{m}$$

压杆的柔度为

$$\lambda = \frac{\mu l}{i} = \frac{1\times6\,\mathrm{m}}{0.02658\,\mathrm{m}} = 225.7 > \lambda_p = 99.3$$

欧拉公式适用。

临界应力为

$$\sigma_{cr} = \frac{\pi^2 E}{\lambda^2} = \frac{\pi^2\times200\times10^9\,\mathrm{Pa}}{225.7^2} = 3.87\times10^7\,\mathrm{Pa} = 38.7\,\mathrm{MPa}$$

【例 10.3-2】 图 10.3-3 所示正方形截面压杆受轴向压力作用，试求可用欧拉公式计算临界力时杆的长度 l。已知立柱的材料用低碳钢制成，正方形的边长 $a=10$mm，弹性模量 $E=200$GPa，比例极限 $\sigma_p=200$MPa。

解 判别柔度为

$$\lambda_p = \pi\sqrt{\frac{E}{\sigma_p}} = \pi\times\sqrt{\frac{200\times10^9\,\mathrm{Pa}}{200\times10^6\,\mathrm{Pa}}} = 99.3$$

当 $\lambda \geqslant \lambda_p$ 时，可用欧拉公式计算临界力，压杆的柔度为

$$\lambda = \frac{\mu l}{i} \geqslant \lambda_p$$

由式（10.3-4b）可知，截面的惯性半径为

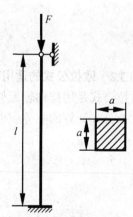

图 10.3-3　正方形截面压杆受力分析

$$i = \frac{a}{2\sqrt{3}}$$

解得

$$l \geqslant \frac{\lambda_p a}{2\sqrt{3}\mu} = \frac{99.3 \times 0.01\text{m}}{2\sqrt{3} \times 0.7} = 0.41\text{m}$$

$$l \geqslant 0.41\text{m}$$

【例 10.3-3】 三根直径均为 d=15cm 的圆形截面杆，受轴向压力作用，其长度和两端约束情况如图 10.3-4 所示，圆杆材料为 Q235 钢，弹性模量 E=200GPa，比例极限 σ_p=200MPa。

（1）哪一根杆最容易失稳？

（2）求三杆中的最大临界力。

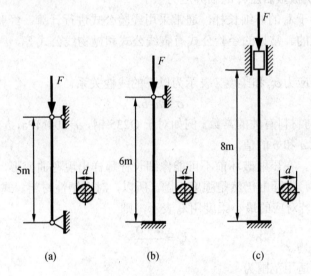

图 10.3-4 三根同直径、不同支持方式的圆形截面杆受压情况

（a）杆 a；（b）杆 b；（c）杆 c

解 （1）最易失稳的压杆。

$$i = \frac{d}{4} = 0.0375\text{m}$$

杆 a 的柔度为

$$\lambda = \frac{\mu l}{i} = \frac{1 \times 5\ \text{m}}{0.0375\ \text{m}} = 133.3$$

杆 b 的柔度为

$$\lambda = \frac{0.7 \times 6\text{m}}{0.0375\text{m}} = 112.0$$

杆 c 的柔度为

$$\lambda = \frac{0.5 \times 8\text{m}}{0.0375\text{m}} = 106.7$$

可见，杆 a 的柔度最大，所以最容易失稳。

（2）最大临界力。

杆 c 的柔度最小，所以临界力最大。判别柔度为

$$\lambda_p = \pi\sqrt{\frac{E}{\sigma_p}} = \pi\sqrt{\frac{200\times10^9\text{Pa}}{200\times10^6\text{Pa}}} = 99.3$$

由于杆 c 的柔度 $\lambda=106.7>\lambda_p$，欧拉公式可用。临界力为

$$F_{cr} = \sigma_{cr}A = \frac{\pi^2 E}{\lambda^2}A = \frac{\pi^2\times200\times10^9\text{Pa}}{106.7^2}\times\frac{\pi\times(0.15\text{m})^2}{4} = 3.066\times10^6\,\text{N} = 3066\text{kN}$$

10.4　超过比例极限后压杆的临界应力

10.4.1　超过比例极限后压杆的临界应力

对于压杆柔度小于 λ_p 的非细长杆，通常采用经验公式进行计算。经验公式是在试验和分析归纳的基础上建立的。常见的经验公式有直线公式和抛物线公式等。

1. 直线公式

直线公式将临界应力 σ_{cr} 和柔度 λ 表示为以下的线性关系

$$\sigma_{cr}=a-b\lambda \tag{10.4-1}$$

式中，a 与 b 是与材料有关的常数。例如对于 Q235 钢，$a=304$MPa，$b=1.12$MPa。表 10.4-1 中列出了一些材料的 a 和 b 的值。

柔度很小的短柱，在压缩破坏前不可能像细长杆那样出现弯曲变形，其破坏是因为应力达到材料的极限应力，实际上仍然是强度问题。所以，对于塑性材料，式（10.4-1）计算的应力最大只能等于 σ_s，若对应的最小柔度用 λ_0 表示，则

$$\lambda_0 = \frac{a-\sigma_s}{b} \tag{10.4-2}$$

所以直线公式的适用范围为

$$\lambda_0 < \lambda < \lambda_p$$

如果 $\lambda<\lambda_0$，则按压缩强度计算。对于脆性材料，应把以上各式中的屈服极限 σ_s 改为强度极限 σ_b。

表 10.4-1　　　　　　　直线公式的系数 a 和 b

材　料		a（MPa）	b（MPa）	λ_p	λ_0
Q235 钢	$\sigma_s=235$MPa $\sigma_b\geqslant235$MPa	304	1.12	100	61
优质碳钢	$\sigma_s=306$MPa $\sigma_b\geqslant471$MPa	461	2.568	100	60
硅　钢	$\sigma_s=353$MPa $\sigma_b\geqslant510$MPa	578	3.744	100	60
铬钼钢		980.7	5.296	55	0
铸　铁		332.2	1.454		
硬　铝		373	2.15	50	0
松　木		28.7	0.19	59	0

2. 抛物线公式

抛物线公式将临界应力 σ_{cr} 和柔度 λ 表示为以下的抛物线关系

$$\sigma_{cr}=a_1-b_1\lambda^2 \qquad (10.4-3)$$

式中，a_1 与 b_1 是与材料有关的常数。例如对于 Q235 钢，a_1=235MPa，b_1=0.00668MPa；对于 16Mn 钢，a_1=343MPa，b_1=0.0142MPa。

10.4.2 临界应力总图

综上所述，根据柔度的大小，可将压杆分为三类：$\lambda \geq \lambda_p$ 的压杆，称为大柔度杆，临界应力按欧拉公式计算；$\lambda_0 < \lambda < \lambda_p$ 的压杆，称为**中柔度杆**，临界应力用经验公式（10.4-2）或式（10.4-3）计算；$\lambda < \lambda_0$ 的压杆，属于短粗杆，称为**小柔度杆**，临界应力为其极限应力。压杆无论是处于线弹性阶段还是非线弹性阶段，其临界应力均是柔度的函数。表示临界应力 σ_{cr} 与柔度关系 λ 的曲线，称为**临界应力总图**。图 10.4-1 为塑性材料的压杆采用直线公式时的临界应力总图，图 10.4-2 为塑性材料的压杆采用抛物线公式时的临界应力总图。

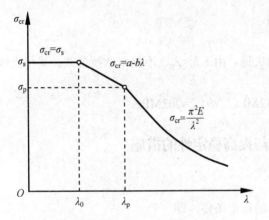
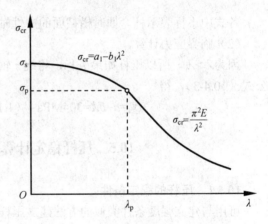

图 10.4-1　塑性材料压杆采用直线公式
时的临界应力总图

图 10.4-2　塑性材料压杆采用抛物线公式
时的临界应力总图

【**例 10.4-1**】 图 10.4-3 所示压杆由 No.16 工字钢制成，杆在 xOz 平面内为两端固定，在 xOy 平面内为一端固定，一端自由。已知材料的弹性模量 E=200GPa，比例极限 σ_p=200MPa，屈服极限 σ_s=240MPa。试求压杆的临界应力 σ_{cr}。

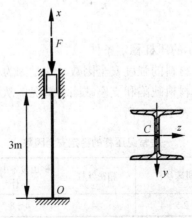

图 10.4-3　工字钢压杆受力情况

解 （1）柔度计算。

判别柔度为

$$\lambda_p = \pi\sqrt{\frac{E}{\sigma_p}} = \pi\sqrt{\frac{200\times10^9 \text{Pa}}{200\times10^6 \text{Pa}}} = 99.3$$

查型钢表得惯性半径为

$$i_z = 6.58\text{cm}, \quad i_y = 1.89\text{cm}$$

压杆在 xOy 平面内的相当长度较大，但在该平面内绕 z 轴弯曲时，对 z 轴的惯性半径也较大，所以须分别计算压杆在 xOy 平面和 xOz 平面内的柔度，即

$$\lambda_z = \frac{(\mu l)_z}{i_z} = \frac{2\times300\text{cm}}{6.58\text{cm}} = 91.2$$

$$\lambda_y = \frac{(\mu l)_y}{i_y} = \frac{0.5\times300\text{cm}}{1.89\text{cm}} = 79.4$$

各式中下标表示杆弯曲时横截面的中性轴。

（2）临界应力计算。

因为 $\lambda_z > \lambda_y$，所以压杆如果失稳，将绕 z 轴失稳。由于 $\lambda_z < \lambda_p$，不能用欧拉公式。采用直线公式（10.4-3），得

$$\sigma_{cr} = a - b\lambda = 304\text{MPa} - (1.12\text{MPa})\times91.2 = 202\text{MPa}。$$

10.5　压杆稳定计算与提高稳定性的措施

10.5.1　压杆的稳定条件

可用与建立强度条件类似的方法建立压杆的稳定条件，即

$$\sigma = \frac{F}{A} \leqslant \frac{\sigma_{cr}}{n_{st}} = [\sigma_{st}] \tag{10.5-1}$$

式中：σ 为工作应力；n_{st} 为稳定安全因数；$[\sigma_{st}]$ 为稳定许用应力。

式（10.5-1）为用应力表示的压杆稳定条件。将 $\sigma_{cr}=F_{cr}/A$ 代入式（10.5-1）中，可得

$$F \leqslant \frac{F_{cr}}{n_{st}} = [F_{st}] \tag{10.5-2}$$

式中：$[F_{st}]$ 为稳定许用压力。

式（10.5-2）为用压力表示的压杆稳定条件。

稳定安全因数一般要大于材料的强度安全因数。这是因为实际压杆并非理想压杆，难以避免会有初弯曲、载荷偏心、材料缺陷和支座缺陷等情况，从而严重影响压杆的稳定性。一些常见压杆的稳定安全因数如表 10.5-1 所示。

表 10.5-1　　　　　　　　　　一些常见压杆的稳定安全因数

实际压杆	金属结构中的压杆	机床丝杠	精密丝杠	矿山设备中的压杆	磨床油缸活塞杆	发动机挺杆
n_{st}	1.8~3	2.5~4	>4	4~8	2~5	2~6

压杆的稳定计算是根据整个杆的变形考虑的,而杆的变形可看作是所有微段变形的总和,这样,压杆的局部削弱对整体变形影响很小,所以确定临界载荷或临界应力时,可不考虑局部削弱的影响。但是对受到削弱的横截面,应进行强度计算。

10.5.2 折减系数法

为了计算方便,工程上常采用所谓的折减系数法进行稳定计算。将稳定许用应力写成

$$\sigma_{st} = \varphi[\sigma] \tag{10.5-3}$$

式(10.5-1)的稳定条件变为

$$\sigma \leqslant \varphi[\sigma] \tag{10.5-4}$$

将 $\sigma = \dfrac{F}{A}$ 代入式(10.5-4),得

$$\frac{F}{\varphi A} \leqslant [\sigma] \tag{10.5-5}$$

在以上三式中,$[\sigma]$ 为许用压应力,φ 是一个小于 1 的系数,称为**稳定系数**或**折减系数**。稳定系数是柔度 λ 的函数,并与材料有关。表 10.5-2 列出了部分建筑钢材和木材的稳定系数。

表 10.5-2   部分建筑钢材和木材的稳定系数

λ	φ			λ	φ		
	Q235 钢	16Mn 钢	木材		Q235 钢	16Mn 钢	木材
0	1.000	1.000	1.000	110	0.536	0.384	0.248
10	0.995	0.993	0.971	120	0.466	0.325	0.208
20	0.981	0.973	0.932	130	0.401	0.279	0.178
30	0.958	0.940	0.883	140	0.349	0.242	0.153
40	0.927	0.895	0.822	150	0.306	0.213	0.133
50	0.888	0.840	0.751	160	0.272	0.188	0.117
60	0.842	0.776	0.668	170	0.243	0.168	0.104
70	0.789	0.705	0.575	180	0.218	0.151	0.093
80	0.731	0.627	0.470	190	0.197	0.136	0.083
90	0.669	0.546	0.370	200	0.180	0.124	0.075
100	0.604	0.462	0.300				

10.5.3 提高压杆稳定性的措施

1. 合理选择材料

由临界应力的欧拉公式可知,细长杆的临界应力只与弹性模量 E 有关。但各种钢的弹性模量均为 200～210 GPa,所以即使选用强度高的钢材,也不会使细长杆的稳定性提高多少。对于中柔度的压杆,理论和试验表明,强度高的钢材可以提高临界应力的数值。至于小柔度杆,本身就是强度问题。

2. 选择合理的截面形状

压杆的柔度为

$$\lambda = \frac{\mu l}{i} = \mu l \sqrt{\frac{A}{I}}$$

在横截面面积一定的情况下，截面的惯性矩 I 越大，柔度 λ 越小，临界应力越高。为此，可使材料的分布适当地离开截面形心主惯性轴，如采用空心截面和组合截面。

图 10.5-1（a）、（b）为用四根等边角钢组合成的两种截面形状。在横截面面积相同的情况下，显然图 10.5-1（b）的截面惯性矩更大，柔度更小，抵抗失稳的能力更强。为使多根杆组合成的压杆成为一个整体，型钢之间用足够强的缀条或缀板连接，见图 10.5-2。

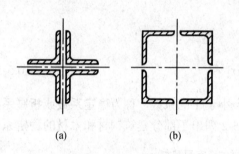

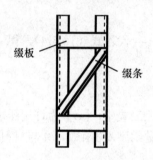

图 10.5-1　两种用四根等边角钢组合成的截面　　　图 10.5-2　型钢之间用缀条或缀板连接的压杆

此外，截面设计时还要考虑失稳的方向性。如果压杆的支座对杆的约束各个方向相同，如固定端和球形铰支，则应使截面对两个主形心轴的惯性矩相等（参见习题 10.15）。如果支座的约束是有方向性的（如 ［例 10.4-1］），则最好使压杆在垂直于主形心轴的两个方向的柔度相同。

3. 改善压杆的约束

从欧拉公式可见，压杆的支持条件直接影响临界力或临界应力的值。例如，把两端铰支的压杆改为两端固定的压杆，临界应力变为原来的 4 倍；把图 10.5-3（a）所示的简支梁中间增加一个支座 ［见图 10.5-3（b）］，临界应力也变为原来的 4 倍。

在结构允许的情况下，减小压杆的长度，可有效提高稳定性。

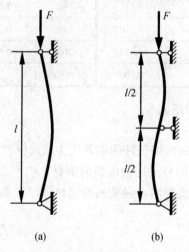

图 10.5-3　某简支梁中间增加支座前后的受力情况

【例 10.5-1】 图 10.5-4（a）为材料试验机的一根立柱的示意图。材料为 Q275 钢，比例极限 σ_p=200MPa，弹性模量 E=210GPa。立柱失稳后的变形曲线如图 10.5-4（b）所示，立柱在两端没有转角，但上端有微小的侧移。若立柱的最大载荷为 F=250kN，规定的稳定安全因数为 n_{st}=4，试设计立柱的直径 d。

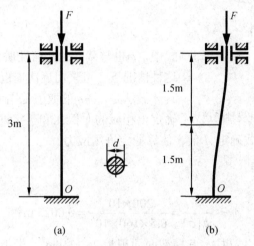

图 10.5-4　材料试验机的立柱

解　分析：如图 10.5-4（b）所示，立柱的中点为反弯点，两端相当于固定，其临界力与一端固定、一端铰支、长度减半的压杆的临界力相同，即

$$F_{cr} = \frac{\pi^2 EI}{(2 \times 0.5l)^2} = \frac{\pi^2 EI}{l^2}$$

判别柔度为

$$\lambda_p = \pi \sqrt{\frac{E}{\sigma_p}} = \pi \times \sqrt{\frac{210 \times 10^9 \, \text{Pa}}{200 \times 10^6 \, \text{Pa}}} = 102$$

先假设立柱为细长杆，由稳定性条件

$$F \leqslant \frac{F_{cr}}{n_{st}}$$

得

$$F_{cr} = \frac{\pi^2 EI}{l^2} \geqslant F n_{st}$$

即

$$\frac{\pi^2 \times 210 \times 10^9 \, \text{Pa} \times \dfrac{\pi d^4}{64}}{3^2} \geqslant 250 \times 10^3 \, \text{N} \times 4$$

可得

$$d \geqslant 0.097 \, \text{m}$$

再校核杆的柔度，即

$$\lambda = \frac{\mu l}{i} = \frac{1 \times 3 \, \text{m}}{0.097/4} = 124 > \lambda_p = 102$$

所以用欧拉公式适用。取立柱的直径 d=97 mm。

【例 10.5-2】图 10.5-5 所示工字钢制成的立柱受轴向压力 F=160kN 作用。立柱长 l=1.5m，

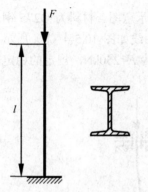

图 10.5-5　工字钢制成的立柱受轴向压力

材料为 Q235 钢，许用应力 $[\sigma]$ =160 MPa。试选择工字钢的型号。

解（1）分析。

本题为截面设计问题，立柱的横截面面积为

$$A \geqslant \frac{F}{\varphi[\sigma]}$$

式中，φ 也与截面的几何性质有关，因而是未知的。在这种情况下，可采用逐次逼近法确定立柱的横截面积。具体做法是，在 φ 的取值范围（0<φ<1）内取一个中值，确定出相应的面积 A 和工字钢的型号，然后由 $\lambda-\varphi$ 表求出一个新的 φ 值，再由上式确定 A 值，估算稳定许用应力。

（2）第一次试算。

取 φ_1=0.5

$$A_1 \geqslant \frac{F}{\varphi_1[\sigma]} = \frac{200 \times 10^3}{0.5 \times 160 \times 10^6} = 0.0025 \ \text{m}^2$$

可选 No.16 工字钢作为立柱，其横截面面积为 26.131cm²，最小惯性半径 $i_{\min}$=1.89 cm。立柱的柔度和横截面上的应力为

$$\lambda_1 = \frac{\mu l}{i_{\min}} = \frac{2 \times 1.5\text{m}}{0.0189\text{m}} = 159$$

$$\sigma_1 = \frac{F}{A_1} = \frac{200 \times 10^3 \text{N}}{0.0026131\text{m}^2} = 7.65 \times 10^7 \text{Pa} = 76.5\text{MPa}$$

查表 10.5-2，并进行线性插值，得相应于 λ_1=159 的折减系数为

$$\varphi_1' = 0.306 - \frac{0.306 - 0.272}{10} \times 9 = 0.275$$

所以，立柱的稳定许用应力为

$$[\sigma_{\text{st}}] = \varphi_1'[\sigma] = 0.275 \times 160\text{MPa} = 44\text{MPa} < \sigma$$

工作应力超过许用应力较多，需进一步计算。

（3）第二次试算。

当试算的 φ 值偏大时，计算的面积 A 将偏小，从而得到更小的 φ 值。实际 φ 值应介于 φ_1 和 φ_1' 之间，故取

$$\varphi_2 = \frac{\varphi_1 + \varphi_1'}{2} = 0.388$$

得

$$A_2 \geqslant \frac{200 \times 10^3 \text{N}}{0.388 \times (160 \times 10^6 \text{Pa})} = 0.0032 \ \text{m}^2$$

选 No.20a 工字钢作为立柱，其横截面面积 35.578 cm²，最小惯性半径 $i_{\min}$=2.12cm。立柱的柔度和横截面上的应力为

$$\lambda_2 = \frac{2 \times 1.5\text{m}}{0.0212\text{m}} = 142$$

$$\sigma_2 = \frac{200 \times 10^3 \text{N}}{35.578 \times 10^{-4}\text{m}^2} = 5.62 \times 10^7 \text{Pa} = 56.2\text{MPa}$$

这时的折减系数为

$$\varphi_2' = 0.349 - \frac{0.349 - 0.306}{10} \times 2 = 0.340$$

立柱的稳定许用应力为

$$[\sigma_{st}] = \varphi_2'[\sigma] = 0.34 \times 160\text{MPa} = 54.4\text{MPa}$$

工作应力超过稳定许用应力约 3%，小于 5%，因而所选截面是可用的。故选用 No.20a 工字钢。

本 章 要 点

1. 临界力的欧拉公式

$$F_{cr} = \frac{\pi^2 EI}{(\mu l)^2} \tag{10.2-5}$$

式中：μl 为相当长度；μ 为长度因数，与支持情况有关。

2. 临界应力的欧拉公式

$$\sigma_{cr} = \frac{\pi^2 E}{\lambda^2} \tag{10.3-3}$$

式中：λ 为柔度，表达式为

$$\lambda = \frac{\mu l}{i} \tag{10.3-2}$$

式中：$i = \sqrt{\dfrac{I}{A}}$，为横截面与惯性矩 I 对应的惯性半径。

3. 欧拉公式的适用范围和经验公式

欧拉公式的适用范围为

$$\lambda \geqslant \lambda_p \tag{10.3-5}$$

其中

$$\lambda_p = \pi \sqrt{\frac{E}{\sigma_p}} \tag{10.3-4}$$

可用直线公式柔度的最小值为

$$\lambda_0 = \frac{a - \sigma_s}{b} \tag{10.4-2}$$

压杆可分为三类：

（1）细长杆或大柔度杆（$\lambda \geqslant \lambda_p$）：用欧拉公式计算临界应力；

（2）中柔度杆（$\lambda_0 < \lambda < \lambda_p$）：用直线公式 $\sigma_{cr} = a - b\lambda$ 计算临界应力；

（3）小柔度杆（$\lambda < \lambda_0$）：按强度问题处理。

中、小柔度杆的抛物线公式为

$$\sigma_{cr} = a_1 - b_1 \lambda^2 \tag{10.4-3}$$

4. 压杆稳定计算

为使压杆有足够的稳定性，应使其工作应力小于稳定许用应力，工作压力小于稳定许用

压力，即

$$\sigma = \frac{F}{A} \leqslant \frac{\sigma_{cr}}{n_{st}} = [\sigma_{st}] \tag{10.5-1}$$

$$F \leqslant \frac{F_{cr}}{n_{st}} = [F_{st}] \tag{10.5-2}$$

式中：n_{st} 为稳定安全因数。

用折减系数法进行稳定计算时，稳定条件为

$$\sigma \leqslant \varphi[\sigma] \tag{10.5-4}$$

或

$$\frac{F}{\varphi A} \leqslant [\sigma] \tag{10.5-5}$$

式中：φ 为折减系数，由查表得到。

 思 考 题

10.1　何谓临界状态、临界载荷？如何确定细长压杆的临界载荷？

10.2　何谓柔度 λ 和判别柔度 λ_p？柔度 λ 和判别柔度 λ_p 是什么关系？

10.3　何谓压杆的工作应力和临界应力？它们之间是什么关系？

10.4　压杆的稳定性条件是如何建立的？如何利用稳定性条件进行稳定性计算？

10.5　如何进行压杆的合理设计？如果压杆的约束在不同方向（即不同平面内）具有相同的长度因数 μ，如何设计截面？

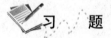 习 题

10.1（10.2 节）　约束支持情况不同的圆形截面细长压杆如题图 10.1 所示。各杆直径和材料相同，哪根杆的临界应力最大？

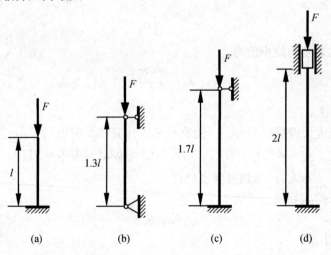

题图 10.1

10.2（10.2 节）　题图 10.2 所示两根矩形截面细长压杆，长度和材料相同，且有 $h_1=2b_1$，$h_2=2b_2$。为使两根压杆的临界力相等，b_2 与 b_1 之比应为多少？

10.3（10.2 节）　题图 10.3 所示长度相同的两根细长杆，材料、截面均相同。已知压杆 a 的临界力 $F_{cr}=2\text{kN}$，试确定压杆 b 的临界力。

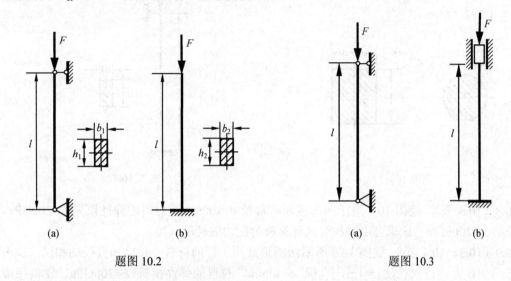

题图 10.2　　　　　　　　　　　　　　　题图 10.3

10.4（10.2 节）　题图 10.4 所示结构，杆 AB 和杆 BC 均为细长杆，材料、截面均相同。若由于杆件在 ABC 平面内失稳而引起破坏，试确定载荷 F 为最大时的 θ 角。

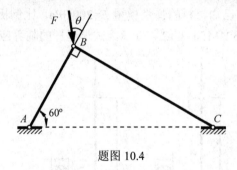

题图 10.4

10.5（10.2 节）　题图 10.5 所示结构中，杆 AB 和杆 BC 是细长杆，AB 为圆截面杆，BC 为正方形截面杆，二杆材料相同。若两杆同时处于临界状态，试求两杆的长度比 l_1/l_2。

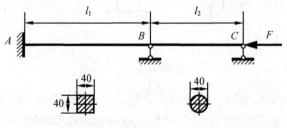

题图 10.5

10.6（10.3 节）　材料相同的两个细长杆支持方式皆为一端固定，一端自由，两杆的横截面分别如图 10.6（a）和（b）所示，矩形截面杆长为 l，圆形截面杆长为 $0.8l$，矩形截面的尺

寸为 $b=d$，$h=1.2d$。哪根杆的临界应力小？哪根杆的临界力小？

10.7（10.3、10.4 节）　试求题图 10.7 所示矩形截面压杆的临界力。已知杆的长度 $l=2.5$m，材料的弹性模量 $E=200$GPa，比例极限 $\sigma_p=200$MPa，屈服极限 $\sigma_s=240$MPa，直线公式 $\sigma_{cr}=304-1.12\lambda$（MPa）。

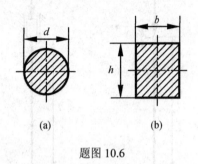

题图 10.6

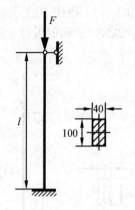

题图 10.7

10.8（10.3 节）　题图 10.8 所示圆形截面，直径 $d=100$mm，材料的弹性模量 $E=200$GPa，比例极限 $\sigma_p=200$MPa。试求可用欧拉公式计算临界应力时杆的长度。

10.9（10.3、10.4 节）　题图 10.9 所示两圆形截面压杆的材料、长度和直径均相同，试求两压杆的临界力。已知长度 $l=1$m，直径 $d=40$mm，材料的弹性模量 $E=200$GPa，比例极限 $\sigma_p=200$MPa，屈服极限 $\sigma_s=240$MPa，直线公式 $\sigma_{cr}=304$MPa-1.12MPa$\times\lambda$。

10.10（10.3，10.4 节）　题图 10.10 所示矩形压杆在 xOz 平面内为两端固定，在 xOy 平面内为一端固定，一端自由。已知材料的弹性模量 $E=200$GPa，比例极限 $\sigma_p=200$MPa，屈服极限 $\sigma_s=240$MPa，直线公式 $\sigma_{cr}=304$MPa-1.12MPa$\times\lambda$。试求压杆的临界应力 σ_{cr}。

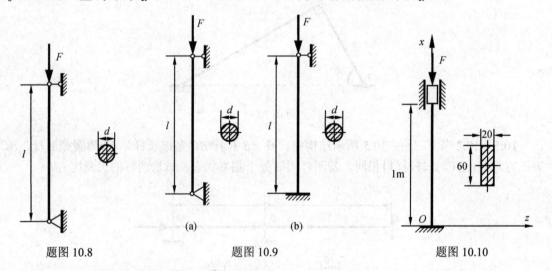

题图 10.8　　　　　　　　　　题图 10.9　　　　　　　　　　题图 10.10

10.11（10.3、10.4 节）　题图 10.11 所示结构，杆 AB 为刚体，杆 CD 的直径 $d=5$cm，材料的弹性模量 $E=200$GPa，比例极限 $\sigma_p=200$MPa，屈服极限 $\sigma_s=240$MPa，直线公式 $\sigma_{cr}=304$MPa-1.12MPa$\times\lambda$。试求使结构破坏的最小载荷 F。

10.12（10.3、10.4 节）　题图 10.12 所示结构，杆 AB 为刚体，杆 AC 为圆形截面杆，直径 $d=4$cm，杆 BD 为方形截面杆，边长 $a=4$cm，杆 AC 和杆 BD 的材料相同，材料的弹性模量

E=200GPa，比例极限σ_p=200MPa，屈服极限σ_s=240MPa，直线公式σ_cr=304MPa−1.12MPa×λ。若在 F 作用下杆 AB 和杆 AC 同时失稳，求 x 的值。

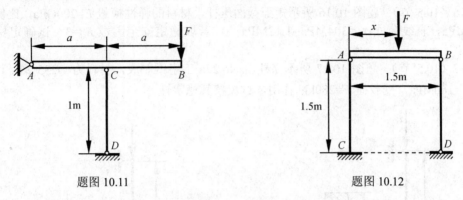

题图 10.11　　　　　　　　　　　　　　题图 10.12

10.13（10.3、10.4 节）　题图 10.13 所示结构，杆 AB 为正方形截面，边长 a=3cm，BC 为圆形截面，直径 d=4cm，两杆的材料相同，材料的弹性模量 E=200GPa，比例极限σ_p=200MPa，屈服极限σ_s=240MPa，直线公式σ_cr=304MPa−1.12MPa×λ。试求结构失稳时的铅垂力 F。

*10.14（10.3、10.4 节）　题图 10.14 所示结构，杆 AB 为刚体，CD=EG=1m，杆 CD 和杆 EG 的直径均为 d=3cm，材料的弹性模量 E=200GPa，比例极限σ_p=200MPa，许用应力 [σ] =100MPa。试求当杆 CD 达到许用应力时的载荷 F。

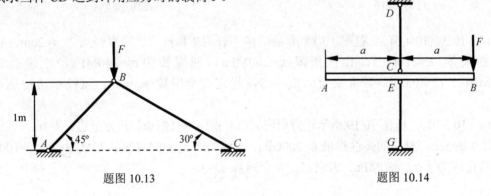

题图 10.13　　　　　　　　　　　　　　题图 10.14

10.15（10.3、10.4 节）　图题 10.15 所示立柱由两根 No.10 槽钢组合而成，材料的弹性

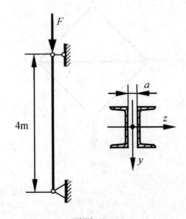

题图 10.15

模量 E=200GPa，比例极限σ_p=200MPa，直线公式σ_{cr}=304MPa–1.12MPa×λ。试求组合柱的临界力为最大时的槽钢间距 a 及最大临界力。

　　10.16（10.5节）　题图 10.16 所示矩形截面压杆，材料的弹性模量 E=200GPa，比例极限σ_p=200MPa，直线公式σ_{cr}=304MPa–1.12MPa×λ。若取稳定安全因数 n_{st}=3，试确定稳定许用压力。

　　10.17（10.5节）　题图 10.17 所示立柱由 No.22a 工字钢制成，材料为 Q235 钢，许用应力［σ］=160MPa，受载荷 F=280kN 作用，试校核其稳定性。

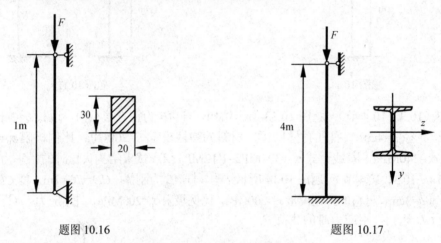

题图 10.16　　　　　　　　　　　　　　题图 10.17

　　10.18（10.3、10.4节）　题图 10.18 所示结构，杆 AB 和杆 AC 的直径均为 d=2cm，材料的弹性模量 E=210GPa，比例极限σ_p=200MPa，屈服极限σ_s=240MPa，直线公式σ_{cr}=304MPa–1.12MPa×λ。若取安全因数 n=2，稳定安全因数 n_{st}=2.5，试校核结构是否安全。

　　10.19（10.5节）　题图 10.19 所示正方形桁架由五根圆钢杆组成，正方形边长 l=1m，各杆的直径均为 d=5cm。材料的弹性模量 E=200GPa，直线公式σ_{cr}=304MPa–1.12MPa×λ，λ_p=100，λ_0=60，许用应力［σ］=80MPa。若取稳定安全因数 n_{st}=3。

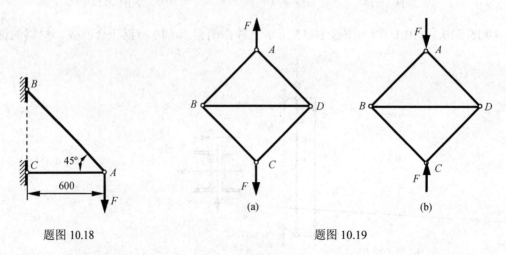

题图 10.18　　　　　　　　　　题图 10.19

（1）求结构在题图 10.19（a）工况下的许用载荷；

（2）当 F=150kN 时，校核结构在题图 10.19（b）工况下的稳定性。

10.20（10.5 节）　题图 10.20 所示立柱，横截面为圆形，受轴向压力 F=50kN 作用，材料为 Q235 钢，长 l=1m，许用应力 $[\sigma]$=160MPa。试确定立柱的直径。

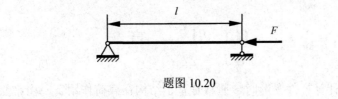

题图 10.20

第11章 能 量 法

11.1 引 言

在前面章节中，计算杆件变形时，通常是基于结构在载荷作用下，由平衡关系、几何关系和物理关系来计算结构的位移，这种方法只能求解比较简单的结构变形问题。

在工程实际中，经常遇到桁架 [见图 11.1-1（a）]、刚架 [见图 11.1-1（b）] 等复杂结构在受任意多个载荷作用下，求解任意截面在任意方向的位移和转角问题。用前面学过的方法计算就非常繁琐，难以求解，本章将给出更为有效的求解结构位移的能量法。

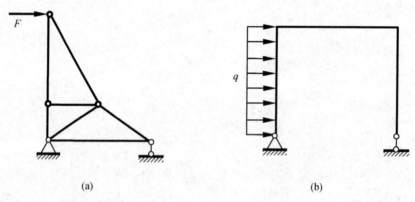

(a)   (b)

图 11.1-1 桁架及刚架受力情况

在材料力学中，与功和能有关的基本原理统称为**能量原理**，基于能量原理得出的计算结构位移的方法称为**能量法**。能量原理从功与能的角度考察变形结构的受力、应力与变形，是进一步学习固体力学的基础。用能量法求解任意结构的变形和位移及超静定结构都是非常简便的。能量法不局限于线弹性问题，也可用于非线性问题。

本章首先介绍外力功、应变能和应变能密度的概念及其计算，从外力功和应变能的概念出发给出载荷点相应位移的计算；在此基础上，证明适用于线弹性杆件的功的互等定理和位移互等定理；讨论虚功原理，由此导出单位载荷法和卡氏定理；最后应用能量原理分析动载荷问题和考虑剪切变形的结构位移计算问题。

11.2 外力功和应变能

11.2.1 外力功与应变能

弹性体受拉力 f 作用 [见图 11.2-1（a）]，力 f 作用点沿力 f 方向的位移 δ 称为力 f 的**相应位移**，当 f 从零开始缓慢加载到终值 F 时，δ 从零增至 Δ [见图 11.2-1（b）]。力 f 在相应位移所做的功称为**外力功**，由下式计算，即

$$W = \int_0^\Delta f \mathrm{d}\delta \tag{11.2-1}$$

对于线性弹性体，由胡克定律可知，载荷 f 与相应位移 δ 成正比，即 $f = k\delta$，其中 k 为弹性体刚度，则外力做功为

$$W = \int_0^\Delta f \mathrm{d}\delta = \int_0^\Delta k\delta \mathrm{d}\delta = \frac{1}{2}k\Delta^2 = \frac{1}{2}F\Delta \tag{11.2-2}$$

式（11.2-2）表明，载荷做功等于载荷与相应位移乘积的 1/2［见图 11.2-1（c）］。式（11.2-2）为计算线弹性体外力功的基本公式。

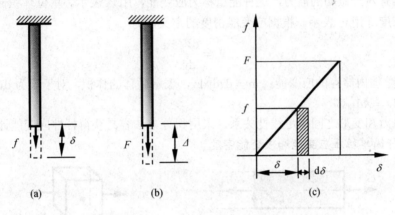

图 11.2-1　外力在弹性体上做功

11.2.2　多载荷作用下外力功

图 11.2-2 为两个载荷做功示意图。线弹性体在 1、2 两点分别作用载荷 f_1 和 f_2，其相应位移分别为 δ_1 及 δ_2，所施加载荷从零到 F_1 和 F_2，同时相应位移 δ_1 及 δ_2 分别由零达到 Δ_1 及 Δ_2。由叠加原理可知，无论是按比例关系加载，还是以非比例关系加载，外力总功都可以表示为

$$W = \frac{F_1 \Delta_1}{2} + \frac{F_2 \Delta_2}{2}$$

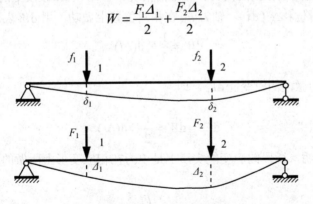

图 11.2-2　两个载荷做功示意图

当线弹性体上有多个外力 F_i（$i=1$、2、$\cdots$、n）作用时，若设每个外力作用点处的相应位移为 Δ_i，则无论按何种次序加载，外力对该弹性体所做的功都可表示为

$$W = \frac{1}{2} \sum_{i=1}^n F_i \Delta_i \tag{11.2-3}$$

式（11.2-3）称为克拉培依隆（Clapeyron）原理。其中 F_i 称为**广义力**，即为集中力，或为集中力偶；位移 Δ_i 是指相应于广义力的**广义位移**。例如，当广义力为集中力时，相应的广义位移为该力方向上的线位移。

需要注意的是，位移 Δ_i 并非是由 F_i 单独作用引起的位移，而是所有力在 F_i 方向位移的代数和。

11.2.3　应变能和应变能密度

弹性杆在外力作用下，杆件发生弹性变形，外力功转变为一种能量储存于杆件内，从而使弹性杆件具有对外做功的能力，这种能量称为**应变能**，用 V_ε 表示。单位体积储存的应变能称为**应变能密度**，用 v_ε 表示。根据应变能密度的定义，有

$$v_\varepsilon = \frac{\mathrm{d}V_\varepsilon}{\mathrm{d}v} \tag{11.2-4}$$

式中：$\mathrm{d}V_\varepsilon$ 为微体内储存的应变能；$\mathrm{d}v = \mathrm{d}x\mathrm{d}y\mathrm{d}z$，表示微体的体积，对于长为 $\mathrm{d}x$ 的微段（见图 11.2-3），$\mathrm{d}v = A\mathrm{d}x$。

当杆件内力和变形之间满足线性关系，采用积分方法容易获得杆件应变能计算公式。

1. 等直杆简单拉压应变能和应变能密度

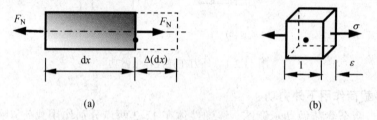

图 11.2-3　受拉伸微段的内力和变形

图 11.2-3（a）是受拉微段的内力和变形的情况。作用在 $\mathrm{d}x$ 微段上的轴力 F_N，使微段两相邻横截面产生相对位移 $\Delta(\mathrm{d}x)$。轴力 F_N 在相对位移上做功，用 $\mathrm{d}W$ 表示，其值为

$$\mathrm{d}W = \frac{1}{2}F_N\mathrm{d}(\Delta l) \tag{11.2-5}$$

此功全部转变为微段的应变能 $\mathrm{d}V_\varepsilon$，即

$$\mathrm{d}V_\varepsilon = \mathrm{d}W = \frac{1}{2}F_N\mathrm{d}(\Delta l) \tag{11.2-6}$$

式（11.2-6）表明，微段的应变能实质上是内力在相应变形上所做的功。根据胡克定律，有

$$\mathrm{d}(\Delta l) = \frac{F_N}{EA}\mathrm{d}x \tag{11.2-7}$$

对于长为 l，轴力沿杆长不变的等直杆，把式（11.2-7）代入式（11.2-6），得微段应变能表达式为

$$\mathrm{d}V_\varepsilon = \frac{F_N^2\mathrm{d}x}{2EA} \tag{11.2-8}$$

由于横截面上正应力均匀分布，由式（11.2-4）得单向应力状态的应变能密度为

$$v_\varepsilon = \frac{F_N^2 \mathrm{d}x}{2EA} \times \frac{1}{A\mathrm{d}x} = \frac{1}{2E}\left(\frac{F_N}{A}\right)^2 = \frac{\sigma^2}{2E} = \frac{\sigma\varepsilon}{2} \qquad (11.2\text{-}9)$$

事实上，对于如图 11.2-3（b）所示具有单位体积单元体受单向应力状态时，根据应变能密度的定义，可直接计算出应变能密度为 $v_\varepsilon = \sigma\varepsilon/2$。

沿杆长 l 积分式（11.2-8），得拉压杆件的应变能表达式为

$$V_\varepsilon = \int_0^l \frac{F_N^2 \mathrm{d}x}{2EA} = \frac{F_N^2 l}{2EA} \qquad (11.2\text{-}10)$$

2. 圆轴纯扭转应变能和应变能密度

对于承受纯扭转的圆轴，作用在 $\mathrm{d}x$ 微段上的扭矩 T 使微段两相邻横截面产生相对扭转角 $\mathrm{d}\varphi$［见图 11.2-4（a）］。微段的应变能等于扭矩 T 在扭转角 $\mathrm{d}\varphi$ 上所做的功，即

$$\mathrm{d}V_\varepsilon = \mathrm{d}W = \frac{1}{2}T\mathrm{d}\varphi \qquad (11.2\text{-}11)$$

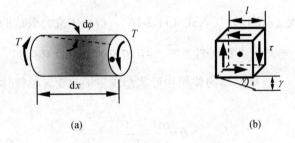

图 11.2-4 受扭圆轴微段的内力和变形

根据圆轴扭转变形公式（3.5-1）可知，微段两截面绕杆轴线的相对扭转角为

$$\mathrm{d}\varphi = \frac{T}{GI_p}\mathrm{d}x$$

把式（3.5-1）代入式（11.2-11），得微段扭转应变能表达式为

$$\mathrm{d}V_\varepsilon = \frac{T^2 \mathrm{d}x}{2GI_p} \qquad (11.2\text{-}12)$$

纯扭转时，轴内单元体受纯剪切应力状态，单位体积的单元体如图 11.2-4（b）所示。由式（11.2-4），得纯剪切应力状态的应变能密度为

$$v_\varepsilon = \frac{\mathrm{d}V_\varepsilon}{\mathrm{d}x} = \frac{\tau\gamma}{2} = \frac{\tau^2}{2G} \qquad (11.2\text{-}13)$$

沿杆长 l 积分式（11.2-12），得纯扭转等截面圆轴应变能为

$$V_\varepsilon = \frac{1}{2}\int_0^l \frac{T^2 \mathrm{d}x}{GI_p} = \frac{T^2 l}{2GI_p} \qquad (11.2\text{-}14)$$

把式（3.4-3）代入式（11.2-13），然后对整轴积分式（11.2-13），同样得到式（11.2-14）。

3. 应变能密度的一般表达式及其分解

对于一般的三向应力状态，应变能密度为

$$v_\varepsilon = \frac{\sigma_x \varepsilon_x}{2} + \frac{\sigma_y \varepsilon_y}{2} + \frac{\sigma_z \varepsilon_z}{2} + \frac{\tau_{xy} \gamma_{xy}}{2} + \frac{\tau_{yz} \gamma_{yz}}{2} + \frac{\tau_{zx} \gamma_{zx}}{2} \tag{11.2-15}$$

对于如图 11.2-5（a）所示的三向主应力状态，式（11.2-15）简化为

$$v_\varepsilon = \frac{\sigma_1 \varepsilon_1}{2} + \frac{\sigma_2 \varepsilon_2}{2} + \frac{\sigma_3 \varepsilon_3}{2} \tag{11.2-16}$$

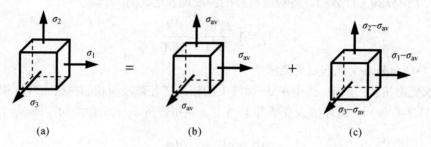

图 11.2-5　三向主应力状态的分解

把广义胡克定律式（8.7-1a）代入式（11.2-16），得由主应力表达的应变能密度为

$$v_\varepsilon = \frac{1}{2E}\left[\sigma_1^2 + \sigma_2^2 + \sigma_3^2 - 2\mu(\sigma_1\sigma_2 + \sigma_2\sigma_3 + \sigma_3\sigma_1) \right] \tag{11.2-17}$$

在三向主应力状态下，单元体的体积和形状都发生了改变。单位体积的体积改变称为**体积应变**，用 θ 表示，即

$$\theta = \frac{\mathrm{d}V' - \mathrm{d}V}{\mathrm{d}V} \tag{11.2-18}$$

因为单元体变形后的体积 $\mathrm{d}V' = (1+\varepsilon_1)(1+\varepsilon_1)(1+\varepsilon_1)\mathrm{d}x\mathrm{d}y\mathrm{d}z$，变形前的体积 $\mathrm{d}V = \mathrm{d}x\mathrm{d}y\mathrm{d}z$，把 $\mathrm{d}V'$ 和 $\mathrm{d}V$ 代入式（11.2-18）后，略去高阶小量，得

$$\theta = \varepsilon_1 + \varepsilon_2 + \varepsilon_3 \tag{11.2-19}$$

定义**平均应力** σ_{av} 和**偏量应力** $\bar{\sigma}_i$ 分别为

$$\sigma_{av} = \frac{\sigma_1 + \sigma_2 + \sigma_3}{3} \tag{11.2-20}$$

$$\bar{\sigma}_i = \sigma_i - \sigma_{av} \quad (i = 1、2、3) \tag{11.2-21}$$

对应于平均应力和偏量应力的应力状态分别如图 11.2-5（b）和（c）所示。对应于平均应力状态的应变能密度称为**体积应变能密度**，用 v_v 表示；对应于偏量应力状态的应变能密度称为**畸变能密度**，用 v_d 表示。由式（11.2-17）算得 v_v 和 v_d 分别为

$$v_v = \frac{1 - 2\mu}{6E}(\sigma_1 + \sigma_2 + \sigma_3)^2 \tag{11.2-22}$$

$$v_d = \frac{1 + \mu}{6E}\left[(\sigma_1 - \sigma_2)^2 + (\sigma_2 - \sigma_3)^2 + (\sigma_3 - \sigma_1)^2 \right]^2 \tag{11.2-23}$$

对于图 11.2-5（c）所示偏量应力状态，因为平均应力为零，所以单元体的体积不变，仅形状发生改变，于是可知，体积改变完全对应于平均应力状态。由式（11.2-17）、式（11.2-22）和式（11.2-23）可以证明

$$v_\varepsilon = v_v + v_d \tag{11.2-24}$$

4. 等直杆纯弯曲应变能

对于承受纯弯曲的梁，作用在 dx 微段上的弯矩 M 使微段的两相邻横截面产生相对转角 $d\theta$（见图 11.2-6）。微段应变能为弯矩 M 在相对转角 $d\theta$ 上所做的功，即

$$dV_\varepsilon = dW = \frac{1}{2}Md\theta \qquad (11.2\text{-}25)$$

把梁纯弯曲时的曲率公式

$$d\theta = \frac{M}{EI}dx \qquad (11.2\text{-}26)$$

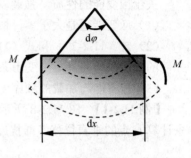

图 11.2-6　受纯弯微段的内力和变形

代入式（11.2-25），并沿杆长 l 积分，得到纯弯曲等截面直梁的应变能公式为

$$V_\varepsilon = \frac{1}{2}\int_0^l \frac{M^2 dx}{EI} = \frac{M^2 l}{2EI} \qquad (11.2\text{-}27)$$

5. 组合变形构件的应变能

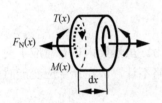

图 11.2-7　受轴向拉伸、扭转和弯曲的圆形截面微段

当杆件同时受轴力、扭矩、弯矩共同作用时，可以用克拉培依隆原理和能量原理求得应变能。

受轴向拉伸、扭转和弯曲的圆形截面微段如图 11.2-7 所示。在小变形的条件下，作用在微段上的轴力 $F_N(x)$、扭矩 $T(x)$ 和弯矩 $M(x)$ 仅在由自身引起的变形上做功（见图 11.2-3、图 11.2-4 和图 11.2-6），而不会互相耦合做功。内力在微段的变形上做功之和就是其内储存的应变能 dV_ε，根据克拉培依隆原理，有

$$dV_\varepsilon = \frac{F_N(x)d(\Delta l)}{2} + \frac{T(x)d\varphi}{2} + \frac{M(x)d\theta}{2} \qquad (11.2\text{-}28)$$

注意到当内力是截面位置 x 的函数时，式（11.2-7）、式（3.5-1）和式（11.2-26）依然成立，故有

$$dV_\varepsilon = \frac{F_N^2(x)dx}{2EA} + \frac{T^2(x)dx}{2GI_p} + \frac{M^2(x)dx}{2EI} \qquad (11.2\text{-}29)$$

遍及整个杆结构（系）积分，即可求得结构的应变能为

$$V_\varepsilon = \int_l \frac{F_N^2(x)dx}{2EA} + \int_l \frac{M^2(x)dx}{2EI} + \int_l \frac{T^2(x)dx}{2GI_p} \qquad (11.2\text{-}30)$$

由式（11.2-30）可见，应变能总是大于零。根据功能关系，外力的总功也必然非负。

11.2.4　功能原理

在加载过程缓慢，结构的动能及耗散能（比如热能、光能和声能）可以忽略的情况下，根据能量守恒原理，外力的功等于应变能，即

$$W = V_\varepsilon \qquad (11.2\text{-}31)$$

式（11.2-31）称为结构力学的**功能原理**。直接应用式（11.2-31），可计算载荷作用点的相应位移。

关于应变能的性质，强调以下几点：

（1）应变能总是大于零，根据功能原理，外力的总功必然非负。

（2）式（11.2-29）和式（11.2-30）仅适用于小变形线弹性结构，而式（11.2-28）不受线弹性的限制，但要满足小变形条件。

（3）应变能与加载的顺序无关，仅取决于外力的最后值。

【例 11.2-1】 图 11.2-8 所示简支梁上受集中载荷 **F** 作用，应用外力功与应变能之间的关系计算 C 点的垂直位移（即挠度 w）。

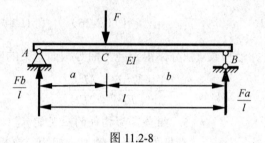

图 11.2-8

解　分析：本题为平面弯曲问题，横截面上只有弯矩和剪力。虽然梁内也有对应于剪力的剪切应变能，但由于这部分应变能相对于弯曲应变能可以忽略不计，故在计算应变能时，仅考虑弯曲应变能，这时式（11.2-16）中仅剩下中间一项。

（1）计算约束力。

$$F_A = \frac{Fb}{l}, F_B = \frac{Fa}{l}$$

（2）计算外力功。

设 C 点的垂直位移为 Δ_{Cy}，在外力 F 由 0 逐渐增加的过程中，F 与 Δ_{Cy} 始终保持正比关系，外力所做的功为

$$W = \frac{1}{2} F \Delta_{Cy}$$

（3）计算应变能。

AC 段和 CB 段弯矩方程分别为

$$M_1(x) = \frac{Fb}{l} x \qquad\qquad (0 \leqslant x \leqslant a)$$

$$M_2(x) = \frac{Fa}{l}(l-x) \qquad\qquad (b \leqslant x \leqslant l)$$

由式（11.2-16）得应变能为

$$V_\varepsilon = \int_0^a \frac{M_1^2(x)}{2EI} dx + \int_a^l \frac{M_2^2(x)}{2EI} dx$$

$$= \int_0^a \frac{\left(\frac{Fb}{l} x\right)^2}{2EI} dx + \int_a^l \frac{\left[\frac{Fa}{l}(l-x)\right]^2}{2EI} dx = \frac{\left(\frac{Fb}{l}\right)^2}{6EI} a^3 + \frac{\left(\frac{Fa}{l}\right)^2}{6EI} b^3 = \frac{F^2 a^2 b^2}{6EIl}$$

（4）由功能原理计算 C 点的垂直位移。

由功能原理 $W = V_\varepsilon$ ，得

$$\frac{1}{2}F\Delta_{Cy} = \frac{F^2 a^2 b^2}{6EIl}$$

解得

$$\Delta_{Cy} = \frac{Fa^2 b^2}{3EIl}$$

Δ_{Cy} 为正，说明 C 点的垂直位移确与力 F 同向。当 C 点在梁的中点时，$\Delta_{Cy} = Fl^3/(48EI)$，这与附录 B 第 6 栏结果相同。

【例 11.2-2】 由线弹性杆件 AB、BC 组成的简单桁架受力如图 11.2-9 所示，若两杆的拉压刚度均为 EA，试用外力功与应变能之间的关系计算 B 点的垂直位移。

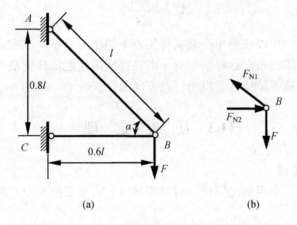

图 11.2-9 两根线弹性杆件组成的简单桁架受力情况

解（1）计算各杆轴力。

由节点 B 的静力平衡条件求得各杆轴力为

$$F_{N1} = \frac{5}{4}F , \quad F_{N2} = \frac{3}{4}F$$

（2）计算外力功。

设 B 点的垂直位移为 Δ_{By}，外力 F 由 0 逐渐增加的过程中，F 与 Δ_{By} 始终保持正比关系，外力所做的功为

$$W = \frac{1}{2}F\Delta_{By}$$

（3）计算杆系的应变能。

杆系的应变能为两杆应变能之和，即

$$V_\varepsilon = V_{\varepsilon,AB} + V_{\varepsilon,BC} = \frac{F_{N1}^2 l_{AB}}{2EA} + \frac{F_{N2}^2 l_{BC}}{2EA}$$

上式中，$l_{AB} = l$，$l_{BC} = 0.6l$，则

$$V_\varepsilon = \frac{\left(\frac{5}{4}F\right)^2 l}{2EA} + \frac{\left(\frac{3}{4}F\right)^2 \times 0.6l}{2EA} = \frac{1.9F^2 l}{2EA}$$

（4）计算 B 点的垂直位移。

由 $W = V_\varepsilon$，得

$$\frac{1}{2}F\Delta_{By} = \frac{1.9F^2 l}{2EA}$$

解得

$$\Delta_{By} = \frac{1.9Fl}{EA}$$

直接运用功能原理，可以获得单个载荷作用点下的相应位移。在实际工程中，需要计算非载荷作用点处的位移或转角。这样的问题不能直接应用功能原理解决，下面将要给出的互等定理和虚功原理可以获得结构任意点沿任意方向的位移。

11.3 互 等 定 理

11.3.1 功的互等定理

对于线弹性体结构，利用功能原理，可以推导出非常重要的两个互等定理，即**功的互等定理**和**位移互等定理**。

图 11.3-1（a）、（b）为两个相同结构，在 1、2 两点分别受集中力 F_1 和 F_2，挠曲线为图中的细实线所示。在 F_1 作用下，1、2 两点的位移分别记为 Δ_{11} 和 Δ_{21}；在 F_2 作用下，1、2 两点的位移分别记为 Δ_{12} 和 Δ_{22}。几何量 Δ_{ij} 的两指标 "ij" 的含义是：第一指标（i）表示位移发生的位置和方向；第二指标（j）表示引起位移的原因，换言之是哪个力引起的位移。

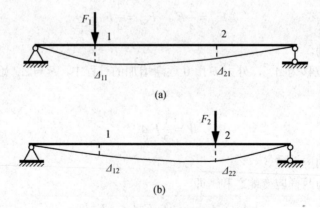

（a）

（b）

图 11.3-1 相应位移的表示

若相同结构受 F_1 和 F_2 共同作用，由于应变能与加载次序无关，可按两种加载过程来获

得应变能。一种加载过程是先加载 F_1 再加载 F_2，见图 11.3-2（a）。在此过程中，外力的总功为

$$W_1 = \frac{1}{2}F_1\Delta_{11} + \left(\frac{1}{2}F_2\Delta_{22} + F_1\Delta_{12}\right)$$

另一种加载过程是先加载 F_2 再加载 F_1，见图 11.3-2（b）。在此过程中，外力的总功为

$$W_2 = \frac{1}{2}F_2\Delta_{22} + \left(\frac{1}{2}F_1\Delta_{11} + F_2\Delta_{21}\right)$$

根据功能原理，应有 $W_1 = W_2$，即

$$F_1\Delta_{12} = F_2\Delta_{21} \tag{11.3-1}$$

式（11.3-1）表明，对于线弹性体，F_1 在 F_2 所引起位移 Δ_{12} 上做的功等于 F_2 在 F_1 所引起位移 Δ_{21} 上做的功。不难把此结论推广到同一结构分别受两组力的情况：第一组力在第二组力引起的相应位移上所做的功等于第二组力在第一组力引起的相应位移上所做的功，这就是线弹性体功的互等定理。

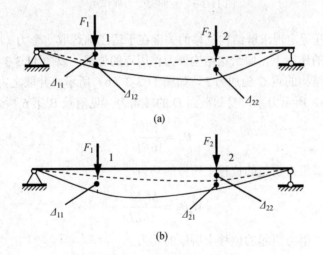

(a)

(b)

图 11.3-2　不同加载过程示意

11.3.2　位移互等定理

在式（11.3-1）中，若 $F_1 = F_2$，则得

$$\Delta_{12} = \Delta_{21} \tag{11.3-2}$$

式（11.3-2）表明，当 F_1 和 F_2 相等时，F_2 在 F_1 作用点沿 F_1 方向所引起的位移 Δ_{12} 等于 F_1 在 F_2 作用点沿 F_2 方向所引起的位移 Δ_{21}。

在功和位移互等定理中，力与位移都应理解为广义的，如果力换成力偶，则相应的位移应是转角位移，其推导不变。

位移互等定理不涉及内力和变形，用来解决一些特殊的问题具有特殊的功效。

【例 11.3-1】 图 11.3-3 所示外伸梁在外伸端 D 作用有力偶矩 M_e。试借助于典型结构载荷作用下的已知位移或转角，用互等定理求跨度中点 C 的垂直位移 Δ_{Cy}（即挠度 w）。

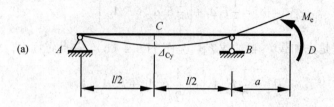

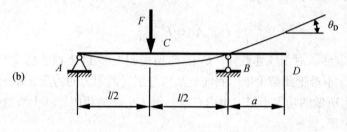

图 11.3-3　外伸梁受力偶作用

解　分析：用互等定理求解结构位移的关键在于适当地选取一个力（或力系），以至于很容易求得在这个力的作用下，原给定结构外力作用点的位移。以图 11.3-3（a）所示力系作为第一组力。在相同结构的点 C 施加力 F，如图 11.3-3（b）所示，并取之为第二组力。

对图 11.3-3（b）所示力系，易知截面 D 的转角为（见附录 B 第 6 栏）

$$\theta_D = \frac{Fl^2}{16EI}$$

第一组力在第二组力引起的位移上所做的功为

$$M_e\theta_D = \frac{M_eFl^2}{16EI}$$

第二组力在第一组力引起的位移上所做的功为

$$F\Delta_{Cy}$$

由功的互等定理，有

$$F\Delta_{Cy} = \frac{M_eFl^2}{16EI}$$

解得中点 C 的位移为

$$\Delta_{Cy} = \frac{M_el^2}{16EI} \quad (\downarrow)$$

【例 11.3-2】 装有尾顶针的车削工件可简化成超静定梁，如图 11.3-4 所示。试用互等定理求解多余约束力。

解　解除支座 B，代之以顶针反力 F_B，把工件看成悬臂梁，见图 11.3-4（b）。将切削

F 及顶针反力 F_B 作为第一组力。

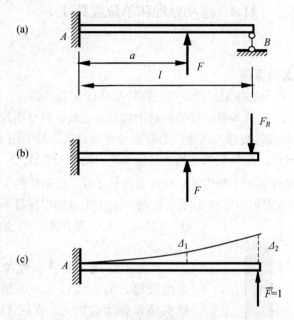

图 11.3-4　互等定理求解静不定梁的约束反力

设在相同结构悬臂梁右端作用单位力 $\overline{F}=1$，把 $\overline{F}$ 作为第二组力。在 $\overline{F}$ 作用下，悬臂梁上的 F 及 F_B 作用点的相应位移 Δ_1 和 Δ_2 ［见图 11.3-4（c）］分别为

$$\Delta_1 = \frac{1 \times a^3}{3EI} + \frac{1 \times (l-a) \times a^2}{2EI} = \frac{a^2}{6EI}(3l-a)$$

$$\Delta_2 = \frac{l^3}{3EI}$$

第一组力在第二组力引起的位移上所做的功为

$$W_{12} = F\Delta_1 - F_B\Delta_2 = \frac{Fa^2}{6EI}(3l-a) - \frac{F_B l^3}{3EI}$$

在第一组力作用下，右端 B 的挠度必为零，所以第二组在第一组力引起的位移上所做的功等于零，即

$$W_{21} = 0$$

由功的互等定理 $W_{12} = W_{21}$，得

$$\frac{Fa^2}{6EI}(3l-a) - \frac{F_B l^3}{3EI} = 0$$

由此解得

$$F_B = \frac{Fa^2}{2l^2}(3l-a) \quad (\downarrow)$$

可见应用功的互等定理很容易求解静不定问题的约束反力。

11.4 虚功原理和单位载荷法

11.4.1 虚功原理

本节研究变形体的**虚功原理**。

考虑图 11.4-1（a）所示的静定拉杆，首先在杆端逐渐加载外力 F_1，杆件伸长Δ_1 后达到平衡状态。在此过程中，F_1 在其本身引起的位移上做功。由载荷自身引起的位移称为**实位移**，载荷在实位移上所做的功称为**实功**，其特点是载荷与变形有关。对于图 11.4-1（a）所示的静定拉杆，在线弹性的情况下，F_1 所做的实功（又称为外力功）为 $F_1\Delta_1/2$（见 11.2 节）。在 F_1 已经存在的情况下，继续施加一个外力 F_2，杆件又伸长了Δ_2，达到新的平衡状态，如图 11.4-1（b）所示。显然 F_2 在本身引起的位移Δ_2 上做实功。而在此过程中保持不变的常力 F_1 也要在Δ_2 上做功，大小为 $F_1\Delta_2$。在此过程中，F_1 与Δ_2 没有关系。

满足位移边界条件和连续条件的微小位移称为**虚位移**。力在虚位移上所做的功称为**虚功**。根据实功和虚功的定义，在图 11.4-1（b）所示情况下，Δ_2 就 F_2 而言为实位移，就 F_1 而言却为虚位移。由此可见，虚位移强调的是在此位移上做功的力与它无必然关系，虚功为力与虚位移的乘积。而实位移强调的是在此位移上做功的力与它有关，实功与材料的物理关系（如应力-应变关系）有关。

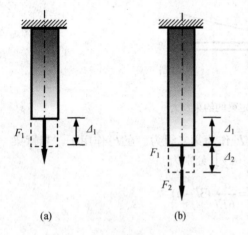

图 11.4-1 静定拉杆受力产生位移

图 11.4-2（a）所示悬臂梁在外力作用下处于平衡状态，所示实线为变形挠曲线，任意截面的位移用 w 表示。图 11.4-2（b）中所示虚线为同一悬臂梁在与图 11.4-2（a）无关的力作用下或因为其他因素（比如温度）发生的虚位移，用 w^* 表示。

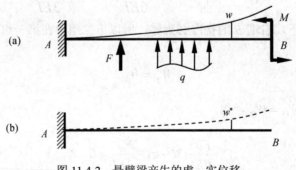

图 11.4-2 悬臂梁产生的虚、实位移

外力在虚位移上所做的功称为**外力虚功**，用 W_e 表示；内力在虚位移上所做的功称为**内力虚功**，用 W_i 表示。

可以证明，外力在虚位移上所做的虚功等于内力在相应虚位移上所做的虚功，这就是**虚**

功原理。其表达式为

$$W_e = W_i \tag{11.4-1}$$

11.4.2 虚功原理的简单证明

以梁为例，对于上述原理加以证明。

图 11.4-3（a）所示简支梁受分布载荷 $q(x)$ 作用。此时任意横截面 x 上有剪力 $F_S(x)$ 和弯矩 $M(x)$，如图 11.4-3（b）所示。剪力、弯矩和分布载荷在梁内应满足下面的微分关系（见 4.4 节），即

$$\frac{dF_S(x)}{dx} = q(x) , \quad \frac{dM(x)}{dx} = F_S(x) \tag{a}$$

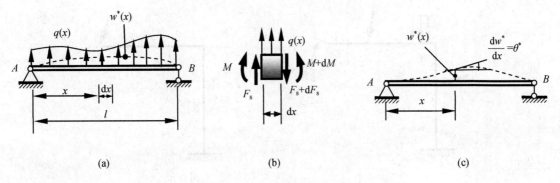

(a)　　　　　　(b)　　　　　　(c)

图 11.4-3　虚功原理的简单证明

在端点处应满足力边界条件

$$M(0) = M(l) = 0 \tag{b}$$

现在，给简支梁一个虚位移状态 w^*，如图 11.4-3（c）中虚线所示。此虚位移状态当然应该满足位移边界条件

$$w^*(0) = w^*(l) = 0 \tag{c}$$

在虚位移过程中，外力虚功为

$$W_e = \int_l w^*(x) q(x) dx \tag{d}$$

内力虚功为

$$W_i = \int_l M(x) d\theta^*(x) \tag{e}$$

下面将证明式（d）等于式（e）。事实上，把式（a）代入式（d），有

$$W_e = \int_l w^*(x) q(x) dx = \int_l w^*(x) dF_S(x) = [w^*(x) F_S(x)]_0^l - \int_l F_S(x) \frac{dw^*(x)}{dx} dx$$

$$= 0 - \int_l F_S(x) \theta^*(x) dx = - \int_l \theta^*(x) dM(x) = -[\theta^* M(x)]_0^l + \int_l M(x) d\theta^*(x)$$

$$= \int_l M(x) d\theta^*(x) = W_i$$

即

$$W_e = W_i$$

变形体虚功原理不但适合于线弹性体，也适合于非线性弹性体。变形体为刚体时，该原理将转化为

$$W_e = 0 \qquad (11.4\text{-}2)$$

这就是理论力学中的虚位移原理。

11.4.3　单位载荷法（莫尔积分）

以图 11.4-4（a）所示刚架为例，利用虚功原理证明求位移的单位载荷法。

在外力作用下刚架将发生微小的变形。若求 A 点在 a-a 方向的位移 Δ，可将该结构发生的真实微小位移看做**虚位移**。此时结构微段的变形有轴向变形 $\mathrm{d}\delta$、扭转角 $\mathrm{d}\varphi$，相对转角 $\mathrm{d}\theta$。

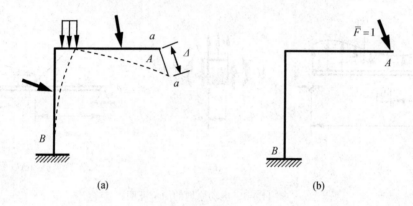

（a）　　　　　　　　　　　　　　（b）

图 11.4-4　利用虚功原理证明单位载荷法

再作一个同样的结构，如图 11.4-4（b）所示。在点 A 沿 a-a 方向施加**单位力** $\overline{F} = 1$（广义力），此时对应结构微段上所产生的内力记为轴力 $\overline{F}_N(x)$、扭矩 $\overline{T}(x)$ 和弯矩 $\overline{M}(x)$。通常称图 11.4-4（b）所示力系为单位力系，把此单位力系看做真实的外力系。

单位力系在虚位移系统［见图 11.4-4（a）］上所做外力虚功为

$$W_e = 1 \times \Delta$$

由单位力引起的内力在虚位移系统上的内力虚功为

$$W_i = \int_l \overline{F}_N(x)\mathrm{d}\delta + \int_l \overline{T}(x)\mathrm{d}\varphi + \int_l \overline{M}(x)\mathrm{d}\theta$$

根据虚功原理，有

$$\Delta = \int_l \overline{F}_N(x)\mathrm{d}\delta + \int_l \overline{T}(x)\mathrm{d}\varphi + \int_l \overline{M}(x)\mathrm{d}\theta \qquad (11.4\text{-}3)$$

式（11.4-3）为单位载荷法的基本公式。当求截面 A 的转角时，只要施加单位力偶就可以应用上面公式。

对于线弹性结构，有

$$\mathrm{d}\delta = \frac{F_N(x)\mathrm{d}x}{EA}, \quad \mathrm{d}\varphi = \frac{T(x)\mathrm{d}x}{GI_p}, \quad \mathrm{d}\theta = \frac{M(x)\mathrm{d}x}{EI}$$

将上式代入式（11.4-3），得到

$$\Delta = \int_l \frac{\overline{F}_N(x) F_N(x)}{EA} \mathrm{d}x + \int_l \frac{\overline{T}(x) T(x)}{GI_p} \mathrm{d}x + \int_l \frac{\overline{M}(x) M(x)}{EI} \mathrm{d}x \tag{11.4-4}$$

式（11.4-4）为计算线弹性结构位移的通用公式，又称为**莫尔（Mohr）积分**。

对于线弹性平面弯曲梁，通常忽略弯曲剪力对变形的影响，式（11.4-3）可简化为

$$\Delta = \int_l \frac{\overline{M}(x) M(x)}{EI} \mathrm{d}x \tag{11.4-5}$$

对于线弹性桁架，只有轴力，式（11.4-4）可简化为

$$\Delta = \int_l \frac{\overline{F}_N(x) F_N(x)}{EA} \mathrm{d}x = \sum_{i=1}^n \frac{F_{Ni} \overline{F}_{Ni} l_i}{E_i A_i} \tag{11.4-6}$$

对于线弹性扭转轴，则有

$$\Delta = \int_l \frac{\overline{T}(x) T(x)}{GI_p} \mathrm{d}x \tag{11.4-7}$$

需要注意的是，对于受剪力较大的粗短梁，要考虑弯曲剪力对变形的影响，即要考虑弯曲剪力变形能。关于弯曲剪力变形能的计算，本教材不予讨论，感兴趣的读者可参看有关著作。

【**例 11.4-1**】 图 11.4-5 所示简支梁受均布载荷 q 作用，求中点 C 处的位移（即挠度）和转角。

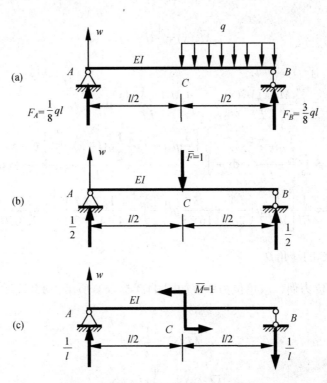

图 11.4-5 受均布载荷 q 作用的简支梁

解 （1）计算支座约束力。

$$F_A = \frac{1}{8}ql , \quad F_B = \frac{3}{8}ql$$

（2）计算弯矩 $M(x)$。

如图 11.4-5（a）所示，载荷在 C 处不连续，分两段列出弯矩方程。

AC 段 $(0 \leqslant x \leqslant l/2)$

$$M_1(x) = \frac{1}{8}qlx$$

CB 段 $(l/2 \leqslant x \leqslant l)$

$$M_2(x) = \frac{3}{8}ql(l-x) - \frac{1}{2}q(l-x)^2$$

（3）计算 C 截面的位移 Δ_{Cy}。

在 C 处施加单位力，取单位力系统如图 11.4-5（b）所示。AC 段和 CB 段弯矩方程分别为

$$\overline{M}_1(x) = \frac{1}{2}x$$

$$\overline{M}_2(x) = \frac{1}{2}(l-x)$$

由式（11.4-5）有

$$
\begin{aligned}
\Delta_{Cy} &= \int_0^{\frac{l}{2}} \frac{M_1(x)\overline{M}_1(x)}{EI}\mathrm{d}x + \int_{\frac{l}{2}}^{l} \frac{M_2(x)\overline{M}_2(x)}{EI}\mathrm{d}x \\
&= \int_0^{\frac{l}{2}} \frac{\frac{1}{8}qlx \times \frac{1}{2}x}{EI}\mathrm{d}x + \int_{\frac{l}{2}}^{l} \frac{\left[\frac{3}{8}ql(l-x) - \frac{1}{2}q(l-x)^2\right] \times \frac{1}{2}(l-x)}{EI}\mathrm{d}x \\
&= \frac{1}{EI}\left[\frac{1}{163}ql\left(\frac{l}{2}\right)^3 + \frac{3}{16\times3}ql\left(\frac{l}{2}\right)^3 - \frac{1}{4\times4}q\left(\frac{l}{2}\right)^4\right] = \frac{5ql^4}{768EI}
\end{aligned}
$$

（4）计算截面 C 的转角 θ_C。

在 C 处施加单位力偶，取单位力系统如图 11.4-5（c）所示。AC 段和 CB 段弯矩方程分别为

$$\overline{M}_1(x) = \frac{1}{l}x$$

$$\overline{M}_2(x) = -\frac{1}{l}(l-x)$$

截面 C 转角为

$$\theta_C = \int_0^{\frac{l}{2}} \frac{M_1(x)\bar{M}_1(x)}{EI}dx + \int_{\frac{l}{2}}^{l} \frac{M_2(x)\bar{M}_2(x)}{EI}dx$$

$$= \int_0^{\frac{l}{2}} \frac{\frac{1}{8}qlx \times \frac{1}{l}x}{EI}dx - \int_{\frac{l}{2}}^{l} \frac{\left[\frac{3}{8}ql(l-x) - \frac{1}{2}q(l-x)^2\right] \times \frac{1}{l}(l-x)}{EI}dx$$

$$= \frac{1}{EI}\left[\frac{1}{8 \times 3}q \times \left(\frac{l}{2}\right)^3 - \frac{3}{8 \times 3}q\left(\frac{l}{2}\right)^3 + \frac{1}{2 \times 4l}q\left(\frac{l}{2}\right)^4\right] = -\frac{ql^3}{384EI}$$

结果中的"–"表示转角方向与设定方向相反。

【例 11.4-2】 图 11.4-6 所示桁架各杆的拉压刚度皆为 EA，材料相同、截面面积相等。试求 BC 杆的转角。

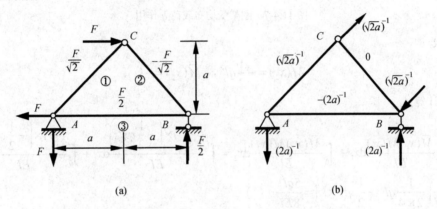

图 11.4-6　桁架各杆受力情况

解　若要计算桁架中某根杆的转角，需要在该杆的两端施加一对等值反向且垂直于杆的集中力，以形成一单位力偶。本题要求杆 BC 的转角，因此在节点 B、C 施加单位力，如图 11.4-6（b）所示。

（1）计算约束反力。

求得在外力作用下，约束反力和各杆轴力如图 11.4-6（a）所示，在单位力偶作用下约束反力和各杆轴力如图 11.4-6（b）所示。

（2）计算 BC 杆的转角 θ_{BC}。

根据式（11.4-6），由图 11.4-6（a）、（b）得

$$\theta_{BC} = \sum_{i=1}^{3} \frac{F_{Ni}\bar{F}_{Ni}l_i}{E_iA_i} = \frac{1}{EA}\left[\frac{F}{\sqrt{2}} \times \frac{1}{\sqrt{2}a} \times \sqrt{2}a - \frac{F}{\sqrt{2}} \times 0 \times \sqrt{2}a + \frac{F}{2} \times \left(-\frac{1}{2a}\right) \times 2a\right] = (\sqrt{2}-1)\frac{F}{EA}$$

θ_{BC} 为正，说明杆 BC 有顺时针方向的微小转动。

【例 11.4-3】　求图 11.4-7 所示刚架截面 A 处的垂直位移。

解　（1）计算 $M(x)$ 和 $\bar{M}(x)$。

由图 11.4-7（a）、（b）可知，各段弯矩为

AC 段

$$M(x_1) = -\frac{1}{2}qx_1^2, \quad \bar{M}(x_1) = -x_1$$

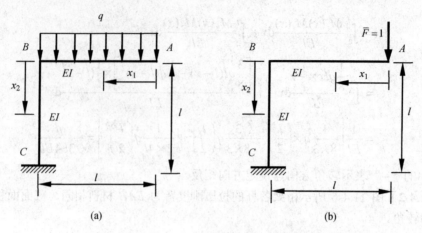

图 11.4-7　刚架受均布载荷 q 作用

CB 段

$$M(x_2) = -\frac{1}{2}ql^2 , \quad \bar{M}(x_2) = -l$$

（2）计算 Δ_{Ay}。

$$\Delta_{Ay} = \int_0^l \frac{\bar{M}(x_1)M(x_1)}{EI}dx_1 + \int_0^l \frac{\bar{M}(x_2)M(x_2)}{EI}dx_2 = \int_0^l \frac{(-x_1)\times\left(-\frac{1}{2}qx_1^2\right)}{EI}dx_1 + \int_0^l \frac{(-l)\times\left(-\frac{1}{2}ql^2\right)}{EI}dx_2$$

$$= \frac{1}{EI}\left(\frac{1}{2\times4}ql^4 + \frac{1}{2}ql^3\times l\right) = \frac{5ql^4}{8EI} \quad (\downarrow)$$

【例 11.4-4】轴线为半圆形的平面曲杆水平放置，如图 11.4-8 所示。作用于 A 点的集中力 F 垂直于轴线所在平面，求力 F 作用点的垂直位移。

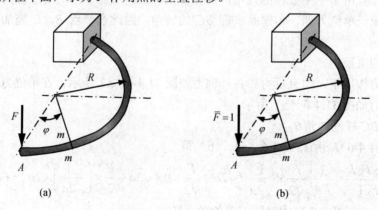

图 11.4-8　轴线为半圆形的平面曲杆受集中力 F 作用

解　（1）计算内力 $M(\varphi)$ 和 $T(\varphi)$。

杆的任一截面 *m-m* 位置可用圆心角 φ 来表示，如图 11.4-8 所示。曲杆在力 F 作用下，*m-m* 截面上的弯矩与扭矩分别为

$$M(\varphi) = FR\sin\varphi$$

$$T(\varphi) = FR(1-\cos\varphi)$$

（2）计算垂直位移 Δ_{Ay}。

在截面 A 沿垂直方向施加单位力，如图 11.4-8（b）所示，由单位力引起的弯矩与扭矩分别为

$$\overline{M}(\varphi) = R\sin\varphi$$
$$\overline{T}(\varphi) = R(1-\cos\varphi)$$

由式（11.4-3），得

$$
\begin{aligned}
\Delta_{Ay} &= \int_l \frac{\overline{T}(\varphi)T(\varphi)}{GI_p}\mathrm{d}s + \int_l \frac{\overline{M}(\varphi)M(\varphi)}{EI}\mathrm{d}s \\
&= \int_0^\pi \frac{R(1-\cos\varphi)FR(1-\cos\varphi)}{GI_p}R\mathrm{d}\varphi + \int_0^\pi \frac{R\sin\varphi FR\sin\varphi}{EI}R\mathrm{d}\varphi \\
&= \frac{FR^3}{GI_p}\int_0^\pi (1-2\cos\varphi+\cos^2\varphi)\mathrm{d}\varphi + \frac{FR^3}{EI}\int_0^\pi \sin^2\varphi\mathrm{d}\varphi = \left(\pi+2\times\frac{1}{2}\times\frac{\pi}{2}\right)\frac{FR^3}{GI_p} + 2\times\frac{1}{2}\times\frac{\pi}{2}\times\frac{FR^3}{EI} \\
&= \frac{3\pi FR^2}{2GI_p} + \frac{\pi FR^2}{2EI} \quad (\downarrow)
\end{aligned}
$$

11.5 卡 氏 定 理

本节介绍求线弹性体位移的另外一种方法——卡氏定理。

图 11.5-1（a）所示线弹性梁上受 n 个集中载荷 F_1、F_2、…、F_k、…、F_n 作用，与其相应的位移分别为 Δ_1、Δ_2、…、Δ_k、…、Δ_n。现在要计算 F_k 的相应位移 Δ_k。

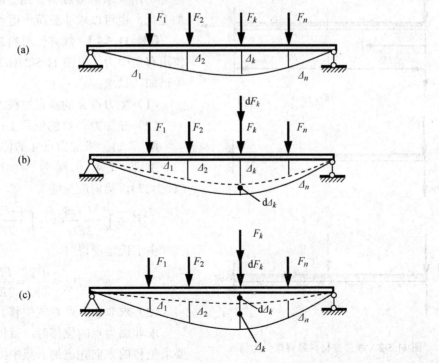

图 11.5-1　受 n 个集中载荷作用的线弹性梁

要解决这个问题，可考虑以下两种加载方式。

方式 1 为先加 F_1、F_2、…、F_k、…、F_n，此时梁的应变能为

$$V_\varepsilon = \sum_{i=1}^{n} \frac{1}{2} F_i \Delta_i \qquad (a)$$

然后在载荷 F_k 作用截面，再添加一个增量载荷 dF_k，见图 11.5-1（b）。由于应变能是独立变量 F_1、F_2、…、F_k、…、F_n 的函数，由微分原理，此时梁的应变能可表示为

$$V_\varepsilon' = V_\varepsilon + \frac{\partial V_\varepsilon}{\partial F_k} dF_k \qquad (b)$$

方式 2 为先加 dF_k，后施加 F_1、F_2、…、F_k、…、F_n，此时梁的应变能可表示为

$$V_\varepsilon'' = \frac{1}{2} dF_k d\Delta_k + \left(\sum_{i=1}^{n} \frac{1}{2} F_i \Delta_i + dF_k \Delta_k \right) \qquad (c)$$

对于线弹性体，变能应仅取决于所施加载荷的终值而与加载次序无关，故两种加载方式最终的应变能应相等，即

$$V_\varepsilon' = V_\varepsilon'' \qquad (d)$$

联立式（a）～式（d），略去二阶小量 $dF_k d\Delta_k/2$，可得

$$\Delta_k = \frac{\partial V_\varepsilon}{\partial F_k} \qquad (11.5\text{-}1)$$

式（11.5-1）表明，线弹性结构的应变能对于某个载荷 F_k 的偏导数等于该载荷的相应位移 Δ_k。此式称为**卡氏（Castigliano）定理**。卡氏定理可用来求解多载荷作用下的相应位移。稍加变化，也可以求非载荷作用点的位移。

【例 11.5-1】 线弹性材料悬臂梁自由端 A 作用有集中力［见图 11.5-2（a）］，若 F、l、EI 为已知，试求：

（1）加力点 A 的垂直位移 Δ_{Ay}；

（2）非加力点 C 的位移 Δ_{Cy}。

解 （1）求加力点 A 的位移。

梁的弯矩方程为 $M(x) = -Fx$。由式（11.2-27），梁内应变能为

$$V_\varepsilon = \int_0^l \frac{M^2(x)}{2EI} dx = \int_0^l \frac{(-Fx)^2}{2EI} dx = \frac{F^2 l^3}{6EI}$$

由卡氏定理得

$$\Delta_{Ay} = \frac{\partial V_\varepsilon}{\partial F} = \frac{Fl^3}{3EI}$$

（2）求非加力点 C 的位移。

求非加力点的位移时，可以在非加力点沿要求位移的方向先虚加一集中力，对应变能求偏导数后，再令虚加的力等于零即可。这是因

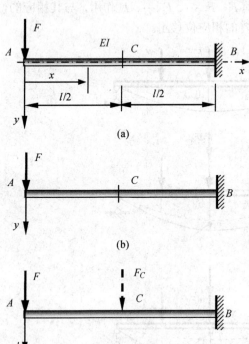

图 11.5-2 线弹性材料悬臂梁受力情况

为力从非零到零是连续变化的，结构上某点不受力是受力的特殊情况。

在 C 点附加一竖向力 F_C，求得 AB 段的弯矩 $M_1 = -Fx$，BC 段的弯矩为 $M_2 = -Fx - F_C(x - l/2)$，梁内应变能为

$$V_\varepsilon = \int_0^l \frac{M^2(x)}{2EI}\mathrm{d}x = \int_0^{\frac{l}{2}} \frac{M_1^2(x)}{2EI}\mathrm{d}x + \int_{\frac{l}{2}}^l \frac{M_2^2(x)}{2EI}\mathrm{d}x$$

$$= \int_0^{\frac{l}{2}} \frac{(-Fx)^2}{2EI}\mathrm{d}x + \int_{\frac{l}{2}}^l \frac{[-Fx - F_C(x - \frac{l}{2})]^2}{2EI}\mathrm{d}x$$

由卡氏定理得

$$\Delta_{Cy} = \frac{\partial V_\varepsilon}{\partial F_C}\Big|_{F_C=0} = \int_{\frac{l}{2}}^l \frac{Fx\left(x - \frac{l}{2}\right)}{EI}\mathrm{d}x = \frac{F\left(l^3 - \frac{1}{8}l^3\right)}{3EI} - \frac{F\left(l^2 - \frac{1}{4}l^2\right)l}{4EI} = \frac{5Fl^3}{48EI} \quad (\downarrow)$$

【例 11.5-2】弯曲刚度为 EI 的悬臂梁受三角形分布载荷，最大载荷集度为 q_0，如图 11.5-3（a）所示。梁的材料为线弹性体，且不计切应变对挠度的影响。试用卡氏定理计算悬臂梁自由端的挠度。

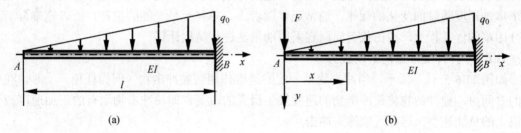

图 11.5-3   受三角形分布载荷作用的悬臂梁

解 （1）计算应变能。

在自由端虚加竖直向下集中力 F，如图 1.5-3（b）所示。梁内变形能为

$$M(x) = M_q(x) + M_F(x) = -\left(\frac{1}{6} \times \frac{q_0}{l} x^3 + Fx\right)$$

$$V_\varepsilon = \int_0^l \frac{M^2(x)}{2EI}\mathrm{d}x = \int_0^l \frac{1}{2EI}\left(\frac{1}{6} \times \frac{q_0}{l} x^3 + Fx\right)^2 \mathrm{d}x$$

$$= \int_0^l \frac{1}{2EI}\left(\frac{1}{36} \times \frac{q_0^2}{l^2} x^6 + 2 \times \frac{1}{6} \times \frac{q_0}{l} Fx^4 + F^2 x^2\right)\mathrm{d}x$$

$$= \frac{1}{2EI}\left(\frac{1}{252} q_0^2 l^5 + \frac{1}{15} q_0 Fl^4 + \frac{F^2}{3} l^3\right)$$

（2）求自由端挠度 Δ_{Ay}。

由卡氏定理，自由端的挠度 Δ_{Ay} 为

$$\Delta_{Ay} = \frac{\partial V_\varepsilon}{\partial F} = \frac{1}{2EI}\left(\frac{1}{15} q_0 l^4 + \frac{2}{3} Fl^3\right)$$

令上式中的 $F=0$，即得无 F 时梁自由端的挠度，即

$$\Delta_{Ay} = \left. \frac{\partial V_\varepsilon}{\partial F} \right|_{F=0} = \frac{1}{2EI} \times \frac{1}{15} q_0 l^4 = \frac{q_0 l^4}{30EI}$$

挠度的指向与虚设力 F 的指向一致。此答案与［例 7.3-3］所得结果相同。

11.6　冲击问题的能量解法

11.6.1　动载荷概念

前面内容都是针对构件在静载荷作用下的应力、应变及位移计算。**静载荷**是指构件上的载荷不随时间变化或者载荷从零开始缓慢、平稳地增加到最终值。因加载缓慢，加载过程中构件上各点的加速度很小，可认为构件始终处于平衡状态，加速度影响略去不计。**动载荷**是指随时间明显变化的载荷或者具有较大加载速率的载荷。在非缓慢加载过程中，变形体含有不可忽略的速度和加速度。

工程实际中，有两种动载荷问题最为常见，一是变形体作加速运动或等速转动，该类问题的处理方法是动静法，只要在有加速度的质点上添加了惯性力，就和静载荷问题无异；二是冲击载荷或突加载荷问题，这类动载荷问题的特点是载荷作用时间短促，以至于难以测量变形体加速度随时间变化的规律，通常还伴随着声、热甚至是光能的损耗，所以精确分析是十分困难的。工程上，冲击载荷问题宜采用能量法进行简化计算。

11.6.2　杆件受冲击时的动应力

如图 11.6-5（a）所示，当冲击物以一定的速度作用到被冲击物（例如杆顶）上时，在极短的时间内，被冲击物将使冲击物的速度发生极大的改变，即使冲击物原有的正加速度改变为很大的负加速度，这种现象称为**冲击**。

分析冲击问题时，作以下假定：

（1）不计冲击物的变形；

（2）冲击物与构件（被冲击物）接触后无回弹，二者合为一个运动系统；

（3）不计被冲击物的质量，冲击应力可以瞬时传遍整个构件；

（4）材料服从胡克定律；

（5）不计能量损耗。

在第（5）项的假定下，由冲击物和被冲击物组成的系统在冲击过程中应保持机械能守恒。因此不仅使得冲击动应力和变形的计算大为简化，而且所得结果是偏于安全的。

考虑系统的两个状态。状态 1 为冲击发生前的某一时刻，状态 2 为冲击刚结束，被冲击物达到最大变形的状态。设状态 1 和状态 2 的机械能分别为 E_1 和 E_2，则有

$$\begin{aligned} E_1 &= T_1 + V_1 + V_{\varepsilon 1} \\ E_2 &= T_2 + V_2 + V_{\varepsilon 2} \end{aligned} \tag{11.6-1}$$

式中：T_1、V_1、$V_{\varepsilon 1}$ 分别为状态 1 冲击物的动能、重力势能和被冲击物的弹性势能（变形体的应变能）；T_2、V_2、$V_{\varepsilon 2}$ 分别为状态 2 冲击物的动能、重力势能和被冲击物的弹性势能。

根据机械能守恒，由冲击物和被冲击物组成的系统在状态 1 和状态 2 的机械能应相等，即

$$E_1 = E_2 \tag{11.6-2}$$

把式（11.6-1）代入式（11.6-2），整理后，有

$$(T_1 - T_2) + (V_1 - V_2) = V_{\varepsilon 2} - V_{\varepsilon 1} \tag{11.6-3a}$$

式（11.6-3）表示，冲击前后冲击物机械能的减少等于被冲击物应变能的增加。式（11.6-3a）简写为

$$T + V = V_\varepsilon \tag{11.6-3b}$$

下面利用式（11.6-3）分析三类冲击问题。

1. 垂直冲击问题

图 11.6-1（a）所示简支梁上方高度为 h 处有重量为 p 的重物自由下落到梁上，使梁受到冲击。在横向力作用下发生弯曲变形的梁相当于一个弹性系数为 k 的线性弹簧，见图 1.6-1(b)。设 Δ_{st} 为静载荷 P 作用下沿 P 作用方向的静位移 [见图 1.6-1（c）]，则有

$$\Delta_{st} = \frac{P}{k} \tag{a}$$

取重物和梁为研究系统，状态 1 为自由下落开始时刻，状态 2 为梁发生最大变形时刻，如图 11.6-1（a）中虚线所示。Δ_d 为梁被冲击截面的最大挠度。

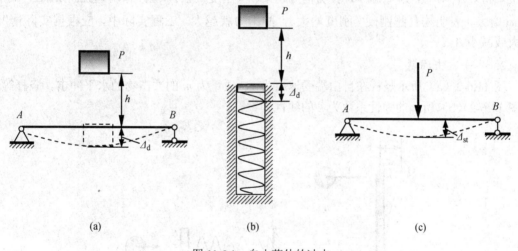

(a)　　　　　　　(b)　　　　　　　(c)

图 11.6-1　自由落体的冲击

取梁的最大变形位置为零势能位置，则有

$$T_1 = T_2 = 0 , \quad V_2 - V_1 = -P(h + \Delta_d) - 0 , \quad V_{\varepsilon 2} - V_{\varepsilon 1} = \frac{F_d \Delta_d}{2} - 0 \tag{b}$$

这里 F_d 对应于最大变形的冲击力，并且

$$\Delta_d = \frac{F_d}{k} \tag{c}$$

把式（b）和式（c）代入式（11.6-3），得到

$$\Delta_d^2 - \frac{2P}{k}\Delta_d - \frac{2Ph}{k} = 0 \tag{d}$$

或者

$$\Delta_d^2 - 2\Delta_{st}\Delta_d - 2\Delta_{st}h = 0 \tag{e}$$

式（e）为 Δ_d 的一元二次方程，正确的 Δ_d 取

$$\Delta_d = \frac{P}{k} + \sqrt{\left(\frac{P}{k}\right)^2 + \frac{2Ph}{k}} = \left(1 + \sqrt{1 + \frac{2h}{\Delta_{st}}}\right)\Delta_{st} \tag{f}$$

记

$$k_d = 1 + \sqrt{1 + \frac{2h}{\Delta_{st}}} \tag{11.6-4}$$

式中：k_d 为**冲击动荷因数**。

对上述结果讨论如下：

（1）以冲击动荷因数 k_d 乘以构件的静载荷、静位移和静应力，就得到冲击时相应构件的冲击载荷 F_d、相应的冲击位移 Δ_d 和冲击应力 σ_d。

（2）当 $k_d \geqslant 2$，且 $h=0$ 时，$k_d = 2$，表明突加载荷将使构件的动应力和变形增加一倍。

（3）式（11.6-4）中的 Δ_{st} 为冲击物与被冲击物接触处沿冲击方向的静位移，具有特定的含义。如果 Δ_{st} 增大，则 k_d 减小，表明构件越柔软（刚度减小），缓冲作用越强；如果 Δ_{st} 减小，则 k_d 增大，表明构件越刚硬（刚度增大），冲击力就越大。工程实际中，应根据实际情况，增大或减小 Δ_{st}。

2. 水平冲击问题

图 11.6-2（a）所示竖杆在自由端受速度为 v、质量为 m 的冲击物的水平冲击。竖杆等价于图 11.6-2（b）所示的弹性系数为 k 的线性弹簧。

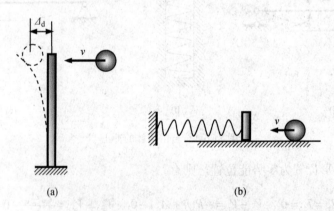

图 11.6-2　构件受水平冲击

取状态 1 为冲击前某一时刻，状态 2 为梁发生最大变形时刻，如图 11.6-1（a）中虚线所示。Δ_d 为梁被冲击截面的最大挠度。

取过梁自由端面的水平面为零势能位置，则有

$$T = \frac{1}{2}mv^2, \quad V = 0, \quad V_\varepsilon = \frac{F_d\Delta_d}{2} = \frac{k\Delta_d^2}{2} \tag{a}$$

由式（11.6-3），得

$$\frac{1}{2}k\Delta_d^2 = \frac{1}{2}mv^2 \tag{b}$$

式中 k 与质量 m 有关，有

$$k = \frac{mg}{\Delta_{st}} \tag{c}$$

这里 Δ_{st} 是将质量为 m 的重量 mg 水平施加在梁的自由端而引起的自由端静挠度，把式（c）代入式（b），解得冲击位移为

$$\Delta_d = \sqrt{\frac{v^2}{g\Delta_{st}}}\Delta_{st} \tag{11.6-5}$$

得到冲击动荷因数 k_d 为

$$k_d = \sqrt{\frac{v^2}{g\Delta_{st}}} \tag{11.6-6}$$

梁受到的最大冲击载荷为

$$F_d = k\Delta_d = \sqrt{\frac{v^2}{g\Delta_{st}}}\Delta_{st}\frac{mg}{\Delta_{st}} = \sqrt{\frac{v^2}{g\Delta_{st}}}mg$$

【例 11.6-1】 图 11.6-3（a）、（b）分别为直径 d_1 =30cm、长度 l=6m、弹性模量 E_1=10GPa 的两相同木杆。重量 P=5kN 的重锤从杆的上部 H = 1m 高度处自由下落。其中杆 b 顶端放一直径 d=15cm、厚度 h=20mm、弹性模量 E_2=8MPa 的橡皮垫。试求两杆的应力。

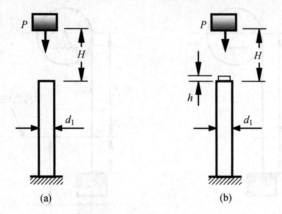

图 11.6-3　两相同木杆受重锤压力作用

（a）杆 a；（b）杆 b

解　（1）无橡皮垫木杆的应力。

静位移 Δ_{st1} 为

$$\Delta_{st1} = \frac{Pl}{EA} = \frac{5\times10^3\times6000\times4}{10\times10^3\times\pi\times300^2} = 0.04244 \text{ mm}$$

冲击载荷 F_d 为

$$F_d = P\left(1 + \sqrt{1 + \frac{2H}{\Delta_{st}}}\right) = 5\times\left(1 + \sqrt{1 + \frac{2\times1000}{4.244\times10^{-2}}}\right) = 1090.43 \text{ kN}$$

在任意横截面上有最大动应力σ_d，为

$$\sigma_d = \frac{F_d}{A} = \frac{1090.43 \times 10^3 \times 4}{\pi \times 300^2} = 15.43 \text{ MPa}$$

（2）有橡皮垫木杆的应力。

加橡皮垫后，静位移Δ_{st2}等于杆的静位移与橡皮垫的静位移之和，即

$$\Delta_{st,\text{垫}} = \frac{5 \times 10^3 \times 20 \times 4}{8 \times \pi \times 150^2} = 0.70736 \text{ mm}$$

$$\Delta_{st2} = \Delta_{st1} + \Delta_{st,\text{垫}} = 0.04244 + 0.70736 = 0.7498 \text{ mm}$$

冲击载荷F_d和动应力分别为

$$F_d = 5 \times \left(1 + \sqrt{1 + \frac{2 \times 980}{0.7498}}\right) = 260.69 \text{ kN}$$

$$\sigma_d = \frac{260.7 \times 10^3 \times 4}{\pi \times 300^2} \times 10^{-6} = 3.69 \text{ MPa}$$

3. 突停问题

有时运动中的构件会因故障而突然停止，造成构件的应力急剧增加，这是很危险的。下面以图11.6-4所示的吊索为例，分析吊索中的动应力。吊索的下端悬挂重量为P的重物，以匀速v下降，当吊索在长度为l时，起吊中的滑轮被突然卡住。试求吊索受到的冲击载荷F_d。已知吊索的拉压刚度为EA。

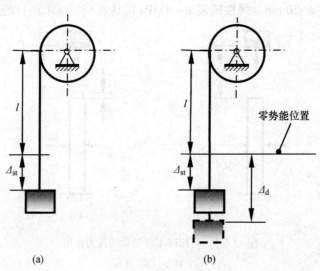

图 11.6-4 运动中的吊索被突然卡停

取状态1为吊索突停开始时，状态2为吊索达到最大变形时，零势能位置选在吊索自然伸长状态，此时吊索内没有应力和变形。两个状态下吊索下端的位移分别如图11.6-4（a）、（b）所示。在此过程中，重物动能和势能的改变，以及吊索内的应变能改变分别为

$$T_1 - T_2 = \frac{Pv^2}{2g} - 0 = \frac{Pv^2}{2g}$$

$$V_1 - V_2 = -P\Delta_{st} - (-P\Delta_d) = P(\Delta_d - \Delta_{st}) \tag{a}$$

$$V_{\varepsilon 2} - V_{\varepsilon 1} = \frac{F_d \Delta_d}{2} - \frac{P\Delta_{st}}{2}$$

代入式（11.6-3），有

$$\frac{Pv^2}{2g} + P(\Delta_d - \Delta_{st}) = \frac{F_d \Delta_d}{2} - \frac{P\Delta_{st}}{2} \tag{c}$$

注意到 $F_d/P = \Delta_d/\Delta_{st} = k_d$，式（b）两边被同除以因子 $P\Delta_{st}$，可简化为

$$k_d^2 - 2k_d + 1 - \frac{v^2}{g\Delta_{st}} = 0 \tag{c}$$

解得冲击动荷因数为

$$k_d = 1 + \sqrt{\frac{v^2}{g\Delta_{st}}} \tag{11.6-7}$$

式中静位移 $\Delta_{st} = Pl/(EA)$。有了冲击动荷因数就能很容易地计算吊索内的动应力和变形。

本 章 要 点

1. 能量法的基本概念和能量法的基本原理
外力功和应变能的计算公式

$$W = \frac{1}{2}\sum_{i=1}^{n} F_i \Delta_i \tag{11.2-3}$$

$$V_\varepsilon = \int_l \frac{F_N^2(x)\mathrm{d}x}{2EA} + \int_l \frac{M^2(x)\mathrm{d}x}{2EI} + \int_l \frac{T^2(x)\mathrm{d}x}{2GI_p} \tag{11.2-15}$$

$$W = V_\varepsilon \tag{11.2-16}$$

式（11.2-4）中的力 F_i 和位移 Δ_i 分别为广义力和广义位移，Δ_i 为 F_i 作用点处沿其作用方向的位移（相应位移），并非仅由 F_i 所引起。

2. 功的互等定理和位移互等定理

$$F_1 \Delta_{12} = F_2 \Delta_{21} \tag{11.3-1}$$

$$\Delta_{12} = \Delta_{21} \tag{11.3-2}$$

利用互等定理求位移的要点在于适当地选取一组力系。

3. 单位载荷法和莫尔积分

$$\Delta = \int_l \overline{F}_N(x)\mathrm{d}\delta + \int_l \overline{T}(x)\mathrm{d}\varphi + \int_l \overline{M}(x)\mathrm{d}\theta \tag{11.4-3}$$

$$\Delta = \int_l \frac{\overline{F}_N(x)F_N(x)}{EA}\mathrm{d}x + \int_l \frac{\overline{T}(x)T(x)}{GI_p}\mathrm{d}x + \int_l \frac{\overline{M}(x)M(x)}{EI}\mathrm{d}x \tag{11.4-4}$$

式（11.4-3）称为单位载荷法，不仅适用于线弹性材料，也适用于非线性材料，但仍要求变形微小；式（11.4-4）称为莫尔积分，仅适用于线弹性材料，且要求变形微小，是单位载荷法的特殊情况。莫尔积分是求解线弹性结构任意点位移的有限方法。

4. 卡氏定理

$$\Delta_k = \frac{\partial V_\varepsilon}{\partial F_k} \tag{11.5-1}$$

通过在非加力点 k 先虚加集中力 $\overline{F}_k$，对含有 $\overline{F}_k$ 作用的应变能 V_ε 关于 $\overline{F}_k$ 求偏导数后再令 $\overline{F}_k$ 为零的方法，用卡氏定理可以求结构上任意点的位移。

如果结构上作用相同的两个集中力，需先把此二力加以区别，再利用式（11.5-1）求某一加力点处的位移。

5. 求解冲击问题的能量法

$$(T_1 - T_2) + (V_1 - V_2) = V_{\varepsilon 2} - V_{\varepsilon 1}， \quad T + V = V_\varepsilon \tag{11.6-3}$$

式（11.6-3）表明冲击前后，冲击物机械能的减少等于被冲击物应变能的增加。此式是解决冲击载荷问题的基本方程。

6. 求解冲击载荷问题

要点在于求出冲击动荷因数 k_d，自由落体冲击、水平冲击和突停问题的冲击动荷因数分别为

$$k_d = 1 + \sqrt{1 + \frac{2h}{\Delta_{st}}} \tag{11.6-4}$$

$$k_d = \sqrt{\frac{v^2}{g\Delta_{st}}} \tag{11.6-5}$$

$$k_d = 1 + \sqrt{\frac{v^2}{g\Delta_{st}}} \tag{11.6-6}$$

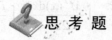 思 考 题

11.1　何谓相应位移？广义力与相应位移之间有何关系？

11.2　功的互等定理是如何建立的？应用条件是什么？如何应用功的互等定理解决位移的计算问题。试用功的互等定理求思考题图 11.1 所示杆的伸长量。已知圆杆长 l、直径 d、弹性模量 E 和泊松比 μ。

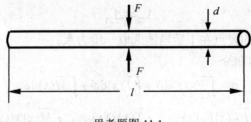

思考题图 11.1

11.3　虚位移应满足什么条件？什么是虚功原理？应用条件是什么？

11.4　单位载荷法是如何建立的？单位载荷法能否应用于求材料非线性弹性体的位移？

11.5　如何利用单位载荷法求指定点某一方向的位移、两点之间的相对位移和截面之间

的相对转角？如何确定位移的方向？

习　　题

11.1（11.2 节）　计算题图 11.1 所示构件的应变能。

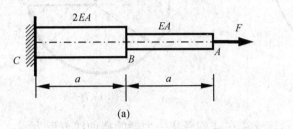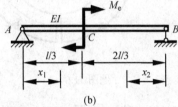

(a)　　　　　　　　　　　　(b)

题图 11.1

11.2（11.2 节）　应用能量法，计算题图 11.2 所示梁中点的转角。

11.3（11.3 节）　由功的互等定理求题图 11.3 所示梁中央截面的挠度和 A 端转角。

题图 11.2　　　　　　　　　　题图 11.3

11.4（11.4 节）　题图 11.4 所示变截面梁的弹性模量为 E，求截面 A 的挠度和转角。

11.5（11.4 节）　题图 11.5 所示刚架各段长度为 a，受力如图所示，试求 A 截面的转角和水平位移。

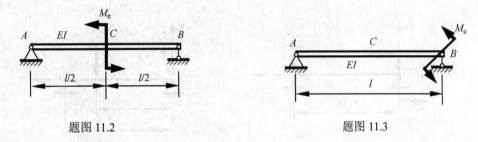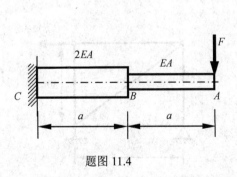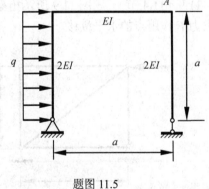

题图 11.4　　　　　　　　　　题图 11.5

11.6（11.4 节）　题图 11.6 所示开口圆环，$\delta \ll R$，抗弯刚度 EI，求截面 A、B 的相对转角 θ_{AB}。

11.7（11.4 节）　题图 11.7 所示等截面曲杆 BC 的轴线为四分之三的圆周，抗弯刚度为 EI。若 AB 杆可视为刚性杆，试求在 F 力作用下，截面 B 的水平位移和垂直位移。

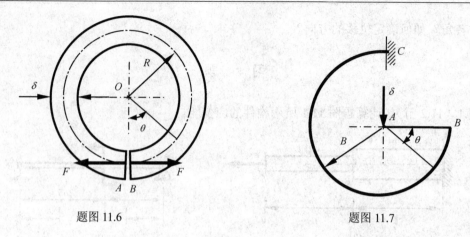

题图 11.6   题图 11.7

11.8（11.4 节） 题图 11.8（a）所示简支梁在 A 端受集中力偶的挠曲线方程为

$$v_M = -\frac{Mx}{6EIl}(l-x)(2l-x)$$

试求图 11.8（b）所示为简支梁受集中力时 A 端转角 θ_A 和集中力 F 的作用点坐标 x 的关系。

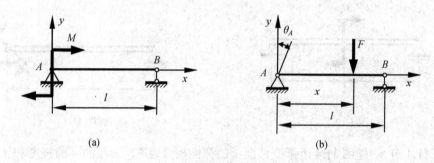

题图 11.8

11.9（11.4 节） 题图 11.9 所示桁架每根杆的横截面面积为 A，弹性模量为 E，试用能量法求力 F 作用点的水平位移。

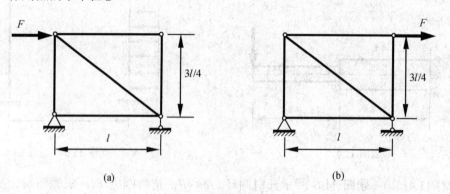

题图 11.9

11.10（11.5 节） 题图 11.10 所示悬臂梁受集中载荷 F，试用卡氏定理求点 D 处的挠度和转角。

11.11（11.4 节） 题图 11.11 所示外伸梁受均布载荷，试求 D 处的挠度和转角。

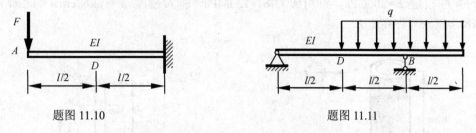

题图 11.10   题图 11.11

11.12（11.4 节） 对题图 11.12 所示简支梁，用卡氏定理求 A、B 端转角以及 C 截面转角。

11.13（11.4 节） 题图 11.13 所示桁架由 7 根杆组成，弹性模量 E=70GPa，杆 AB、AC、AD、CE 的横截面面积为 500mm^2，其他杆的横截面面积均为 100mm^2，求铰 D 的垂直位移。

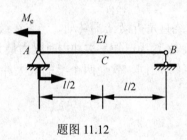

题图 11.12

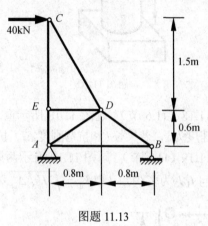

图题 11.13

11.14（11.4 节） 刚架和载荷如题图 11.14 所示，各段杆的刚度均为 EI，求 C 端的位移和转角。

11.15（11.6 节） 题图 11.15 所示质量 W 为 10kg 的物体 D 从 h=450mm 高度处自由下落，撞到梁 AB 上的位置 E 处，梁的弹性模量 E=70GPa，求：

（1）点 E 的最大挠度；

（2）梁内的最大正应力。

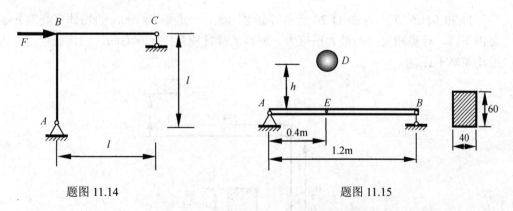

题图 11.14   题图 11.15

11.16（11.6 节） 题图 11.16 所示空心圆柱 AB 的下端固定，外径 80mm，厚 6mm，E=200GPa。一个质量 m 为 5kg 的小球 C 以 v=2.5m/s 的速度撞击在圆柱上端 A，试求空心圆柱的最大应力。

11.17 如题图 11.17 所示装置，直径 d=4cm，长度 l=4m 的钢杆上端固定，下端有一托盘，钢杆的弹性模量 E=200GPa，许用应力 $[\sigma]$=120MPa，弹簧刚度 k=16kN/cm，自由落体重量 P=20kN，试求容许高度 h。

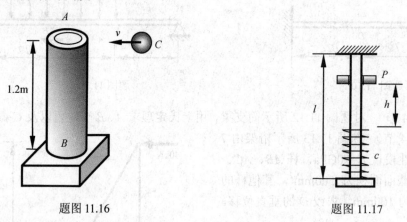

题图 11.16   题图 11.17

11.18（11.6 节） 题图 11.18 所示重 W 的物体可绕直角折梁 A 端转动，当它在最高位置时水平速度为 v，若梁长 l 和抗弯刚度 EI、抗弯截面系数 W_z 均为已知，求冲击时梁内最大正应力。

11.19（11.6 节） 题图 11.19 所示两梁材料、截面均相同，欲使两个梁的最大冲击应力相等，问 $l_1:l_2$ 为多少？（取 $k_{\mathrm{d}} = \sqrt{2H/\Delta_{\mathrm{st}}}$ ）

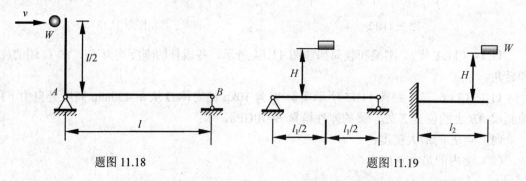

题图 11.18   题图 11.19

11.20（11.6 节） 题图 11.20 所示等截面刚架，一重量 P=300N 的物体自高度 h=50mm 处自由下落，计算刚架内的最大正应力。材料的弹性模量 E=200GPa，刚体质量与冲击物的变形均忽略不计。

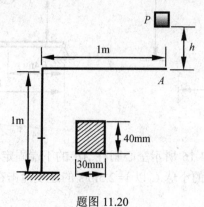

题图 11.20

第12章 静不定问题

12.1 引 言

前面各章所涉及的问题中，约束力和杆件的内力都可以用静力平衡方程全部求出。这种仅用静力平衡方程式即可求得所有约束力和内力的问题，称为**静定问题**。例如，图12.1-1（a）所示平面桁架和图12.1-2（a）所示简支梁均属于静定问题。

如果在上述桁架中增加杆3［见图12.1-1（b）］，则未知力变为3个（F_{N1}、F_{N2}与F_{N3}），但独立平衡方程仍然只有两个，未知约束力的数目超过了所能列出的独立静力平衡方程式的数目，这样桁架的约束力或内力仅凭静力平衡方程式不能完全求得。图12.1-2（b）所示受平面平行力系作用的梁共有4个约束反力，而独立的平衡方程只有两个，仅凭静力平衡方程式不能求得4个约束反力。

仅凭静力平衡方程不能确定全部未知力（包括约束反力和内力）的结构称为**静不定结构**或超静定结构。未知力数目与静力平衡方程数目之差，称为静不定次数。例如图12.1-1（b）所示梁为一次弯曲静不定结构图，图12.1-2（b）所示梁为二次静不定结构。本教材仅研究一次静不定结构的解法。

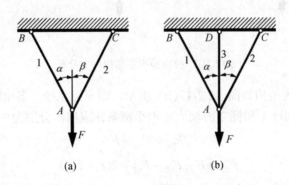

图12.1-1 静定与一次静不定桁架结构

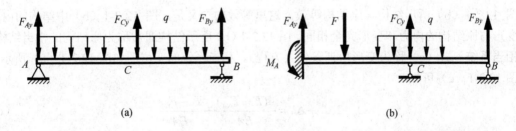

图12.1-2 静定与二次静不定梁

12.2　静不定问题的解法

为了确定静不定结构的全部未知力，除考虑平衡方程外，还必须研究结构各部分之间的变形协调条件，并借助变形与内力之间的关系，把变形协调条件转化为未知力和外力之间的关系，即补充方程。现以图 12.2-1（a）所示结构为例说明静不定问题的变形比较解法。

设图 12.2-1（a）中杆 1、2、3 的弹性模量均为 E，横截面面积均为 A，杆长均为 l。横梁 AB 可看成刚体，在横梁上 B 处受竖向载荷 F。不计横梁及各杆的自重，试确定杆 1、3 的轴力。

图 12.2-1（a）所示力系为平面平行力系，只有两个独立的平衡方程，而三杆轴力均未知，故为一次拉压静不定结构。下面所给出的解题思路是，首先假想解除某一杆的约束，被解除的约束称为**多余约束**，以该杆的约束力作为未知力施加在解除约束后的静定结构上。根据变形协调条件求出该杆的约束力，把静不定结构转化为静定结构，进而求出其他未知力。

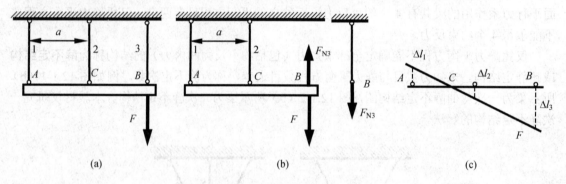

图 12.2-1　拉压静不定结构内力分析

解除杆 3 约束后的结构如图 12.2-1（b）所示，即相当系统。多余约束力即杆 3 的轴力 F_{N3}。如果求出 F_{N3}，则杆 1 和杆 2 的轴力可由平衡条件求出，分别为

$$F_{N1} = F_{N3} - F \tag{a}$$

$$F_{N2} = F - F_{N2} - F_{N3} = 2(F - F_{N3}) \tag{b}$$

如果相当系统［见图 12.2-1（b）］在解除约束处的垂直位移 Δ_B 等于杆 3 的伸长量 Δl_3，即

$$\Delta l_3 = \Delta_B \tag{c}$$

则图 12.2-1（b）所示结构与原结构等效。这里等效的含义是，图 12.2-1（b）中结构的内力和变形与原结构的内力和变形完全相同。图 12.2-1（b）所示结构通常称为原结构的**相当结构**，或**相当系统**。式（c）称为变形协调条件（方程）。相当系统的变位图如图 12.2-1（c）所示。由图 12.2-1（c）可知

$$\Delta_B = 2\Delta l_2 + \Delta l_1 = \frac{4(F - F_{N3})}{EA} + \frac{F - F_{N3}}{EA} \tag{d}$$

$$\Delta l_3 = \frac{F_{N3}}{EA} \tag{e}$$

把式（d）和式（e）代入式（c），解得

$$F_{N3} = \frac{5F}{6} \tag{f}$$

把式（f）代入式（a）和式（b），解得

$$F_{N1} = \frac{F}{6}, \quad F_{N2} = \frac{F}{3}$$

一般来说，在静不定问题中内力不仅与载荷和结构的几何形状有关，还和杆件的抗压刚度（EA）、弯曲刚度（EI）以及扭转刚度（GI_p）有关，单独增大某一根杆的刚度，该杆的内力也相应增大，这是静不定问题和静定问题的重要区别之一。

上述求解静不定问题的方法称为**变形比较法**。求解的基本步骤为：

（1）取相当系统。

（2）列变形协调方程。

（3）把物理关系（胡克定律、热膨胀规律等）代入变形协调方程求出多余未知力，从而把静不定结构（相当系统）转化为静定结构。

（4）对相当系统进行力学分析（如内力、应力、变形计算）。

【例 12.2-1】 求图 12.2-2 所示梁的约束反力（假设弯曲刚度 EI 为已知）。

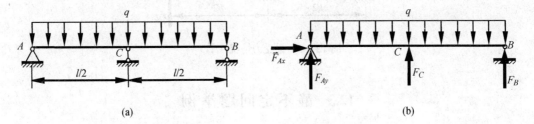

(a)　　　　　　　　　　　　　(b)

图 12.2-2　梁受力情况（一）

解（1）取相当系统。

若将梁的中间支座 C 看作为多余约束，则撤除多余约束后得到的相当系统如图 12.2-2（b）所示，这是一个在原有外载荷 q 及未知约束反力 F_C 共同作用下的简支梁。

（2）建立补充方程。

为使相当系统的变形与原静不定梁相同，要求在多余约束处必须符合原静不定梁的竖直位移为零的条件，即

$$w_C = 0 \tag{a}$$

利用叠加法或积分法，得相当系统截面 C 处的挠度为

$$w_C = -\frac{5ql^4}{384EI} + \frac{F_C l^3}{48EI} \tag{b}$$

将式（b）代入式（a），得补充方程

$$-\frac{5ql^4}{384EI} + \frac{F_C l^3}{48EI} = 0 \tag{c}$$

即得

$$F_C = \frac{5}{8}ql$$

所得结果为正，说明所设约束反力 F_C 的方向是正确的。

多余约束反力确定后，由平衡方程 $\sum F_x = 0$、$\sum F_y = 0$ 与 $\sum M_A = 0$ 即可确定其余约束反力。它们分别为

$$F_{Ax} = 0 , \quad F_{Ay} = F_B = \frac{3}{16}ql$$

再次指出，一旦静不定结构的多余约束反力解出之后，则该结构就等价于一个静定结构。另外要说明的是，多余约束的选取并不是唯一的，只要不是维持结构平衡所必需的约束，均可作为多余约束。也就是说，相当系统可以有不同的选择。对本例，也可取支座 B 为多余约束，相应的相当系统是一个在原有载荷及未知约束反力共同作用下的外伸梁（见图 12.2-3），而相应的变形协调条件是

$$w_B = 0$$

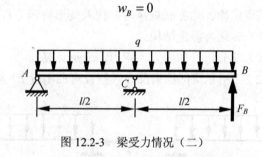

图 12.2-3　梁受力情况（二）

12.3　静不定问题举例

本节给出各种静不定问题的例题。

【例 12.3-1】　图 12.3-1（a）所示结构中，AB 为刚性杆，求杆 1、2 的轴力。

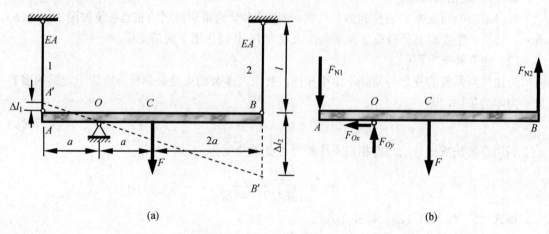

(a)　　　　　　　　　　　　　　　　(b)

图 12.3-1　静不定问题分析

解　（1）画变形图，建立补充方程。

在约束允许的条件下，AB 杆可以绕 O 轴转动到 $A'B'$，如图 12.3-1（a）中的虚线所示，设杆 1 的缩短量为 Δl_1 和杆 2 的伸长量为 Δl_2，则几何方程为

$$\Delta l_2 = 3\Delta l_1 \tag{a}$$

物理方程为

$$\Delta l_1 = \frac{F_{N1}l}{EA}, \quad \Delta l_2 = \frac{F_{N2}l}{EA} \tag{b}$$

将式（b）代入式（a），得补充方程为

$$3F_{N1} = F_{N2} \tag{c}$$

（2）建立平衡方程。

根据变形图画受力图如图 12.3-1（b）所示，杆 1 受压，杆 2 受拉，刚性杆 AB 的平衡方程为

$$+\curvearrowright \sum M_O = 0, \quad F_{N1}a + F_{N2} \times 3a - Fa = 0 \tag{d}$$

（3）计算轴力。

联立求解补充方程（c）和平衡方程（d），得各杆的轴力分别为

$$F_{N1} = \frac{F}{10} \ (\text{压}), \quad F_{N2} = \frac{3}{10}F \ (\text{拉})$$

【例 12.3-2】 图 12.3-2（a）所示梁 AB 承受均布载荷作用，试计算梁的约束反力。设弯曲刚度 EI 为常数。

解（1）建立相当系统。

解除支座 B，代之以多余约束反力 F_B，相当系统如图 12.3-2（b）所示。

（2）建立补充方程，求多余约束反力 F_B。

多余约束处的变形协调条件为

$$w_B = 0 \tag{a}$$

w_B 为相当系统分别在均布载荷 q 和约束反力 F_B 共同作用下在 B 处产生的挠度［见图 12.3-2（c）、（d）］的代数和，即

$$w_B = w_{B_1} + w_{B_2} = 0 \tag{b}$$

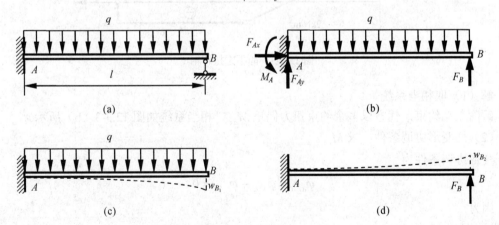

图 12.3-2　静不定梁受力分析

而由附录 B 中的第 1 栏和第 3 栏可知

$$w_{B_1} = -\frac{ql^4}{8EI}, \quad w_{B_2} = \frac{F_B l^3}{3EI} \tag{c}$$

将式（c）代入式（b）中，得补充方程为

$$-\frac{ql^4}{8EI}+\frac{F_Bl^3}{3EI}=0 \tag{d}$$

由式（d）解出多余约束反力为

$$F_B=\frac{3ql}{8}$$

其余约束反力可由相当系统［见图 12.3-1（b）］的平衡方程解出

$$F_{Ax}=0 \ , \quad F_{Ay}=\frac{5ql}{8} \ , \quad M_A=\frac{ql^2}{8}$$

【例 12.3-3】 图 12.3-6 所示两端固定轴受分布扭力偶矩 m_e，扭转刚度为 GI_p，试画扭矩图。

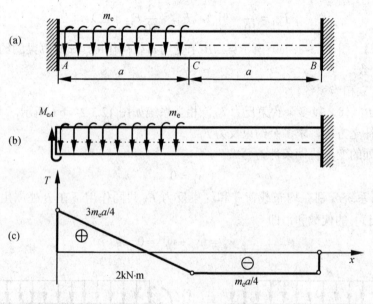

图 12.3-3　静不定扭转轴

解（1）取相当系统。

解除左端约束，代之以多余约束扭力偶矩 M_{eA}，相当系统如图 12.3-3（b）所示。

（2）列变形协调条件，求 M_{eA}。

变形协调条件为

$$\varphi_{A/B}=\varphi_{A/C}+\varphi_{C/B}=0 \tag{a}$$

因为

$$\varphi_{A/C}=\int_{AC}\frac{T_{AC}\mathrm{d}x}{GI_p}=\int_0^a\frac{(M_{eA}-m_ex)\ \mathrm{d}x}{GI_p}=\frac{1}{GI_p}\left(M_{eA}a-\frac{m_ea^2}{2}\right) \tag{b}$$

$$\varphi_{C/B}=\frac{T_{CB}a}{GI_p}=\frac{(M_{eA}-m_ea)a}{GI_p} \tag{c}$$

将式（b）和式（c）代入式（a），得补充方程，即

$$M_{eA}a - \frac{m_e a^2}{2} + M_{eA}a - m_e a^2 = 0$$

解得

$$M_{eA} = \frac{3m_e a}{4}$$

（3）画扭矩图。

根据平衡条件［见图 12.3-3（b）］，由等效截面法，有

$$M_{B^-} = M_A - m_e a = \frac{3m_e a}{4} - m_e a = \frac{-m_e a}{4}$$

扭矩图如图 12.3-3（c）所示。

当静不定结构受扭转变形时，通常称为**扭转静不定**。

【例 12.3-4】 如图 12.3-4（a）所示的梁杆结构，梁 AB 在 AC 段受均布载荷 q 作用，已知吊杆 BD 的拉压刚度为 EA，梁 AB 的弯曲刚度为 EI，且 $I = AL^2$，试求 BD 杆的轴力。

解（1）判断静不定次数。

此梁与悬臂梁相比较，多了一根杆 BD，即多一个约束，为一次静不定。

（2）建立相当系统。

将 B 端的杆与梁拆开，成为悬臂梁和一根拉杆，多余约束反力即为两者之间的相互作用力 F_N，相当系统如图 12.3-4（b）所示。

（3）求多余约束反力 F_N。

悬臂梁 B 端的向下挠度应与拉杆 B 端的垂直位移 Δ_B 相同，而 Δ_B 等于 BD 杆的伸长量 ΔL，所以变形协调条件为

$$w_B = \Delta L \tag{a}$$

梁 AB 单独在均布载荷 q 作用下 B 端的挠度为

$$w_{B_1} = w_C + \theta_C L = -\frac{qL^4}{8EI} - \frac{qL^3}{6EI}L = -\frac{7qL^4}{24EI} \tag{b}$$

梁 AB 单独在 F_N 作用下 B 端的挠度为

$$w_{B_2} = \frac{F_N(2L)^3}{3EI} = \frac{8F_N L^3}{3EI} \tag{c}$$

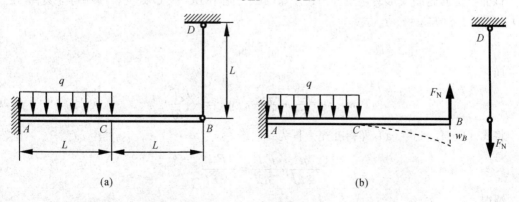

图 12.3-4 杆、梁混合静不定结构受力分析

于是

$$w_B = w_{B_1} + w_{B_2} = -\frac{7qL^4}{24EI} + \frac{8F_N L^3}{3EI} \tag{d}$$

杆 BD 在 B 端的垂直位移为

$$\Delta L = -\frac{F_N L}{EA} \tag{e}$$

将式（d）、式（e）代入式（a）得到补充方程为

$$-\frac{7qL^4}{24EI} + \frac{8F_N L^3}{3EI} = -\frac{F_N L}{EA} \tag{f}$$

解出

$$F_N = \frac{7}{88}qL$$

说明吊杆 BD 受拉。

【例 12.3-5】 有一悬臂梁 AC，承受均布载荷 q，由于刚度不够需加固，用另一悬臂梁 BC 在端点 C 处用铰链与梁 AC 连接［见图 12.3-4（a）］，试求解该静不定问题，并计算梁 AC 的最大挠度 w_C 的减少量（设两根梁的弯曲刚度均为 EI）。

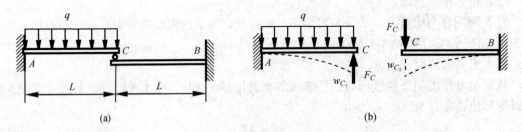

图 12.3-5　由铰链连接的双悬臂梁

解（1）求解静不定。

对于梁 AC 和梁 BC 而言，铰链 C 为多余约束，显然解除多余约束后的相当系统为两根悬臂梁［见图 12.3-5（b）］，梁 AC 承受均布载荷 q 和多余约束反力 F_C，梁 BC 只承受多余约束反力 F_C，所以该结构为一次静不定。

该静不定问题的变形协调条件为：主梁 AC 与副梁 BC 在 C 处的挠度相等［见图 12.3-5（b）］，即

$$w_{C_1} = w_{C_2} \tag{a}$$

而

$$w_{C_1} = -\frac{ql^4}{8EI} + \frac{F_C l^3}{3EI}, \quad w_{C_2} = -\frac{F_C l^3}{3EI} \tag{b}$$

将式（b）代入式（a）即得补充方程为

$$-\frac{ql^4}{8EI} + \frac{F_C l^3}{3EI} = -\frac{F_C l^3}{3EI} \tag{c}$$

解得

$$F_C = \frac{3ql}{16}$$

（2）求梁 AC 加固后与加固前最大挠度，并进行比较。

加固后 C 端挠度为

$$w'_C = -\frac{ql^4}{8EI} + \frac{\frac{3ql}{16}l^3}{3EI} = -\frac{ql^4}{16EI}$$

加固前 C 端挠度为

$$w_C = -\frac{ql^4}{8EI}$$

即 $w'_C / w_C = 1/2$，说明梁 AC 加固后的最大挠度仅为加固前的 50%，刚度明显增大。

【**例 12.3-6**】 图 12.3-9（a）所示梁 AB 在中点 C 处承受集中载荷 F，已知梁的抗弯截面系数 W 和许用应力 $[\sigma]$，且弯曲刚度 EI 为常数，试求梁的许用载荷 $[F]$。

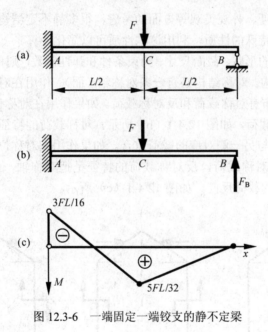

图 12.3-6 一端固定一端铰支的静不定梁

解（1）求解静不定问题。

该静不定问题的变形协调条件是 B 端的挠度为零，即

$$w_B = 0 \tag{a}$$

而在 F 和 F_B 共同作用下 B 端的挠度为

$$w_B = -\frac{F\left(\frac{L}{2}\right)^3}{3EI} - \frac{F\left(\frac{L}{2}\right)^2}{2EI} \times \frac{L}{2} + \frac{F_B L^3}{3EI} \tag{b}$$

将式（b）代入式（a）解得

$$F_B = \frac{5}{16}F$$

画出弯矩图，如图 12.3-7（c）所示，由弯矩图知

$$|M|_{max} = \frac{3}{16}FL$$

（2）强度计算。

代入强度条件

$$\frac{|M|_{max}}{W} \leqslant [\sigma]$$

解得梁的许用载荷 $[F]$ 为

$$[F] = \frac{16}{3}\frac{W}{L}[\sigma]$$

12.4　对称性及其在静不定问题中的应用

基于结构的建造方便、外观美观等方面的考虑，很多静不定结构被设计成对称的。对称结构的内力分布有一些特殊的性质，利用这些性质可以简化计算。

如果结构具有对称的形状、截面尺寸、约束条件和弹性常数，则称为**对称结构**。图 12.4-1（a）所示结构为对称结构。对称结构必有一条对称轴（面）。作用在对称结构上的载荷各种各样，其中重要的载荷分布有对称载荷和反对称载荷。如果作用在对称位置上的载荷数值相等、方向对称，则称为**对称载荷**，如图 12.4-1（b）所示，对称载荷的特征是把对称轴一侧的载荷绕对称轴旋转 180°，必与另一侧对应的载荷重合。如果作用在对称位置上的载荷数值相等、方向反对称，则称为**反对称载荷**，反对称载荷的特征是把对称轴一侧的载荷绕对称轴旋转 180°，必与另一侧对应的载荷反向，如图 12.4-1（c）所示。

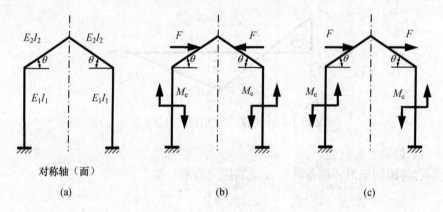

图 12.4-1　对称结构、对称载荷和反对称载荷示意图

在对称载荷作用下，对称结构的变形和内力分布必然对称于结构的对称轴（或对称面），而在反对称载荷作用下，对称结构的变形和内力分布必然反对称于结构的对称轴（或对称面）。利用对称结构的这些特性，可以降低静不定问题的静不定次数，即减少多余未知力的个数。例如图 12.4-2（a）所示对称平面刚架为三次静不定，由于受非对称载荷，在对称截面上有三个多余未知力，即轴力 F_N、剪力 F_S 和弯矩 M。而图 12.4-2（b）所示对称平面刚架，受对称载荷，在对称截面上只有对称内力分量 F_N 和 M，没有反对称内力 F_S。至于图 12.4-2（c）所

示对称平面刚架受反对称载荷，在对称截面上只有反对称内力 F_S。

综上所述，在对称载荷作用下，对称结构的对称轴（或对称面）上反对称内力（剪力和扭矩）为零，而在反对称载荷作用下，对称结构的对称轴（或对称面）上对称内力（轴力和弯矩）为零。

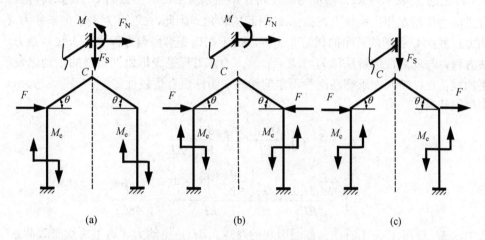

图 12.4-2   对称结构面上内力的特点

【**例 12.4-1**】静不定梁如图 12.4-3（a）所示。已知弯曲刚度 EI 为常数。不计剪切变形和轴向变形，作梁的弯矩图。

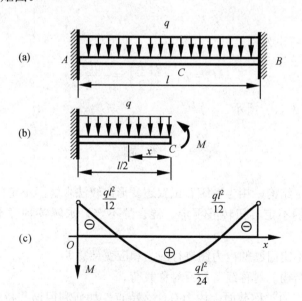

图 12.4-3   受均布载荷的两端固支梁

解（1）静不定次数分析。

梁的两端 A、B 均为固定端，由于受竖向载荷作用，在小变形的条件下，两端没有轴向约束力，故为二次外力静不定问题。利用对称性条件，静不定次数仍可降低。

由于该梁结构对称、载荷对称，在对称截面 C 处，剪力必为零。只有非零未知弯矩 X_1 相当系统如图 12.4-3（b）所示。

（2）列力法方程并求解。

变形协调条件为对称截面的转角θ_C为零，即

$$\delta_{11}X_1 + \Delta_{1F} = 0 \tag{a}$$

式（a）中的δ_{11}表示当X_1为单位力时作用在相当系统上在对称截面C引起的转角，Δ_{1F}表示所有主动力作用在相当系统上在截面C引起的转角。因此，式（a）表示由未知力X_1和所有主动力在截面C引起的转角的代数和为零。由于在该变形协调方程中，未知量是力，故称为**力法方程**，与此对应的解法称为力法。显然，力法方程是变形协调条件的正则化表示，使解题更加规范化。特别在求解高次静不定问题时，力法更有优越性。

由单位载荷法，有

$$\delta_{11} = \int_0^l \frac{\overline{M}_1^2 \, \mathrm{d}x}{EI} = \int_0^{\frac{l}{2}} \frac{\mathrm{d}x}{EI} = \frac{l}{EI} \tag{b}$$

$$\Delta_{1F} = \int_0^{\frac{l}{2}} \frac{\overline{M}_1 M_1 \, \mathrm{d}x}{EI} = \int_0^{\frac{l}{2}} \frac{\left(-\dfrac{q}{2}x^2\right) \times 1 \times \mathrm{d}x}{EI} = -\frac{ql^3}{48EI} \tag{c}$$

式中，$\overline{M}_1$是在X_1为1时在x截面引起的弯矩，M_1是主动力（这里为均布载荷q）在x截面引起的弯矩。把式（b）和式（c）代入式（a），求得

$$X_1 = -\frac{\Delta_{1F}}{\delta_{11}} = \frac{ql^2}{24}$$

（3）作弯矩图。

控制截面A处的弯矩为

$$M_A = X_1 - \frac{q}{2}\left(\frac{l}{2}\right)^2 = -\frac{ql^2}{12}$$

弯矩图如图 12.4-3（c）所示。

思 考 题

12.1　何谓静不定结构、相当系统？试叙述变形比较法求解静不定问题的步骤。

12.2　何谓拉压静不定、扭转静不定、混合静不定？求解各种静不定问题的方法有无变化？

12.3　如何画静不定问题的内力图进行应力和应变计算？

12.4　何谓对称结构、对称载荷和反对称载荷？

12.5　在对称结构的对称截面上内力有什么特点？如何利用这些特点降低静不定次数，从而简化问题？

习　　题

12.1（12.2 节）　题图 12.1 所示结构，AB 为刚体。1、2、3 杆材料相同，均为钢杆，1 杆和 2 杆的横截面面积为 25 mm^2，3 杆的横截面面积为 15 mm^2。$F=15$ kN。试求 1、2、3 杆的轴力。

12.2（12.2 节）　题图 12.2 所示钢杆，E_{st}=200GPa，直径 d=5mm，A 端为固定端，在承受载荷的杆端 B 与墙的距离 δ=1mm。当 C 点承受 F=20kN 的水平力时，试求 A 端和 B' 端的约束力。

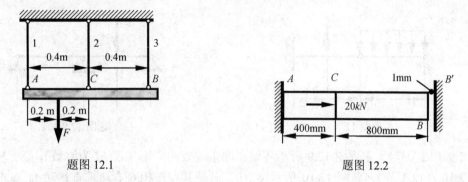

题图 12.1　　　　　　　　　题图 12.2

12.3（12.2 节）　题图 12.3 所示结构中，直角曲杆 ACB 为刚体。1、2 杆的拉压刚度均为 EA、F、a、l 已知，求 1、2 杆的轴力。

12.4（12.3 节）　题图 12.4 所示结构中，AB 为刚性杆，求 1、2 杆的轴力。

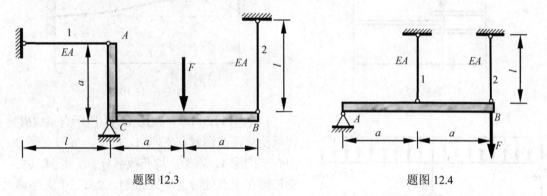

题图 12.3　　　　　　　　　题图 12.4

12.5（12.3 节）　题图 12.5 所示桁架，杆 1、杆 2 与杆 3 分别用铸铁、铜和钢制成，许用应力分别为 $[\sigma_1]=80$MPa，$[\sigma_2]=60$MPa，$[\sigma_3]=120$MPa，弹性模量分别为 $E_1=160$GPa，$E_2=100$GPa，$E_3=200$GPa。若载荷 $F=160$kN，$A_1=A_2=2A_3$，试确定各杆的横截面面积。

12.6（12.3 节）　如题图 12.6 所示，在两端固定的杆件截面 C 上，沿轴线作用力 F，试求两端的约束力。

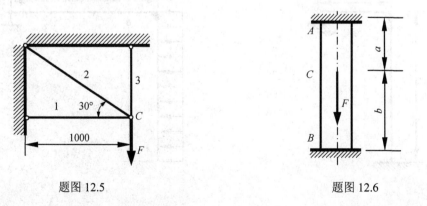

题图 12.5　　　　　　　　　题图 12.6

12.7（12.3 节）　题图 12.7 在 C 处铰接，A、B 两端固定，梁的弯曲刚度均为 EI，已知：

$F = 40\text{kN}$，$q = 20\text{kN/m}$。画梁的剪力图和弯矩图。

12.8（12.3 节）　试画题图 12.8 所示静不定梁 ABC 的弯矩图（设 EI 为常数）。

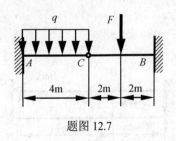

题图 12.7

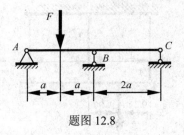

题图 12.8

12.9（12.3 节）　求题图 12.9 所示各梁在固定端处的弯矩（设 EI 为常数）。

12.10.（12.3 节）　题图 12.10 所示梁 AB，若使其左端相对右端垂直移动Δ，试求梁的全部约束反力（设 EI 为常数）。

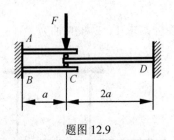

题图 12.9

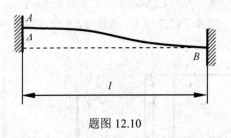

题图 12.10

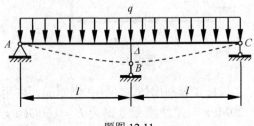

题图 12.11

12.11（12.3 节）　题图 12.11 所示直梁 ABC 在承受载荷前搁置在支座 A、C 上，梁与支座 B 间有一间隙Δ。当加上均布载荷 q 后，梁就发生变形而在中点处与支座 B 接触，因而三个支座都产生约束反力。如果要使三个约束反力相等，试求Δ应为多少？

12.12（12.3 节）　题图 12.12 所示刚架，弯曲刚度 EI 为常数，试求支座 C 的约束反力，并画出弯矩图。

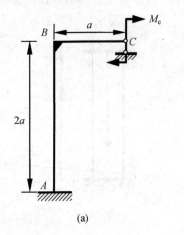

(a)

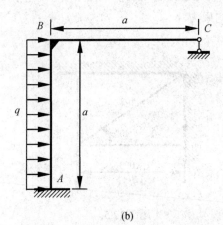

(b)

题图 12.12

12.13（12.3 节） 题图 12.13 所示梁杆结构，试求杆 CD 的轴力以及梁 AB 中点 C 的挠度。已知杆的拉压刚度为 EA，梁的弯曲刚度为 EI，且 $I = AL^2$。

12.14（12.3 节） 题图 12.14 所示梁 AB 与①、②、③三根杆用铰链连接。梁的弯曲刚度为 EI，三根杆的拉压刚度均为 EA，试求③杆中的内力 F_{N_3} 和 C 点的垂直位移 δ_C。

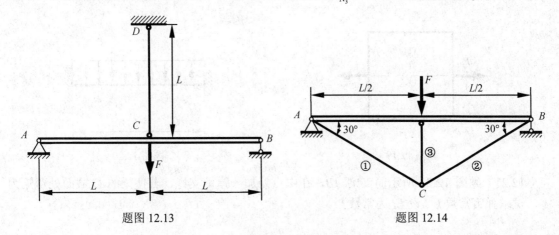

题图 12.13　　　　　　　　　　　题图 12.14

12.15（12.3 节） 题图 12.15 所示一悬臂梁 AB，承受集中载荷 F 作用，因其刚度不够，用一根短梁加固，试求梁 AB 最大挠度的减小量以及最大弯矩的减小量（已知两根梁 EI 为常数）。

12.16（12.3 节） 题图 12.16 所示一弯曲钢梁 AB，截面为矩形，当两端加力后成一直线，已知梁的 E、l、b、h 及 δ。求：

（1）力 F 为多大可将梁压平；

（2）压平时梁中的最大正应力。

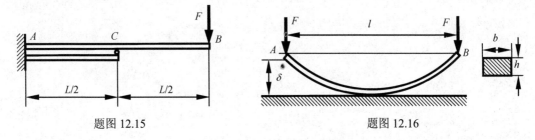

题图 12.15　　　　　　　　　　　题图 12.16

12.17（12.4 节） 试作题图 12.17 所示刚架的弯矩图。已知刚架各段的弯曲刚度 EI 相同，忽略轴向变形和剪切变形。

12.18 平面刚架如题图 12.18 所示，已知刚架各段的弯曲刚度 EI 相同，试求支座反力。

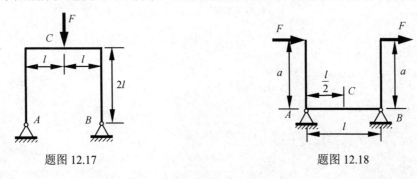

题图 12.17　　　　　　　　　　　题图 12.18

12.19　题图 12.19 所示边长为 a 的方形封闭刚架在横截面 AA' 处，承受一对等值反向的水平集中力 F。设各截面的弯曲刚度均为 EI，试求刚架内的最大弯矩。

12.20　两端固定梁受力和尺寸如题图 12.20 所示，其弯曲刚度为 EI。试作梁的弯矩图，并指明梁内的最大弯矩。

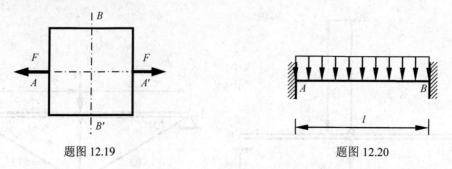

题图 12.19　　　　　　　　　　　题图 12.20

12.21　题图 12.21 所示简支梁 AB，在中点处加一弹簧支撑，若使梁的 C 截面处弯矩为零，试求弹簧常数 k（设 EI 为常数）。

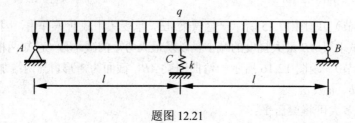

题图 12.21

附录 A 型 钢 表

附表 1

热轧等边角钢

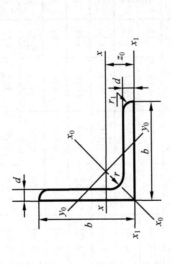

符号意义：b——边宽度；
d——边厚度；
r——内圆弧半径；
r₁——边端内圆弧半径；
I——惯性矩；
i——惯性半径；
W——抗弯截面系数；
z₀——重心距离。

角钢号数	尺寸(mm) b	尺寸(mm) d	尺寸(mm) r	截面面积 (cm²)	理论质量 (kg/m)	外表面积 (m²/m)	$x-x$ I_x (cm⁴)	$x-x$ i_x (cm)	$x-x$ W_x (cm³)	x_0-x_0 I_{x0} (cm⁴)	x_0-x_0 i_{x0} (cm)	x_0-x_0 W_{x0} (cm³)	y_0-y_0 I_{y0} (cm⁴)	y_0-y_0 i_{y0} (cm)	y_0-y_0 W_{y0} (cm³)	x_1-x_1 I_{x1} (cm⁴)	z_0 (cm)
2	20	3	3.5	1.132	0.889	0.078	0.40	0.59	0.29	0.63	0.75	0.45	0.17	0.39	0.20	0.81	0.60
		4		1.459	1.145	0.077	0.50	0.58	0.36	0.78	0.73	0.55	0.22	0.38	0.24	1.09	0.64
2.5	25	3	3.5	1.432	1.124	0.098	0.82	0.76	0.46	1.29	0.95	0.73	0.34	0.49	0.33	1.57	0.73
		4		1.859	1.459	0.097	1.03	0.74	0.59	1.62	0.93	0.92	0.43	0.48	0.40	2.11	0.76
3.0	30	3	4.5	1.749	1.373	0.117	1.46	0.91	0.68	2.31	1.15	1.09	0.61	0.59	0.51	2.71	0.85
		4		2.276	1.786	0.117	1.84	0.90	0.87	2.92	1.13	1.37	0.77	0.58	0.62	3.63	0.89

续表

角钢号数	尺寸(mm)			截面面积 (cm²)	理论质量 (kg/m)	外表面积 (m²/m)	参考数值											
	b	d	r				$x-x$			x_0-x_0			y_0-y_0			x_1-x_1	z_0 (cm)
							I_x (cm⁴)	i_x (cm)	W_x (cm³)	I_{x0} (cm⁴)	i_{x0} (cm)	W_{x0} (cm³)	I_{y0} (cm⁴)	i_{y0} (cm)	W_{y0} (cm³)	I_{x_1} (cm⁴)	
3.6	36	3	5	2.109	1.656	0.141	2.58	1.11	0.99	4.09	1.39	1.61	1.07	0.71	0.76	4.68	1.00
		4		2.756	2.163	0.141	3.29	1.09	1.28	5.22	1.38	2.05	1.37	0.70	0.93	6.25	1.04
		5		3.382	2.654	0.141	3.95	1.08	1.56	6.24	1.36	2.45	1.65	0.70	1.09	7.84	1.07
4.0	40	3		2.359	1.852	0.157	3.58	1.23	1.23	5.69	1.55	2.01	1.49	0.79	0.96	6.41	1.09
		4		3.086	2.422	0.157	4.60	1.22	1.60	7.29	1.54	2.58	1.91	0.79	1.19	8.56	1.13
		5		3.791	2.976	0.156	5.53	1.21	1.96	8.76	1.52	3.10	2.30	0.78	1.39	10.74	1.17
4.5	45	3		2.659	2.088	0.177	5.17	1.40	1.58	8.20	1.76	2.58	2.14	0.89	1.24	9.12	1.22
		4		3.486	2.736	0.177	6.65	1.38	2.05	10.56	1.74	3.32	2.75	0.89	1.54	12.18	1.26
		5	5.5	4.292	3.369	0.176	8.04	1.37	2.51	12.74	1.72	4.00	3.33	0.88	1.81	15.25	1.30
		6		5.076	3.985	0.176	9.33	1.36	2.95	14.76	1.70	4.64	3.89	0.88	2.06	18.36	1.33
5	50	3		2.971	2.332	0.197	7.18	1.55	1.96	11.37	1.96	3.22	2.98	1.00	1.57	12.50	1.34
		4		3.897	3.059	0.197	9.26	1.54	2.56	14.70	1.94	4.16	3.82	0.99	1.96	16.69	1.38
		5		4.803	3.770	0.196	11.21	1.53	3.13	17.79	1.92	5.03	4.64	0.98	2.31	20.90	1.42
		6	6	5.688	4.465	0.196	13.05	1.52	3.68	20.68	1.91	5.85	5.42	0.98	2.63	25.14	1.46
5.6	56	3		3.343	2.624	0.221	10.19	1.75	2.48	16.14	2.20	4.08	4.24	1.13	2.02	17.56	1.48
		4		4.390	3.446	0.220	13.18	1.73	3.24	20.92	2.18	5.28	5.46	1.11	2.52	23.43	1.53
		5		5.415	4.251	0.220	16.02	1.72	3.97	25.42	2.17	6.42	6.61	1.10	2.98	29.33	1.57
		6		8.367	6.568	0.219	23.63	1.68	6.03	37.37	2.11	9.44	9.89	1.09	4.16	46.24	1.68

续表

角钢号数	尺寸(mm) b	尺寸(mm) d	尺寸(mm) r	截面面积(cm²)	理论质量(kg/m)	外表面积(m²/m)	$x-x$ I_x(cm⁴)	$x-x$ i_x(cm)	$x-x$ W_x(cm³)	x_0-x_0 I_{x0}(cm⁴)	x_0-x_0 i_{x0}(cm)	x_0-x_0 W_{x0}(cm³)	y_0-y_0 I_{y0}(cm⁴)	y_0-y_0 i_{y0}(cm)	y_0-y_0 W_{y0}(cm³)	x_1-x_1 I_{x_1}(cm⁴)	z_0(cm)
6.3	63	4	7	4.978	3.907	0.248	19.03	1.96	4.13	30.17	2.46	6.78	7.89	1.26	3.29	33.35	1.70
		5		6.143	4.822	0.248	23.17	1.94	5.08	36.77	2.45	8.25	9.57	1.25	3.90	41.73	1.74
		6		7.288	5.721	0.247	27.12	1.93	6.00	43.03	2.43	9.66	11.20	1.24	4.46	50.14	1.78
		8		9.515	7.469	0.247	34.46	1.90	7.75	54.56	2.40	12.25	14.33	1.23	5.47	67.11	1.85
		10		11.657	9.151	0.246	41.09	1.88	9.39	64.85	2.36	14.56	17.33	1.22	6.36	84.31	1.93
7	70	4	8	5.570	4.372	0.275	26.39	2.18	5.14	41.80	2.74	8.44	10.99	1.40	4.17	45.74	1.86
		5		6.875	5.397	0.275	32.21	2.16	6.32	51.08	2.73	10.32	13.34	1.39	4.95	57.21	1.91
		6		8.160	6.406	0.275	37.77	2.15	7.48	59.93	2.71	12.11	15.61	1.38	5.67	68.73	1.95
		7		9.424	7.398	0.275	43.09	2.14	8.59	68.35	2.69	13.81	17.82	1.38	6.34	80.29	1.99
		8		10.667	8.373	0.274	48.17	2.12	9.68	76.37	2.68	15.43	19.98	1.37	6.98	91.92	2.03
7.5	75	5	9	7.412	5.818	0.295	39.97	2.33	7.32	63.30	2.92	11.94	16.63	1.50	5.77	70.56	2.04
		6		8.797	6.905	0.294	46.95	2.31	8.64	74.38	2.90	14.02	19.51	1.49	6.67	84.55	2.07
		7		10.160	7.976	0.294	53.57	2.30	9.93	84.96	2.89	16.02	22.18	1.48	7.44	98.71	2.11
		8		11.503	9.030	0.294	59.96	2.28	11.20	95.07	2.88	17.93	24.86	1.47	8.19	112.97	2.15
		10		14.126	11.089	0.293	71.98	2.26	13.64	113.92	2.84	21.48	30.05	1.46	9.56	141.71	2.22
8	80	5	9	7.912	6.211	0.315	48.79	2.48	8.34	77.33	3.13	13.67	20.25	1.60	6.66	85.36	2.15
		6		9.397	7.376	0.314	57.35	2.47	9.87	90.98	3.11	16.08	23.72	1.59	7.65	102.50	2.19
		7		10.860	8.525	0.314	65.58	2.46	11.37	104.07	3.10	18.40	27.09	1.58	8.58	119.70	2.23

续表

角钢号数	尺寸(mm) b	尺寸(mm) d	尺寸(mm) r	截面面积 (cm²)	理论质量 (kg/m)	外表面积 (m²/m)	$x-x$ I_x (cm⁴)	$x-x$ i_x (cm)	$x-x$ W_x (cm³)	x_0-x_0 I_{x0} (cm⁴)	x_0-x_0 i_{x0} (cm)	x_0-x_0 W_{x0} (cm³)	y_0-y_0 I_{y0} (cm⁴)	y_0-y_0 i_{y0} (cm)	y_0-y_0 W_{y0} (cm³)	x_1-x_1 I_{x_1} (cm⁴)	z_0 (cm)
8	80	8	9	12.303	9.658	0.314	73.49	2.44	12.83	116.60	3.08	20.61	30.39	1.57	9.46	136.97	2.27
		10		15.126	11.874	0.313	88.43	2.42	15.64	140.09	3.04	24.76	36.77	1.56	11.08	171.74	2.35
9	90	6	10	10.637	8.350	0.354	82.77	2.79	12.61	131.26	3.51	20.63	34.28	1.80	9.95	145.87	2.44
		7		12.301	9.656	0.354	94.83	2.78	14.54	150.47	3.50	23.64	39.18	1.78	11.19	170.30	2.48
		8		13.944	10.946	0.353	106.47	2.76	16.42	168.97	3.48	26.55	43.97	1.78	12.35	194.80	2.52
		10		17.167	13.476	0.353	128.58	2.74	20.07	203.90	3.45	32.04	53.26	1.76	14.52	244.07	2.59
		12		20.306	15.940	0.352	149.22	2.71	23.57	236.21	3.41	37.12	62.22	1.75	16.49	293.76	2.67
10	100	6	12	11.932	9.366	0.393	114.95	3.10	15.68	181.98	3.90	25.74	47.92	2.00	12.69	200.07	2.67
		7		13.796	10.930	0.393	131.86	3.09	18.10	208.97	3.89	29.55	54.74	1.99	14.26	233.54	2.71
		8		15.638	12.276	0.393	148.24	3.08	20.47	235.47	3.88	33.24	61.41	1.98	15.75	267.09	2.76
		10		19.261	15.120	0.392	179.51	3.05	25.06	284.68	3.84	40.26	74.35	1.96	18.54	334.48	2.84
		12		22.800	17.898	0.391	208.90	3.03	29.48	330.95	3.81	46.80	86.84	1.95	21.08	402.34	2.91
		14		26.256	20.611	0.391	236.53	3.00	33.73	374.06	3.77	52.90	99.00	1.94	23.44	470.75	2.99
		16		29.267	23.257	0.390	262.53	2.98	37.82	414.16	3.74	58.57	110.89	1.94	25.63	539.80	3.06
11	110	7	12	15.196	11.928	0.433	177.16	3.41	22.05	280.94	4.30	36.12	73.38	2.20	17.51	310.64	2.96
		8		17.238	13.532	0.433	199.46	3.40	24.95	316.49	4.28	40.69	82.42	2.19	19.39	355.20	3.01
		10		21.261	16.690	0.432	242.19	3.39	30.60	384.39	4.25	49.42	99.98	2.17	22.91	444.65	3.09
		12		25.200	19.782	0.431	282.55	3.35	36.05	448.17	4.22	57.62	116.93	2.15	26.15	534.60	3.16
		14		29.056	22.089	0.431	320.71	3.32	41.31	508.01	4.18	65.31	133.40	2.14	29.14	625.16	3.24

角钢号数	b (mm)	d (mm)	r	截面面积 (cm²)	理论质量 (kg/m)	外表面积 (m²/m)	I_x (cm⁴)	i_x (cm)	W_x (cm³)	I_{x0} (cm⁴)	i_{x0} (cm)	W_{x0} (cm³)	I_{y0} (cm⁴)	i_{y0} (cm)	W_{y0} (cm³)	I_{x1} (cm⁴)	z_0 (cm)
12.5	125	8	14	19.750	15.504	0.492	297.03	3.88	32.52	470.89	4.88	53.28	123.16	2.50	25.86	521.01	3.37
		10		24.373	19.133	0.491	361.67	3.85	39.97	573.89	4.85	64.93	149.46	2.48	30.62	651.93	3.45
		12		28.912	22.696	0.491	423.16	3.83	41.17	671.44	4.82	75.96	174.88	2.46	35.03	783.42	3.53
		14		33.367	26.193	0.490	481.65	3.80	54.16	763.73	4.78	86.41	199.57	2.45	39.13	915.61	3.61
14	140	10	14	27.373	21.488	0.551	514.65	4.34	50.58	817.27	5.46	82.56	212.04	2.78	39.20	915.11	3.82
		12		32.512	25.522	0.551	603.68	4.31	59.80	958.79	5.43	96.85	248.57	2.76	45.02	1099.28	3.90
		14		37.567	29.490	0.550	688.81	4.28	68.75	1093.56	5.40	110.47	284.06	2.75	50.45	1284.22	3.98
		16		42.539	33.393	0.549	770.24	4.26	77.46	1221.81	5.36	123.42	318.67	2.74	55.55	1470.07	4.06
16	160	10	16	31.502	24.729	0.630	779.53	4.98	66.70	1237.30	6.27	109.36	321.76	3.20	52.76	1365.33	4.31
		12		37.441	29.391	0.630	916.58	4.95	78.98	1455.68	6.24	128.67	377.49	3.18	60.74	1639.57	4.39
		14		43.296	33.987	0.629	1048.36	4.92	90.95	1665.02	6.20	147.17	431.70	3.16	68.24	1914.68	4.47
		16		49.067	38.518	0.629	1175.08	4.89	102.63	1865.57	6.17	164.89	484.59	3.14	75.31	2190.82	4.55
18	180	12	16	42.241	33.159	0.710	1321.35	5.59	100.82	2100.10	7.05	165.00	542.61	3.58	78.41	2332.80	4.89
		14		48.896	38.383	0.709	1514.48	5.56	116.25	2407.42	7.02	189.14	621.53	3.56	88.38	2723.48	4.97
		16		55.467	43.542	0.709	1700.99	5.54	131.13	2703.37	6.98	212.40	698.60	3.55	97.83	3115.29	5.05
		18		61.955	48.634	0.708	1875.12	5.50	145.64	2988.24	6.94	234.78	762.01	3.51	105.14	3502.43	5.13
20	200	14	18	54.642	42.894	0.788	2103.55	6.20	144.70	3343.26	7.82	236.40	863.83	3.98	111.82	3734.10	5.46
		16		62.013	48.680	0.788	2366.15	6.18	163.65	3760.89	7.79	265.93	971.41	3.96	123.96	4270.39	5.54
		18		69.301	54.401	0.787	2620.64	6.15	182.22	4164.54	7.75	294.48	1076.74	3.94	135.52	4808.13	5.62
		20		76.505	60.056	0.787	2867.30	6.12	200.42	4554.55	7.72	322.06	1180.04	3.93	146.55	5347.51	5.69
		24		90.661	71.168	0.785	3338.25	6.07	236.17	5294.97	7.64	374.41	1381.53	3.90	166.65	6457.16	5.87

注　截面图中的 $r_1 = d/3$ 及表中 r 值，用于孔型设计，不作为交货条件。

附表 2

热轧不等边角钢

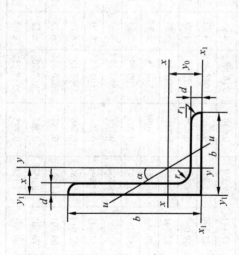

符号意义：B——长边宽度；b——短边宽度；
d——边厚；r——内圆弧半径；
r_1——边端内弧半径；x——形心坐标；
y_0——形心坐标；I——惯性矩；
i——惯性半径；W——抗弯截面系数。

角钢号数	尺寸 (mm) B	b	d	r	截面面积 (cm²)	理论质量 (kg/m)	外表面积 (m²/m)	$x-x$ I_x (cm⁴)	i_x (cm)	W_x (cm³)	$y-y$ I_y (cm⁴)	i_y (cm)	W_y (cm³)	x_1-x_1 I_{x1} (cm⁴)	y_0 (cm)	y_1-y_1 I_{y1} (cm⁴)	x_0 (cm)	$u-u$ I_u (cm⁴)	i_u (cm)	W_u (cm³)	$\tan\alpha$
2.5/1.6	25	16	3	3.5	1.162	0.912	0.080	0.70	0.78	0.43	0.22	0.44	0.19	1.56	0.86	0.43	0.42	0.14	0.34	0.16	0.392
			4		1.499	1.176	0.079	0.88	0.77	0.55	0.27	0.43	0.24	2.09	0.90	0.59	0.46	0.17	0.34	0.20	0.381
3.2/2	32	20	3	3.5	1.492	1.171	0.102	1.53	1.01	0.72	0.46	0.55	0.30	3.27	1.08	0.82	0.49	0.28	0.43	0.25	0.382
			4		1.939	1.22	0.101	1.93	1.00	0.93	0.57	0.54	0.39	4.37	1.12	1.12	0.53	0.35	0.42	0.32	0.374
4/2.5	40	25	3	4	1.890	1.484	0.127	3.08	1.28	1.15	0.93	0.70	0.49	5.39	1.32	1.59	0.59	0.56	0.54	0.40	0.385
			4		2.467	1.936	0.127	3.93	1.26	1.49	1.18	0.69	0.63	8.53	1.37	2.14	0.63	0.71	0.54	0.52	0.381
4.5/2.8	45	28	3	5	2.149	1.687	0.143	4.45	1.44	1.47	1.34	0.79	0.62	9.10	1.47	2.23	0.64	0.80	0.61	0.51	0.383
			4		2.086	2.203	0.143	5.69	1.42	1.91	1.70	0.78	0.80	12.13	1.51	3.00	0.68	1.02	0.60	0.66	0.380
5/3.2	50	32	3	5.5	2.431	1.908	0.161	6.24	1.60	1.84	2.02	0.91	0.82	12.49	1.60	3.31	0.73	1.20	0.70	0.68	0.404
			4		3.177	2.494	0.160	8.02	1.59	2.39	2.58	0.90	1.06	16.65	1.65	4.45	0.77	1.53	0.69	0.87	0.402

参　考　数　值

续表

角钢号数	B	b	d	r	截面面积 (cm²)	理论质量 (kg/m)	外表面积 (m²/m)	I_x (cm⁴)	i_x (cm)	W_x (cm³)	I_y (cm⁴)	i_y (cm)	W_y (cm³)	I_{x1} (cm⁴)	y_0 (cm)	I_{y1} (cm⁴)	x_0 (cm)	I_u (cm⁴)	i_u (cm)	W_u (cm³)	$\tan\alpha$
5.6/3.6	56	36	3	6	2.743	2.153	0.181	8.88	1.80	2.32	2.92	1.03	1.05	17.54	1.78	4.70	0.80	1.73	0.79	0.87	0.408
			4		3.590	2.818	0.180	11.45	1.78	3.03	3.76	1.02	1.37	23.39	1.82	6.33	0.85	2.23	0.79	1.13	0.408
			5		4.415	3.466	0.180	13.86	1.77	3.71	4.49	1.01	1.65	29.25	1.87	7.94	0.88	2.67	0.79	1.36	0.404
6.3/4	63	40	4	7	4.058	3.185	0.202	16.49	2.02	3.87	5.23	1.14	1.70	33.30	2.04	8.63	0.92	3.12	0.88	1.40	0.398
			5		4.993	3.920	0.202	20.02	2.00	4.74	6.31	1.12	2.71	41.63	2.08	10.86	0.95	3.76	0.87	1.71	0.396
			6		5.908	4.638	0.201	23.36	1.96	5.59	7.29	1.11	2.43	49.98	2.12	13.12	0.99	4.34	0.86	1.99	0.393
			7		6.802	5.339	0.201	26.53	1.98	6.40	8.24	1.10	2.78	58.07	2.15	15.47	1.03	4.97	0.86	2.29	0.389
7/4.5	70	45	4	7.5	4.547	3.570	0.226	23.17	2.26	4.86	7.55	1.29	2.17	45.92	2.24	12.26	1.02	4.40	0.98	1.77	0.410
			5		5.609	4.403	0.225	27.95	2.23	5.92	9.13	1.28	2.65	57.10	2.28	15.39	1.06	5.40	0.98	2.19	0.407
			6		6.647	5.218	0.225	32.54	2.21	6.95	10.62	1.26	3.12	68.35	2.32	18.58	1.09	6.35	0.93	2.59	0.404
			7		7.657	6.011	0.225	37.22	2.20	8.03	12.01	1.25	3.57	79.99	2.36	21.84	1.13	7.16	0.97	2.94	0.402
7.5/5	75	50	5	8	6.125	4.808	0.245	34.86	2.39	6.83	12.61	1.44	3.30	70.00	2.40	21.04	1.17	7.41	1.10	2.74	0.435
			6		7.260	5.699	0.245	41.12	2.38	8.12	14.07	1.42	3.88	84.30	2.44	25.37	1.21	8.54	1.08	3.19	0.435
			8		9.467	7.431	0.244	52.39	2.35	10.52	18.53	1.40	4.99	112.50	2.52	34.23	1.29	10.87	1.07	4.10	0.429
			10		11.590	9.096	0.244	62.71	2.33	12.79	21.96	1.38	6.04	148.80	2.60	43.43	1.36	13.10	1.06	4.99	0.423
8/5	75	50	5	8	6.375	5.005	0.255	41.96	2.56	7.78	12.82	1.42	3.32	85.21	2.60	21.06	1.14	7.66	1.10	2.74	0.388
			6		7.560	5.935	0.255	49.49	2.56	9.25	14.95	1.41	3.91	102.53	2.65	25.41	1.18	8.85	1.08	3.20	0.387
			7		8.724	6.848	0.255	56.16	2.54	10.58	16.96	1.39	4.48	119.33	2.69	29.82	1.21	10.18	1.08	3.70	0.384
			8		9.867	7.745	0.254	62.83	2.52	11.92	18.85	1.38	5.03	136.41	2.73	34.32	1.25	11.38	1.07	4.16	0.381

续表

角钢号数	尺寸 (mm) B	b	d	r	截面面积 (cm²)	理论质量 (kg/m)	外表面积 (m²/m)	I_x (cm⁴)	i_x (cm)	W_x (cm³)	I_y (cm⁴)	i_y (cm)	W_y (cm³)	I_{x1} (cm⁴)	y_0 (cm)	I_{y1} (cm⁴)	x_0 (cm)	I_u (cm⁴)	i_u (cm)	W_u (cm³)	$\tan\alpha$
									$x-x$			$y-y$			x_1-x_1		y_1-y_1		$u-u$		
9/5.6	90	56	5	9	7.212	5.661	0.287	60.45	2.90	9.92	18.32	1.59	4.21	121.32	2.91	29.53	1.25	10.98	1.23	3.49	0.385
			6		8.557	6.717	0.286	71.03	2.88	11.74	21.42	1.58	4.96	145.59	2.95	35.58	1.29	12.90	1.23	4.18	0.384
			7		9.880	7.756	0.286	81.01	2.86	13.49	24.36	1.57	5.70	169.66	3.00	41.71	1.33	14.67	1.22	4.72	0.382
			8		11.183	8.779	0.286	91.03	2.85	15.27	27.15	1.56	6.41	194.17	3.04	47.93	1.36	16.34	1.21	5.29	0.380
10/6.3	100	63	6	10	9.617	7.550	0.320	99.06	3.21	14.64	30.94	1.79	6.35	199.71	3.24	50.50	1.43	18.42	1.38	5.25	0.394
			7		11.111	8.722	0.320	113.45	3.20	16.88	35.26	1.78	7.29	233.00	3.28	59.14	1.47	21.00	1.38	6.02	0.394
			8		12.584	9.878	0.319	127.37	3.18	19.08	39.39	1.77	8.31	266.32	3.32	67.88	1.50	23.50	1.37	6.78	0.391
			10		15.467	12.142	0.319	153.81	3.15	23.32	47.12	1.74	9.98	333.06	3.40	85.73	1.58	28.33	1.35	8.24	0.387
10/8	100	80	6	10	10.637	8.350	0.354	107.04	3.17	15.19	61.24	2.40	10.16	199.83	2.95	102.68	1.97	31.05	1.72	8.37	0.627
			7		12.301	9.656	0.354	122.73	3.16	17.52	70.08	2.39	11.71	233.20	3.00	119.98	2.01	36.17	1.72	9.60	0.626
			8		13.944	10.946	0.353	137.92	3.14	19.81	78.58	2.37	13.21	266.61	3.04	137.37	2.05	40.58	1.71	10.80	0.625
			10		17.167	13.476	0.353	166.87	3.12	24.24	94.65	2.35	16.12	333.63	3.12	172.48	2.13	49.10	1.69	13.12	0.622
11/7	110	70	6	10	10.637	8.350	0.354	133.37	3.54	17.85	42.92	2.01	7.90	265.78	3.53	69.08	1.57	25.36	1.54	6.53	0.403
			7		12.301	9.656	0.354	153.00	3.53	20.60	49.01	2.00	9.09	310.07	3.57	80.82	1.61	28.95	1.53	7.50	0.402
			8		13.944	10.946	0.353	172.04	3.51	23.30	54.87	1.98	10.25	354.39	3.62	92.70	1.65	32.45	1.53	8.45	0.401
			10		17.167	13.467	0.353	208.39	3.48	28.54	65.88	1.96	12.48	443.13	3.70	116.83	1.72	39.20	1.51	10.29	0.397

续表

角钢号数	B	b	d	r	截面面积 (cm²)	理论质量 (kg/m)	外表面积 (m²/m)	I_x (cm⁴)	i_x (cm)	W_x (cm³)	I_y (cm⁴)	i_y (cm)	W_y (cm³)	I_{x1} (cm⁴)	y_0 (cm)	I_{y1} (cm³)	x_0 (cm)	I_u (cm⁴)	i_u (cm)	W_u (cm³)	tanα
12.5/8	125	80	7	11	14.096	11.066	0.403	227.98	4.02	26.86	74.42	2.30	12.01	454.99	4.01	120.32	1.80	43.81	1.76	9.92	0.408
			8		15.989	12.551	0.403	256.77	4.01	30.41	83.49	2.28	13.56	519.99	4.06	137.85	1.84	49.15	1.75	11.18	0.407
			10		19.712	15.474	0.402	312.04	3.98	37.33	100.67	2.26	16.56	650.09	4.14	173.40	1.92	59.45	1.74	13.64	0.404
			12		23.351	18.330	0.402	364.41	3.95	44.01	116.67	2.24	19.43	780.39	4.22	209.67	2.00	69.35	1.72	16.01	0.400
14/9	140	90	8	12	18.038	14.160	0.453	365.64	4.50	38.48	120.69	2.59	17.34	730.53	4.50	195.79	2.04	70.83	1.98	14.31	0.411
			10		22.261	17.475	0.452	445.50	4.47	47.31	146.03	2.56	21.22	913.20	4.58	245.92	2.21	85.82	1.96	17.48	0.409
			12		26.400	20.724	0.451	521.59	4.44	55.87	169.79	2.54	24.95	1096.09	4.66	296.89	2.19	100.21	1.95	20.54	0.406
			14		30.456	23.908	0.451	594.10	4.42	64.18	192.10	2.51	28.54	1279.26	4.74	348.82	2.27	114.13	1.94	23.52	0.403
16/10	160	100	10	13	25.315	19.872	0.512	668.69	5.14	62.13	205.03	2.85	26.56	1362.89	5.24	336.59	2.28	121.74	2.19	21.92	0.390
			12		30.054	23.592	0.511	784.91	5.11	73.49	239.09	2.82	31.28	1635.56	5.32	405.94	2.36	142.33	2.17	25.79	0.388
			14		34.709	27.247	0.510	896.30	5.08	84.56	271.20	2.80	35.83	1908.50	5.40	476.42	2.43	162.23	2.16	29.56	0.385
			16		39.281	30.835	0.510	1003.04	5.05	95.33	301.60	2.77	40.24	2181.79	5.48	548.22	2.51	182.57	2.16	33.44	0.382
18/11	180	110	10	14	28.373	22.273	0.571	956.25	5.80	78.96	278.11	3.13	32.49	1940.40	5.89	447.22	2.44	166.50	2.42	26.88	0.376
			12		33.712	26.464	0.571	1124.72	5.78	93.53	325.03	3.10	38.32	2328.35	5.98	538.94	2.52	194.87	2.40	31.66	0.374
			14		38.967	30.589	0.570	1286.91	5.75	107.76	369.55	3.08	43.97	2716.60	6.06	631.95	2.59	222.30	2.39	36.32	0.372
			16		44.139	34.649	0.569	1443.06	5.72	121.64	411.85	3.06	49.44	3105.15	6.14	726.46	2.67	248.84	2.38	40.87	0.369
20/12.5	200	125	12	14	37.912	29.761	0.641	1570.90	6.44	116.73	483.16	3.57	49.99	3193.85	6.54	787.74	2.83	285.79	2.74	41.23	0.392
			14		43.867	34.436	0.640	1800.97	6.41	134.65	550.83	3.54	57.44	3726.17	6.62	922.47	2.91	326.58	2.73	47.34	0.390
			16		49.739	39.045	0.639	2023.35	6.38	152.18	615.44	3.52	64.69	4258.86	6.70	1058.86	2.99	366.21	2.71	53.32	0.388
			18		55.526	43.588	0.639	2238.30	6.35	169.33	677.19	3.49	71.74	4792.00	6.78	1197.13	3.06	404.83	2.70	59.18	0.385

注　1. 括号内型号不推荐使用。

　　2. 截面图中的 $r_1 = d/3$ 及表中 r 值，用于孔型设计，不作为交货条件。

附表 3

热轧槽钢

符号意义：h——高度；
b——腿宽度；
d——腰厚度；
t——平均腿厚度；
r——内圆弧半径；
r_1——腿端圆弧半径；
I——惯性矩；
W——抗弯截面系数；
i——惯性半径；
z_0——y-y 轴与 y_1-y_1 轴间距。

型号	尺 寸（mm）						截面面积（cm²）	理论质量（kg/m）	参 考 数 值							
									$x-x$			$y-y$			y_1-y_1	
	h	b	d	t	r	r_1			W_x (cm³)	I_x (cm⁴)	i_x (cm)	W_y (cm³)	I_y (cm⁴)	i_y (cm)	I_{y1} (cm⁴)	z_0 (cm)
5	50	37	4.5	7	7.0	3.5	6.928	5.438	10.4	26.0	1.94	3.55	8.30	1.10	20.9	1.35
6.3	63	40	4.8	7.5	7.5	3.8	8.451	6.634	16.1	50.8	2.45	4.50	11.9	1.19	28.4	1.36
8	80	43	5.0	8	8.0	4.0	10.248	8.045	25.3	101	3.15	5.79	16.6	1.27	37.4	1.43
10	100	48	5.3	8.5	8.5	4.2	12.748	10.007	39.7	198	3.95	7.8	25.6	1.41	54.9	1.52
12.6	126	53	5.5	9	9.0	4.5	15.692	12.318	62.1	391	4.95	10.2	38.0	1.57	77.1	1.59
14a	140	58	6.0	9.5	9.5	4.8	18.516	14.535	80.5	564	5.52	13.0	53.2	1.70	107	1.71
14b	140	60	8.0	9.5	9.5	4.8	21.316	16.733	87.1	609	5.35	14.1	61.1	1.69	121	1.67
16a	160	63	6.5	10	10.0	5.0	21.962	17.240	108	866	6.28	16.3	73.3	1.83	144	1.80
16b	160	65	8.5	10	10.0	5.0	25.162	19.752	117	935	6.10	17.6	83.4	1.82	161	1.75

续表

| 型号 | 尺寸 (mm) | | | | | | 截面面积 (cm²) | 理论质量 (kg/m) | 参 考 数 值 | | | | | | | |
| | h | b | d | t | r | r_1 | | | W_x (cm³) | I_x (cm⁴) | i_x (cm) | W_y (cm³) | I_y (cm⁴) | i_y (cm) | I_{y1} (cm⁴) | z_0 (cm) |
									x – x			y – y			y_1 – y_1	
18a	180	68	7.0	10.5	10.5	5.2	25.699	20.174	141	1270	7.04	20.0	98.6	1.96	190	1.88
18b	180	70	9.0	10.5	10.5	5.2	29.299	23.000	152	1370	6.84	21.5	111	1.95	210	1.84
20a	200	73	7.0	11	11.0	5.5	28.837	22.637	178	1780	7.86	24.2	128	2.11	244	2.01
20b	200	75	9.0	11	11.0	5.5	32.837	25.777	191	1910	7.64	25.9	144	2.09	268	1.95
22a	220	77	7.0	11.5	11.5	5.8	31.846	24.999	218	2390	8.67	28.2	158	2.23	298	2.10
22b	220	79	9.0	11.5	11.5	5.8	36.246	28.453	234	2570	8.42	30.1	176	2.21	326	2.03
25a	250	78	7.0	12	12.0	6.0	34.917	27.410	270	3370	9.82	30.6	176	2.24	322	2.07
25b	250	80	9.0	12	12.0	6.0	39.917	31.335	282	3530	9.41	32.7	196	2.22	353	1.98
25c	250	82	11.0	12	12.0	6.0	44.917	35.260	295	3690	9.07	35.9	218	2.21	384	1.92
28a	280	82	7.5	12.5	12.5	6.2	40.034	31.427	340	4760	10.9	35.7	218	2.33	388	2.10
28b	280	84	9.5	12.5	12.5	6.2	45.634	35.823	366	5130	10.6	37.9	242	2.30	428	2.02
28c	280	86	11.5	12.5	12.5	6.2	51.234	40.219	393	5500	10.4	40.3	268	2.29	463	1.95
32a	320	88	8.0	14	14.0	7.0	48.513	38.083	475	7600	12.5	46.5	305	2.50	552	2.24
32b	320	90	10.0	14	14.0	7.0	54.913	43.107	509	8140	12.2	59.2	336	2.47	593	2.16
32c	320	92	12.0	14	14.0	7.0	61.313	48.131	543	8690	11.9	52.6	374	2.47	643	2.09
36a	360	96	9.0	16	16.0	8.0	60.910	47.814	660	11900	14.0	63.5	455	2.73	818	2.44
36b	360	98	11.0	16	16.0	8.0	68.110	53.466	703	12700	13.6	66.9	497	2.70	880	2.37
36c	360	100	13.0	16	16.0	8.0	75.310	59.118	746	13400	13.4	70.0	536	2.67	948	2.34
40a	400	100	10.5	18	18.0	9.0	75.068	58.928	879	17600	15.3	78.8	592	2.81	1070	2.49
40b	400	102	12.5	18	18.0	9.0	83.068	65.208	932	18600	15.0	82.5	640	2.78	1140	2.44
40c	400	104	14.5	18	18.0	9.0	91.068	71.488	986	19700	14.7	86.2	688	2.75	1220	2.42

附表4

热轧工字钢

符号意义：
h——高度；
b——腿宽度；
d——腰厚度；
t——平均腿厚度；
r——内圆弧半径；
r_1——腿端圆弧半径；
I——惯性矩；
W——抗弯截面系数；
i——惯性半径；
s——半截面的静力矩。

型号	尺寸 (mm)						截面面积 (cm^2)	理论质量 (kg/m)	参考数值						
									$x-x$				$y-y$		
	h	b	d	t	r	r_1			I_x (cm^4)	W_x (cm^3)	i_x (cm)	$I_x:S_x$ (cm)	I_y (cm^4)	W_y (cm^3)	i_y (cm)
10	100	68	4.5	7.6	6.5	3.3	14.345	11.261	245	49.0	4.14	8.59	33.0	9.72	1.52
12.6	126	74	5.0	8.4	7.0	3.5	18.118	14.223	488	77.5	5.20	10.8	46.9	12.7	1.61
14	140	80	5.5	9.1	7.5	3.8	21.516	16.890	712	102	5.76	12.0	64.4	16.1	1.73
16	160	88	6.0	9.9	8.0	4.0	26.131	20.513	1130	141	6.58	13.8	93.1	21.2	1.89
18	180	94	6.5	10.7	8.5	4.3	30.756	24.143	1660	185	7.36	15.4	122	26.0	2.00
20a	200	100	7.0	11.4	9.0	4.5	35.578	27.929	2370	237	8.15	17.2	158	31.5	2.12
20b	200	102	9.0	11.4	9.0	4.5	39.578	31.069	2500	250	7.96	16.9	169	33.1	2.06
22a	220	110	7.5	12.3	9.5	4.8	42.128	33.070	3400	309	8.99	18.9	225	40.9	2.31
22b	220	112	9.5	12.3	9.5	4.8	46.528	36.524	3570	325	8.78	18.7	239	42.7	2.27
25a	250	116	8.0	13.0	10.0	5.0	48.541	38.105	5020	402	10.2	21.6	280	48.3	2.40
25b	250	118	10.0	13.0	10.0	5.0	53.541	42.030	5280	423	9.94	21.3	309	52.4	2.40
28a	280	122	8.5	13.7	10.5	5.3	55.404	43.492	7110	508	11.3	24.6	345	56.6	2.50

续表

型号	尺　寸 (mm)						截面面积 (cm²)	理论质量 (kg/m)	参考数值						
	h	b	d	t	r	r₁			x－x				y－y		
									I_x (cm⁴)	W_x (cm³)	i_x (cm)	$I_x:S_x$ (cm)	I_y (cm⁴)	W_y (cm³)	i_y (cm)
28b	280	124	10.5	13.7	10.5	5.3	61.004	47.888	7480	534	11.1	24.2	379	61.2	2.49
32a	320	130	9.5	15.0	11.5	5.8	67.156	52.717	11100	692	12.8	27.5	460	70.8	2.62
32b	320	132	11.5	15.0	11.5	5.8	73.556	57.741	11600	726	12.6	27.1	502	76.0	2.61
32c	320	134	13.5	15.0	11.5	5.8	79.956	62.765	12200	760	12.3	26.3	544	81.2	2.61
36a	360	136	10.0	15.8	12.0	6.0	76.480	60.037	15800	875	14.4	30.7	552	81.2	2.69
36b	360	138	12.0	15.8	12.0	6.0	83.680	65.689	16500	919	14.1	30.3	582	84.3	2.64
36c	360	140	14.0	15.8	12.0	6.0	90.880	71.341	17300	962	13.8	29.9	612	87.4	2.60
40a	400	142	10.5	16.5	12.5	6.3	86.112	67.598	21700	1090	15.9	34.1	660	93.2	2.77
40b	400	144	12.5	16.5	12.5	6.3	94.112	73.878	22800	1140	16.5	33.6	692	96.2	2.71
40c	400	146	14.5	16.5	12.5	6.3	102.112	80.158	23900	1190	15.2	33.2	727	99.6	2.65
45a	450	150	11.5	18.0	13.5	6.8	102.446	80.420	32200	1430	17.7	38.6	855	114	2.89
45b	450	152	13.5	18.0	13.5	6.8	111.446	87.485	33800	1500	17.4	38.0	894	118	2.84
45c	450	154	15.5	18.0	13.5	6.8	120.446	94.550	35300	1570	17.1	37.6	928	122	2.79
50a	500	158	12.0	20.0	14.0	7.0	119.304	93.654	46500	1860	19.7	42.8	1120	142	3.07
50b	500	160	14.0	20.0	14.0	7.0	129.304	101.504	48600	1940	19.4	42.4	1170	146	3.01
50c	500	162	16.0	20.0	14.0	7.0	139.304	109.354	50600	2080	19.0	41.8	1220	151	2.96
56a	560	166	12.5	21.01	14.5	7.3	135.435	106.316	65600	2340	22.0	47.7	1370	165	3.18
56b	560	168	14.5	21.0	14.5	7.3	146.635	115.108	68500	2450	21.6	47.2	1490	174	3.16
56c	560	170	16.5	21.0	14.5	7.3	157.835	123.900	71400	2550	21.3	46.7	1560	183	3.16
63a	630	176	13.0	22.0	15.0	7.5	154.658	121.407	92900	2980	24.5	54.2	1700	193	3.31
63b	630	178	15.0	22.0	15.0	7.5	167.258	131.298	98100	3160	24.2	53.5	1810	204	3.29
63c	630	180	17.0	22.0	15.0	7.5	179.858	141.189	102000	3300	23.8	52.9	1920	214	3.27

注　截面图和表中标注的圆弧半径 r 和 r_1 值，用于孔型设计，不作为交货条件。

附录 B　简单梁的挠度与转角

附表 1　　　　　　　　　　　　　　　　简单梁的挠度与转角

序号	梁的简图	挠曲轴方程	挠度与转角
1		$w = \dfrac{Fx^2}{6EI}(x-3l)$	$w_B = -\dfrac{Fl^3}{3EI}$ $\theta_B = -\dfrac{Fl^2}{2EI}$
2		$w = \dfrac{Fx^2}{6EI}(x-3a)$ $(0 \leqslant x \leqslant a)$ $w = \dfrac{Fa^2}{6EI}(a-3x)$ $(a \leqslant x \leqslant l)$	$w_B = -\dfrac{Fa^2}{6EI}(3l-a)$ $\theta_B = -\dfrac{Fa^2}{2EI}$
3		$w = \dfrac{qx^2}{24EI}(4lx-6l^2-x^2)$	$w_B = -\dfrac{ql^4}{8EI}$ $\theta_B = -\dfrac{ql^3}{6EI}$
4		$w = -\dfrac{M_e x^2}{2EI}$	$w_B = -\dfrac{M_e l^2}{2EI}$ $\theta_B = -\dfrac{M_e l}{EI}$
5		$w = -\dfrac{M_e x^2}{2EI}$ $(0 \leqslant x \leqslant a)$ $w = -\dfrac{M_e a}{EI}\left(\dfrac{a}{2}-x\right)$ $(a \leqslant x \leqslant l)$	$w_B = -\dfrac{M_e a}{EI}\left(l-\dfrac{a}{2}\right)$ $\theta_B = -\dfrac{M_e a}{EI}$
6		$w = \dfrac{Fx}{12EI}\left(x^2-\dfrac{3l^2}{4}\right)$ $\left(0 \leqslant x \leqslant \dfrac{l}{2}\right)$	$w_C = -\dfrac{Fl^3}{48EI}$ $\theta_A = -\theta_B = -\dfrac{Fl^2}{16EI}$

续表

序号	梁的简图	挠曲轴方程	挠度与转角
7	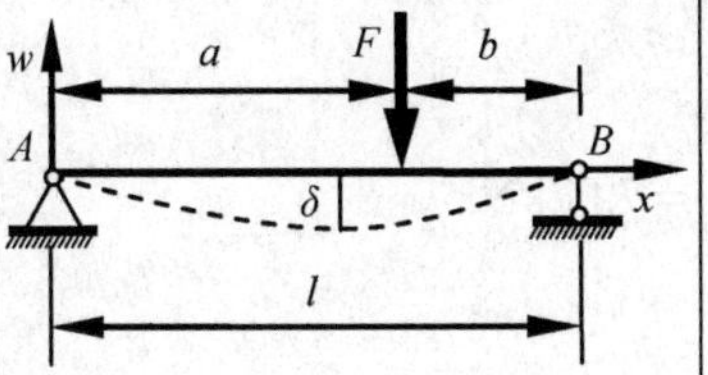	$w=\dfrac{Fbx}{6lEI}(x^2-l^2+b^2)$ $(0\leqslant x\leqslant a)$ $w=\dfrac{Fa(l-x)}{6lEI}(x^2+a^2-2lx)\ (a\leqslant x\leqslant l)$	$\delta=-\dfrac{Fb(l^2-a^2)^{3/2}}{9\sqrt{3}lEI}$ （位于 $x=\sqrt{\dfrac{l^2-b^2}{3}}$ 处） $\theta_A=-\dfrac{Fb(l^2-b^2)}{6lEI}$ $\theta_B=\dfrac{Fa(l^2-a^2)}{6lEI}$
8	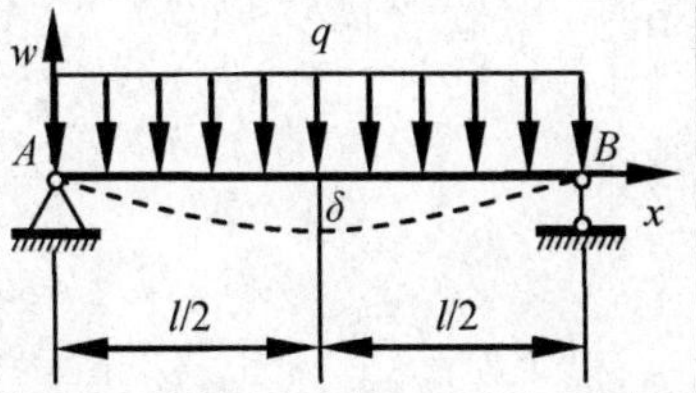	$w=\dfrac{qx}{24EI}(2lx^2-x^3-l^3)$	$\delta=-\dfrac{5ql^4}{384EI}$ $\theta_A=-\theta_B=-\dfrac{ql^3}{24EI}$
9	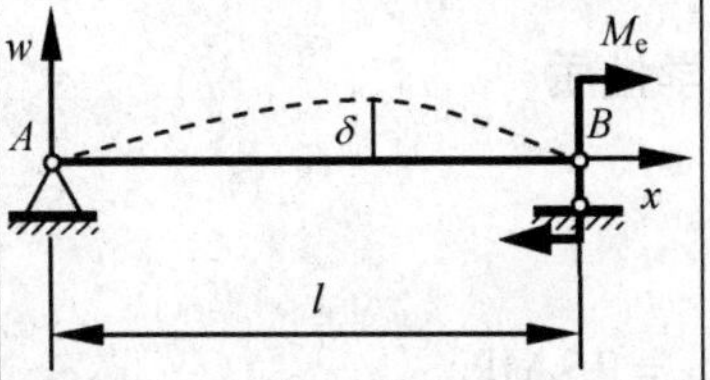	$w=\dfrac{M_ex}{6lEI}(l^2-x^2)$	$\delta=\dfrac{M_el^2}{9\sqrt{3}EI}$ （位于 $x=l/\sqrt{3}$ 处） $\theta_A=\dfrac{M_el}{6EI}$, $\theta_B=-\dfrac{M_el}{3EI}$
10	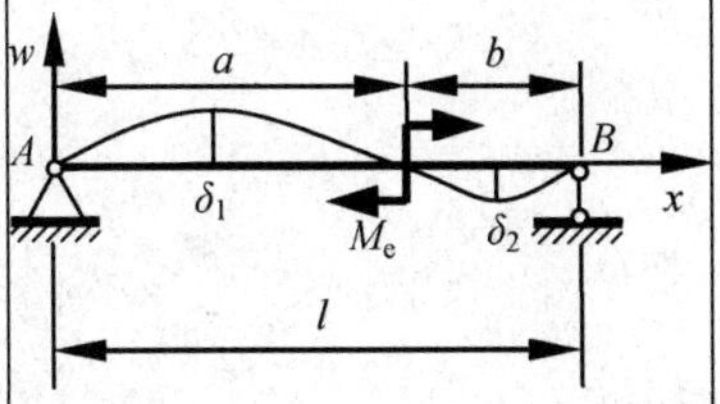	$w=\dfrac{M_ex}{6lEI}(l^2-3b^2-x^2)\ (0\leqslant x\leqslant a)$ $w=\dfrac{M_e(l-x)}{6lEI}(3a^2-2lx+x^2)\ (a\leqslant x\leqslant l)$	$\delta_1=\dfrac{M_e(l^2-3b^2)^{3/2}}{9\sqrt{3}lEI}$ （位于 $x=\sqrt{l^2-3b^2}\big/\sqrt{3}$ 处） $\delta_2=-\dfrac{M_e(l^2-3a^2)^{3/2}}{9\sqrt{3}lEI}$ （位于距 B 端 $\bar{x}=\sqrt{l^2-3a^2}\big/\sqrt{3}$ 处） $\theta_A=\dfrac{M_e(l^2-3b^2)}{6lEI}$ $\theta_B=-\dfrac{M_e(l^2-3a^2)}{6lEI}$ $\theta_C=\dfrac{M_e(l^2-3a^2-3b^2)}{6lEI}$

注　梁的简图中 δ 为梁中的极值挠度。

习题参考答案

第1章 概　　述

1.1　$F_{N1} = -5\text{kN}$，$F_{S1} = -5\text{kN}$，$M_1 = 4.5\text{kN} \cdot \text{m}$；$F_{N2} = 7.07\text{kN}$

1.2　同题 1.1

1.3　$0.0057°$

1.4　$(\gamma_A)_a = 0$，$(\gamma_A)_b = 2\alpha$

1.5　$\varepsilon_{AB,\text{ave}} = 1 \times 10^{-3}$，$\varepsilon_{AD,\text{ave}} = 2 \times 10^{-3}$，$\gamma_A = 1 \times 10^{-3}$

1.6　$\varepsilon_x = 0.02$，$\varepsilon_y = \varepsilon_z = -9.85 \times 10^{-3}$

1.7　$\gamma_{xy} = \alpha = r\varphi/l = 1.5°$

1.8　$\sigma_x = 10 \text{ MPa}$，$\varepsilon_x = 0.002$，$E = 5 \times 10^3 \text{ MPa}$

第2章　轴向拉压与材料的力学性质

2.2　10MPa，-40MPa

2.3　7.86MPa，8.05MPa

2.4　$\sigma_{30°} = 37.5 \text{ MPa}, \tau_{30°} = 21.7 \text{ MPa}; \sigma_{45°} = 25 \text{ MPa}, \tau_{45°} = 25 \text{ MPa}$

2.5　216.4kPa，193.4kPa，170.4kPa

2.6　0.0150

2.8　168kN

2.9　$d_{AB}=15.5 \text{ mm}$，$d_{AC}=13.03 \text{ mm}$

2.10　$\sigma_1 = 82.9 \text{ MPa}, \sigma_2 = 131.8 \text{ MPa}$

2.11　$\Delta_E=0.225\text{mm}$（↓）

2.12　$\Delta_{Ax} = \dfrac{\gamma g l^2}{6E}$

2.13　2025.5mm

2.14　$[F]=1257 \text{ N}$

2.15　$\tau = 124 \text{ MPa}$，$\sigma_{bs} = 156 \text{ MPa}$，$\sigma_{max} = 119 \text{ MPa}$

2.16　$d = 14\text{mm}$

第3章 扭　　转

3.2　$m_e = 9549P/(2an)$，$|T|_{max} = 9549P/n$

3.3　$f = 26.6 \text{ Hz}$

3.4　$\tau_A = 6.88 \text{ MPa}, \tau_B = 10.3 \text{ MPa}$，$\tau_{max} = 49.7 \text{ MPa}$

3.5　$\tau_{横} = \tau_{纵} = 141.5\text{MPa}$

3.6　$\tau_A = 20\text{MPa}$，方向垂直于半径，与扭矩方向一致。

3.7　$4.7\text{N} \cdot \text{m} \leqslant M_e \leqslant 215.3 \text{ N} \cdot \text{m}$，$(\tau_{max})_{CD} = 4.00 \text{ MPa}, (\tau_{max})_{DE} = 2.58 \text{ MPa}$

3.8　$d = 34.4 \text{ mm}$

3.9　$\tau_{\text{thin-w}} = \dfrac{16M_e}{\pi(d_o + d_i)^2(d_o - d_i)}$，$\tau_{\text{pri}} = \dfrac{8M_e(d_o - d_i)}{\pi(d_o^4 - d_i^4)}$，$\dfrac{\tau_{\text{pri}}}{\tau_{\text{thin-w}}} = \dfrac{[1 + (d_i/d_o)]^2}{2[1 + (d_i/d_o)^2]}$，

3.10　-0.212rad

3.11　$\varphi = \dfrac{2Tl}{3\pi G}\left(\dfrac{r_2^2 + r_1 r_2 + r_1^2}{r_1^3 r_2^3}\right)$

3.12　$l_2 = 600 \text{ mm}$

3.13　$G = \dfrac{ml^2}{2\varphi_B I_p}$

3.14　$d_1 = 85 \text{ mm}$，$d_2 = 75 \text{ mm}$，$d = 85 \text{ mm}$

3.15　$\tau_{\max} = 47.77 \text{ MPa}$，$\theta_{\max} = 1.71° / \text{m}$

3.16　$\tau_{\max} = 15.3 \text{ MPa}$，$l_1 / l_2 = 0.711$

第 4 章　弯 曲 内 力

4.1　图（a）$F_{S1} = 0, M_1 = 0$；$F_{S2} = -F, M_2 = 0$；$F_{S3} = -F, M_3 = -Fa$

图（b）$F_{S1} = 2qa, M_1 = 3qa^2$；$F_{S2} = 2qa, M_2 = -2qa^2$；$F_{S3} = 0, M_3 = 0$

图（c）$F_{S1} = M_e /(a+b), M_1 = 0$；$F_{S2} = M_e /(a+b), M_2 = -M_e b/(a+b)$；

$F_{S3} = M_e /(a+b), M_3 = 0$

图（d）$F_{S1} = F/3, M_1 = 0$；$F_{S2} = -2F/3, M_2 = Fa/3$；$F_{S3} = -2F/3, M_3 = -Fa/3$

图（e）$F_{S1} = F, M_1 = 0$；$F_{S2} = 0, M_2 = 0$；$F_{S3} = 0, M_3 = 0$

图（f）$F_{S1} = qa/2, M_1 = 0$；$F_{S2} = -3qa/2, M_2 = qa^2$；$F_{S3} = 0, M_3 = -qa^2$

4.2　内力方程的坐标原点均在点 A。

图（a）（1）AC 段：$F_S = 0, M = 0$

CD 段：$F_S = -F, M = -F(x-a)$

DB 段：$F_S = F, M = Fx - 3Fa$

（3）$\left| F_S \right|_{\max} = F$，$\left| M \right|_{\max} = M_D = Fa$

图（b）（1）AC 段：$F_S = qa - qx, M = 2qa^2 + qax - qx^2/2$

CD 段：$F_S = qa - qx, M = qa^2 + qax - qx^2/2$

DB 段：$F_S = -qa, M = 3qa^2 - qax$

（3）$\left| F_S \right|_{\max} = qa$，$\left| M \right|_{\max} = M_{C_-} = 5qa^2/2$

图（c）（1）AC 段：$F_S = 0, M = 0$

CD 段 $F_S = -F, M = -F(x-a)$

DB 段：$F_S = F, M = -3Fa + Fx$

（3）$\left| F_S \right|_{\max} = F$，$\left| M \right|_{\max} = M_D = Fa$

图（d）（1）AC 段：$F_S = 11qa/6 - qx, M = 11qax/6 - qx^2/2$

CD 段：$F_S = 5qa/6 - qx, M = qa^2 + 11qax/6 - qx^2/2$

DB 段：$F_S = 5qa/6 - qx, M = 2qa^2 + 5qax/6 - qx^2/2$

（3）$|F_S|_{max} = F_{S,B_-} = 13qa/6$，$|M|_{max} = M_{D_+} = 7qa^2/6$

图（e）（1）AC 段：$F_S = -qx, M = -qx^2/2$

CD 段：$F_S = -qx + qa/2, M = qax/2 - qx^2/2$

DB 段：$F_S = 4qa - qx, M = 15qa^2/2 + 4qax - qx^2/2$

（3）$|F_S|_{max} = F_{SD_+} = 2qa$，$|M|_{max} = -M_D = 3qa^2/2$

图（f）（1）AC 段：$F_S = -qx/2 - qx, M = qax/2 - qx^2/2$

CD 段：$F_S = qa/2 - qx, M = qax/2 - qx^2/2 + qa^2$

DB 段：$F_S = 0, M = 0$

（3）$|F_S|_{max} = F_{S,D_-} = 3qa/2$，$|M|_{max} = M_{C_+} = qa^2$

4.3　$m - m$ 截面的内力确实仅与 F 有关而与 M_e 无关，这一结论与选取 $m - m$ 截面的哪一侧求内力是无关的。事实上，端面 B 的约束反力与 F 和 M_e 都有关：$F_{By} = F(\uparrow)$，$F_{Bx} = 0$，$M_B = -3Fa + M_e$（以逆转为正）。若以 $m - m$ 截面右侧梁段为隔离体求之，则有 $F_S = -F$，$M = -Fa$，这一结果与考虑截面左侧梁段所得结果相同。

4.4

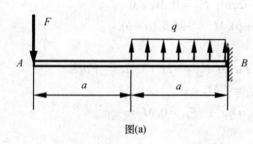

图(a)

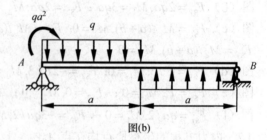

图(b)

4.5　内力方程的坐标原点均在点 A。

图（a）$F_S = q_0 x^2/(4a), M = q_0 x^3/(12a)$

$|F_S|_{max} = F_{S,B_-} = qa$，$|M|_{max} = M_{B_-} = 2qa^2/3$

图（b）$F_{Ay} = 11qa/12(\uparrow), F_{By} = 7qa/12(\uparrow)$

AC 段：$F_S = 11q_0 a/12 - q_0 x, M = 11q_0 ax/12 - q_0 x^2/2$

CB 段：$F_S = q_0[-7a^2 + 6(2a - x)^2]/(12a), M = q_0(2a - x)[7a^2 - 2(2a - x)^2]/(12a)$

$|F_S|_{max} = F_{S,A_+} = 11q_0 a/12$，$|M|_{max} = M_C = 121q_0 a^2/144$

4.6　$l/a = 5$

4.7　在 C 处加载，$|M|_{max} = -M_B = F(l + a)$；在 D 处加载，$|M|_{max} = -M_B = Fl$；在 E 处加载，$|M|_{max} = -M_B = F(l - a)$

4.8　$a = 4.68m$（令起吊处的弯矩等于梁中点的弯矩）

4.9　图（a）$|M|_{max} = M_C = M_C = Fa/2$

图（b）$|M|_{max} = M_C = M_C = Fa$

图（c）$|M|_{max} = M_A = 3qa^2/2$

图 (d) $|M|_{max} = M_B = qa^2$

4.10 图 (a) $|M|_{max} = 2Fa$，$F_{S,max} = F$，$F_{N,max} = F$

图 (b) $|M|_{max} = 2Fa$，$F_{S,max} = F$，$F_{N,max} = F$

4.11 图 (a) $|M|_{max} = M_z = Fl$，$|T|_{max} = M_x = Fa$，$|F_S|_{max} = F_y = F$

图 (b) $|M|_{max} = M_z = Fl$，$|T|_{max} = M_x = Fa$，$|F_S|_{max} = F_y = F$

第 5 章 截 面 几 何 性 质

5.1 （a）$y_C = z_C = \dfrac{4r}{3\pi}$

（b）$z_C = \dfrac{2R\sin\alpha}{3\alpha}$

（c）$(5a/6，5a/3)$

（d）$(270.83，204.17)$

5.2 （a）$S_z = 24.0 \times 10^3 \text{ mm}^3$

（b）$-42.25 \times 10^3 \text{ mm}^3$

（c）$145 \times 10^3 \text{ mm}^3$

5.3 （a）$I_z = \pi ab^3 / 4$

（b）$I_z = \dfrac{5\sqrt{3}a^4}{16}$

（c）$I_z = \dfrac{bh^3}{12}$

（d）$I_z = \dfrac{a^4}{12} - \dfrac{\pi R^4}{4}$

5.4 $I_z = \dfrac{11\pi d^4}{64}$

5.5 $I_z = \dfrac{bh^3}{12} - \dfrac{\pi R^4}{4}$；$I_y = \dfrac{hb^3}{12} - \dfrac{\pi R^4}{4}$；$I_{z_1} = \dfrac{bh^3}{3} - \dfrac{\pi R^4}{4} - \dfrac{\pi R^2}{16}h^2$

5.6 $I_z = 1172 \text{ cm}^4$；$I_{yz} = 0$

5.7 $1:5.74:10.15$

5.8 $I_z = \dfrac{5}{4}a^4$；$I_z = \dfrac{17}{4}a^4$

5.9 $I_z = \dfrac{5}{8}a^4$；$I_y = \dfrac{5}{8}a^4$

5.10 $b = 11.12 \text{ cm}$

5.11 $I_{z_0} = 9.83 \times 10^{-7} \text{ m}^4$；$I_{y_0} = 2.13 \times 10^{-8} \text{ m}^4$；$\alpha_0 = 28.5^\circ$

第 6 章 弯 曲 内 力

6.1 200MPa

6.2 0；10.4MPa；20.8MPa

6.3   8.57MPa

6.4 $\sigma_{t,max}=154.4$MPa，$\sigma_{c,max}=54.2$MPa

6.5 $\sigma_{t,max}=50.0$MPa，$\sigma_{c,max}=100.0$MPa

6.6 $a=0$，$\sigma_{max}=\dfrac{3}{2}\dfrac{Fl}{bh^2}$

6.7 $\dfrac{3ql^2}{16a^3}$；$\dfrac{3ql^2}{8a^3}$

6.8   2MPa；1.5MPa；0

6.9   0；39.1MPa；78.2MPa；2.34MPa；3.12MPa；0

6.10   5.88MPa

6.11   9MPa；1.05MPa

6.12 $\sigma_{t,max}=26.4$MPa；$\sigma_{c,max}=52.8$MPa

6.13   8.1kN

6.14   238N

6.15 $h=\dfrac{\sqrt{6}}{3}d$；$b=\dfrac{\sqrt{3}}{3}d$

6.16   315.7mm

6.17   16.2MPa

6.18 $\dfrac{3qx}{4h}(l-x)$

6.19   180.7MPa

6.20   14.82MPa

6.21   9.83MPa

6.22   56.5mm

6.23   140MPa

6.24   3.73MPa

6.25   12.2MPa

6.26   140MPa

6.27   18.375kN；1.786mm

6.28 $\cot\alpha$

第7章 弯 曲 变 形

7.1   图（a）两段；边界条件为 $w_B=0$，$w_C=0$；变形连续条件为 $w_{B-}=w_{B+}$，$\theta_{B-}=\theta_{B+}$

图（b）两段；边界条件为 $w_A=0$，$w_C=\dfrac{F_C}{k}=\dfrac{ql}{8k}$；变形连续条件为 $w_{B-}=w_{B+}$，$\theta_{B-}=\theta_{B+}$

图（c）两段；边界条件为 $w_A=0$，$\theta_A=0$；变形连续条件为 $w_{B-}=w_{B+}$，$\theta_{B-}=\theta_{B+}$

图（d）一段；边界条件为 $w_A=0$，$w_B=\Delta l_{BC}=\dfrac{qla}{2EA}$

图（e）三段；边界条件为 $w_A=0$，$w_B=0$，$w_D=0$；变形连续条件为 $w_{B-}=w_{B+}$，$\theta_{B-}=\theta_{B+}$，

$w_{C-}=w_{C+}$

图（f）三段；边界条件为 $w_A = 0$ ，$\theta_A = 0$ ，$w_C = 0$ ；变形连续条件为 $w_{B-} = w_{B+}$ ，$w_{C-} = w_{C+}$ ，$\theta_{C-} = \theta_{C+}$

7.2　图（a）$\theta_A = -\dfrac{M_e l}{24EI}$ （顺时针），$w_C = 0$

图（b）$\theta_A = -\dfrac{3ql^3}{128EI}$ （顺时针），$\theta_B = \dfrac{7ql^3}{384EI}$ （逆时针），

$w_C = -\dfrac{5ql^4}{768EI}(\downarrow)$ ，$w_{\max} = -\dfrac{5.04ql^4}{768EI}(\downarrow)$

图（c）$\theta_B = -\dfrac{5Fa^2}{2EI}$ （顺时针），$w_B = -\dfrac{7Fa^3}{2EI}(\downarrow)$

图（d）$\theta_A = \dfrac{ql^3}{24EI}$ （逆时针），$\theta_C = \dfrac{5ql^3}{48EI}$ （逆时针），$w_C = -\dfrac{ql^4}{24EI}(\downarrow)$ ，

$w_D = \dfrac{ql^4}{384EI}(\uparrow)$

7.3　图（a）$w_C = -\dfrac{5ql^4}{48EI}(\downarrow)$ ，$\theta_C = -\dfrac{ql^3}{4EI}$ （顺时针）

图（b）$w_C = -\dfrac{169ql^4}{384EI}(\downarrow)$ ，$\theta_C = -\dfrac{31ql^3}{48EI}$ （顺时针）

图（c）$w_B = -\dfrac{Fl^3}{6EI} - \dfrac{F}{4k}(\downarrow)$ ，$\theta_A = -\dfrac{Fl^2}{4EI} - \dfrac{F}{4kl}$ （顺时针）

图（d）$w_B = -\dfrac{3ql^4}{8EI} - \dfrac{3qla}{4EA}(\downarrow)$

7.4　图（a）$w_C = -\dfrac{3Fl^3}{4EI}(\downarrow)$ ，$\theta_A = -\dfrac{5Fl^2}{8EI}$ （顺时针）

图（b）$w_C = w_D = -\dfrac{13ql^4}{24EI}(\downarrow)$

7.5　图（a）$w_D = -\dfrac{Fl^3}{EI}(\downarrow)$ ，$\theta_{C-} = \dfrac{Fl^2}{2EI}$ （逆时针），$\theta_{C+} = -\dfrac{Fl^2}{6EI}$ （顺时针）

图（b）$\theta_D = \dfrac{3ql^3}{8EI}$ （逆时针），$w_D = -\dfrac{ql^4}{3EI}(\downarrow)$

图（c）$w_C = -\dfrac{13ql^4}{6EI}(\downarrow)$

图（d）$w_K = -\dfrac{39ql^4}{8EI}(\downarrow)$

7.6　图（a）$w_C = -Fa^3\left(\dfrac{2}{3EI} + \dfrac{1}{GI_p}\right)(\downarrow)$ ，$\theta_C = -Fa^2\left(\dfrac{1}{2EI} + \dfrac{1}{GI_p}\right)$ （顺时针）

图（b）$w_C = -\dfrac{9qa^4}{8EI}(\downarrow)$ ，$\Delta_{Cx} = \dfrac{qa^4}{EI}(\rightarrow)$

7.7　$w_{By} = -8.22\text{mm}(\downarrow)$

7.8　（1）$x = 0.152l$

（2）$x = l/6$

7.9　$\dfrac{a}{l} = \dfrac{2}{3}$

7.10　$w_z = \dfrac{qL^4}{3EI_y}\left(I_y = \dfrac{hb^3}{12}\right)$，　$w_y = \dfrac{263qL^4}{384EI_z}\left(I_z = \dfrac{bh^3}{12}\right)$

7.11　$M_{eB} = 2M_{eA}$

7.12　$\theta_B = 5.37\times10^{-3}$ rad，不安全

7.13　$b \geqslant 8.92$cm，　$h \geqslant 17.84$cm，可取 $b = 9$cm，$h = 18$cm

7.14　No.22a 号工字钢

第 8 章　应力-应变状态分析

8.1　只有一个主应力不为零的应力状态为单向应力状态，只有两个主应力不为零的应力状态为二向应力状态。圆轴受扭时，轴表面各点处于二向应力状态，梁受横力弯曲时，梁顶、梁底及其他各点分别处于单向、单向和二向应力状态。

8.2

图(a) 体内任意点都是危险点

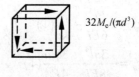

图(b) 右段外表面上任意点都是危险点

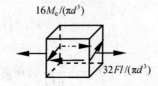

图(c) 固定端上顶点是危险点

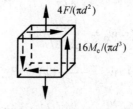

图(d) 外表面上任意点都是危险点

8.3

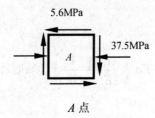

A 点

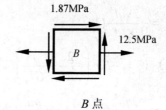

B 点

8.4　图（a）$\sigma_{30°} = 80$ MPa, $\tau_{30°} = 0$

图（b）$\sigma_{30°} = -40$ MPa, $\tau_{30°} = -69.28$ MPa

图（c）$\sigma_{30°} = 69.28$ MPa, $\tau_{30°} = -40$ MPa

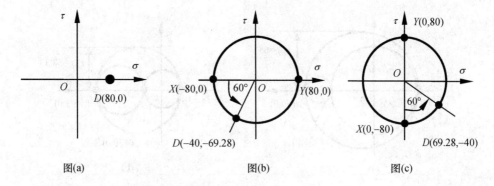

图(a)   图(b)   图(c)

8.5   图（a）$\sigma_1 = 100\text{MPa}$，$\sigma_2 = 20\text{MPa}$，$\sigma_3 = 0$，$\alpha_{p,1} = -45°$

图（b）$\sigma_1 = 51.23\text{MPa}$，$\sigma_3 = -31.23\text{MPa}$，$\sigma_0 = 0$，$\alpha_{p,1} = 52.01°$

图（c）$\sigma_1 = 50\text{MPa}$，$\sigma_3 = -60\text{MPa}$，$\sigma_0 = 0$，$\alpha_{p,1} = 63.43°$

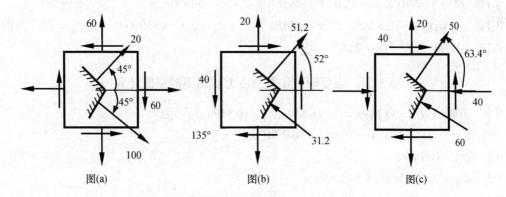

图(a)   图(b)   图(c)

8.6   图（a）$\sigma_1 = 25\text{MPa}$，$\sigma_3 = -25\text{MPa}$，$\sigma_0 = 0$，$\alpha_{p,1} = -45°$，$\tau_{\max} = 25\text{MPa}$

图（b）$\sigma_1 = 71.23\text{MPa}$，$\sigma_3 = -11.23\text{MPa}$，$\sigma_0 = 0$，$\alpha_{p,1} = 52.01°$，$\tau_{\max} = 41.23\text{MPa}$

图（c）$\sigma_1 = 80\text{MPa}$，$\sigma_2 = 40\text{MPa}$，$\sigma_3 = 0$，$\alpha_{p,1} = 0°$，$\tau_{\max} = 40.0\text{MPa}$

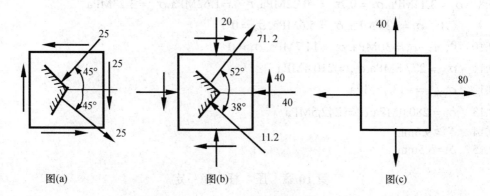

图(a)   图(b)   图(c)

8.7   图（a）$\sigma_1 = 110\text{MPa}$，$\sigma_2 = 60\text{MPa}$，$\sigma_3 = 10\text{MPa}$，$\tau_{\max} = 50\text{MP}$

图（b）$\sigma_1 = 50\text{MPa}$，$\sigma_2 = 30\text{MPa}$，$\sigma_3 = -50\text{MPa}$，$\tau_{\max} = 50\text{MP}$

8.8

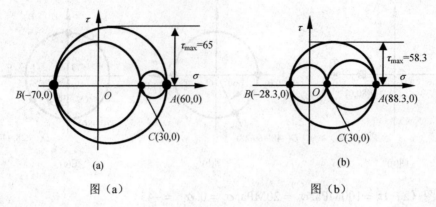

図（a）　　　　　　　　　　　　　　　図（b）

8.9　$\varepsilon_1 = 312.3 \times 10^{-6}, \varepsilon_2 = -60.0 \times 10^{-6}, \varepsilon_3 = -512.3 \times 10^{-6}$

8.10　$\sigma_x = -90.1 \text{ MPa}, \sigma_y = 33.0 \text{ MPa}, \tau_{xy} = 15.4 \text{ MPa}$

8.11　$\sigma_1 = 44.3 \text{MPa}, \sigma_2 = 0, \sigma_3 = -20.3 \text{MPa}$ ，$\varepsilon_z = -34 \times 10^{-6}$

8.12　$\sigma_1 = \sigma_2 = -38.6 \text{ MPa}, \sigma_3 = -90 \text{MPa}$ ；$\varepsilon_1 = \varepsilon_2 = 0, \varepsilon_3 = 330 \times 10^{-6}$；$\tau_{\max} = 25.7 \text{ MPa}$

8.13　$M_e = 15\pi D^3 E \varepsilon_{45°} / [256(1+\mu)]$

第 9 章　强度理论和复杂应力状态下的强度计算

9.1　图（a）$\sigma_1 = 38 \text{ MPa}, \sigma_2 = 26 \text{ MPa}, \sigma_3 = 10 \text{ MPa}, \sigma_{r1} < [\sigma]$

（b）图 $\sigma_1 = 26.2 \text{MPa}, \sigma_2 = 0, \sigma_3 = -16.2 \text{ MPa}, \sigma_{r1} < [\sigma]$

9.2　$\sigma_{r3} = 105 \text{MPa}$

9.3　$\sigma_{r3} = 900 \text{MPa}, \sigma_{r4} = 842.5 \text{MPa}$

9.4　$\sigma_1 = 26.8 \text{MPa}$

9.5　$d \geqslant 49.3$ mm

9.6　$\sigma_{r3} = 107.1 \text{MPa}$

9.7　$t = 2.65 \text{mm}$

9.8　$\sigma_1 = 3.11 \text{MPa}, \sigma_2 = 0, \sigma_3 = -0.22 \text{MPa}, \tau_{\max} = 1.62 \text{MPa}, \sigma_{r3} = 3.23 \text{MPa}$

9.9　点 A：　$\sigma_1 = 12.0 \text{MPa}, \sigma_2 = 5.6 \text{MPa}, \sigma_3 = 0$

9.10　点 A：　$\sigma_1 = 30 \text{MPa}, \sigma_2 = 14.7 \text{MPa}, \sigma_3 = 0$

9.11　$\sigma_{r3} = 277.8 \text{MPa}, \sigma_{r4} = 210.4 \text{MPa}$

9.12　$\sigma_{x,\min} = -13.18 \text{MPa}$

9.13　$\sigma_s = 280.0 \text{MPa}; \sigma_s = 242.5 \text{MPa}$

9.14　$\delta \geqslant 9.6 \text{mm}$

9.15　$\delta = 5.5 \text{mm}$

第 10 章　压　杆　稳　定

10.1　图（d）中杆件

10.2　$\sqrt{2}$

10.3　8kN

10.4　18.44°

10.5　1.86

10.6　矩形截面杆；圆形截面杆

10.7　344kN

10.8　2.48m

10.9　248.1kN；283.5kN

10.10　148MPa

10.11　210.5kN

10.12　0.908m

10.13　74.3kN

10.14　70.7kN

10.15　$a \geqslant 43.2$mm；F_{cr}=488.5kN

10.16　13.2kN

10.17　$\sigma = 66.5$MPa<$[\sigma_{st}]$=73.6MPa

10.18　拉杆σ=67.5MPa，压杆σ=47.7MPa<$[\sigma_{st}]$=57.6MPa，安全

10.19　（1）100.8kN

（2）σ=54.0MPa<$[\sigma_{st}]$=71.3MPa

10.20　31.2mm

第 11 章　能　量　法

11.1　图（a）$\dfrac{3F^2a}{4EA}$

图（b）$\dfrac{M_e^2 l}{18EI}$

11.2　$\theta_C = \dfrac{M_e l}{12EI}$

11.3　$\theta_A = \dfrac{Ml}{6EI}$　$\Delta_C = \dfrac{Ml^2}{16EI}$

11.4　$\Delta_{Ay} = \dfrac{3Fa^3}{2EI}$，$\theta_A = \dfrac{5Fa^2}{4EI}$

11.5　$\theta_A = -\dfrac{qa^3}{12EI}$，$\Delta_{Ax} = \dfrac{13qa^4}{48EI}$

11.6　$\theta_{AB} = \dfrac{2\pi FR^2}{EI}$

11.7　$\Delta_{Bx} = -\dfrac{FR^3}{2EI}$，$\Delta_{By} = \dfrac{(3\pi+4)FR^3}{4EI}$

11.8　$\theta_A = \dfrac{Fx}{6EIl}(l-x)(2l-x)$

11.9　（a）$\Delta_x = 3.375\dfrac{Fl}{EA}$　（b）$\Delta_x = 4.375\dfrac{Fl}{EA}$

11.10 $\Delta_{Dy} = \dfrac{5Fl^3}{48EI}$, $\theta_D = \dfrac{3Fl^2}{8EI}$

11.11 $\theta_D = \dfrac{ql^3}{384EI}$, $w_{Dy} = \dfrac{ql^4}{768EI}$

11.12 $\theta_A = -\dfrac{Ml}{3EI}$ $\theta_B = \dfrac{Ml}{6EI}$ $\theta_C = \dfrac{Ml}{24EI}$

11.13 $\Delta_{Dy} = 14.63$ mm

11.14 $\Delta_{Cx} = \dfrac{2Fl^3}{3EI}$, $\theta_C = -\dfrac{Fl^2}{6EI}$

11.15 $\Delta_d = 7.11$mm $\sigma_d = 140.02$ MPa

11.16 $\sigma_d = 161.23$ MPa

11.17 $h = 26.8$cm

11.18 $\sigma_{max} = \dfrac{v}{W_z}\sqrt{\dfrac{2WEI}{gl}}$

11.19 $l_1 : l_2 = 1$

11.20 $\sigma_d = 664.4$ MPa

第 12 章 静 不 定 问 题

12.1 $F_{N1} = 9.52$kN, $F_{N2} = 3.46$kN, $F_{N3} = 2.02$kN

12.2 $F_A = 16.6$ kN($\leftarrow$) , $F_B = 3.39$ kN($\leftarrow$)

12.3 $F_{N1} = \dfrac{F}{5}$, $F_{N2} = \dfrac{2F}{5}$

12.4 $F_{N1} = \dfrac{2F}{5}$, $F_{N2} = \dfrac{4F}{5}$

12.5 $A_1 = A_2 = 2A_3 \geqslant 2450$ mm^2

12.6 $F_A = \dfrac{Fb}{a+b}\uparrow$, $F_B = \dfrac{Fa}{a+b}\uparrow$

12.7 $F_{S,max} = 71.25$ kN , $M_{max} = -125$ kN·m

12.8 $M_{max} = \dfrac{13}{32}Fa$

12.9 $M_A = M_B = -\dfrac{8}{17}Fa$, $M_D = -\dfrac{2}{17}Fa$

12.10 $F_A = \dfrac{12EI}{l^3}\Delta(\uparrow)$, $M_A = \dfrac{6EI}{l^2}\Delta$ （逆时针）, $F_B = \dfrac{12EI}{l^3}\Delta(\downarrow)$, $M_A = \dfrac{6EI}{l^2}\Delta$ （逆时针）

12.11 $\Delta = \dfrac{7ql^4}{72EI}$

12.12 图（a） $F_C = \dfrac{15M_e}{14a}(\uparrow)$, $M_{max} = M_e$

图（b） $F_C = \dfrac{qa}{8}(\uparrow)$, $M_{max} = \dfrac{3}{8}qa^2$

12.13 $F_{CD} = \dfrac{F}{7}$, $w_C = \dfrac{FL^3}{7EI}(\downarrow)$

12.14 $F_{N_3} = \dfrac{FL^2 A}{40\sqrt{3}I + AL^2}$, $\delta_C = \dfrac{2\sqrt{3}FL^3}{3E(40\sqrt{3}I + AL^2)}(\downarrow)$

12.15   加固前：$w_B = -\dfrac{FL^3}{3EI}$, $\left| M_{\max} \right| = FL$

加固后：$w_B = -\dfrac{13FL^3}{64EI}$, 仅为前者的 60.9%；$\left| M_{\max} \right| = \dfrac{5}{8}FL$, 仅为前者的 62.5%

12.16   （1）$F = \dfrac{16E\delta bh^3}{5l^3}$

（2） $\sigma_{\max} = \dfrac{24E\delta h}{5l^2}$

12.17

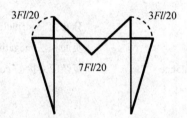

$3Fl/20$ $3Fl/20$

$7Fl/20$

题图   12.17 弯矩图（弯矩图画在受拉侧）

12.18 $F_{Ax} = F_{Bx} = F\,(\leftarrow)$, $F_{Ay} = \dfrac{2aF}{l}(\downarrow)$, $F_{By} = \dfrac{2aF}{l}(\uparrow)$

12.19 $M_B = \dfrac{Fa}{8}$, $\left| M \right|_{\max} = \dfrac{3Fa}{8}$（发生在截面 A 和 A' 处，在截面 A 上段下截面的弯矩为顺时针）

12.20 $M_{\max} = \left| M_{A+} \right| = \left| M_{B-} \right| = \dfrac{ql^2}{12}$

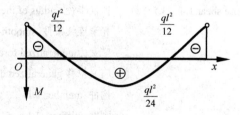

$\dfrac{ql^2}{12}$ $\dfrac{ql^2}{12}$

O $\ominus$ $\oplus$ $\ominus$ x

M $\dfrac{ql^2}{24}$

题图 12.20 弯矩图

12.21 $k = \dfrac{24EI}{l^3}$

名词索引（汉英对照）

（按汉语拼音字母顺序）

Contents

Contents

参 考 文 献

［1］单辉祖. 材料力学. 3 版. 北京：高等教育出版社，2009.

［2］刘洪文. 材料力学Ⅰ. 4 版. 北京：高等教育出版社，2004.

［3］R.C.Hibbeler，Mechanics of Materials，Fifth Edition. Prentice Hall，2004.

［4］Irving H. and James M. Pitarresi，Third Edition，Introduction to Solid Mechanics.

［5］俞茂宏. 双剪强度理论及其应用. 北京：科学出版社，1998.

［6］单辉祖. 材料力学教程. 3 版. 北京：高等教育出版社，2004.

［7］范钦珊. 工程力学. 2 版. 北京：清华大学出版社，2012.

［8］苟文选. 材料力学. 2 版. 北京：科学出版社，2010.

［9］王守新. 材料力学. 3 版. 大连：大连理工大学出版社，2005.

［10］刘杰民. 扰动材料力学有限元分析——基于 MATLAB 编程. 北京：中国电力出版社，2010.

主　编　简　介

　　刘杰民，沈阳建筑大学教授，博士生导师。1982 年毕业于合肥工业大学力学专业，1987 年研究生毕业于南京工学院（现名东南大学）力学专业，1996～1997 年在日本山梨大学做工学研究员，1997～2000 年在该校攻读博士学位，获工学博士学位。

　　主要从事材料力学、黏接力学、扰动材料力学和张量分析方面的教学和科研工作。主持教育部、辽宁省教育厅等部门科研课题多项，发表学术论文 80 余篇，其中被 EI 收录 40 余篇，被 SCI 检索 8 篇。出版专著一部，主编材料力学教材 3 部。